건물일체형 태양광발전

건물일체형 태양광발전

서항석 외 지음

  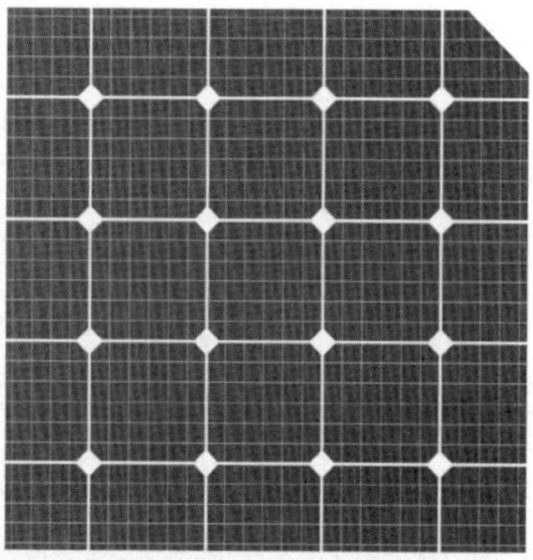

씨아이알

프롤로그

우리나라는 최근 몇 년 동안 앞으로 어떠한 에너지 미래를 만들 것인지에 대하여 사회적인 논의가 진행 중이다. 기후변화에 대한 위기의식은 전 세계가 공감하고 있으며 대부분의 국가에서는 화석연료의 사용을 줄이고 원자력발전 의존도도 줄이면서 신재생에너지 보급을 촉진시키는 정책을 추진하고 있다. 영국의 경우 2008년 제정된 탄소중립법안을 2019년에 개정하여 2050년까지 탄소중립국가가 되는 것을 명시하는 등 2020년 11월 현재 탄소중립을 법제화한 나라가 총 6개국에 이르고 있으며 앞으로 더욱 확산될 전망이다. 2019년에는 EU가, 2020년에는 우리나라와 일본이 2050년까지 탄소중립국이 되겠다고 선언하였고 중국도 2060년까지 탄소중립국가 달성을 선언할 정도로 이젠 전 세계적인 추세가 되었다. 특히 2021년 5월 서울에서 개최된 '2021 P4G 서울정상회담'에서 세계 정상들은 2050년 탄소중립의 중요성을 재확인하였으며 5월 31일 채택된 서울선언문에서도 태양에너지 등 재생에너지 발전비중을 확대하는 내용을 채택한 바 있다.

이와 같은 탄소중립국이 되기 위해서는 거의 모든 에너지를 신재생에너지원으로 해야 하는데 우리나라의 경우 태양에너지와 풍력 이외에는 뚜렷한 대안이 없는 상태이다. 현 정부의 출범과 함께 원자력발전을 줄이는 대신 신재생에너지 사용을 늘리는 탈원전정책을 추진하고 있지만 탈원전 속도에 대한 논란이 계속되고 있으며 태양광발전 등에 대해서는 국토훼손 등의 문제가 끊임없이 제기되고 있는 상황이다.

이러한 사정으로 인해 건물이나 도시 구조물 등에 태양광발전시설을 설치하는 경우 산이나 지상에 직접 설치하는 것에 비해서 태양광발전시설을 설치하기 위한 별도의 토지가 불필요하다는 장점이 있다. 이 책에서 다루고자 하는 내용은 건물일체형 태양광발전 시스템에 관한 것으로서 국제적으로는 'BIPV(Building Integrated Photovoltaic)'라는 용어를 사용하고 있으며 '태양광모듈을 건축물에 설치하여 건축 부자재의 역할 및 기능과 전력생산을 동시에 할 수 있는 태양광설비로 모듈이 제거될 경우 외벽, 창호, 지붕 등으로 이루어지는 건물외피의 핵심기능이 상실 또는 훼손될 수 있어 다른 건축 자재로 대체되어야 하는 구조물'이다. 즉 건물일체형 태양광발전 구조물은 건물외피의 일부로서 건물의 실내외를 구분하는 경계

구조물로서 발전기능을 가지는 것이다. 따라서 BIPV를 채택하면 건물은 태양광발전소의 역할을 하게 되는 것이다. 이 책에서는 '건물일체형 태양광발전'이라는 용어를 'BIPV'라는 용어로 사용하기로 한다.

EU에서는 2010년 EU 27개국이 공동으로 합의한 EPBD 2010에 의해 2020년 12월 31일 이후 신축되는 모든 신축건물을 준제로에너지빌딩인 nZEB(nearly Zero Energy Building)로 건설하기로 합의하고 이 합의를 실현시키기 위해 EU공동연구기금에서 "Horizon 2020 Program"을 추진하게 되었는데, 이 프로그램의 핵심은 BIPV와 같이 건물 자체를 태양광발전소로 활용하는 것으로서 2019년 6월경 1단계 연구를 마치고 연구결과 개발된 BIPV 기술을 공동으로 보급하고 있는 중이다. EU에서 BIPV 기술을 공동으로 개발한 근본적인 이유는 건물을 제로에너지건물로 건설하기 위한 가장 핵심적인 기술로서 시공가격을 낮추어서 어디서든 적용이 가능하도록 하자는 목적 때문이었으며 향후 이 목적을 무난히 달성할 수 있을 것으로 보인다. 즉 BIPV라는 구조물 자체가 가까운 미래에는 어떠한 건물에도 쉽게 사용될 수 있는 일반적인 건축기자재의 하나가 된다고 할 수 있을 것이며 전 세계적으로 건립되는 모든 건물에 BIPV를 적용해야 하는 시기가 오면 BIPV의 시장규모는 상상을 불허할 정도로 커질 것이다.

이 책에서도 기술하였지만 우리나라의 건축물을 대상으로 BIPV를 보급하는 경우 설치할 수 있는 면적은 총 375km^2 정도가 될 것으로 예측되며 발전용량도 52GW에 해당되는 잠재력을 가지고 있는 것으로 추산될 정도로서 향후 우리나라의 주요 에너지공급원으로 위상을 가질 수 있을 만큼 매우 중요한 것이다.

이러한 사정을 생각해볼 때 현재 BIPV의 보급상황은 매우 미진한 것이 사실이지만 정부에서 지난 12월 7일 발표한 '2050 탄소중립' 추진전략에 따르면 우리나라도 다른 선진국과 마찬가지로 2050년까지 탄소중립국가 달성을 목표로 3대 정책방향과 10대 과제를 제시하였는데, 10대 과제의 하나로서 탄소중립도시를 조성하고 국토계획차원의 탄소중립을 도모하는 등 '도시·국토의 저탄소화'를 선정함으로써 탄소중립도시 달성에 핵심적인 BIPV는 향후 건물에너지 분야에서 가장 중요하게 보급되어야 할 것은 너무나 당연한 것으로 보인다. 이 책에서는 BIPV에 대한 소개를 자세하게 기술함으로써 향후 BIPV 기술이 우리나라의 모든 건물의 설계에 적용되는 데 미력이나마 도움이 되었으면 한다.

먼저 이 책의 제1장에서는 BIPV의 개념과 기술에 대한 분석을 했으며 설계 시 유의해야 할 사항에 대하여 기술하였다. 또한 전 세계적으로 보급 활성화가 일어나고 있는 현황에 대하여 분석하였으며 세계 시장규모에 대한 분석결과도 소개하였으므로 BIPV에 대한 전반적인 사항을 파악하는 데 도움이 될 것으로 생각하고 있다.

이어서 제2장에서는 BIPV 제품에 대한 분류와 분류별 주요 제품에 대한 소개를 하였다. 제품의 분류는 여러 가지 방식이 있으나 이 책에서는 시공되는 위치와 용도에 따른 특징을 고려하여 분류하였으며 대표적인 제품과 해당 제품을 참조할 수 있는 웹사이트의 주소를 소개함으로써 더 구체적인 정보를 원하는 독자들이 쉽게 활용할 수 있도록 하였다.

제3장에서는 향후 BIPV에 대한 발전잠재량에 대하여 분석하고 보급 촉진방안에 대하여 기술하였다. BIPV는 건물의 외벽이나 창호 및 지붕 등으로 구성되는 외피 부분에서 태양광 발전이 가능한 방향을 가진 부분을 이용하는 것이므로 건물에서 BIPV 발전잠재량을 정확하게 추산하기 위해서는 건물의 외피조건을 파악할 수 있는 통계자료를 이용해야 하지만 대부분의 국가인 경우 이러한 자료가 없기 때문에 취득 가능한 건물의 통계자료로부터 적당한 가정하에서 개략적인 추정치를 산출할 수밖에 없다. 현재 우리나라의 경우 건물외피면적을 추산할 수 있는 통계자료가 부족하기 때문에 이 책에서는 일본에서 연구했던 자료를 소개한 후 일본과 우리나라의 인구, 국민총생산 등에 대한 비교치를 이용하여 우리나라의 BIPV 잠재량을 추정하였으며, 최근 서울시에서 작성한 서울지역 건물을 대상으로 한 '서울시 햇빛지도'와 대전시에서 한국에너지기술연구원에 의뢰하여 작성한 '대전지역의 건물 대상 태양광지도'에 대하여 소개하였다. 우리나라의 BIPV 잠재량에 대한 보다 정밀한 예측은 일본에서 연구했던 방법을 참고로 도출할 수 있는 것으로서 별도의 연구가 필요하지만 이 책에서는 기술하지 못하였는데 이 책에서 소개한 일본 연구를 참고로 하여 후속적인 연구가 이루어질 것으로 기대한다.

한편 제4장에서는 국제에너지기구(IEA; International Energy Agency)의 BIPV 관련 국제공동연구테스크포스인 T-15 등이 중심이 되어 추진했던 BIPV 관련 국제표준규격의 제정현황에 대하여 기술하고 우리나라의 BIPV 관련 규정에 대하여 소개하였다. 현재 BIPV라는 제품과 기술은 세계 모든 국가를 대상으로 하는 것으로서 국제표준규격이 가지는 의미가 매우 중요하므로 독자들도 관심을 가지고 우리나라뿐만 아니라 국제적인 규격현황까지 파악할 필요가 있을 것으로 생각된다.

이어서 제5장에서는 실제 건물에 BIPV를 적용시키기 위한 설계에 앞서서 필요한 BIPV 성능에 대한 예측을 위한 컴퓨터 시뮬레이션 기법에 대하여 소개하고 실제 평가사례를 중심으로 기술함으로써 독자들이 쉽게 이해할 수 있도록 하였다. 일반적으로 BIPV는 발전을 하는 시설이므로 전기설비 분야에서 취급하는 것이지만 BIPV를 설계하기 위해서는 사전에 BIPV로부터 발전할 수 있는 전력에 대한 예측을 우리나라의 일사량, 외기온도 등과 건물에 시공되는 BIPV의 위치 등의 변수를 고려한 컴퓨터 시뮬레이션이 선결해야 할 중요한 문제로서 이는 건물에너지 시뮬레이션을 전문적으로 수행하는 에너지설비기술자의 협력이 절대적으로 필요한 사항이나. 특히 BIPV인 경우 건물의 외피에 부착시키는 구조물로서 태양광을 받는 경우 태양광 패널 부분의 온도가 상승하면서 효율이 저하되고 화재안전 등에 대한 문제도 있을 수 있기 때문에 제5장에서 다루는 내용은 BIPV 기술 중 핵심적인 기술의 하나로서 취급되어야 할 것으로 생각된다.

제6장에서는 최근 우리나라의 탈원자력－신재생에너지강화 정책과 관련하여 많은 논의가 이루어지고 있는 원자력과 신재생에너지 에너지믹스정책에 대한 문제를 객관적인 입장에서 기술하려고 노력하였다. 원자력과 신재생에너지의 조화가 이루어지는 에너지믹스정책에 대한 논의는 여러 가지 관점에서 고찰할 사항이 매우 많기 때문에 논란의 여지가 많을 것이나 제6장을 읽으면서 내릴 수 있는 판단은 독자들의 몫이다.

마지막으로 제7장에서는 BIPV에 대한 대표적인 시공사례에 대하여 소개하였다. 이 책에서는 먼저 BIPV 중 가장 대표적인 사례라고 할 수 있는 애플사가 본관 건물인 애플 캠퍼스에 완공한 애플 파크에 대하여 소개한 후 세계 각국의 대표적인 BIPV 시공사례를 요약해서 소개하면서 해당 건물을 설계한 건축회사부터 태양광발전시설설계자 및 건물소유주 등의 웹사이트 주소를 명기하여 독자들이 더욱 구체적인 정보를 쉽게 검색할 수 있도록 하였다.

이 책에서는 앞으로 우리에게 필수적인 설계요소가 될 건물일체형 태양광발전, 즉 BIPV에 대하여 기본 개념부터 시작하여 시공사례에 이르기까지 소개하기 위하여 노력하였다. 사실 이 책에 대한 집필을 기획한 것은 BIPV가 국제적인 화두로 등장한 2016년부터이며 현재까지 확보하고 있는 기술적·정책적 자료가 약 1,500여 개에 달하는 방대한 정보를 참고로 하여 작성하였으며 저장되어 있는 정보량도 약 2.5GB로서 BIPV에 관심이 있어서 이 책을 읽어보는 분들에게는 유익한 자료가 될 것으로 생각된다. 저자는 이러한 정보까지도 우리나라의 BIPV 산업 발전을 위해서라면 무료로 공개할 생각이다. 만약 이 책을 구입하신 독자들이 저자가 수집하여 저장하고 있는 정보에 대하여 관심이 있다면 출판사를 통해서 저자에게 연락을 주시면 독자들이 이용할 수 있도록 할 것임을 밝혀둔다.

이 책은 스마트폰이나 노트북 등 휴대하기 쉽고 이용이 편리한 전자서적(e-book)을 선호하는 독자층들을 위해서 별도로 전자서적을 출판할 예정이므로 원하시는 분들은 이 책의 출판사에 문의하여 이용하시기 바란다.

이 책이 발간되기까지 책의 저술 및 출판을 위한 후원금을 지원해주신 기성이앤씨, 나우설비기술, 목원엔지니어링, 신일이앤씨, 우원엠앤이 대표님들에게 무한한 감사를 드리며 이 책이 발간되도록 해주신 도서출판 씨아이알의 김성배 사장님과 김동희 편집자를 비롯한 편집진에게도 깊이 감사드린다.

마지막으로 이 책에서 다루고 있는 건물일체형 태양광발전은 국토가 좁은 우리나라의 실정을 고려하고 신재생에너지 의존도를 높여야 하는 우리나라의 사정을 고려할 때 반드시 적용되어야 할 미래 핵심 기술이라고 확신하면서 독자들의 지도 편달을 부탁한다.

2021년 7월

대표저자 서항석

CONTENTS

제2장 BIPV 제품의 분류 및 주요 제품

제4장 BIPV 관련 국제규격 현황과 우리나라 규정

제5장 BIPV 시스템 설계 및 성능평가

제6장 에너지 믹스 전망과 전원별 특성 비교

제7장 BIPV 시공사례

제1장

BIPV의 개념 및 기술분석

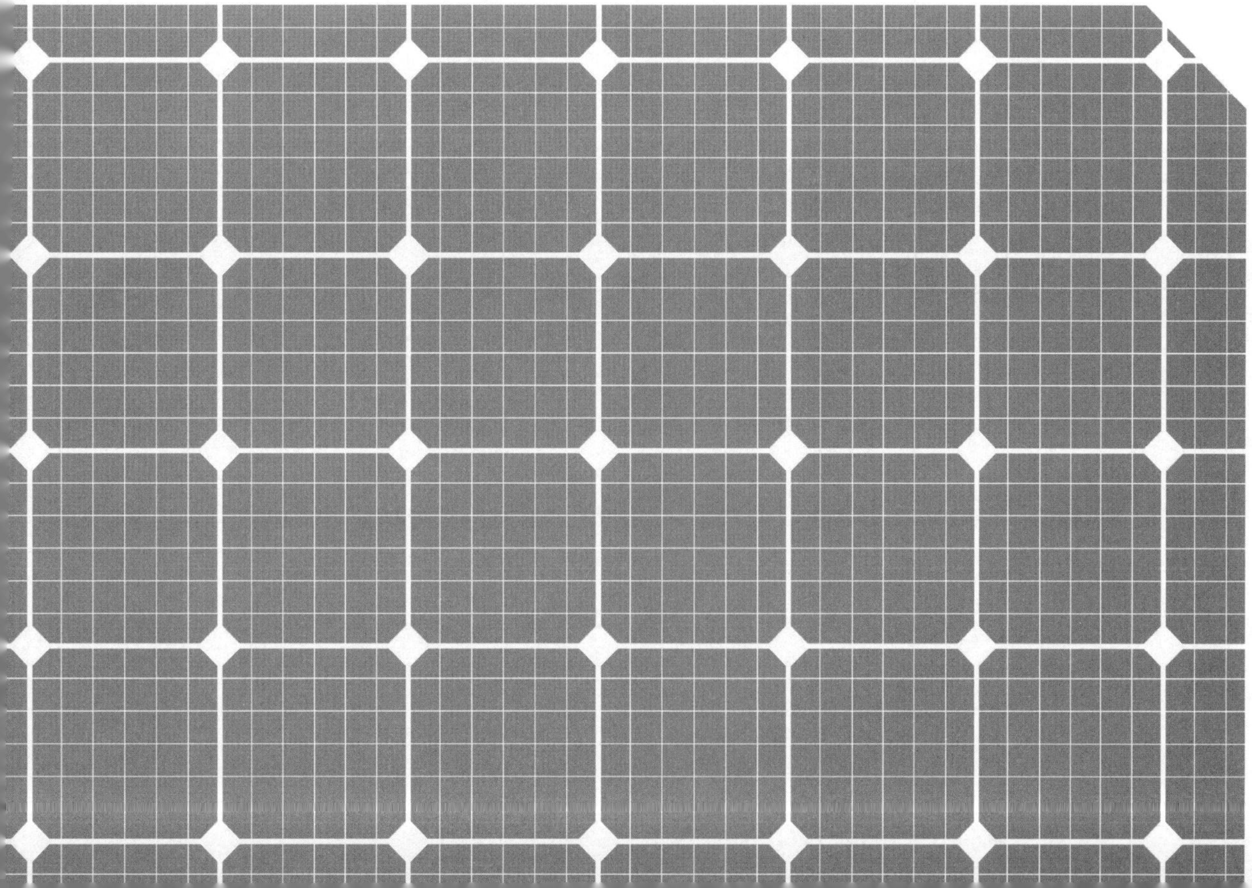

제1장

BIPV의 개념 및 기술분석

제1절 기본 개념

1. BIPV의 기본 개념

BIPV는 Building Integrated Building Photovoltaic의 약자로서 태양광발전설비를 건물에 도입하여 설치하는 '건물일체형 태양광발전'이다. 이 개념은 건물의 외피(building envelope / 건물 외벽, 창호, 지붕 및 옥상, 발코니 등 건물을 둘러싸고 있는 구조물)에 태양광 패널을 설치하여 발전하는 개념으로서 광의의 개념과 협의의 개념으로 나눌 수 있다. 광의의 개념으로서 BIPV는 건물의 외피에 설치하는 모든 태양광발전을 의미하는 것이지만 협의의 개념은 건물의 외피를 대신할 수 있는 구조물이 태양광 패널로 이루어져 있는 것을 의미하며 일본에서는 건재일체형(建材一体型) 태양광발전이라는 용어를 사용하기도 한다.

지금까지 건물의 역할은 온도, 습도, 바람, 과다한 일사량 등 바람직하지 않는 외부의 환경으로부터 사람을 보호하면서 사람들이 안전하게 거주하거나 작업 및 활동하기에 적절한 환경을 만들어주기 위한 공간을 제공하기 위한 수단으로 필요하였다. BIPV는 이러한 기본적인 건물의 기능에 발전소라는 기능을 가지게 한 것으로서 건물 자체가 에너지를 생산하는 공간이 되도록 함으로써 건물의 활용성을 높이게 된다. 2016년 문재인정부의 출범과 함께 원자력에 대한 의존도를 낮추면서 의욕적으로 추진되고 있는 신재생에너지 보급 촉진정책은 원자력발전과 신재생에너지 발전 간 경쟁력 측면에서 많은 논란을 야기하고 있지만 그중 하나는 국토가 좁은 우리나라의 실정상 토지의 과다 사용이 필요한 태양광발전의 토지경제성이 문제로 지적되고 있다. 따라서 BIPV는 건물 자체를 발전소로 활용하기 때문에 태양광발전시설을 위한 별도의 토지가 불필요하기 때문에 매우 적절한 대안으로 인식되고 있으며 우리와 사정이 비슷한 일본의 경우는 물론이고 비교적 인구에 비해 넓은 국토를 가진 유럽 등 다른 나라도 BIPV 보급을 촉진시키고 있다.

그런데 이와 같이 건물 자체가 전력을 생산하는 기능을 가진 BIPV의 가장 중요한 문제는 원자력발전 등 기존의 상용 전력과 비교하여 얼마나 저렴하게 전력을 공급할 수 있느냐라는 것인데 태양전지의 가격 자체가 낮아짐으로써 경쟁력이 점점 높아지고 있다. 일례로 1W 발전을 위한 결정질 실리콘 태양전지의 단가는 1977년 76.67$에서 2013년에는 0.74$로 1 / 100 이하로 2016년에는 0.447$로 낮아졌으며,[1] 2020년 들어서는 0.30$ 이하 수준까지 대폭 낮아졌다. 또한 발전된 전력을 저장하는 리튬이온 배터리도 kWh당 2010년 1,000$ 수준에서 2017년에는 200$ 수준으로 낮아졌고 2018년부터 2030년까지 평균 18%씩 낮아져서 2030년에는 70$ 수준이 될 것이라고 한다.[2] 이러한 추세에 힘입어 이제 태양광발전 패널은 과거의 고가 제품이 아니라 태양광 패널에 건축벽체나 지붕재로서 보유해야 하는 건축적 특성이 결합되는 일반적인 건축 부자재로 변화되고 있으며 가까운 장래에 어떤 건물에서도 기존의 건축외장재를 대체할 수 있을 것으로 예상된다.

BIPV는 1990년대 초부터 그 중요성이 강조되어 왔으나 실제 건물에 본격적으로 적용시키기 위하여 연구된 것은 2010년 EU 27개국이 공동으로 합의한 EPBD 2010에 의해 2020년 12월 31일 이후 신축되는 모든 신축건물을 준제로에너지빌딩인 nZEB(nearly zero energy building)로 건설하기로 합의를 하면서부터이다. EU 국가들은 이 합의를 실현시키기 위해 EU공동연구기금에서 “Horizon 2020 Program”을 추진하게 되었는데 이 프로그램의 핵심은 건물 자체를 태양광발전소로 활용해야 한다는 것이었다.[3]

따라서 BIPV는 향후 건물의 설계 및 시공에 있어서 선택적 사양이 아닌 필수적 사양으로 평가되는 개념이라고 하겠다.

---

1 서항석, “건물일체형 태양광발전시스템”, 충남대학교LINC사업단세미나, 2017. 12.

2 서항석, “세계 태양광발전시장 현황과 전망”, BJ파워 자체연구보고서, 2019. 8.

3 Project report BEAR-iD, NOBATEK, “Nearly zero-energy building concepts for the application of BIPV elements”, PVsites, Sept. 2016.

2. BIPV의 정의

가. 국제적인 정의

BIPV는 1970년대 미국에서 알루미늄 프레임의 태양광발전 패널을 건물에 설치하기 시작했으나 태양전지의 가격이 고가였기 때문에 경제적인 관점에서의 경쟁력이 취약하여 보급되지 않았고 건물에 태양광발전설비를 시공하는 것만으로도 BIPV로 일컬어졌다.[4] 그러나 그 후 1997년 국제에너지기구(IEA; International Energy Agency)의 태양광발전 국제공동연구프로그램인 PVPS(Photovoltaic Power Systems)의 7번 세부과제(TF-7, 태양광발전 적용 건축물에 대한 연구)를 필두로 하여, 2014년 시작된 15번 세부과제(TF-15, BIPV in the Built Environment) 등에서는 BIPV를 기존건물에 부착하여 시공하는 건물부착형 태양광발전인 BAPV(Building Attached Photovoltaic)와 구분하기 시작하였다. BIPV에 대한 정의는 전술한 IEA-PVPS Task15의 세세부과제인 Subtask C에서 제안하였던 것이 국제적으로 공인을 받은 개념인데 원문을 인용하면 다음과 같다.[5]

1) BIPV 모듈에 대한 정의

A BIPV module is a PV module and a construction product together, designed to be a component of the building. A BIPV module is the smallest(electrically and mechanically) non-divisible photo voltaic unit in a BIPV system which retains building-related functionality. If the BIPV module is dismounted, it would have to be replaced by an appropriate construction product.

2) BIPV 시스템에 대한 정의

A BIPV system is a photovoltaic system in which the PV modules satisfy the definition above for BIPV products. It includes the electrical components needed to connect the PV modules to external AC or DC circuits and the mechanical mounting systems needed to integrate the BIPV modules into

---

4 Patrina Eiffert, Gregory J. Kiss, “Building-Integrated Photovoltaic Design for Commercial and Institutional Structures”, NREL/BK-520-25272, February 2000.

5 H.R. Wilson(ed) et al., International definitions of “BIPV”, IEA PVPS Task 15, Report IEA PVPS T15-04 : 2018, August 2018.

the building”

이상에서 보는 바와 같이 BIPV는 건물의 외벽이나 지붕 등 건물의 외피를 대체할 수 있다는 것을 특징으로 하는 건물과 일체가 된 건물일체형 태양광발전 시스템이라고 하겠다.

나. 우리나라의 BIPV에 대한 정의

우리나라에서 BIPV에 대한 정의는 「신·재생에너지 설비의 지원 등에 관한 규정」에 근거한 「신재생에너지 설비의 지원 등에 관한 지침(신재생에너지센터공고 제 2020-05 호)」의 별표 1에 잘 나와 있는데 전술한 IEA PVPS T-15에서 제안되어 국제적으로 공인된 정의를 따랐다. 상기 지침에서는 태양광설비를 설치유형에 따라 지상형, 건물형, 수상형으로 구분하였으며 그중 건물형을 건물설치형, 건물부착형, 건물일체형으로 세분하였는데 다음과 같다.

가) 건물설치형 : 건축물 옥상 등에 설치하는 태양광설비의 유형

나) 건물부착형(이하 “BAPV형 : Building Attached PhotoVoltaic”) : 건축물 경사 지붕 또는 외벽 등에 밀착하여 설치하는 태양광설비의 유형

다) 건물일체형(이하 “BIPV형 : Building Integrated PhotoVoltaic”) : 태양광모듈을 건축물에 설치하여 건축 부자재의 역할 및 기능과 전력생산을 동시에 할 수 있는 태양광설비로 창호, 스팬드럴, 커튼월, 이중파사드, 외벽, 지붕재 등 건축물을 일부 또는 완전히 둘러싸는 벽, 창, 지붕 형태로 모듈이 제거될 경우 건물외피의 핵심기능이 상실 또는 훼손될 수 있어 다른 건축 자재로 대체되어야 하는 구조

또한 BIPV형 모듈은 한국에너지공단 신재생에너지센터장이 별도로 정하는 품질기준(KSC 8561 또는 8562 일부 준용)에 따라 ‘발전성능’ 및 ‘내구성’ 등을 만족하는 시험결과 가 포함된 시험성적서를 설비(설치)확인 신청 시 신재생에너지센터(이하 ‘센터’)에 제출할 경우에는 사용할 수 있는 것으로 규정하고 있으며 BIPV, 방음벽 태양광 등의 경우에는 정남향을 기준으로 동쪽 또는 서쪽 방향으로 90도 이내에 설치할 수 있도록 하였다(다른 태양광인 경우는 정남향을 기준으로 동쪽 또는 서쪽으로 45도 이내). 또한 BAPV의 경우 배면환기를 위해 지붕면이나 외벽으로부터 10cm 이상을 이격해야 하는 데 비해 BIPV는 이러한 제한이 없는 것

을 특징으로 한다.[6]

제2절 BIPV 도입 필요성과 성장잠재력

Introduction

1. BIPV 도입 필요성

최근 원자력발전소에 대한 추가적인 건설계획에 제동이 걸리고 화석연료에 의한 화력발전소도 환경 문제로 인하여 추가 건설에 어려움을 겪고 있고 신재생에너지 발전이 새로운 대안으로 부각되고 있다. 태양광발전은 1960년대부디 개발, 보급되어 왔고 최근 제조단가가 급격한 추세로 낮아지고 있다. 그러나 태양광발전의 경우 태양광에너지 자체가 고밀도의 에너지원이 아니기 때문에 면적에 비하여 생산할 수 있는 전력은 높지 않은 형편이다.

국토가 넓지 않은 우리나라의 경우 태양전지 생산가격이 낮아지더라도 태양광발전을 할 수 있는 토지가 제한되어 있기 때문에 가능한 한 우리 주변에 이용할 수 있는 공간을 매우 집약적으로 활용하는 것이 필수적이다.

유럽연합(EU)인 경우 2010년 설정한 목표에 의하면 2020년에는 모든 신축건물을 준제로에너지건물(nZEB; nearly Zero Energy Building; 화석에너지사용량이 거의 제로인 건물)로 건설하도록 되어 있으며 스위스를 비롯한 몇 개국에서는 이를 법제화한 바 있고 다른 나라들도 이러한 정책을 실현시키기 위해 노력하고 있으므로 늦어도 10년 이후부터 신축되는 모든 건물은 제로에너지 건물로 건설하는 것을 고려하지 않으면 안 된다.

---

6 신재생에너지센터공고 제2020-05호, 2020. 3. 2.

그림 1-1 다양한 BIPV 형태

건물인 경우 제로에너지 건물이 되기 위해서는 신재생에너지원을 이용하는 것이 필수적인데 지금 상황으로 고려할 때 적용할 수 있는 신재생에너지원은 전기에너지원은 태양광발전이 주를 이루고 풍력에너지가 보조할 수 있는 정도이며 열에너지는 지열에너지, 태양열에너지, 바이오에너지 등이 있다. 건물의 에너지 부하 중 전력 부하는 연중에 걸쳐서 일정한 기저부하 이상을 유지하는 데 비해 열 부하는 냉난방기에 집중되어 있는 것이 특징이다. 따라서 태양광발전은 향후 건물에 전력원을 공급할 수 있는 매우 중요한 수단으로서 타 신재생에너지원과의 경쟁에서 높은 위치를 점하고 있다.

건물에 태양광발전시설을 설치할 수 있는 장소는 외벽, 창호 및 지붕 등이 있으며 건물을 구성하는 구조체에 태양광발전시설을 설치하여 발전하는 것을 건물일체형 태양광발전 시스템(BIPV; Building Integrated Photovotaics)이라고 하는데 건물의 용도 및 형태에 따라 BIPV의 설계방식도 차이가 있다.

BIPV를 설계함에 있어서 가장 좋은 대안은 태양전지모듈 자체가 건물의 구조체로 완전히 대체할 수 있는 것이 가장 바람직한데 예컨대 외벽과 창호, 지붕 등에 사용되는 태양전지모듈 그 자체가 외벽, 창호, 지붕의 기능을 대체하여 발휘하는 경우 건물 설계적인 측면에서는 건물의 구조체 자체가 태양광발전을 수행하는 다기능적인 장점을 발휘하기 때문이다. 여기에 더하여 만약 건물의 외관이 미적인 측면에서도 태양광발전모듈을 설치한 것이 설치하지 않는 것보다 더 좋은 경우 장점은 더욱 많아지기 때문에 경쟁력이 생긴다.

이와 같이 BIPV는 건물구조체를 완벽하게 대체할 수 있을 때가 최선이지만 용도에 따라 일사차폐 그늘막으로 사용할 수 있는 것, 차음막 구조물로 대체할 수 있는 것, 발코니 및 난간에 설치할 수 있는 캐노피의 개념 등 다양한 용도로 설계할 수 있다.

2. BIPV 성장잠재력

BIPV는 태양광발전 산업의 기본적인 축으로서 성장잠재력은 태양광발전 산업의 발전에 따라 발전되게 되어 있다. 태양광발전산업은 전 세계 모든 나라에서 원자력에너지와 화석에너지에 대한 대안으로서 급속한 성장을 하고 있으며 그중 태양광발전 산업은 매우 급속한 속도로 성장하고 있는 중이다.

[그림 1-2]는 2000년부터 2018년까지 설치된 태양광발전 시스템의 총발전용량을 나타낸 것으로서 2000년의 10GW 수준에서 2018년 509GW에 달할 정도로 아주 급격하게 성장을 하고 있는 중인데[7] [그림 1-3]에서 보는 바와 같이 향후 세계 태양광발전 시장규모는 급증할 것으로 예상되며 2024년에는 최대 1,678GW 규모까지 증가할 것으로 예상된다.[8]

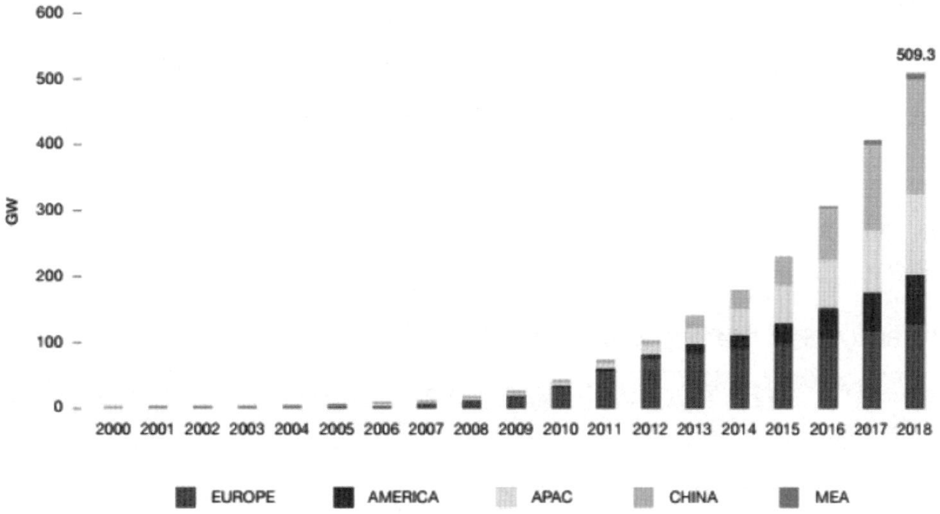

그림 1-2 세계 태양광발전 시스템 총설치용량(2000~2018년)

---

7 Solar Power Europe, “Global Market Outlook For Solar Power/2019-2023”, www.solarpowereurope.org, 2019.

8 Solar Power Europe, “Global Market Outlook For Solar Power/2020-2024”.

건물일체형 태양광발전 시스템인 BIPV는 야외에 설치하는 태양광발전에 비해 출발이 늦었지만 건물에 설치되는 경우 설치 토지를 절약할 수 있을 뿐만 아니라 건물의 외장재를 겸하여 사용하면 태양광발전에 대한 경제성을 높일 수 있기 때문에 앞으로 시장 잠재력이 매우 큰 실정이다.

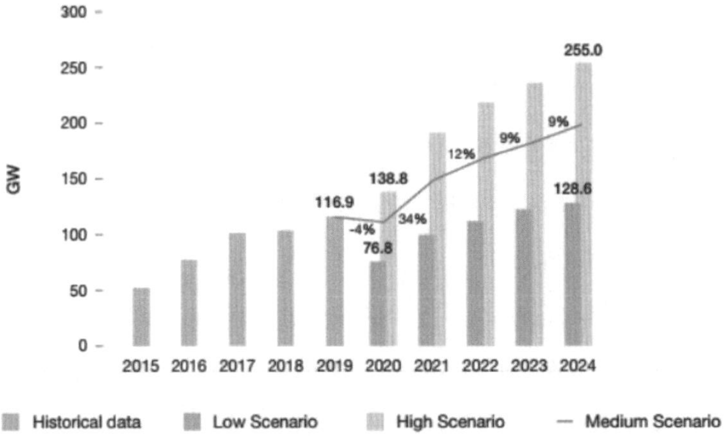

그림 1-3 2020~2024년 세계 태양광발전 시장규모 예측 시나리오

유럽은 지붕과 건물외피를 이용하여 발전을 하는 경우 EU 전체가 소비하는 전력의 40%를 공급할 수 있는 잠재력이 있다. 지붕을 이용하는 전 세계 주요 국가의 BIPV 발전 잠재량은 [표 1-1]에서 보는 바와 같이 1,760GW에 달하는 엄청난 잠재력이 있으며 전 세계 건물 부문 전력 수요량의 17%를 차지할 것으로 예측되지만 이 중 얼마나 실현될지는 각국의 정책에 달려 있다.

표 1-1 BIPV 잠재량 / 설치용량 및 발전량(자료 : EPIA)

국가구분	지붕설치면적(km^2)	설치잠재용량(GWp)	발전잠재량(TWh/y)	태양광발전 기여율(%)
유럽	3,723	618	494	14.64
미국	4,563	757	904	19.54
일본	1.050	174	159	11.54
기타 OECD	1,273	211	230	20.10
합계	10,609	1,760	10,519	16.98

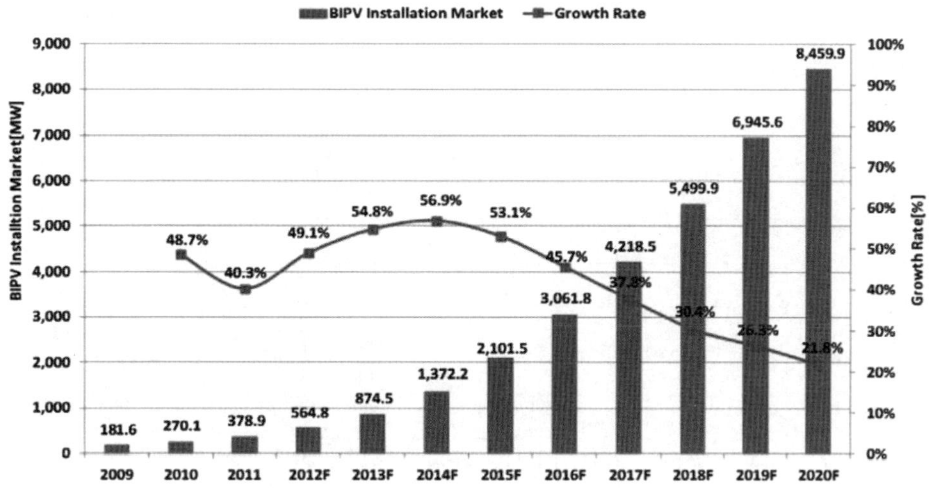

그림 1-4 BIPV 시장규모와 증가율 예상치(EU 기준)

한편 EU를 기준으로 BIPV 설치 잠재량과 증가율을 예측한 결과와 실제 설치된 규모는 그림에서 보는 바와 같은데 2020년까지 총 8,459.9MW가 예상되었고 증가율은 2015년까지 50%대의 비율로 증가했으나 2016년부터 점진적으로 낮아지기 시작하여 2020년에는 21.8%로 전망되고 있는데 이는 2020년경 시장이 안정적인 증가 추세로 진입했다는 것을 의미하며 그 이후에도 꾸준한 추세로 증가될 것으로 예측되는 바 BIPV는 향후 건물 분야에 있어서 필수적인 설계사양으로 자리매김할 것으로 보인다. 또한 전망치와 대비하여 실제 설치된 용량은 크게 차이가 발생되지 않고 있다. 앞서 설명한 바와 같이 BIPV는 설치를 하기 위한 별도의 토지를 필요로 하지 않기 때문에 건물의 외벽이든 지붕이든 창호 부분이든 구조물 자체를 태양전지모듈로 대체하여 구성할 수 있다면 앞으로 건물외피는 BIPV를 활용한 태양광발전소로서의 역할을 담당할 시대가 올 것으로 예상된다.

유럽의 경우 BIPV를 구성하는 태양전지의 종류는 [그림 1-5]에서 보는 바와 같이 결정질 실리콘 태양전지(c-Si)와 박막 실리콘 태양전지(TF Si)가 주를 이루고 있으나 2012년부터는 CdTe 태양전지가, 2015년부터는 CIGS 및 OPV/DSC 태양전지가 사용되고 있다. 이는 전 세계적인 추세라고 볼 수 있는데 불투명한 외벽에 시공하는 태양전지인 경우 결정질 태양전지를 사용하고 있으나 투명도를 중요시하는 유리창에 시공하는 태양전지인 경우 박막 태양전지를 사용하는 것이 당연한 일이다. 지금까지는 불투명 외벽이나 지붕을 위주로 BIPV 시장이 형성되었으나 유리창이나 캐노피 및 일사차폐 BIPV 등과 같이 투명도를 높이면서 경량인 재료인 박막형 태양전지로 만드는 제품의 수요가 높아질 것으로 기대되지만 가격이 고가인 것이 장애 요인으로 되어 있다.

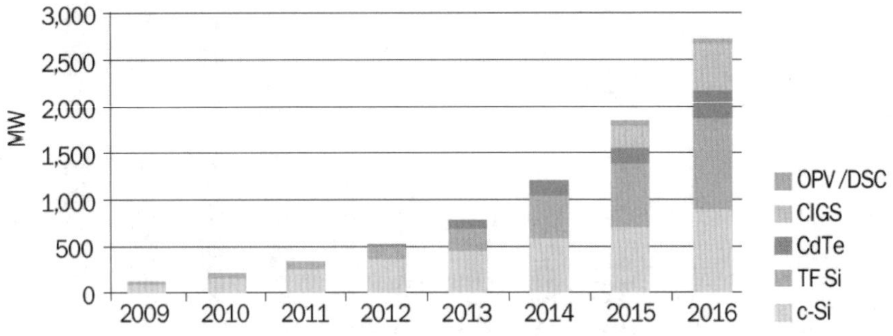

그림 1-5 태양전지 종류별 BIPV 설치 현황(EU 기준)

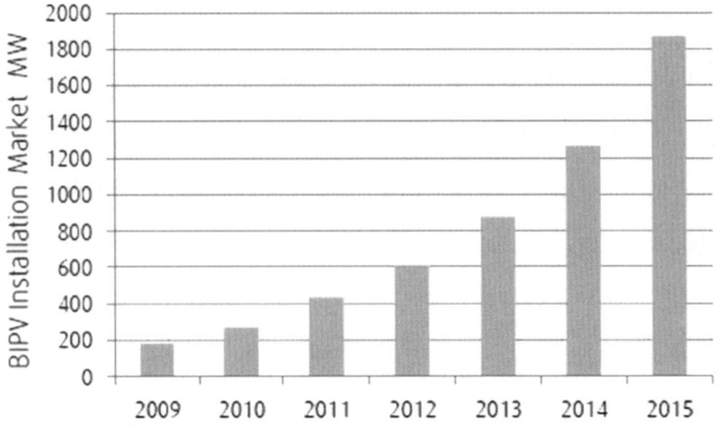

그림 1-6 EU의 BIPV 설치 실적(2009~2015)

한편 EU에서 태양광발전 선적량은 [표 1-2]에서 보는 바와 같이 2015년도에는 48GW 규모이나 2022년에는 122GW로 증가할 것으로 예측되는데 이 중 BIPV는 2%에서 13.3%로 그 비중이 급증할 것으로 예측되었다. 태양광발전 시스템 선적량은 2015년 44GW 용량에서 2022년에는 112GW로 증가하였는데 BIPV는 2015년에는 전체의 2%에 불과했으나 2022년에는 13.3%로 일반 태양광발전에 비해서 BIPV 성장 속도가 빨라질 것으로 예상되며 이러한 속도로 증가하는 경우 2020년대 후반에는 전체의 50% 이상을 차지할 정도로 시장지배품목이 될 것으로 예상되며 건물일체형 태양광발전 부자재는 일반적인 건축 부자재로 자리매김하는

BIPV 시대의 개막이 예상되고 있다. 건물일체형 태양광발전 시스템 중 지붕일체형 태양광발전 시스템이 초기 시장을 지배하고 있으나 외벽일체형 태양광발전과 창호일체형 태양광발전의 성장속도도 빠르게 진행되는데 이는 고밀도 건축물인 경우 지붕의 총면적보다는 외벽 및 창호의 총면적이 더 많이 차지하기 때문이며 시장의 성숙에 따라 제조가격이 저렴하게 변하기 때문인 것으로 생각된다.

표 1-2 태양광발전 선적량과 BIPV 선적규모 전망

구분		2015	2016	2017	2018	2019	2020	2021	2022
태양광발전 선적량(GW)		48	54	62	70	81	92	106	122
BIPV 점유율(%)		2.0	2.5	3.1	4.0	5.2	7.1	9.5	13.3
BIPV선적(MW)		941	1,337	1,906	2,827	4,209	6,508	10,081	16,235
지붕 BIPV	점유율(%)	59	53	52	51	51	51	50	50
	용량(MW)	559	712	986	1,452	2,138	3,294	5,060	8,166
외벽 BIPV	점유율(%)	19	26	28	29	31	32	34	36
	용량(MW)	179	347	534	831	1,299	2,109	3,431	5,802
유리창 BIPV	점유율(%)	22	21	20	19	18	17	16	14
	용량(MW)	203	277	386	544	772	1,104	1,590	2,267

자료 : n-tech Research 2015

Exhibit 6-2: BIPV Market by Region

(Percent)	2015	2016	2017	2018	2019	2020	2021	2022
United States	34.7	34.3	34.0	33.6	32.9	32.8	32.0	31.5
Europe	38.8	37.6	36.5	35.4	33.9	33.1	31.7	31.4
Japan	14.6	14.1	13.7	13.3	13.1	12.6	12.5	12.5
China	5.5	6.1	6.7	7.3	8.4	9.0	10.3	10.9
Others	6.40	7.90	9.10	10.40	11.70	12.50	13.50	13.70
	100.0	100.0	100.0	100.0	100.0	100.0	100.0	100.0

© n-tech Research 2015

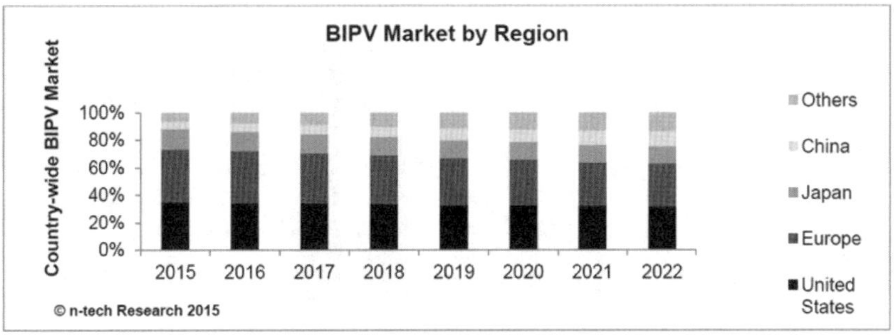

그림 1-7 지역별 BIPV 시장전망

한편 세계 주요 지역별로 BIPV에 대한 시장규모는 [그림 1-8]부터 [그림 1-10]에 나타내었는데 미국과 유럽이 많은 점유율을 보일 것으로 예상되는데 건물 부위별 BIPV 시장규모에 대한 전망은 다음과 같다.

- 지붕일체형 BIPV 시장규모는 미국과 유럽이 주도할 것으로 예상되는데 이는 이 지역이 지붕면적 비율이 적은 고빌도 건축물보다는 지붕면적비율이 큰 저층 주거용 건축물이 상대적으로 많은 비율로서 수요량이 크기 때문인 것으로 분석되며 일본과 중국의 증가 속도도 미국이나 유럽에 비해서는 떨어지나 증가되고 있음
- 외벽일체형 BIPV 시장규모도 미국과 유럽이 주도할 것으로 예상되는데 유럽지역인 경우 미국과 대등한 물량이 될 것으로 예상되며 일본과 중국 지역도 상대적으로 증가 속도가 빨라지고 있음
- 창호일체형 BIPV 시장도 미국과 유럽이 주도하고 있으나 중국과 일본의 성장속도도 2020년 이후부터는 빨라지는 것으로 예측되었음

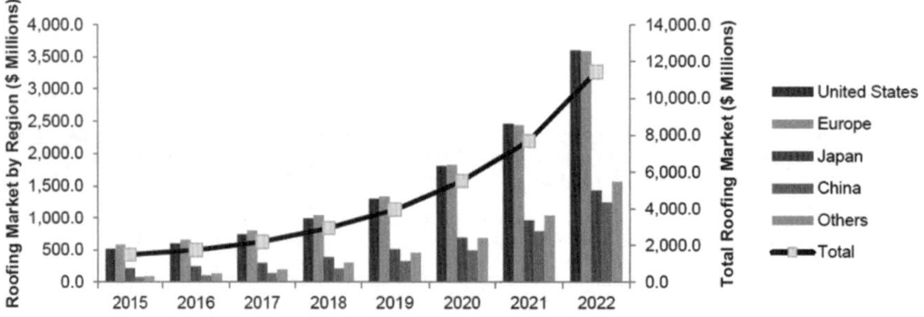

그림 1-8 지역별 지붕일체형 BIPV 시장전망

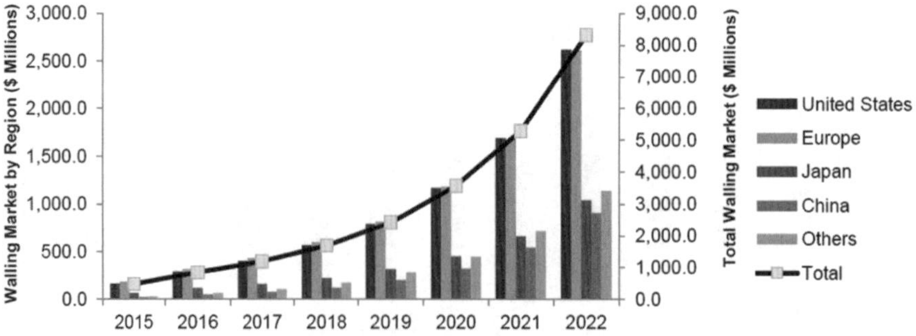

그림 1-9 지역별 외벽일체형 BIPV 시장전망

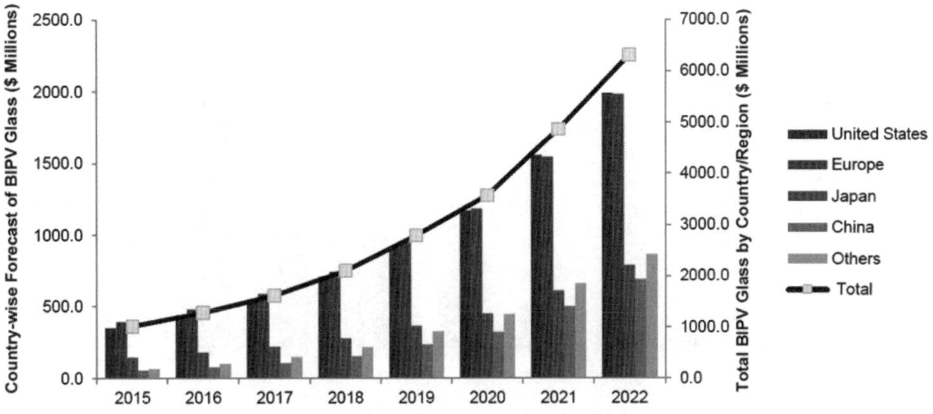

그림 1-10 지역별 창호형 BIPV 시장전망

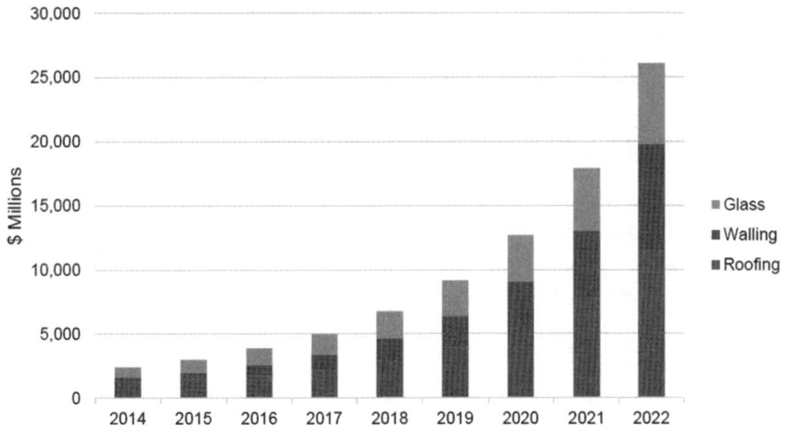

그림 1-11 BIPV 적용처별 연도별 매출액 전망

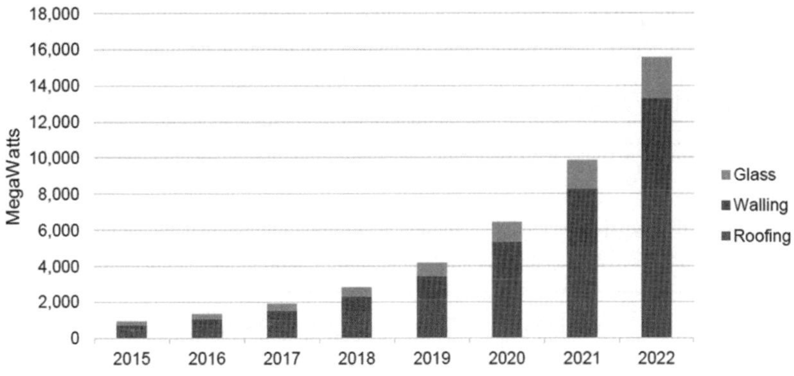

그림 1-12 BIPV 제품 적용처별 연도별 설치용량 전망

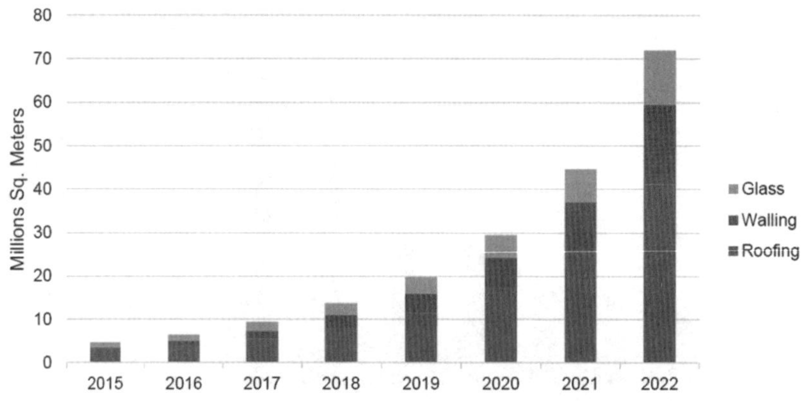

그림 1-13 BIPV 제품 적용처별 연도별 설치면적 전망

제3절 BIPV 채택에 대한 한국의 장려정책

1. 신재생에너지 설비 설치의무건물에 대한 법규 및 정책 분석

가. 신재생에너지 설치의무건물에서 BIPV 설치 시 우대 조치에 대한 근거 법규와 내용 요약

BIPV 설치 시 우대 조치에 대한 근거는 **산자부고시2019-66호**와 이를 근거로 하여 제정된 **신재생에너지센터 공고2020-05**에 규정되어 있는데 주요 내용은 다음과 같다.

- 산자부고시2019-66호(2019. 4. 30.) 제7절(설치의무기관의 신·재생에너지 설비보급) 제48조(공급의무 비율의 산정기준과 방법)에 근거하여 공급의무비율은 다음 식과 같이 산출함
- 신·재생에너지 공급의무 비율(%)

$$\text{신·재생에너지 공급의무 비율} = \frac{\text{신·재생에너지 생산량}}{\text{예상 에너지사용량}} \times 100$$

1) 예상 에너지사용량 산출식

$$\text{예상 에너지사용량} = \text{건축 연면적} \times \text{단위 에너지사용량} \times \text{지역계수}$$

가) 연면적이란 영 제15조 제2항에 따른 연면적을 말한다. 단, 주차장 면적은 연면적에서 제외한다.

나) 단위 에너지사용량이란 용도별 건축물의 단위면적당 연간 사용이 예측되는 에너지의 양으로서 [표 1-3]과 같다.

다) 지역계수란 지역별 기상조건을 고려한 계수로서 [표 1-3]과 같다.

표 1-3 단위 에너지사용량과 지역계수

단위 에너지사용량

구분		단위 에너지사용량(kWh/m²·yr)
공공용	교정 및 군사시설	392.07
	방송통신시설	490.18
	업무시설	371.66
문교·사회용	문화 및 집회시설	412.03
	종교시설	257.49
	의료시설	643.52
	교육연구시설	231.33
	노유자시설	175.58
	수련시설	231.33
	운동시설	235.42
	묘지관련시설	234.99
	관광휴게시설	437.08
	장례식장	234.99
상업용	판매 및 영업시설	408.45
	운수시설	374.47
	업무시설	374.47
	숙박시설	526.55
	위락시설	400.33

지역계수

구분	지역계수
서울	1.00
인천	0.97
경기	0.99
강원 영서	1.00
강원 영동	0.97
대전	1.00
충북	1.00
전북	1.04
충남·세종	0.99
광주	1.01
대구	1.04
부산	0.93
경남	1.00
울산	0.93
경북	0.98
전남	0.99
제주	0.97

2) 신·재생에너지 생산량 산출식

신·재생에너지 생산량＝원별 설치규모×단위 에너지생산량×원별 보정계수

가) 원별 설치규모란 설치계획을 수립한 신·재생에너지원의 규모를 말한다.

나) 단위 에너지생산량이란 신·재생에너지원별 단위 설치규모에서 연간 생산되는 에너지의 양이다.

다) **원별 보정계수**란 신·재생에너지원별 연간 에너지생산량을 보정하기 위한 계수로서 [표 1-4]와 같다.

라) 단위 에너지생산량, 원별 보정계수는 센터의 장이 정한다. 다만, 단위 에너지생산량이 현저히 낮은 신·재생에너지원의 보정계수는 다른 신·재생에너지원 보정계수의 최대치를 초과할 수 없다.

3) 신·재생에너지 설비 설치의무건물 관련 규정에서 BIPV 관련 특이 사항

신재생에너지 설비 설치의무건물과 관련된 규정에서 BIPV에 대한 원별 보정계수는 5.48로서 매우 높은 값으로서 대상 건물을 건설할 때 BIPV를 채택하는 경우 상대적으로 설치 효과가 크기 때문에 향후 중점적으로 보급될 전망이다(근거 자료 : 산자부고시 2019-66 및 신재생에너지센터 공고 2020-05).

표 1-4 단위 에너지생산량 및 원별 보정계수

신·재생에너지원		단위 에너지생산량		원별 보정계수
태양광	고정식	1,358	kWh/kW·yr	1.56
	추적식	1,765		1.68
	BIPV	923		5.48
태양열	평판형	596	kWh/m^2·yr	1.42
	단일진공관형	745	kWh/m^2·yr	1.14
	이중진공관형	745	kWh/m^2·yr	1.14
지열에너지	수직밀폐형	864	kWh/kW·yr	1.09
	개방형	864		1.00
집광채광	프리즘	132	kWh/m^2·yr	7.74
	광덕트	73		7.74
연료전지	PEMFC	7,415	kWh/kW·yr	2.84
수열에너지		864	kWh/kW·yr	1.12
목재펠릿		322	kWh/kg·yr	0.52

주) 여기서 정해지지 않은 신·재생에너지원에 대한 단위 에너지생산량과 원별 보정계수는 지침 제55조의 분야별위원회의 심의를 거쳐 센터의 장이 정한다.

나. 참고자료 : 근거규정-1(산업통상자원부고시 제2019-66호 / 2019. 12. 28.)

신·재생에너지 설비의 지원 등에 관한 규정

....

제7절 설치의무기관의 신·재생에너지 설비보급

제44조(설치의무기관 및 설치여부 확인 등) ① 설치의무기관은 영 제15조 제1항 제1호 [별표 2]에 따른 「신·재생에너지의 공급의무 비율」(이하 "공급의무 비율"이라 한다)을 충족하기 위하여 신·재생에너지 설비를 의무적으로 설치하여야 한다.

② 센터의 장은 설치의무기관의 의무대상 건축물 여부를 연 1회 이상 확인한 후 이행 여부를 관리하여야 하며, 그중 최근 5년간 신축, 증축 또는 개축 건축물의 신·재생에너지 설비 설치여부 결과를 장관에게 보고하여야 한다.

③ 센터의 장은 제1항에 따른 적용대상 여부를 확인하기 위하여 설치의무기관에 다음 각 호의 증빙자료를 요구할 수 있다.

1. 출연금을 확인할 수 있는 예산서 등 증빙서류
2. 납입자본금을 확인할 수 있는 대차대조표 등 증빙서류
3. 기타 설치의무기관의 건축물이 적용 대상인지 여부를 확인할 수 있는 증빙서류

제45조(설치계획서 제출 등) ① 설치의무기관의 장은 건축허가 신청 전에 신·재생에너지 설비 설치계획서(이하 "설치계획서"라 한다)를 작성하여 센터의 장에게 제출하여야 한다.

② 센터의 장은 제1항에 따라 설치계획서를 접수받은 날로부터 30일 이내에 센터의 장이 따로 정한 절차에 따라 사업타당성 등에 대한 신·재생에너지 설비 설치계획 검토서(이하 "검토서"라 한다)를 설치의무기관의 장에게 통보하여야 한다.

③ 제2항의 검토서를 받은 설치의무기관의 장은 건축허가신청서에 검토서의 내용을 반영하여야 하며, 건축허가 신청 시 제2항의 검토서를 첨부하여 해당 건출물의 건축허가권자에게 제출하여야 한다.

④ 설치의무기관의 장은 제3항에 따른 건축허가권자에게 제2항에 따른 검토서 내용의 반영여부 등을 확인시켜야 한다.

제46조(설치의무 면제대상 건축물 등) ① 영 제15조 제1항 제1호 괄호단서에 따라 신·재생에너지 설비의 설치가 면제되는 대상건축물은 다음 각 호와 같으며, 이 경우 센터의 장은 제3항에 따른 평가위원회의 심의를 거쳐 면제대상 건축물 여부를 확정한다.

1. 신·재생에너지 설비의 설치가 건축물의 구조적 안전성과 주변시설의 안전에 현저히 영향을 미치는 경우
2. 일정 기간 한시적으로 사용되는 건축물로서 건축물의 사용목적이 일반건축물의 용도와 다른 경우
3. 신·재생에너지 설비를 이용하는 데 있어서 연속성이 현저히 낮은 경우
4. 기타 입지조건의 특수성 등으로 인하여 설치면제 또는 조건부 면제가 타당하다고 센터의 장이 인정하는 경우

② 제1항에 따라 설치의무 면제를 받고자 하는 설치의무기관의 장은 센터의 장이 따로 정하는 서식에 따라 신·재생에너지 설비 설치면제신청서(이하 "면제신청서"라 한다)를 건축허가 신청 전에 센터의 장에게 제출하여야 한다.

③ 센터의 장은 제2항에 따라 제출받은 면제신청서의 접수일로부터 30일 이내에 제54조에 따른 평가위원회의 심의를 거쳐 타당성을 검토하여 그 결과를 확정한 후 제1항의 신청자에게 확정한 내용을 통보하여야 한다.

④ 제3항의 검토서를 받은 제1항의 설치의무기관의 장은 제45조 제3항을 준용하여 필요한 조치를 취하여 건축허가를 신청하여야 한다.

⑤ 설치의무기관의 장은 건축허가권자에게 제3항에 따른 검토서 내용 등을 확인시켜야 한다.

제47조(설치계획서의 검토기준) 설치계획서는 접수일자 기준으로 검토하며, 검토기준은 다음 각 호와 같다. 다만 설치계획서를 제출하지 않고 건축허가를 받은 후 신·재생에너지 설비를 설치한 기관은 건축허가일 기준으로 검토한다.

1. 영 제15조 제1항에 따른 대상건축물 부합 여부
2. 영 제15조 제3항에 따른 신·재생에너지 공급의무 비율 산정이 가능한 신·재생에너지 설비 부합 여부 및 설비인증 만료 여부
3. 제48조에 따른 예상 에너지사용량 대비 신·재생에너지 공급의무 비율 충족 여부

제48조(공급의무 비율의 산정기준과 방법) **영 제15조 제1항과 제3항에 따른 「신·재생에너지 공급의무 비율의 산정기준과 방법」은 [별표 2]와 같다.**

[별표 2] **신·재생에너지 공급의무 비율의 산정기준 및 방법(제48조 관련)**

1. 신·재생에너지 공급의무 비율(%)은 다음의 식으로 산정한다.

$$\text{신·재생에너지 공급의무 비율} = \frac{\text{신·재생에너지 생산량}}{\text{예상 에너지사용량}} \times 100$$

비고)

(1) 신·재생에너지 공급의무 비율이란 건축물에서 연간 사용이 예측되는 총에너지량 중 그 일부를 의무적으로 신·재생에너지설비를 이용하여 생산한 에너지로 공급해야 하는 비율이다.

(2) 신·재생에너지 생산량이란 신·재생에너지를 이용하여 공급되는 에너지를 의미하며, 신·재생에너지설비를 이용하여 연간 생산하는 에너지의 양을 보정한 값이다.

(3) 예상 에너지사용량이란 건축물에서 연간 사용이 예측되는 총에너지의 양이다.

* 신·재생에너지 생산량 및 예상 에너지사용량은 법 제12조 제2항 및 영 제15조 제3항에 의함

2. **예상 에너지사용량**은 다음의 식으로 산정한다.

$$\text{예상 에너지사용량} = \text{건축 연면적} \times \text{단위 에너지사용량} \times \text{지역계수}$$

비고)

(1) 연면적이란 영 제15조 제2항에 따른 연면적을 말한다. 단, 주차장 면적은 연면적에서 제외한다.

(2) 단위 에너지사용량이란 용도별 건축물의 단위면적당 연간 사용이 예측되는 에너지의 양이다.

(3) 지역계수란 지역별 기상조건을 고려한 계수이다.

(4) 단위 에너지사용량 및 지역계수는 다음과 같다.

단위 에너지사용량

구분		단위 에너지사용량(kWh/m²·yr)
공공용	교정 및 군사시설	392.07
	방송통신시설	490.18
	업무시설	371.66
문교·사회용	문화 및 집회시설	412.03
	종교시설	257.49
	의료시설	643.52
	교육연구시설	231.33
	노유자시설	175.58
	수련시설	231.33
	운동시설	235.42
	묘지관련시설	234.99
	관광휴게시설	437.08
	장례식장	234.99
상업용	판매 및 영업시설	408.45
	운수시설	374.47
	업무시설	374.47
	숙박시설	526.55
	위락시설	400.33

지역계수

구분	지역계수
서울	1.00
인천	0.97
경기	0.99
강원 영서	1.00
강원 영동	0.97
대전	1.00
충북	1.00
전북	1.04
충남·세종	0.99
광주	1.01
대구	1.04
부산	0.93
경남	1.00
울산	0.93
경북	0.98
전남	0.99
제주	0.97

3. **신·재생에너지 생산량**은 다음의 식으로 산정한다.

신·재생에너지 생산량 = 원별 설치규모×단위 에너지생산량×원별 보정계수

비고)

(1) 원별 설치규모란 설치계획을 수립한 신·재생에너지원의 규모를 말한다.

(2) 단위 에너지생산량이란 신·재생에너지원별 단위 설치규모에서 연간 생산되는 에너지의 양이다.

(3) 원별 보정계수란 신·재생에너지원별 연간 에너지생산량을 보정하기 위한 계수이다.

(4) 단위 에너지생산량, 원별 보정계수는 센터의 장이 정한다. 다만, 단위 에너지생산량이 현저히 낮은 신·재생에너지원의 보정계수는 다른 신·재생에너지원 보정계수의 최대치를 초과할 수 없다.

다. 근거규정-2(신·재생에너지센터 공고 제2020-5호 / 2020. 3. 2.) 요약

신·재생에너지 설비의 지원 등에 관한 지침

제52조(단위 에너지 및 원별 보정계수) 고시 [별표 2]에 따라 **신·재생에너지공급비율 산정을 위한 단위 에너지 및 원별 보정계수는 [별표 10]과 같다.**

[별표 10] 단위 에너지생산량 및 원별 보정계수

신·재생에너지원		단위 에너지생산량		원별 보정계수
태양광	고정식	1,358	kWh/kW · yr	1.56
	추적식	1,765		1.68
	BIPV	923		5.48
태양열	평판형	596	kWh/m^2 · yr	1.42
	단일진공관형	745	kWh/m^2 · yr	1.14
	이중진공관형	745	kWh/m^2 · yr	1.14
지열에너지	수직밀폐형	864	kWh/kW · yr	1.09
	개방형	864		1.00
집광채광	프리즘	132	kWh/m^2 · yr	7.74
	광덕트	73		7.74
연료전지	PEMFC	7,415	kWh/kW · yr	2.84
수열에너지		864	kWh/kW · yr	1.12
목재펠릿		322	kWh/kg · yr	0.52

주) 여기서 정해지지 않은 신·재생에너지원에 대한 단위 에너지생산량과 원별 보정계수는 지침 제55조의 분야별위원회의 심의를 거쳐 센터의 장이 정한다.

1.4 신재생에너지설치의무기관의 정의 근거규정

신재생에너지설치의무기관에 대한 정의는 "신에너지 및 재생에너지개발·이용·보급 촉진법" 제12조에 규정되어 있으며 다음과 같다.

제12조(신·재생에너지사업에의 투자권고 및 신·재생에너지 이용의무화 등)

① 산업통상자원부장관은 신·재생에너지의 기술개발 및 이용·보급을 촉진하기 위하여 필요하다고 인정하면 에너지 관련 사업을 하는 자에 대하여 제10조 각 호의 사업을 하거나 그 사업에 투자 또는 출연할 것을 권고할 수 있다. 〈개정 2013. 3. 23.〉

② 산업통상자원부장관은 신·재생에너지의 이용·보급을 촉진하고 신·재생에너지산업의 활성화를 위하여 필요하다고 인정하면 다음 각 호의 어느 하나에 해당하는 자가 신축·증축 또는 개축하는 건축물에 대하여 대통령령으로 정하는 바에 따라 그 설계 시 산출된 예상 에너지사용량의 일정 비율 이상을 신·재생에너지를 이용하여 공급되는 에너지를 사용하도록 신·재생에너지 설비를 의무적으로 설치하게 할 수 있다. 〈개정 2013. 3. 23., 2015. 1. 28.〉

1. **국가 및 지방자치단체**
2. **공공기관**
3. **정부가 대통령령으로 정하는 금액 이상을 출연한 정부출연기관**
4. **「국유재산법」 제2조 제6호에 따른 정부출자기업체**

5. 지방자치단체 및 제2호부터 제4호까지의 규정에 따른 공공기관, 정부출연기관 또는 정부출자기업체가 대통령령으로 정하는 비율 또는 금액 이상을 출자한 법인

6. 특별법에 따라 설립된 법인

③ 산업통상자원부장관은 신·재생에너지의 활용 여건 등을 고려할 때 신·재생에너지를 이용하는 것이 적절하다고 인정되는 공장·사업장 및 집단주택단지 등에 대하여 신·재생에너지의 종류를 지정하여 이용하도록 권고하거나 그 이용설비를 설치하도록 권고할 수 있다. 〈개정 2013. 3. 23.〉 [전문개정 2010. 4. 12.]

(출처 : 신에너지 및 재생에너지 개발·이용·보급 촉진법 일부개정 2017. 3. 21. [법률 제14670호, 시행 2017. 9. 22.] 산업통상자원부 종합법률정보 법령)

1.5 신·재생에너지 공급의무 비율 및 설치의무기관의 구체적인 정의

신·재생에너지 공급의무 비율 및 설치의무기관의 구체적인 정의는 **신에너지 및 재생에너지 개발·이용·보급 촉진법 시행령 제15조**와 이 조항에서 규정된 건축법 시행령 별표 1에 의한다.

가. 신에너지 및 재생에너지 개발·이용·보급 촉진법 시행령 제15조

제15조(신·재생에너지 공급의무 비율 등)

① 법 제12조 제2항에 따른 예상 에너지사용량에 대한 **신·재생에너지 공급의무비율**은 다음 각 호와 같다. 〈개정 2013. 3. 23.〉

1. **「건축법 시행령」 별표 1 제5호부터 제16호까지, 제23호가목부터 다목까지, 제24호 및 제26호부터 제28호까지의 용도의 건축물로서 신축·증축 또는 개축하는 부분의 연면적이 1천 제곱미터 이상인 건축물**(해당 건축물의 건축 목적, 기능, 설계 조건 또는 시공 여건상의 특수성으로 인하여 신·재생에너지 설비를 설치하는 것이 불합리하다고 인정되는 경우로서 산업통상자원부장관이 정하여 고시하는 건축물은 제외한다) : 별표 2에 따른 비율 이상
2. 제1호 외의 건축물 : 산업통상자원부장관이 용도별 건축물의 종류로 정하여 고시하는 비율 이상

② 제1항 제1호에서 "연면적"이란 「건축법 시행령」 제119조 제1항 제4호에 따른 연면적을 말하되, 하나의 대지(대지)에 둘 이상의 건축물이 있는 경우에는 동일한 건축허가를 받은 건축물의 연면적 합계를 말한다.

③ 제1항에 따른 건축물의 예상 에너지사용량의 산정기준 및 산정방법 등은 신·재생에너지의 균형 있는 보급과 기술개발의 촉진 및 산업 활성화 등을 고려하여 산업 통상자원부장관이 정하여 고시한다. 〈개정 2013. 3. 23.〉[전문개정 2010. 9. 17.]

제16조(신·재생에너지 설비 설치의무기관)연혁판례문헌

① 법 제12조 제2항 제3호에서 "대통령령으로 정하는 금액 이상"이란 연간 50억 원 이상을 말한다.

② 법 제12조 제2항 제5호에서 "대통령령으로 정하는 비율 또는 금액 이상을 출자한 법인"이란 다음 각 호의 어느 하나에 해당하는 법인을 말한다.

1. 납입자본금의 100의 50 이상을 출자한 법인
2. 납입자본금으로 50억 원 이상을 출자한 법인

[전문개정 2010. 9. 17.]

(출처 : 신에너지 및 재생에너지 개발·이용·보급 촉진법 시행령 일부개정 2016. 12. 5. [대통령령 제27660호, 시행 2016. 12. 5.] 산업통상자원부 종합법률정보 법령)

신에너지 및 재생에너지 개발·이용·보급 촉진법 시행령 제15조 1항에서 규정한 신·재생에너지 공급의무 비율

신·재생에너지의 공급의무 비율(제15조 제1항 제1호 관련)

해당 연도	2011~2012	2013	2014	2015	2016	2017	2018	2019	2020 이후
공급의무 비율(%)	10	11	12	15	18	21	24	27	30

(출처 : 신에너지 및 재생에너지 개발·이용·보급 촉진법 시행령 일부개정 2019. 9. 24. [대통령령 제30095호, 시행 2019. 10. 1.] 산업통상자원부 종합법률정보 법령)

나. 「건축법 시행령」 별표 1 제5호부터 제16호까지, 제23호가목부터 다목까지, 제24호 및 제26호부터 제28호까지의 용도의 건축물

건축법 시행령 별표 1

5. 문화 및 집회시설
  가. 공연장으로서 제2종 근린생활시설에 해당하지 아니하는 것
  나. 집회장[예식장, 공회당, 회의장, 마권(馬券) 장외 발매소, 마권 전화투표소, 그 밖에 이와 비슷한 것을 말한다]으로서 제2종 근린생활시설에 해당하지 아니하는 것
  다. 관람장(경마장, 경륜장, 경정장, 자동차 경기장, 그 밖에 이와 비슷한 것과 체육관 및 운동장으로서 관람석의 바닥면적의 합계가 1천 제곱미터 이상인 것을 말한다)
  라. 전시장(박물관, 미술관, 과학관, 문화관, 체험관, 기념관, 산업전시장, 박람회장, 그 밖에 이와 비슷한 것을 말한다)
  마. 동·식물원(동물원, 식물원, 수족관, 그 밖에 이와 비슷한 것을 말한다)
6. 종교시설
  가. 종교집회장으로서 제2종 근린생활시설에 해당하지 아니하는 것
  나. 종교집회장(제2종 근린생활시설에 해당하지 아니하는 것을 말한다)에 설치하는 봉안당(奉安堂)
7. 판매시설
  가. 도매시장(「농수산물유통 및 가격안정에 관한 법률」에 따른 농수산물도매시장, 농수산물공판장, 그 밖에 이와 비슷한 것을 말하며, 그 안에 있는 근린생활시설을 포함한다)
  나. 소매시장(「유통산업발전법」 제2조 제3호에 따른 대규모 점포, 그 밖에 이와 비슷한 것을 말하며, 그 안에 있는 근린생활시설을 포함한다)
  다. 상점(그 안에 있는 근린생활시설을 포함한다)으로서 다음의 요건 중 어느 하나에 해당하는 것
    1) 제3호가목에 해당하는 용도(서점은 제외한다)로서 제1종 근린생활시설에 해당하지 아니하는 것
    2) 「게임산업진흥에 관한 법률」 제2조 제6호의2가목에 따른 청소년게임제공업의 시설, 같은 호 나목에 따른 일반게임제공업의 시설, 같은 조 제7호에 따른 인터넷컴퓨터게임시설제공업의 시설 및 같은 조 제8호에 따른 복합유통게임제공업의 시설로서 제2종 근린생활시설에 해당하지 아니하는 것
8. 운수시설
  가. 여객자동차터미널

8. 운수시설
  가. 여객자동차터미널
  나. 철도시설
  다. 공항시설
  라. 항만시설
  마. 삭제 〈2009. 7. 16.〉
9. 의료시설
  가. 병원(종합병원, 병원, 치과병원, 한방병원, 정신병원 및 요양병원을 말한다)
  나. 격리병원(전염병원, 마약진료소, 그 밖에 이와 비슷한 것을 말한다)
10. 교육연구시설(제2종 근린생활시설에 해당하는 것은 제외한다)
  가. 학교(유치원, 초등학교, 중학교, 고등학교, 전문대학, 대학, 대학교, 그 밖에 이에 준하는 각종 학교를 말한다)
  나. 교육원(연수원, 그 밖에 이와 비슷한 것을 포함한다)
  다. 직업훈련소(운전 및 정비 관련 직업훈련소는 제외한다)
  라. 학원(자동차학원·무도학원 및 정보통신기술을 활용하여 원격으로 교습하는 것은 제외한다)
  마. 연구소(연구소에 준하는 시험소와 계측계량소를 포함한다)
  바. 도서관
11. 노유자시설
  가. 아동 관련 시설(어린이집, 아동복지시설, 그 밖에 이와 비슷한 것으로서 단독주택, 공동주택 및 제1종 근린생활시설에 해당하지 아니하는 것을 말한다)
  나. 노인복지시설(단독주택과 공동주택에 해당하지 아니하는 것을 말한다)
  다. 그 밖에 다른 용도로 분류되지 아니한 사회복지시설 및 근로복지시설
12. 수련시설
  가. 생활권 수련시설(「청소년활동진흥법」에 따른 청소년수련관, 청소년문화의집, 청소년특화시설, 그 밖에 이와 비슷한 것을 말한다)
  나. 자연권 수련시설(「청소년활동진흥법」에 따른 청소년수련원, 청소년야영장, 그 밖에 이와 비슷한 것을 말한다)
  다. 「청소년활동진흥법」에 따른 유스호스텔
  라. 「관광진흥법」에 따른 야영장 시설로서 제29호에 해당하지 아니하는 시설
13. 운동시설
  가. 탁구장, 체육도장, 테니스장, 체력단련장, 에어로빅장, 볼링장, 당구장, 실내낚시터, 골프연습장, 놀이형시설, 그 밖에 이와 비슷한 것으로서 제1종 근린생활시설 및 제2종 근린생활시설에 해당하지 아니하는 것
  나. 체육관으로서 관람석이 없거나 관람석의 바닥면적이 1천 제곱미터 미만인 것
  다. 운동장(육상장, 구기장, 볼링장, 수영장, 스케이트장, 롤러스케이트장, 승마장, 사격장, 궁도장, 골프장 등과 이에 딸린 건축물을 말한다)으로서 관람석이 없거나 관람석의 바닥면적이 1천 제곱미터 미만인 것

14. 업무시설
가. 공공업무시설 : 국가 또는 지방자치단체의 청사와 외국공관의 건축물로서 제1종 근린생활시설에 해당하지 아니하는 것
나. 일반업무시설 : 다음 요건을 갖춘 업무시설을 말한다.
1) 금융업소, 사무소, 결혼상담소 등 소개업소, 출판사, 신문사, 그 밖에 이와 비슷한 것으로서 제1종 근린생활시설 및 제2종 근린생활시설에 해당하지 않는 것
2) 오피스텔(업무를 주로 하며, 분양하거나 임대하는 구획 중 일부 구획에서 숙식을 할 수 있도록 한 건축물로서 국토교통부장관이 고시하는 기준에 적합한 것을 말한다)
15. 숙박시설
가. 일반숙박시설 및 생활숙박시설
나. 관광숙박시설(관광호텔, 수상관광호텔, 한국전통호텔, 가족호텔, 호스텔, 소형호텔, 의료관광호텔 및 휴양 콘도미니엄)
다. 다중생활시설(제2종 근린생활시설에 해당하지 아니하는 것을 말한다)
라. 그 밖에 가목부터 다목까지의 시설과 비슷한 것
16. 위락시설
가. 단란주점으로서 제2종 근린생활시설에 해당하지 아니하는 것
나. 유흥주점이나 그 밖에 이와 비슷한 것
다. 「관광진흥법」에 따른 유원시설업의 시설, 그 밖에 이와 비슷한 시설(제2종 근린생활시설과 운동시설에 해당하는 것은 제외한다)
라. 삭제 〈2010. 2. 18.〉
마. 무도장, 무도학원
바. 카지노영업소
23. 교정 및 군사 시설(제1종 근린생활시설에 해당하는 것은 제외한다)
가. 교정시설(보호감호소, 구치소 및 교도소를 말한다)
나. 갱생보호시설, 그 밖에 범죄자의 갱생·보육·교육·보건 등의 용도로 쓰는 시설
다. 소년원 및 소년분류심사원
24. 방송통신시설(제1종 근린생활시설에 해당하는 것은 제외한다)
가. 방송국(방송프로그램 제작시설 및 송신·수신·중계시설을 포함한다)
나. 전신전화국
다. 촬영소
라. 통신용 시설
마. 그 밖에 가목부터 라목까지의 시설과 비슷한 것
26. 묘지 관련 시설
가. 화장시설
나. 봉안당(종교시설에 해당하는 것은 제외한다)
다. 묘지와 자연장지에 부수되는 건축물
라. 동물화장시설, 동물건조장(乾燥葬)시설 및 동물 전용의 납골시설
27. 관광 휴게시설
가. 야외음악당
나. 야외극장

다. 어린이회관
라. 관망탑
마. 휴게소
바. 공원·유원지 또는 관광지에 부수되는 시설
28. 장례시설
가. 장례식장[의료시설의 부수시설(「의료법」 제36조 제1호에 따른 의료기관의 종류에 따른 시설을 말한다)에 해당하는 것은 제외한다]
나. 동물 전용의 장례식장

2. 녹색건축인증, 에너지효율등급 및 제로에너지건축물인증과 태양광발전

가. 제도의 개요

건축물의 에너지절약과 친환경 성능을 촉진시키기 위하여 녹색건축인증제도, 건축물 에너지효율등급 및 제로에너지건물 인증제도가 있다. 대상건물에 있어서 에너지소비량 등을 기준으로 등급을 부여하고 있으며 일정 기준 이상의 등급을 받는 경우 건물의 용적률과 높이 등 건축허가조건을 완화시켜주는 등 에너지소비가 적은 건물의 건설을 장려하고 있는데 요약하면 다음과 같음

① 녹색건축물인증 등급은 국토교통부 녹색건축물인증기준에 의해 결정이 되는데 녹색건축물의 등급에 영향을 주는 인자는 에너지 및 환경과 관련된 사항인데 태양광발전 시스템의 채택 여부는 에너지성능지수(EPI; Energy Performance Index)에서 신재생에너지를 도입한 경우 3점의 점수를 부여하고 있으므로 그다지 큰 영향을 미치는 것은 아닌 것으로 분석됨

② 건축물 에너지효율등급과 제로에너지건물 등급은 공인된 건물에너지 시뮬레이션 프로그램을 이용하여 산출된 예상 에너지 소비량의 정도에 따라서 등급을 부여하고 건축허가 시 건축허가기준을 완화할 수 있도록 하는 것으로서 건물에너지효율등급은 10개의 등급으로 구성되어 있고 제로에너지건물 등급은 5개 등급으로 되어 있음

③ 건축물 에너지효율등급기준

표 1-5 건물에너지효율등급기준

등급	주거용 건물	주거용 이외의 건물
	연간 단위면적당 1차 에너지소요량 (kWh/m²·년)	연간 단위면적당 1차 에너지소요량 (kWh/m²·년)
1^{+++}	60 미만	80 미만
1^{++}	60 이상 90 미만	80 이상 140 미만
1^{+}	90 이상 120 미만	140 이상 200 미만
1	120 이상 150 미만	200 이상 260 미만
2	150 이상 190 미만	260 이상 320 미만
3	190 이상 230 미만	320 이상 380 미만
4	230 이상 270 미만	380 이상 450 미만
5	270 이상 320 미만	450 이상 520 미만
6	320 이상 370 미만	520 이상 610 미만
7	370 이상 420 미만	610 이상 700 미만

주) 녹색 건축물 조성지원법 제17조(건축물의 에너지 효율등급 인증)
「건축물 에너지효율등급인증에 관한 규칙(국토교통부령 제250호, 2016. 02.19. 시행」
「건물 에너지 효율등급 인증 기준(국토교통부 고시 제2015-1019호, 산업통상자원부 제2015-268호, 2016. 02.19. 시행)」
건축물 에너지효율등급인증 인증기준 표

④ 제로에너지건축물 인증 등급기준

표 1-6 제로에너지건축물 인증 등급기준

ZEB 등급	에너지자립률
1등급	에너지자립률 100% 이상
2등급	에너지자립률 80% 이상~100% 미만
3등급	에너지자립률 60% 이상~80% 미만
4등급	에너지자립률 40% 이상~60% 미만
5등급	에너지자립률 20% 이상~40% 미만

3. 우대 기준

가. 태양광발전 채택 여부를 독립적으로 인정하는 것이 아니라 신재생에너지를 도입했는지 여부와 그 정도를 참작하여 녹색건축물인증 등급 및 건축물 에너지효율등급과 제로에너지건물인증 등급을 정하고 등급별로 건축허가 조건을 완화시켜주고 있음(건물의 용적률과 높이 등)

나. 녹색건축물인증 등급을 정하는 방법은 "(국토교통부) 녹색건축인증 기준"에 의해 결정되는데 신재생에너지를 도입한 건물인 경우 배점을 3점 부여하고 있고 완화기준은 다음 표와 같음

표 1-7 건물에너지 관련 등급 취득 시 우대 기준

건축물 에너지효율 인증 등급	녹색건축인증 등급	최대완화비율(%)
1^+	최우수	9
1^+	우수	6
1	최우수	6
1	우수	3

다. 건축물 에너지효율등급과 제로에너지건물 등급은 공인된 건물에너지 시뮬레이션을 이용하여 산출하여 에너지를 절약하는 정도에 따라 등급을 부여하고 등급에 따라 건축허가시 건축허가기준을 완화할 수 있음

표 1-8 제로에너지건축물 인증 등급 우대 기준

제로에너지건축물 인증 등급	최대완화비율(%)	비고
ZEB 1	15	에너지자립률이 100% 이상인 건축물
ZEB 2	14	에너지자립률이 80% 이상~100% 미만인 건축물
ZEB 3	13	에너지자립률이 60% 이상~80% 미민인 건축물
ZEB 4	12	에너지자립률이 40% 이상~60% 미만인 건축물
ZEB 5	11	에너지자립률이 20% 이상~40% 미만인 건축물

라. 건축물 에너지효율등급 인증 시 인센티브는 다음과 같이 다양함

1. 인증 유효기간
- 예비인증 : 사용 승인일 이전
- 본인증 : 인증 취득 후 10년

2. 인증 취득 시 인센티브
- 건축기준완화 : 용적률, 조경면적, 층수제한 기준 완화(건축물 에너지절약설계기준 별표 9)
- 서울시 공공, 민간건축물의 지방세 감면
- 지방세(취득세, 재산세) 감면(지방세특례제한법 시행령 제24조)
- 시설자금 융자지원(에너지이용합리화 자금)
- 조달청 입찰참가자격심사(PQ) 가점 부여
- 환경개선부담비용(최대 50%) 감면
- 홍보지원

• 취득세 감면

녹색건축인증 / 에너지효율등급	최우수등급(%)	우수등급(%)
에너지효율 1등급 또는 EPI 90점 이상	15	10
에너지효율 2등급 또는 EPI 80점 이상	10	5
제로에너지빌딩 (시범사업, 에너지효율등급 1++ 등급)	15%	

• 재산세 감면

구분	녹색건축인증 최우수(%)	녹색건축인증 우수(%)
에너지효율등급인증 1등급	15	10
에너지효율등급인증 2등급	10	3

* 에너지효율등급만 1등급 인증 받은 경우 : 3% 감면
* 녹색건축 최우수등급을 취득하고 에너지효율등급 3등급 이하 인증받은 경우 : 3% 감면

• 건축기준 완화

용적률 제한기준, 건축물 최대 높이 기준 완화(건축물의 에너지절약설계기준 제4장)

* 용적률, 건축물의 최대 높이 완화

건축물 에너지효율 인증 등급	에너지자립률	최대완화비율(%)
1^{++} 이상	100% 이상	15
1^{++} 이상	80% 이상~100% 미만	14
1^{++} 이상	60% 이상~80% 미만	13
1^{++} 이상	40% 이상~60% 미만	12
1^{++} 이상	20% 이상~40% 미만	11
1^{++} 이상	20% 미만	10

건축물 에너지효율 인증 등급	녹색건축인증 등급	최대완화비율(%)
1^{+}	최우수	9
1^{+}	우수	6
1	최우수	6
1	우수	3

제4절 기술적 고려사항

태양전지모듈로부터 최고의 발전효율을 얻기 위하여 고려해야 할 기본적인 사항은 설치 방위각(orientation), 음영(shading) 최소화, 적적한 통풍(ventilation), 오염물질(dirt) 최소화, 알베도 조절, 광활성물질(photoactive material)의 선택 등 6가지가 있다.

1. BIPV 기본 고려사항(Requirements)

가. 설치 방위와 각도

1) 방위각(Azimuth angle)

방위각은 태양전지모듈이 향하고 있는 방향과 태양이 남중하는 방향 사이의 각도를 말하며 [그림 1-14]와 같이 산출할 수 있다.

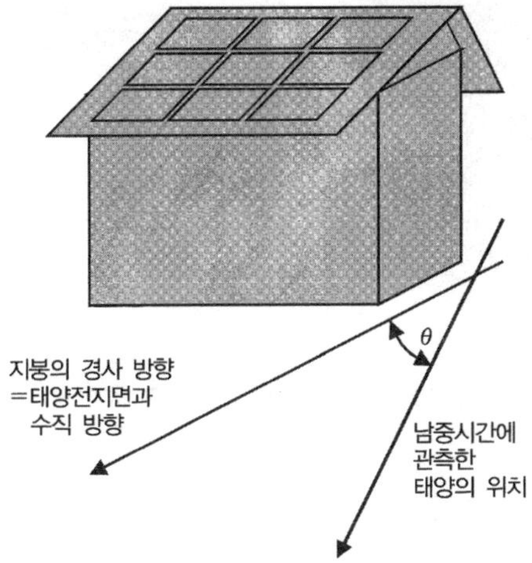

그림 1-14 태양광 방위각 산출방법

2) 앙각

앙각은 설치할 태양전지모듈과 수평면이 이루는 각도로서 원칙적으로는 위도와 같은 앙각으로 설치하면 연중 평균출력이 가장 크지만 계절별 일조시간에 따라 보다 정밀한 시뮬레이션이 필요하다.

설치앙각은 [그림 1-15]에서 보는 바와 같이 적도에 위치한 에콰도르처럼 수평으로 설치하면 0도가 되며 서울인 경우 37도, 오슬로인 경우 60도가 최적의 앙각이라고 알려져 있다.

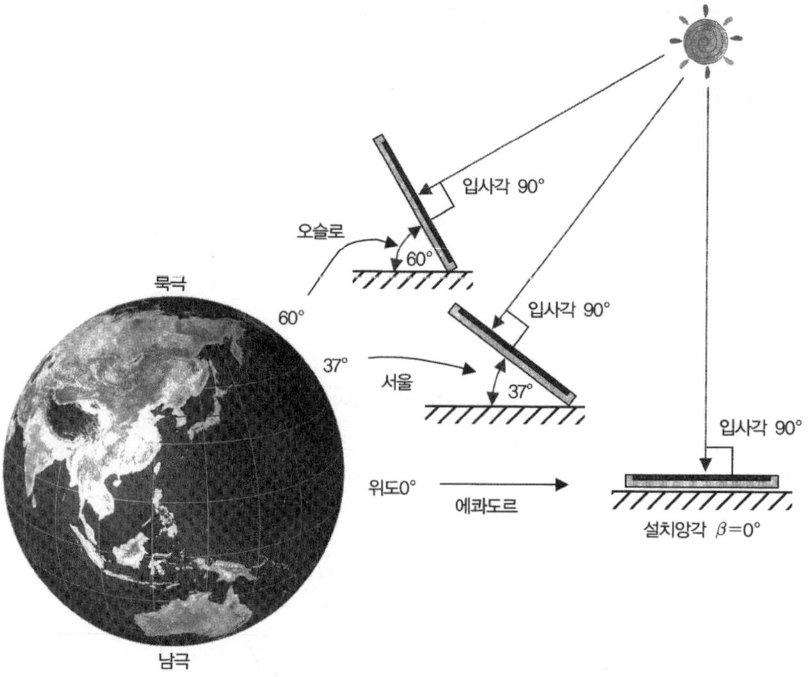

그림 1-15 태양광 앙각에 대한 개념도

3) 설치방향과 앙각에 따른 수광효율

가) 그래프 계산자에 의한 방법

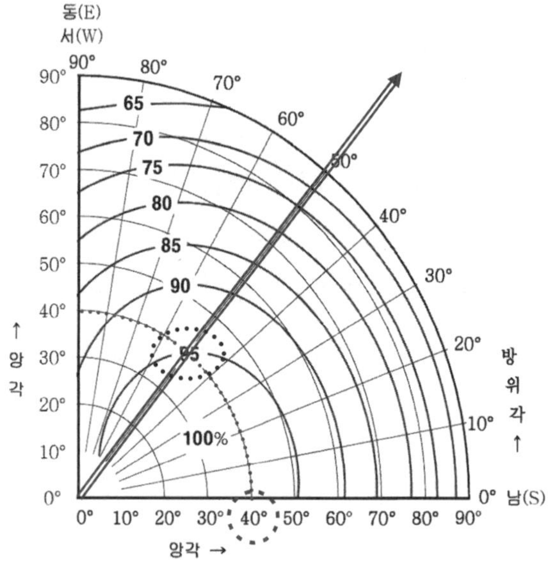

그림 1-16 설치방향과 앙각에 따른 수광효율 계산 그래프

이 방법은 앙각과 방위각을 알 때 수광효율을 그래프에서 읽을 수 있는 방법으로서 다음 순서로 읽을 수 있다.

- 먼저 해당지역의 앙각과 방위각을 파악한다.
- X축에 있는 앙각과 해당지역의 앙각을 일치시킨 후 원호를 따라 이동하면서 좌표 원점에서 해당지역의 방위각으로 직전을 그어서 만나는 교점에서의 값을 읽으면 된다.
- 예컨대 앙각이 40도이고 방위각이 50도인 경우 수광효율은 95%이다.

나) 간이 계산 모듈

이 방법은 [그림 1-17]에 나타낸 바와 같이 건물에 설치할 BIPV의 방위각과 앙각을 참고로 개략적으로 수광효율을 알 수 있는 방법인데 북위 30~40°에 위치한 곳을 기준으로 하였다. 이 그림에서 보는 바와 같이 정남향이고 경사각도가 위도와 같게 기울어진 지붕면의 발전량을 100으로 했을 때 옥상의 평면에 설치한 경우에는 90, 동남향이나 서남향의 경사면(위도 각도)에 설치한 경우 95가 되며 동, 서쪽은 75가 되며 수직면에 설치하는 경우 70(남향), 65(남동향, 남서향), 50(동, 서향)으로 떨어지나 미관을 중요시하는 건축가적 입장에서는 발전효율만을 강조할 수 있는 입장은 아닐 수 있다.

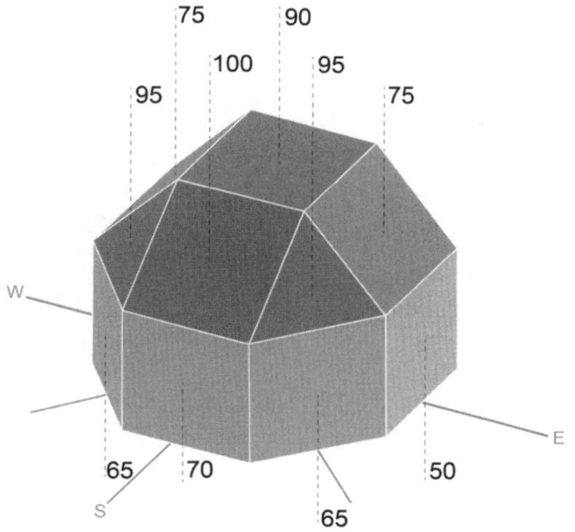

그림 1-17 건물의 방위별 경사별 태양광발전량 비교 지수

한편 우리나라인 경우 표준시를 동경 135도를 기준으로 하고 있기 때문에 이 경도와 7.5도 정도 차이가 있어서 태양이 남중하는 시각이 12시 30분이 된다는 점을 고려하면 완전한 남향에서 서향으로 7.5도 틀어져 있는 방향이 정남향에 해당되는 방향이라고 이해하는 것이 정확하다.

나. 음영(Shading)

태양광발전모듈이 설치되어야 할 장소는 태양광으로부터 그림자가 질 수 있는데 다음 그림에서 보는 바와 같이 그림자 영향을 최소화하기 위해서는 최적거리를 확보하는 것이 원칙이나 BIPV에서는 주변의 건물이나 다른 구조물로 인하여 확보가 어렵다. 최적거리는 다음 식에 의한다.

$$a_{opt} = \frac{a_s \times d}{d_s} = 108 \times d$$

여기에서,

a_{opt} : 모듈과 방해물 간 최적거리

a_s : 태양에서 지구까지 거리(150,000,000km)

d_s : 태양의 지름(1,390,000km)

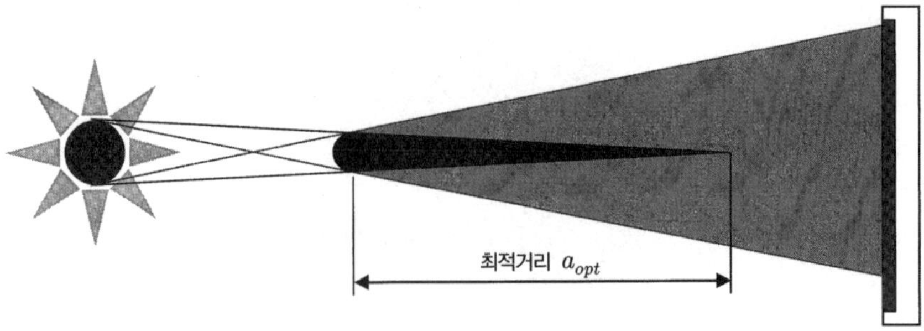

그림 1-18 모듈과 방해물 간 최적거리 개념도

BIPV를 설치할 지역의 그림자 분석을 위한 기본 계산식은 다음과 같으나 요즈음은 입력조건을 입력하면 간단하게 시뮬레이션할 수 있는 전산도구를 이용하면 편리하다. 참고로 그림자 분석 산출식을 제시하면 다음과 같다.

$$\tan(\gamma) = \frac{h_2 - h_1}{d}, \quad \therefore \gamma = \arctan\left(\frac{h_2 - h_1}{d}\right) = \arctan\left(\frac{\Delta h}{d}\right)$$

여기에서,

γ : 그림자의 경사각(방해물이 만드는 그림자 각도)

Δh : 모듈 하단부에서 방해물 상단부까지의 거리

a : 정남방향과 방해물이 이루는 각도

한편 태양의 일출과 일몰의 방위 및 고도는 다음에 나타낸 그림에서 알 수 있는데(북위 35도 기준) 요즈음은 컴퓨터 시뮬레이션으로 음영을 분석할 수 있다.

실제 태양전지모듈을 설치하는 경우 직렬 연결이냐 아니면 병렬 연결이냐에 따라 음영이 달라질 수 있으며 인근 구조물의 그림자가 부분적으로 비춰지기 때문에 그림자에 대한 분석이 정밀하게 요구되는 경우 컴퓨터 시뮬레이션 프로그램을 이용하여 사전에 예측하면 된다.

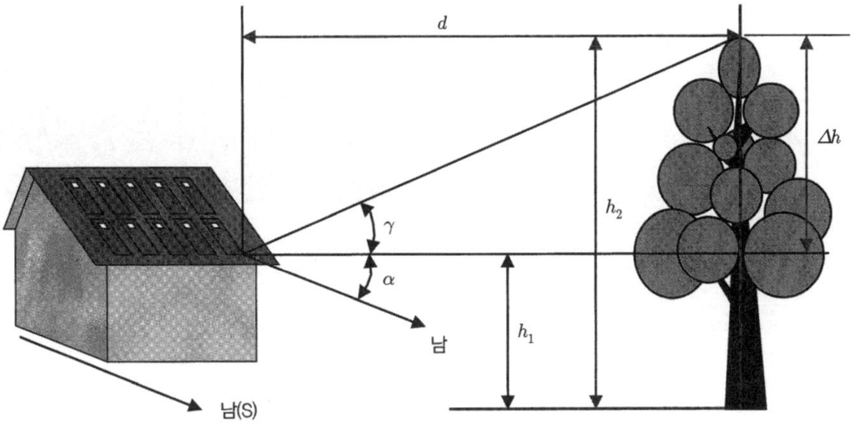

그림 1-19 그림자 분석을 위한 산출식의 변수 개념도

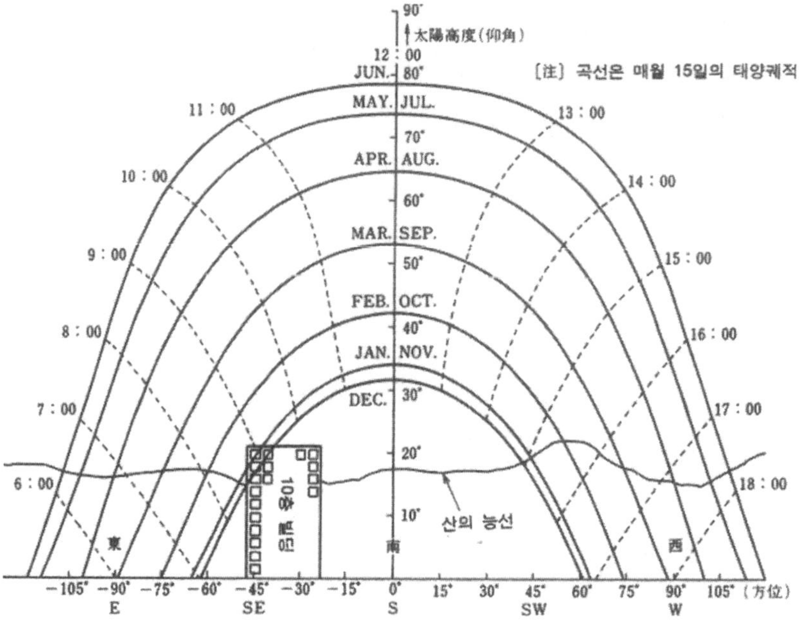

그림 1-20 태양 일출-일몰-방위-고도 관련도(북위 35도)

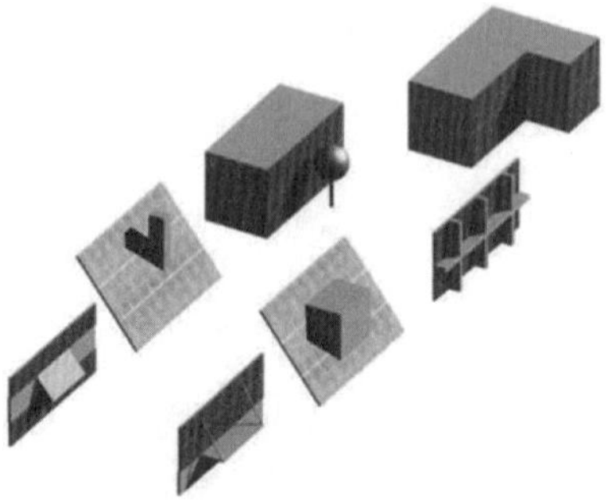

부분적인 음영의 예 1

부분적인 음영의 예 2

그림 1-21 부분 음영의 예시도

음영분석 사례(IEA-PVPS-T15 2016 발표자료에서 인용)

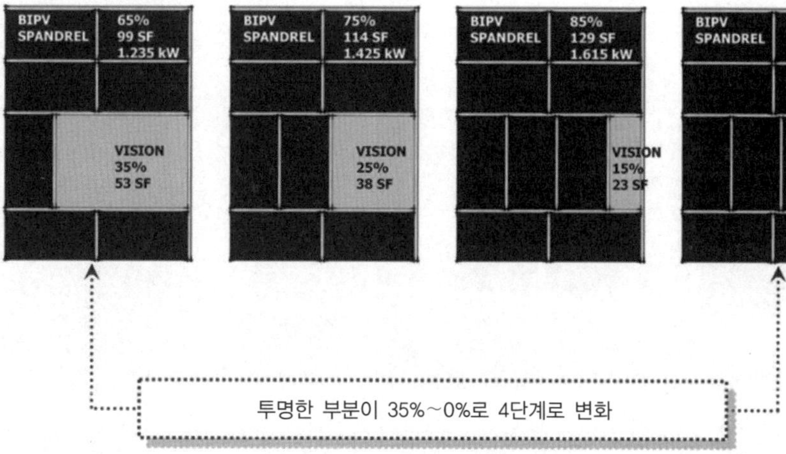

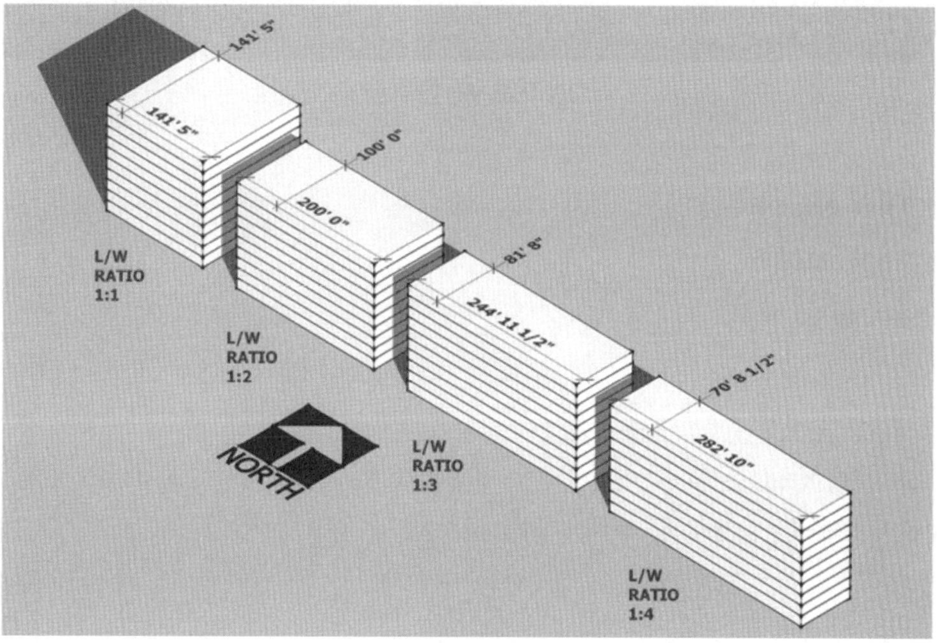

그림 1-22 음영 분석 사례

① 분석 대상 건물의 개요

그림 1-23 분석 대상 건물

- 건물의 용도 : 사무실
- 평면적 : 20,000ft^2
- 층수 : 10층

② 분석변수설정

- 남측외벽면적(L)과 동서측외벽면적(W) 비율(L/W Ratio)을 1 : 1에서 1 : 4까지 변화
- PV설치면적의 비율을 65, 75, 85, 100%의 4종류로 설정

③ 분석을 위한 기본가정

- 건물 위치 : 미국 캘리포니아 세크라멘토
- 날짜 및 시간 : 12월 21일 09 : 00~15 : 00
- 스팬드렐 총면적은 14,560ft^2, 옥상면적은 4,190ft^{2}임

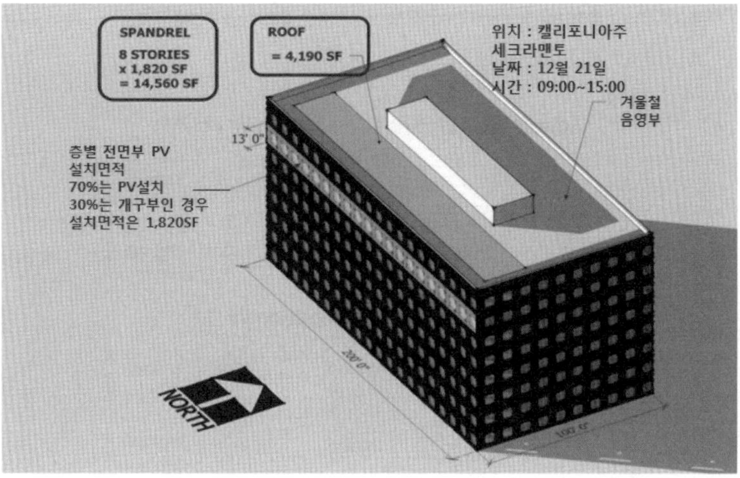

그림 1-24 분석 기본 가정

④ 시뮬레이션 결과

• 주요 도시별 면적당 수직 남측 외벽의 발전잠재량

• 건물 평면의 남향 / 동서향 길이비가 1 : 4인 경우 건물에너지소비량과 태양광발전 잠재량 비교

단위면적당 연간 발전량

	kWh/SF/YR	%	
PHX (33°26'N)	**13.47**		Highest
SMF (38.5°N)	12.21	9.3%	
MNN (44°53'N)	11.67	13.4%	
NYC (40°47'N)	10.70	20.5%	
MIA (25°48'N)	9.74	27.7%	Lowest

MIA : 마이에미, PHX : 피닉스, SMF : 세크라멘토, NYC : 뉴욕, MN : 미네아폴리스

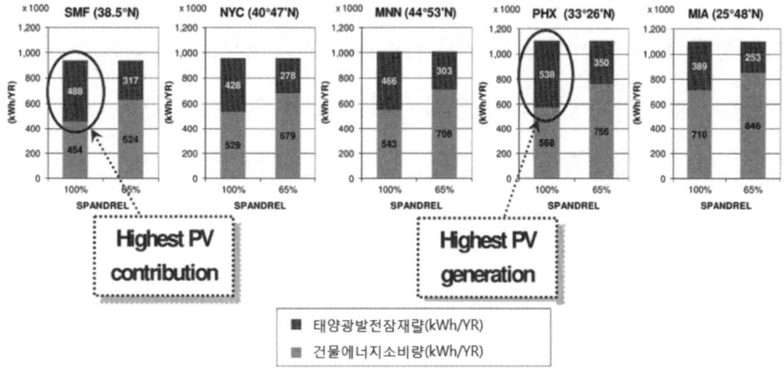

MIA : 마이에미, PHX : 피닉스, SMF : 세크라멘토, NYC : 뉴욕, MN : 미네아폴리스

• 주요 도시별 BIPV 설치외벽과 비설치외벽의 총전력소비량 비교

Lowest Total Electric Consumption W/ No PV

	kWh/ YR	% HIGHER	
SMF (38.5°N)	**941,436**		Lowest
NYC (40°47'N)	956,891	1.6%	
MNN (44°53'N)	1,009,393	7.2%	
MIA (25°48'N)	1,099,097	16.7%	
PHX (33°26'N)	1,106,057	17.5%	Highest

Lowest Total Electric Consumption W/ PV

	kWh/ YR	% HIGHER	
SMF (38.5°N)	**453,515**		Lowest
NYC (40°47'N)	529,368	16.7%	
MNN (44°53'N)	543,269	19.8%	
PHX (33°26'N)	568,014	25.2%	
MIA (25°48'N)	709,862	56.5%	Highest

태양광발전에 의해 건물의 전기소비량을 획기적으로 절감할 수 있음

MIA : 마이에미, PHX : 피닉스, SMF : 세크라멘토, NYC : 뉴욕, MN : 미네아폴리스

다. 태양광발전 적정온도와 냉각을 위한 통풍(Ventilation)

태양전지는 반도체 재료의 특징을 가지기 때문에 온도가 높아지면 성능이 저하된다. 단결정 실리콘 태양전지인 경우 25°C에서 가장 높은 효율을 보이지만 1°C 증가함에 따라 효율이 최고효율을 기준으로 0.4~0.5% 저하된다고 하며 비정질 실리콘 태양전지인 경우 이보다는 적으나 0.1~0.2%씩 그리고 CIS태양전지나 CdTe태양전지인 경우 0.2~0.5% 범위 내에서 성능이 저하된다. 옥외에 설치된 태양전지모듈의 표면온도는 겨울철에는 외기온과 비슷한 온도까지 떨어지며 여름철에는 70~90°C까지 올라가므로 효율 저하가 매우 크게 나타난다. 예컨대 표면온도가 90°C까지 올라가는 경우 효율 저하는 무려 37.5%까지 되니 태양전지판의 온도가 올라가지 않도록 잘 관리해주는 것이 필요하며 이러한 이유 때문에 태양전지 뒷면이나 앞면을 자연통풍이 잘 일어나도록 하여 가열되는 것을 방지하는 것이 중요하다. 최근에는 태양전지판이 가열되었을 때 발생되는 열을 온수 등으로 회수하여 열과 전기를 동시에 생산할 수 있는 PVT 형식의 태양열-전기 병합발전방식을 채용하는 곳도 있으나 BIPV 분야에서는 구조물이 복잡하고 무게가 나가기 때문에 시제품 정도의 차원에 머물고 있다. 일반적으로 태양전지모듈과 건물외피 사이에는 약 15cm 정도의 통풍 공간을 조성하는 것이 좋다고 알려져 있으나 최근 건물 외벽 외장재를 대체하여 시공하는 BIPV인 경우 이를 무시하거나 별도의 냉각방안을 강구하기도 한다.

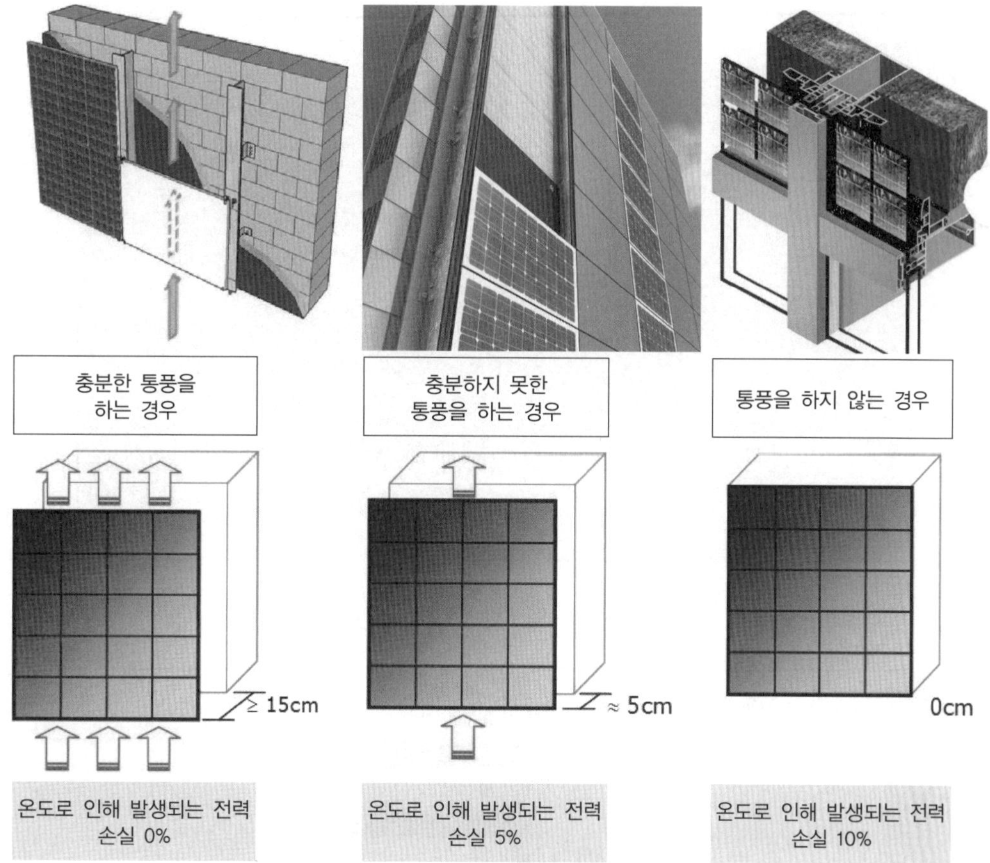

그림 1-25 통풍과 발전량과의 관계

참고로 태양전지의 온도의 변화에 따른 각종 특성의 변화와 태양전지모듈의 설치조건에 따른 온도 상승과 손실률의 변화 추세는 [그림 1-26]을 참고하면 된다.

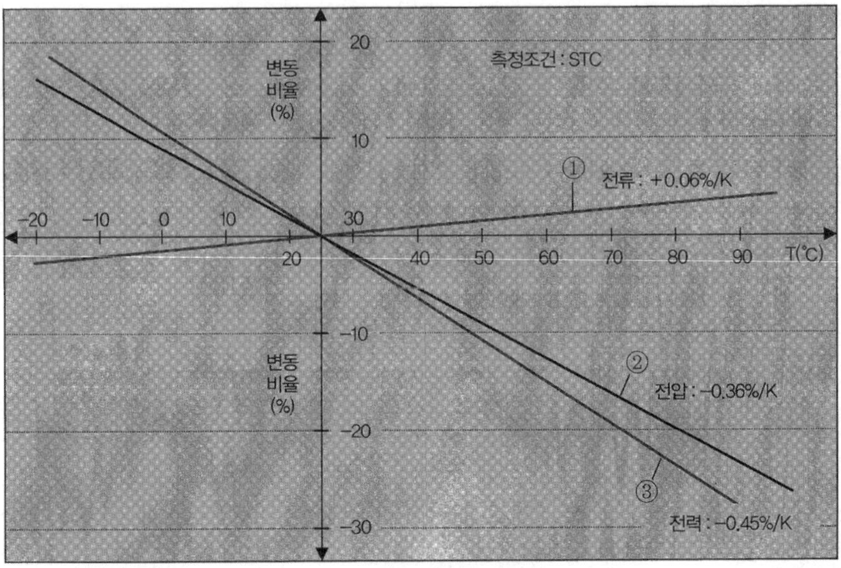

25℃를 기준으로 한 솔라 셀온도 특성변화도
(① 전류의 변동률, ② 전압의 변동률, ③ 전력의 변동률)

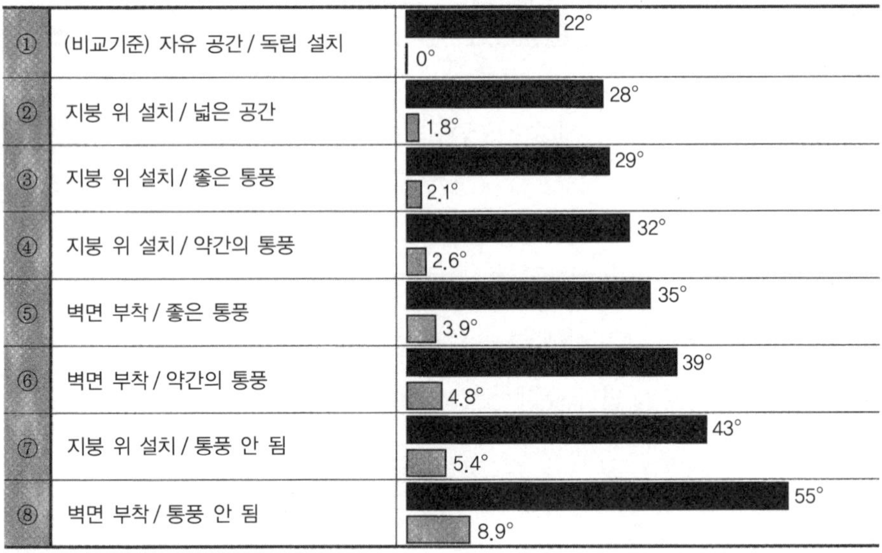

그림 1-26 태양광모듈의 설치조건에 따른 온도상승(°K)과 손실률(%)

라. 먼지 등 오염물질의 영향

먼지나 오염물질이 태양전지판에 부착되는 경우 일사를 방해하므로 태양광발전 효율을 저하시키는 원인이 되므로 정기적인 청소 등을 통해서 청결하게 유지되도록 하는 것이 중요하다. 몽골이나 중국, 한국 등 황사의 영향이 큰 지역에서는 더욱 주의가 필요하다. 먼지를 청소하는 경우 오염되지 않은 맑은 물을 사용하며 물때로 인하여 오염되지 않도록 하는 것이 중요하며 잘못 닦으면 미세한 흠집이 생길 수 있으므로 주의해야 한다. 최근에는 빗물에 포함되어 있는 오염물질을 잘 제어하기 위하여 오염물질이 표면을 타고 미끄러져 내릴 수 있는 탁오(濁汚) 코팅을 한 태양광 패널을 사용하고 있다.

마. Albedo factor의 조정

태양전지는 직달일사량만으로 발전되는 것이 아니며 산란일사량도 중요한 요소이기 때문에 BIPV 설치 건물 주변에서 반사되어 BIPV로 향하는 반사광, 즉 알베도 인자에 대해서도 고려하는 것이 중요하다. 이를 위해서 주변의 구조체의 표면이 산란이 잘 일어날 수 있도록 하는 것도 도움이 된다.

바. 광활성물질(Photoactive material)의 선택

해당 장소의 태양광 스펙트럼의 조성이 어떠한 파장으로 구성되느냐에 따라 태양전지 종류별로 태양광을 전기로 전환하는 효율에 차이가 나기 때문에 이러한 기후적인 특성을 고려하여 어떠한 종류의 광활성물질을 태양전지 재료로 사용했는지를 체크하는 것이 필요하다. 예컨대 천공일사나 산란일사의 성분이 많은 장소에는 박막 태양전지가 적당한 선택이듯이 지역의 일사 특성에 맞는 재료의 선택이 중요하다.

2. 일사량과 태양광발전 에너지 측면

태양광발전량은 일조량에 비례하고 일조량은 매년 다를 수밖에 없지만 장기간의 기상자료를 이용해서 설계하면 신뢰도가 높다. 우리나라의 일조량 분포는 [그림 1-27]에서 보는 바와 같이 1제곱미터당 1,167～1,417kWh/m^2 정도의 태양에너지가 복사되는데 연간 가정에서 필요로 하는 전력 수요가 3,000kWh라고 가정하고 태양전지의 효율을 고려할 때 용량별로 필요한 설치면적은 다음 표와 같다. BIPV인 경우 발전효율도 중요하지만 건물과의 일체성을 유지하면서 미적인 요소가 더 중요할 수 있기 때문에 재료의 선정은 다양한 관점에서 판단하여야 한다. [그림 1-28]과 [그림 1-29]는 맑은 날과 흐린 날의 일조과 전라남도의 경우 월별 일조량에 대한 통계자료를 정리한 것으로서 하루 중에는 12시 부근이, 월별로는 봄과 가을이 일조량이 많고 여름의 경우는 비오는 날이나 흐린 날 때문에 일조량이 약간 낮으며 겨울이 제일 낮음을 알 수 있다.

표 1-9 가정용 태양광발전 설치용량별 분석표

태양전지설치면적(m^2)	설치용량(kWp)	연간 총 발전량(kWh)	전력수요 충당률(%)
6(단결정-Si) 7.5(다결정-Si)	1	1,000	33.3
12(단결정-Si) 14(mc-Si)	2	2,000	66.7
18(다결정-Si) 21.5(다결정-Si)	3	3,000	100
24(단결정-Si) 29(다결정-Si)	4	4,000	133

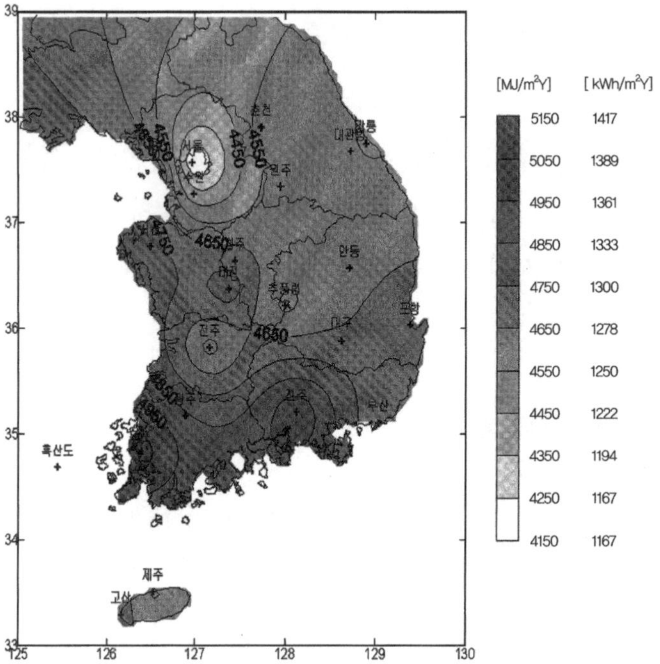

그림 1-27 우리나라 일사량 분포(기상청 자료)

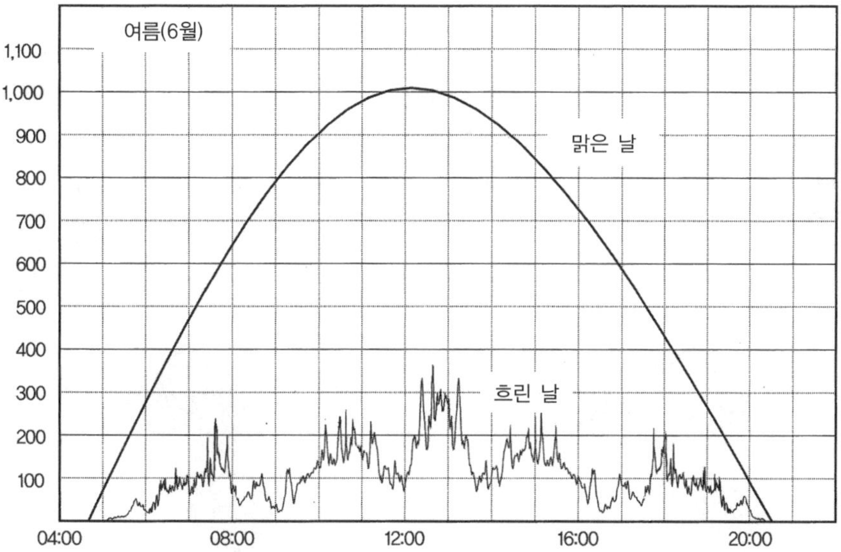

그림 1-28 여름철 하루 중의 일사복사강도(맑은 날과 흐린 날)

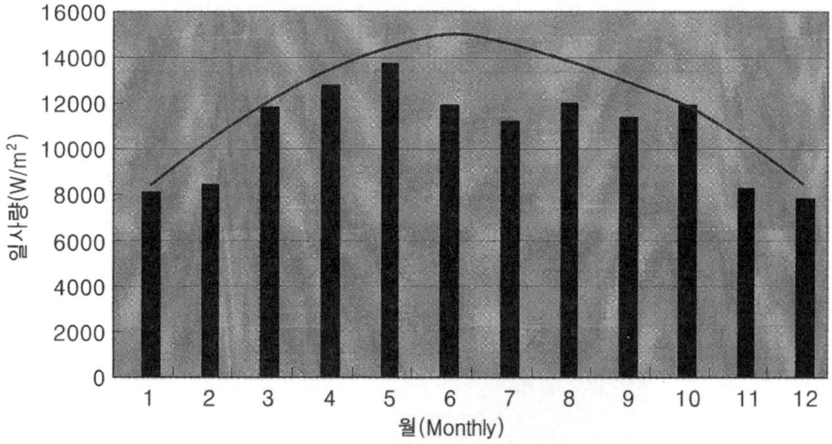

그림 1-29 일조량 통계자료(전라남도)

3. 시각적 측면

태양전지모듈은 매우 다양한 형태와 종류가 있다. 시각적 측면에서 태양전지의 색상, 프레임의 색상, 셀과 모듈의 치수 및 모양, 태양전지 표면의 반사율의 차이, 투명도 및 역학적 유연성에 따라 시각적인 연출이 달라질 수 있다.

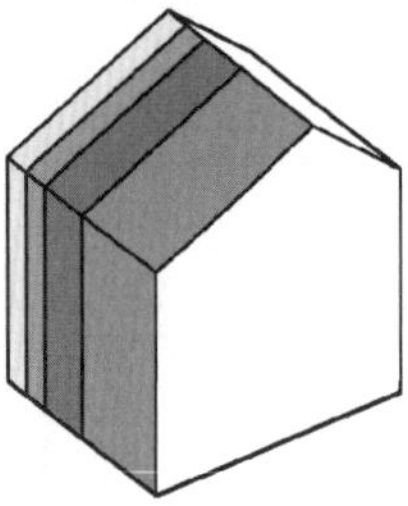

태양전지, 바탕색, 프레임 색상

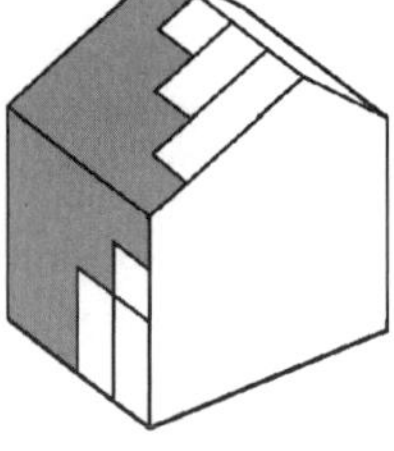

형태, 크기 및 그리드 종류

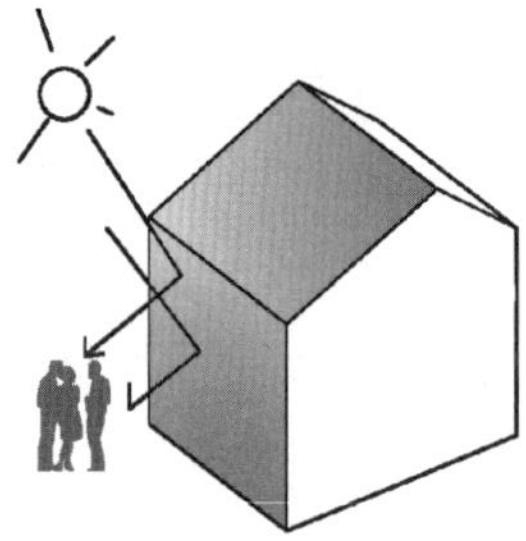

광학적 반사율

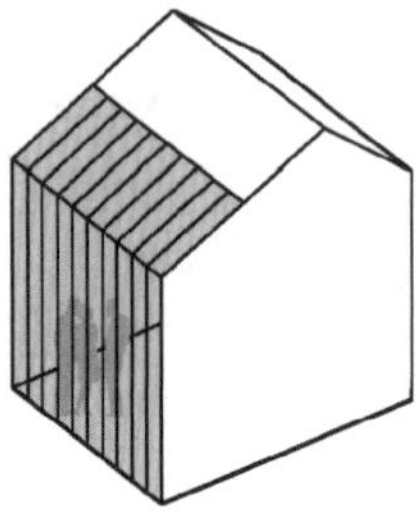

투과도(Transparency)

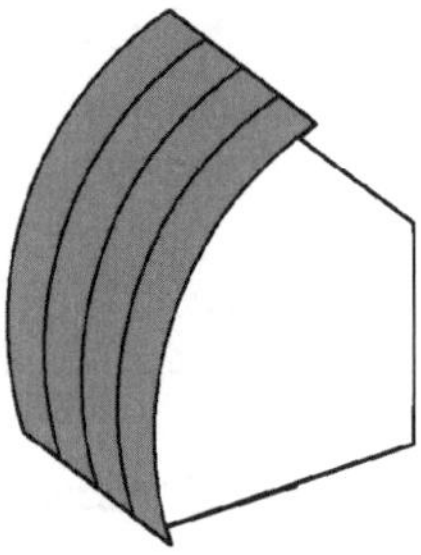

유연성(exibility)

그림 1-30 시각적 측면의 설계에 영향을 주는 요인

가. 태양전지의 색상

일반적으로 단결정 실리콘 태양전지이든 다결정 실리콘 태양전지이든 푸른색이고 반사가 잘 일어나지 않는 것을 사용하지만 선택 가능한 색상은 다양하다. 태양전지 시장에서는 회색, 노랑, 빨강, 초록, 은색 및 핑크색 등 다양한 제품이 출시되었다.

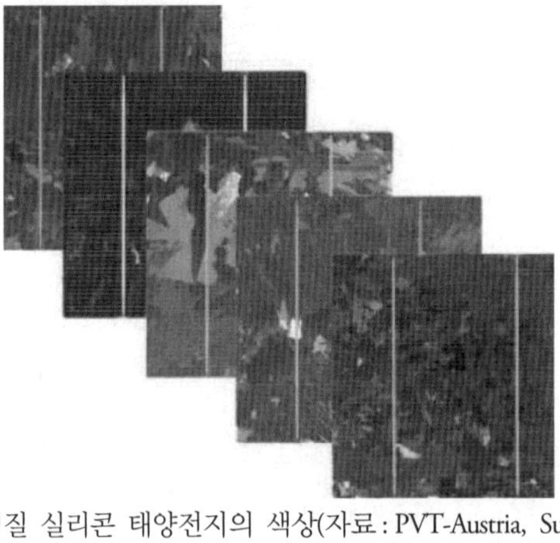

다결정질 실리콘 태양전지의 색상(자료 : PVT-Austria, Sunways)

그림 1-31 다양한 연출이 가능한 태양전지 색채

단결정 실리콘 태양전지(자료 : Solartec)

박막 태양전지(자료 : VHF-Technologies)

그림 1-31 다양한 연출이 가능한 태양전지 색채(계속)

1) 색이 발전량에 미치는 영향

파란색의 태양전지 발전성능을 100으로 했을 때 각 색깔별로 성능의 차이가 나며 [표 1-10]과 같다. 그러나 성능도 성능이지만 BIPV에 있어서는 건축물이 가지는 미적인 요소가 중요하므로 색채도 매우 중요한 설계인자이다.

표 1-10 색깔별 태양전지의 성능 비교

색	다결정 실리콘전지 성능(%)	단결정 실리콘전지 성능(%)
파랑	100	100
회색	73~80	84
빨강	77~80	n.d.
브라운	81~90	87
노랑	83~93	81
초록	89~98	n.d.
마젠타	n.d	78

2) 바탕색

전통적으로 모듈의 바탕색은 흰색이나 검은색이다. 그러나 EVA 또는 PVB(Polyvinyl Butyral)이라는 재료로 도포함으로써 색채를 바꿀 수 있다. 또한 유리를 사용하면 보다 다양한 질감이나 색채 변화를 도모할 수 있다. 또한 뒷면을 투명한 재료로도 할 수 있는데 이렇게 하면 모듈을 반투명하게 할 수 있다. [그림 1-32]에서 보는 바와 같이 태양광모듈은 여러 가지 선택할 수 있는 색채가 있다.

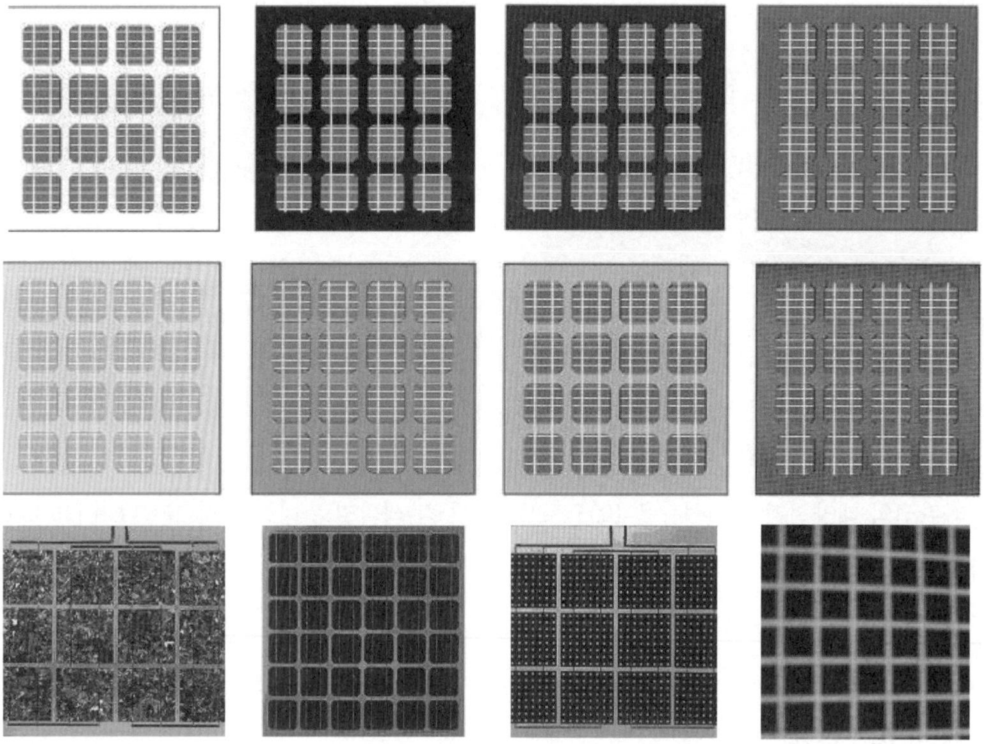

그림 1-32 다양한 태양전지모듈 색깔

3) 프레임 색채

프레임은 알루미늄으로 만드는 것이 일반적이며 알루미늄에 대한 색채를 어떻게 하느냐에 달려 있다. 예외적으로 프레임이 없는 것도 있다.

4) 태양전지의 형태, 크기 및 그리드 종류

태양전지는 다양한 형태와 크기가 있다. 가장 표준이 되는 결정질 실리콘 태양전지는 12.5×12.5이나 제조사에 따라 크기를 달리할 수 있으며 전기 연결을 하는 방법에 따라 그리드의 모양도 다양하게 연출할 수 있다.

셀의 모양과 패턴

[그림 1-33]과 같이 다양한 모양과 패턴이 있다.

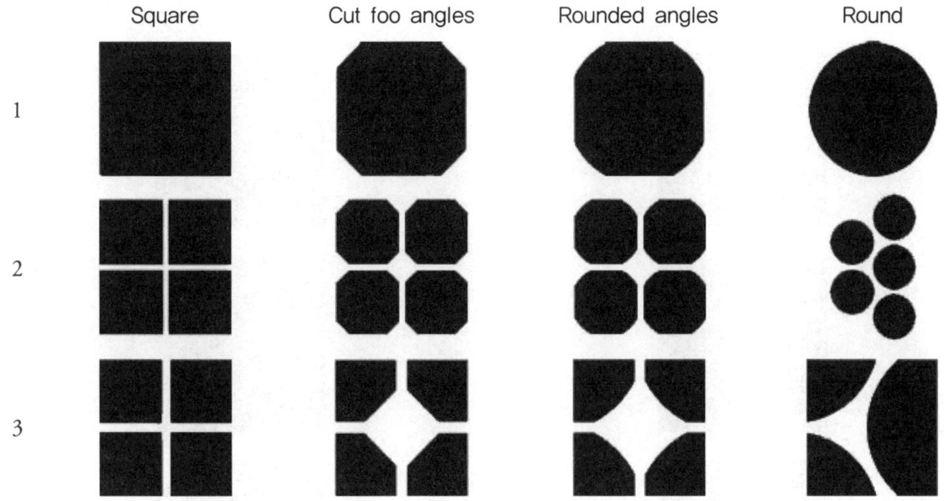

그림 1-33 태양전지의 모양 및 패턴의 예

셀의 크기

일반적인 크기는 10×10, 12.5×12.5, 15×15cm이다.

셀과 셀 사이의 이격거리

발전효율 측면에서는 이격거리가 작은 것이 좋지만 미적인 관점에서는 적당한 거리를 이격하는 것이 좋다.

모듈 크기

초기 단계에서는 배터리와의 연결 관계를 고려하여 한 개 모듈은 1.5×0.6×0.04m(4×9셀, 12V)로 설계, 제작되었지만 현재는 크기에 대한 제약이 없다.

셀의 연결 방식에 따른 연결 격자계

투명 모듈인 경우 갈바나이즈드 커퍼 밴드를 사용하며 모듈의 연결 격자계는 정형화되어 있지 않는 데 비해 불투명 모듈인 경우 뒷면에 연결회로를 만들기 때문에 일정한 형태 단위로 정형화할 수 있고 태양광 수광 면적이 증가하여 발전성능이 상대적으로 높다. 격자계의 예는 다음과 같다.

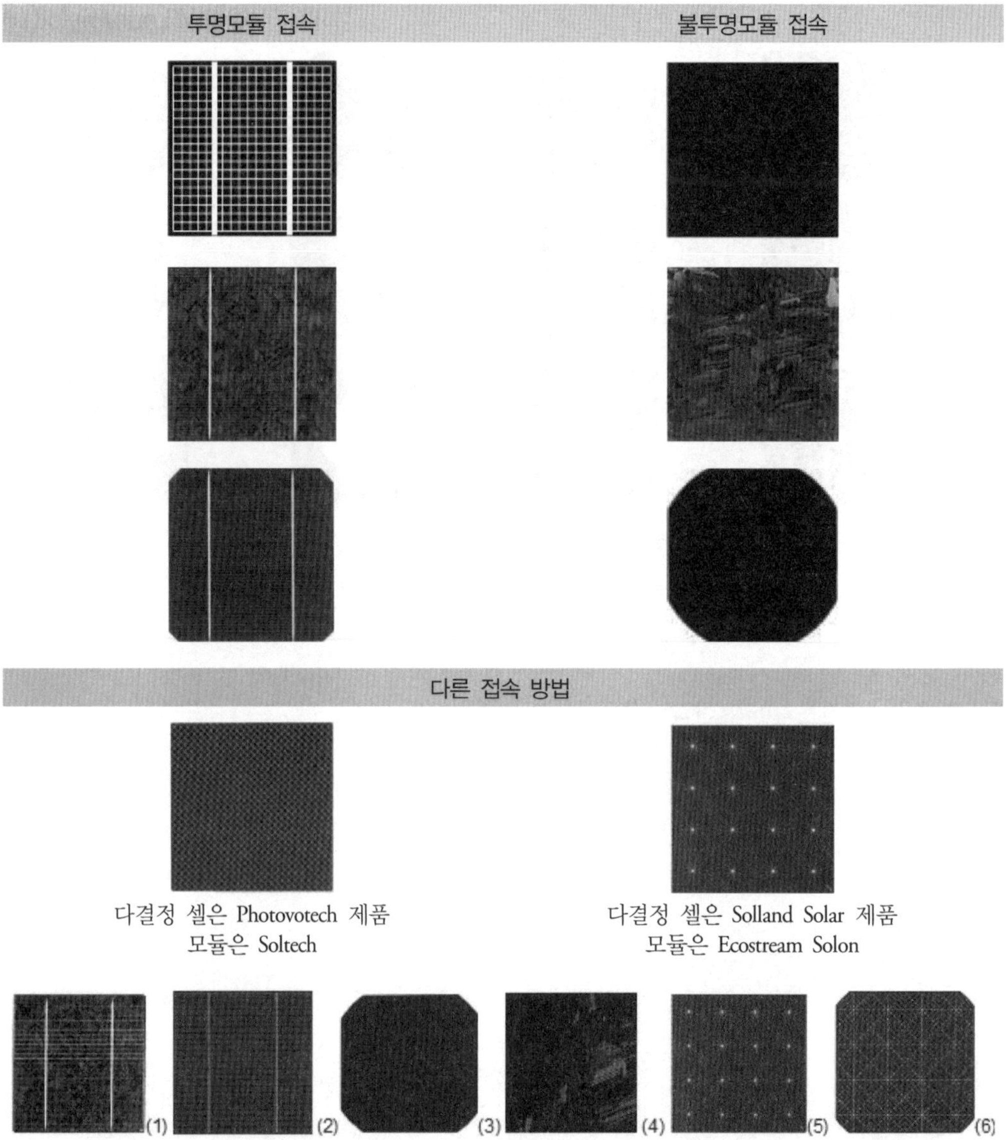

(1) 한화 다결정 Q-cell－앞면 (2) 솔랜드 솔라 다결정－앞면 (3) 선파워 다결정 셀－뒷면
(4) Advent 다결정－뒷면 (5) 솔랜드 솔라 다결정－뒷면 (6) ELPS Tech 다결정 셀－뒷면

그림 1-34 태양전지의 연결방식에 따른 연결격자계

5) 광학적 반사

모듈의 반사도는 셀을 보호하는 물질로 앞면에 어떤 물질을 사용하느냐에 달려 있다. 태양광을 최대로 흡수하기 위해서는 반사율을 줄일 수 있는 물질로 보호막을 구성하는 것이 중요하다. [그림 1-35]에서 보는 바와 같이 모듈별로 반사율이 다르며 어떤 것은 이미지 자체를

반사시키기도 하며 거울과 같은 효과를 줄 수도 있으니 설계 시 유의하지 않으면 안 된다. 또한 [그림 1-36]에서 보는 바와 같이 유리의 경우 반사율은 입사각의 변수가 된다.

반사율이 낮은 것

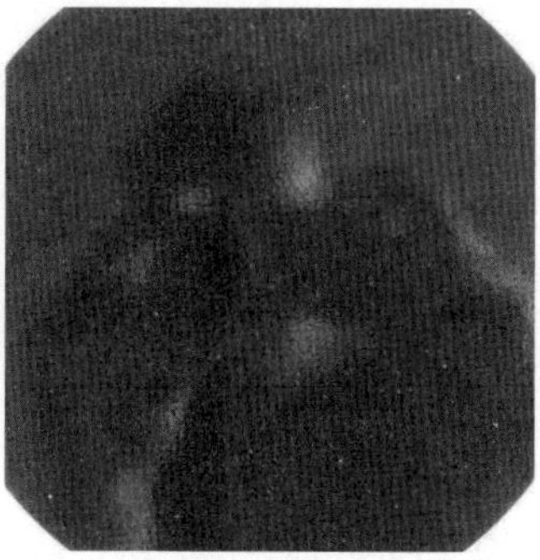

반사율이 중간

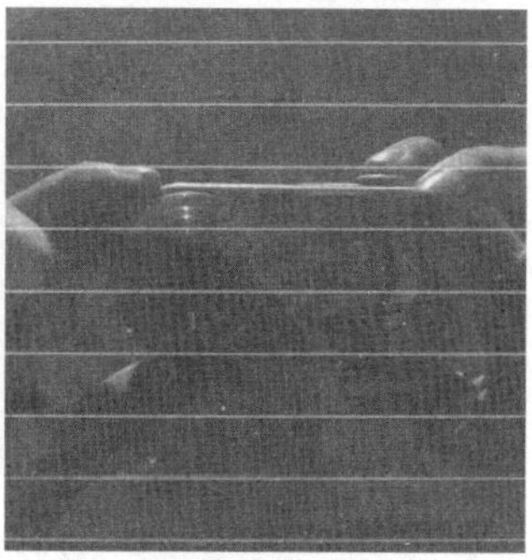

반사율이 높은 것

그림 1-35 반사율에 따라 다른 모습

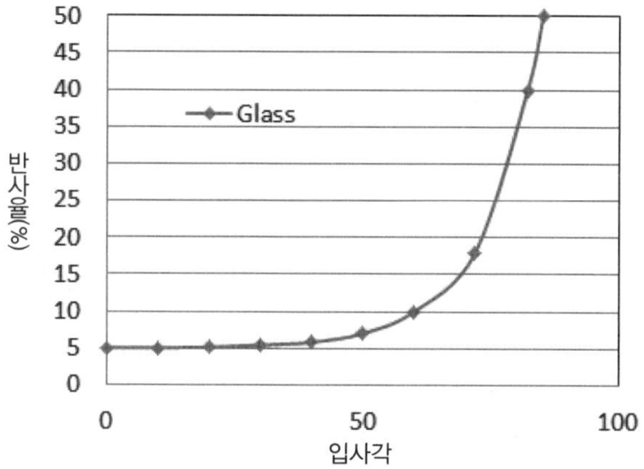

그림 1-36 유리인 경우 입사각에 대한 반사율의 변화

6) 투과율

태양전지모듈이 창호 유리를 대체하는 경우 실내 빛환경 때문에 반투명하게 하는 것은 매우 중요하다. 태양전지의 반투명한 정도는 입사하는 광량이 얼마나 투과하느냐에 따라 0~30% 정도의 범위에 있고 평균 20% 정도다.

표 1-11 투과율과 발전량

솔라셀의 개수	투과율(%)	불투과율(%)	발전량(Wp)
16	61	39	62
20	51	49	78
25	39	61	97
30	27	73	117
36	12	88	140

단결정 및 다결정 실리콘 태양전지모듈

모듈의 투과율은 셀과 셀 사이의 거리를 얼마나 하느냐에 달려 있다. 결정질 실리콘 모듈의 반투명도는 셀을 어떠한 방법으로 배치하느냐와 셀의 크기에 따라 다르다. 반투명한 효과를 주기 위하여 레이저를 이용하여 가공하는 방법도 있다.

박막 태양전지 모듈

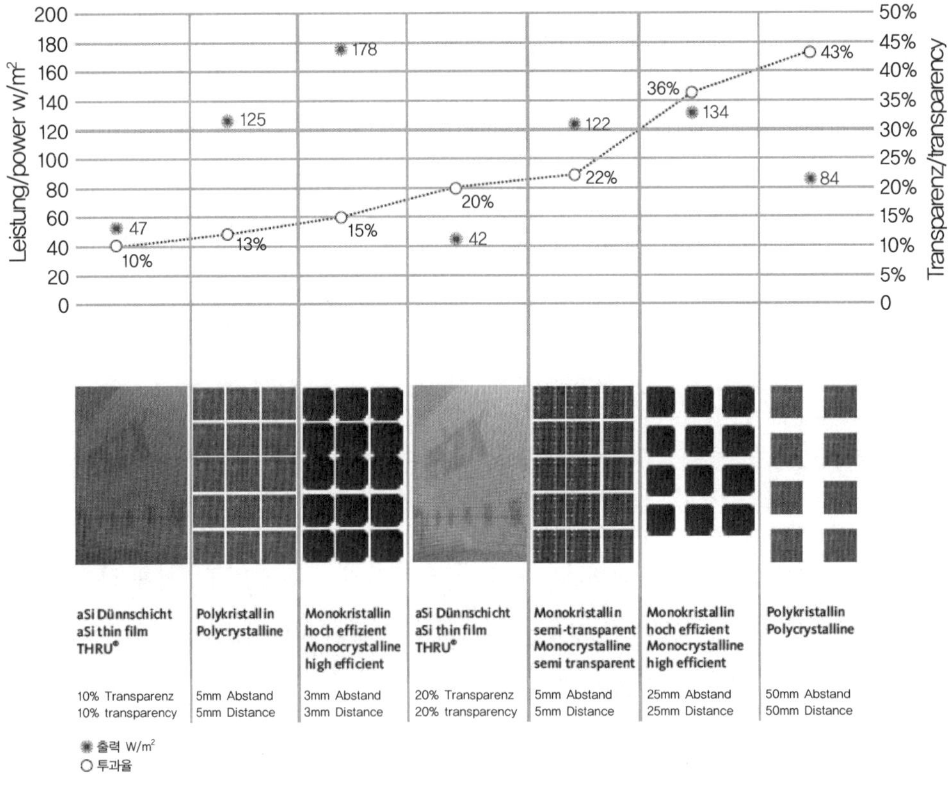

그림 1-37 셀의 모양과 이격거리에 따른 투명성 모듈의 가능한 조합의 예

투과율은 셀 하부에 반사층이 있느냐 없느냐에 따라 다르며 레이저 에칭 공정에서 반투명 한 효과를 주느냐 주지 않느냐에 달려 있다. 이 경우 균일하게 투명한 코팅을 하고 착색 유리 등을 사용하면 된다.

그림 1-38 반투명 태양전지모듈의 사례

7) 설계 유연성(Flexibility)

모양이 평면 형태인 전통적인 태양광모듈은 설계 유연성이 떨어진다. 태양광모듈을 필요로 하는 곳은 곡면을 이루기도 하며 휘어질 수도 있고 우산 형태로 접었다 폈다 할 수 있는 유연성이 필요한 경우도 발생하는데 다음에 몇 개의 사례를 소개한다.

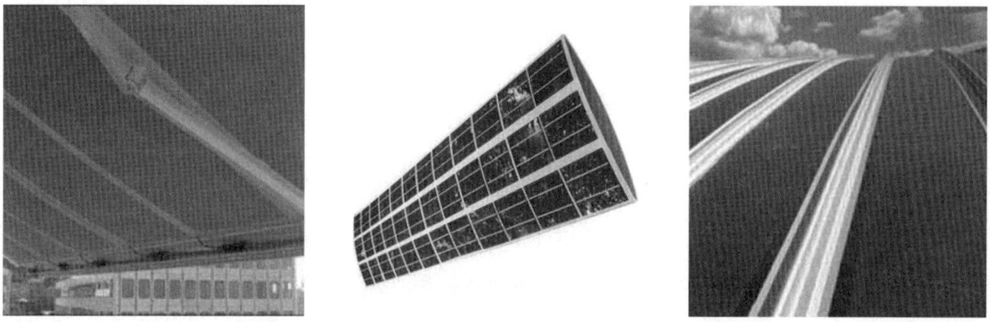

사례 1 : 유연성 모듈은 일사 차단과 발전이라는 2가지 기능을 가진 솔라 커튼을 만들 수 있음

사례 2 : 결정질 태양광모듈로 만들 수 있는 곡면형 모듈로서 특허 등록되어 있고 곡면 유리에 부착하는 것이 가능함

사례 3 : 알루미늄 구조체에 박막 태양전지를 이용하여 만든 모듈로서 휘어질 수 있고 다양한 형상의 표현이 가능한 것이 장점

그림 1-39 곡면 태양전지모듈 사례

4. 열적 측면

건물일체형 태양광발전 시스템에서 태양전지의 재료나 구성 요소에 대한 열적 특성을 파악하는 것이 중요하다. 건물일체형 시스템에 있어서 단열 상태나 태양광에 대한 제어를 어떻게 하느냐라는 문제는 시스템 성능에 결정적인 영향을 미치기 때문이다.

예를 들면 평판 유리창은 열을 비교적 잘 전달하는데 열저항치가 낮기 때문에 표면 결로 등이 발생하기 쉽다. 따라서 유리와 유리 사이의 중간에 있는 물질을 포함하는 구조체의 열관류율의 값이 낮은 값이 되도록 하는 것이 중요하다. 몇몇 회사에서는 복수의 유리 사이에 태양전지모듈을 삽입한 제품을 내놓았다.

일사 취득

"g" 값으로 표시되는 일사 취득은 투명한 구조체인 경우 핵심적인 수치이다. "g" 값은 TSET (Total Solar Energy Transmittance; 총태양에너지통과율), SHGC(Solar Heat Gain Coefficient; 태양열취득계수)라고 부르기도 하며 더욱 간단하게 줄여서 솔라팩터(solar factor)라고 하기도 한다.

g 값은 구조물을 통해 건물 내부로 통과하는 태양에너지의 비율을 나타낸다. 구조체에 태양광이 입사하면 일부는 반사되고 나머지는 구조체에 흡수되거나 구조체를 통과하게 된다. 이때 구조체에 흡수된 태양열 중 일부는 외부로 전달되며 나머지는 건물 내부로 전달된다. 따라서 g 값은 2개의 성분으로 구성되는데 첫 번째 성분은 외부에서 건물 내부로 직접 전달되는 에너지, 즉 유리를 통과하는 태양에너지 τ로 표시되며 두 번째 성분은 구조체에 흡수되었다가 내부로 전달되는 성분인 q로 표시되고 g는 이 2개 성분의 합이다($g=\tau+q$).

건물의 창호에 있어서 이상적인 g 값은 겨울에는 높아서 태양에너지를 내부로 많이 통과시켜서 난방부하를 줄이는 것이 중요하며 여름에는 반대로 낮은 g 값을 가짐으로써 열 통과량을 작게하여 냉방부하를 줄일 수 있도록 하는 것이 중요하다. 따라서 추운 지방인 경우에는 g 값이 큰 것을, 더운 지방에서는 g 값이 작은 것을 선택하는 것이 중요하다.

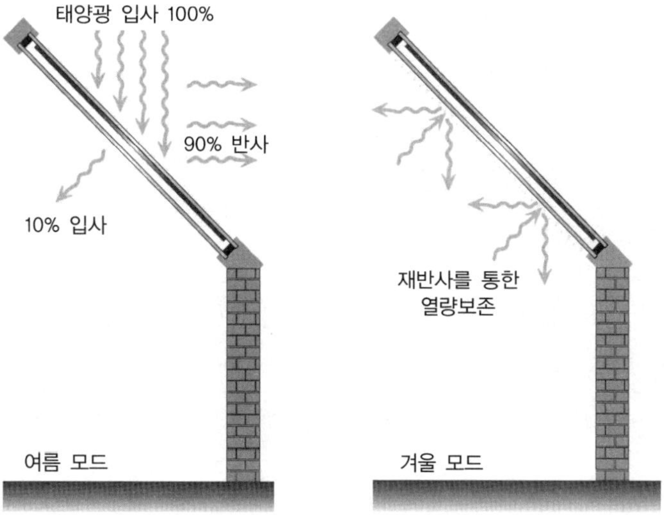

그림 1-40 여름과 겨울의 상반되는 열취득개념도

복층유리로 단열된 비정질 박막 태양전지 필름 모듈로 된 유리창 및 차양의 종류별 SHGC 비교

표 1-12 유리창과 차양 종류별 SHGC 비교표

유리창	SHGC(g-value)
단창	~0.8
코팅이 없는 복층유리	~0.8
태양광 제어기능이 있는 복층유리	0.30~0.70
ASI THRU 복층유리	0.10
단열이 된 단결정질 실리콘 태양전지모듈 유리창	0.15
단열이 된 비정질 실리콘 태양전지 / 비정질 실리콘 태양전지모듈 유리창	0.12
단열이 된 비정질 실리콘 태양전지모듈 유리창	0.18
단열이 된 박막 태양전지모듈 유리창	0.15
차양 시스템	
외부에 베네티안 블라인드(흰색)*	0.12
외부에 천으로 만든 캐노피*	0.09
내부에 롤러 블라인드(흰색)*	0.40

* SHGC=61%인 이중창으로 구성된 조합인 경우의 값으로서 열관류율이 1.4W/m^2K(0.24Btu/hr ft2 F)
출처 : Schott Solar AG & ISAAC-SUPSI

열전달률

"U" 값은 열관류율(thermal transmittance coefficient)로서 단위 면적당 얼마나 많은 열이 구조체를 통과하느냐를 나타내는 값으로서 단위는 W/m^2K(또는 kcal/m^2K)로 표시되는데 U 값이

작을수록 단열성이 높은데 일반적으로 단창인 경우에는 U=6W/m²K이고 로이 코팅이 된 복층유리인 경우에는 U=1W/m²K이다.

Ertex Solar 태양전지모듈인 경우의 열관류율(U) 값

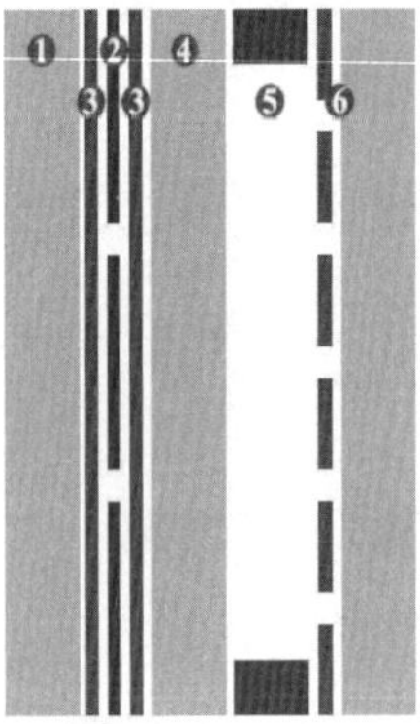

① 전면부 : 철분이 적은 강화유리
② 태양전지 : 다결정 / 단결정 실리콘 태양전지 5인치 / 6+인치
③ 코팅막 : PVB 필름(Poly Vinyl Butyral)
④ 내측부 : 강화유리
⑤ 공간거리 : 유리 간 16mm, 가스주입(알곤가스, U=1.1)
⑥ 후면부 : 로이코팅 강화유리
모서리 접합 : 표준 단열유리로 접합, 유리 모서리에 정션박스를 설치하고 모듈의 폭에 맞추어2 연결

알곤가스 주입 시
U=1.1W/m²K

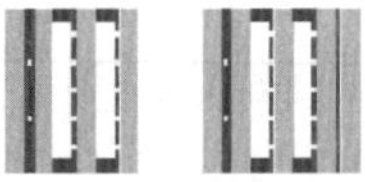

크립톤가스 주입 시
U=1.1W/m²K

그림 1-41 Ertex Solar 태양전지모듈의 열관류율값

특정 투명성 지붕 및 전면 창호 태양전지모듈 제품의 열관류율의 예

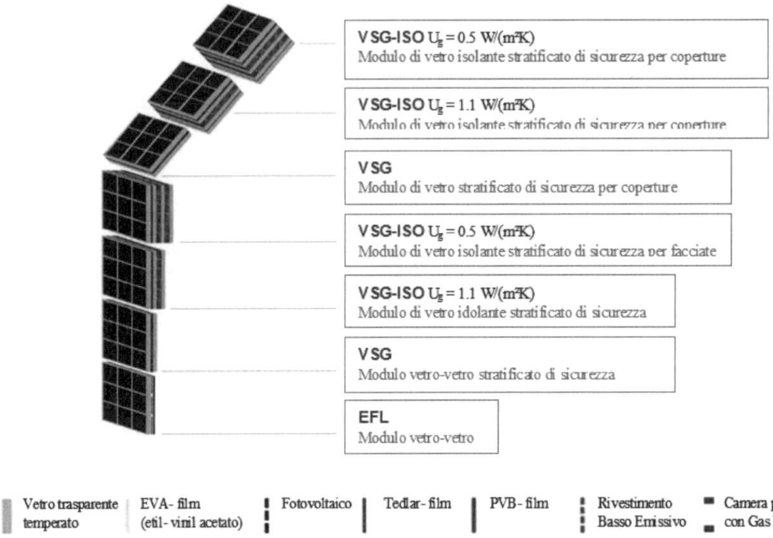

상기 열관류율은 스위스 건물일체형 태양전지모듈 제조회사인 Vetro사의 제품 중 투명성 태양전지모듈 지붕 3종류와 태양전지모듈 전면 창호 4종류의 열관류율 값을 나타내고 있음

그림 1-42 스위스 Vetro사 투명성 태양전지모듈의 열관류율값

표 1-13 유리창 및 반투과 태양전지 2중창의 열관류율 비교

유리창 및 반투명 태양전지모듈의 종류	열관류율(W/m²K)
단창 유리 또는 코팅된 유리창	5.6
로이코팅이 안 된 이중창	2.7
로이코팅이 된 이중창	1.2
다결정 실리콘박막 반투과 이중창	1.2
단결정질 실리콘 단열 태양전지모듈	1.1
단열된 다결정질 실리콘 태양전지 이중창 모듈	1.1
단열된 다결정질 태양전지모듈	1.2
Micromorph 단열 태양전지모듈	1.2

자료 : Schott Solar AG & ISAAC-SUPSI

5. 환경적 측면

일반적으로 건축물에 사용되는 모든 부자재는 그것을 채취해서 사용할 수 있는 제품으로 만든 후 건설현장에 운반해와서 조립하고 건물의 수명이 끝나서 철거할 때까지 에너지가 필요한데 이러한 에너지를 내재에너지(embeded energy)라고 하며 내재에너지가 작을수록 그것을 생산, 운반하는 데 필요한 화석에너지가 적게 소모되므로 친환경적인 것이 된다.

따라서 친환경 시대인 요즈음은 내재에너지의 값이 낮은 친환경적인 부자재를 사용하는 것을 매우 중요하게 여기고 있는데 건물에 사용되는 태양전지 재료도 친환경적인 것이라고 할 수 있다. 태양전지 재료인 경우 수명이 다해 철거되는 경우에도 재료로서의 재활용이 가능하기 때문에 자원회수형 재료로서 평가되고 있다.

특히 건물일체형 태양전지모듈인 경우 건물외장재나 창호 및 지붕재를 대체하면서도 건물에 필요한 전력을 환경에 피해를 주지 않고 발전할 수 있기 때문에 환경적 측면에서는 미래형 건축 자재로서 평가되고 있다.

가. 에너지 관점에서의 투입 대 회수 기간

태양광발전모듈(태양전지＋제어기기＋모듈)의 에너지투자회수기간은 이 모듈을 생산하기 위해 투입된 에너지를 회수하기 위해 가동되는 태양광발전모듈에 의해 생산한 에너지량이 같아질 때까지 소요되는 기간을 말하는데 이것은 태양전지가 설치되는 지역의 일사 및 일조시간 등과 같은 기후적인 특성에 따라 다르지만 일반적으로 다음과 같이 요약할 수 있다.

- 태양광발전모듈의 에너지투자회수기간 : 평균 3년
- 모듈 수명 : 25년 이상
- 청정 발전 기간 : 22~24년 이상

태양전지기술의 에너지회수기간(남부 유럽에서 최적 방위 및 경사각 설치 시1,700kWh/m^2yr)

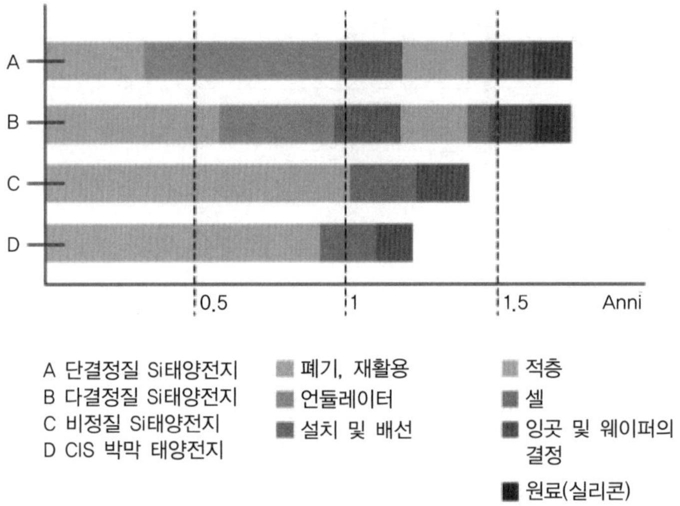

그림 1-43 태양전지 종류별 회수기간 비교

나. 실리콘 등 자원 재활용

실리콘 태양전지모듈의 재활용

태양전지모듈은 80%가 유리이므로 현재 평판유리를 재활용하는 라인으로 처리할 수 있다. 태양전지모듈과 평판 유리는 형태가 유사하고 구조 및 구성 물질도 비슷하여 태양전지를 재활용하는 데 많은 이점이 있다.

재활용 공정은 다음 3단계로 이루어진다.

- 선별공정 : 프레임과 정션 박스를 제거함
- 파쇄공
- 판유리 재생 공정

이 공정에서 나오는 것은 철 및 비철 금속, 유리, 실리콘, 플라스틱 등이며 중량을 기준으로 80~90% 정도가 회수된다. 태양전지로부터 회수된 유리는 지스러기 유리와 유리섬유 및 단열재 그리고 유리를 운반할 때 완충재 역할을 하는 물질 등이 있으며 금속이나 실리콘 및 플라스틱은 새로운 원료로 사용된다.

Maltha 회수 공정을 사용하여 실리콘 태양전지 폐기물로부터 자원을 회수했을 때의 생애기간 중 경제성을 분석(LCA; Life Cycle Assessment)하면 [그림 1-44]와 같다.

비실리콘 태양전지모듈의 자원 재활용

CI(G)S나 CdTe 태양전지모듈 폐기물로부터 자원을 회수하는 기술은 3개 업체가 보유하고 있는데 모두 독일 회사이며 자원의 95%까지 회수하여 재활용할 수 있다. 이 중 2개 회사에서는 화학조(chemical bath)를 써서 도포된 물질과 여러 가지 구성 물질을 분리하는데 분리 공정을 요약하면 다음과 같다.

- 파쇄 공정
- 용해 공정
- 분리 공정
- 물질별 선별 공정

텐시드 욕조(Tenside bath)

- 화학조
- 물질의 선별
- 유리 및 반도체 재료를 취급하는 공정

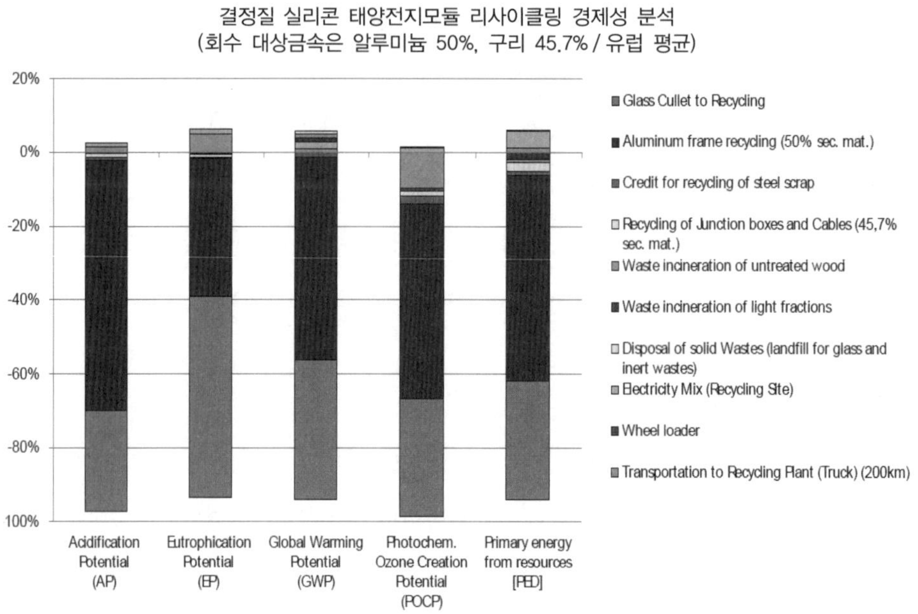

그림 1-44 실리콘 태양전지 폐기물로부터 자원을 회수 시 생애기간 중 경제성 분석

6. 비용 측면

건물일체형 태양전지모듈의 가격은 용도가 외벽용이냐 창호용이냐 지붕용이냐에 따라 달라지는데 우리나라의 경우 아직까지는 양산체제가 갖추어지지 않았기 때문에 시장가격이 형성되지 않고 있다. 건물일체형 태양전지모듈의 가격은 일반적인 태양전지모듈에 비해서는 고가이지만 태양전지모듈 자체가 외벽이나 창호 및 지붕을 대체할 수 있기 때문에 태양전지모듈에 의해 대체되는 부자재의 가격만큼은 보상이 되기 때문에 경제성을 평가할 때는 추가되는 부분을 기준으로 하여 투자회수기간을 산정하는 것이 좋다.

태양전지는 실리콘 태양전지인 경우 Watt당 가격이 1977년의 76.67$에서 2013년에는 0.74$로 약 100배 정도 저렴하게 되었으며 2016년에는 0.40$ 이하로 떨어졌다. 앞으로 이러한 추세로 가격이 낮아지는 경우 일반적인 건축 자재 가격 수준이 될 것으로 예상되며 건물의 외벽이나 창호 및 지붕이 태양광발전소로서 자리매김할 것으로 생각된다.

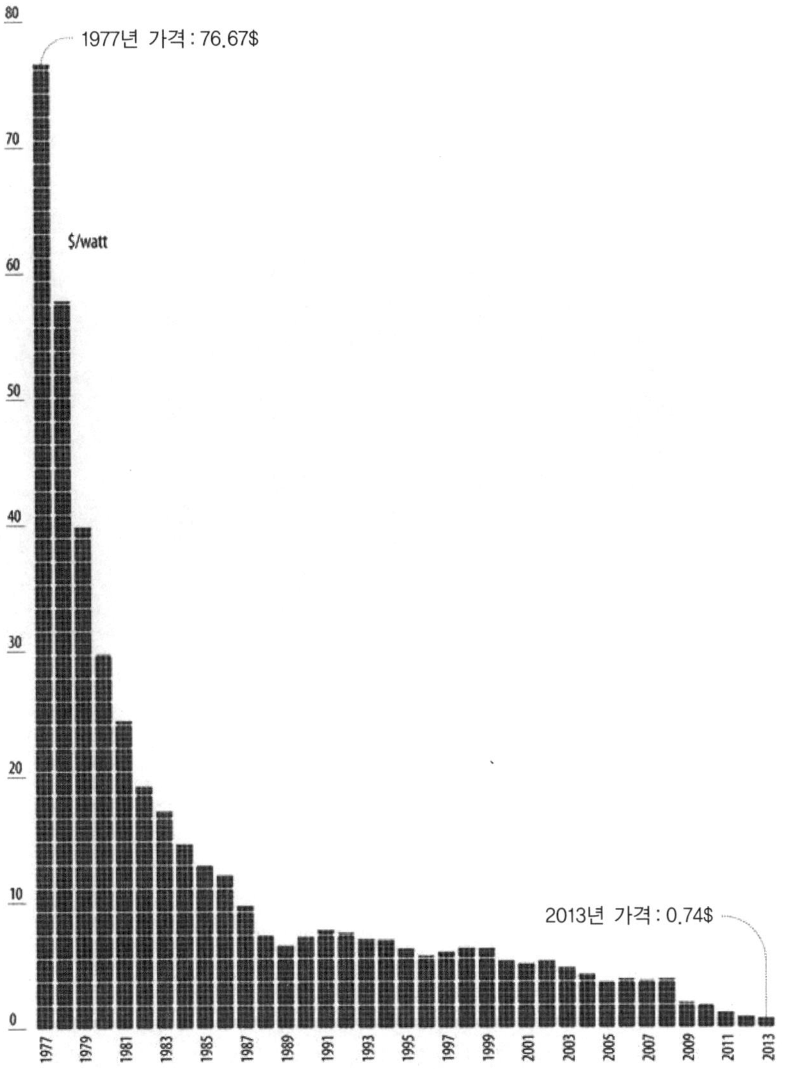

자료 : Bloomberg, New Energy Finance

그림 1-45 태양전지 가격의 변화 추이

이와 같이 태양전지 자체의 가격이 급격하게 낮아짐에 따라 태양전지를 이용하여 태양광발전 시스템을 시공하는 비용도 대폭 현실화되고 있는 추세이다. 태양광발전 시스템 설치비용은 [그림 4-45]에서 보는 바와 같이 2016년 초 1.3$ 수준에서 2021년에는 0.75$ 수준으로 낮아질 전망이며 이러한 추세는 태양광발전 시스템의 급속한 보급 추세에 힘입어 더욱 급격하게 낮아져서 2030년경에는 특별한 시스템이 아니라 일반적으로 통용되며 화석연료발전보다도 발전단가가 더 낮아지는 경제성 있는 발전으로 예측되고 있다.

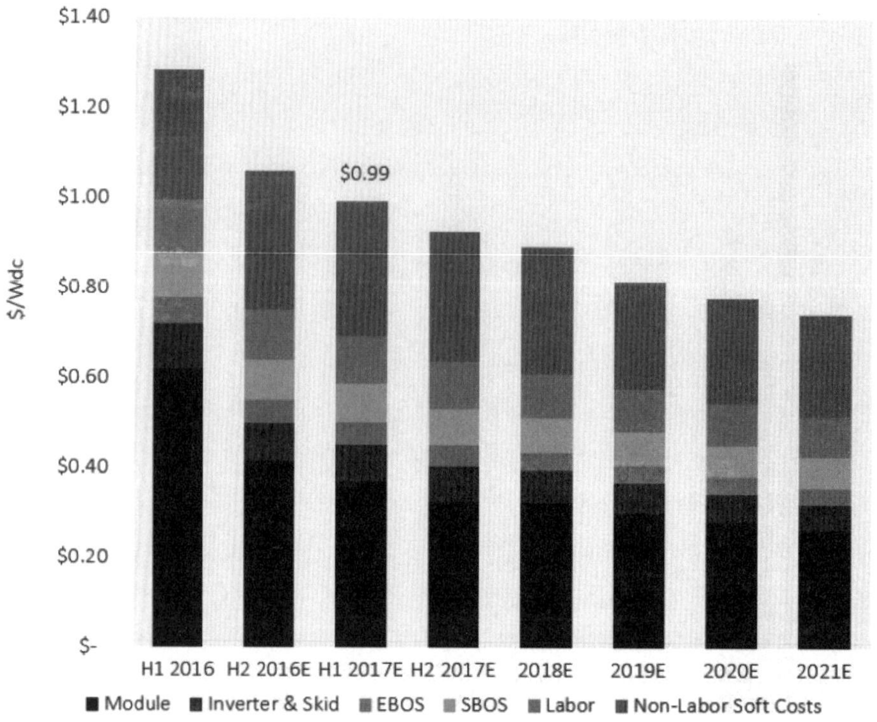

그림 1-46 태양광발전 시스템 설치비용

7. 결론

건물일체형 태양광발전 시스템은 앞서 살펴본 바와 같이 신재생에너지에 의존해야 하는 미래 사회에서 가장 중요한 에너지 확보 수단이다. 태양전지의 가격은 1970년대의 가격보다 100분의 1 수준으로 낮아졌으며 가까운 장래에 일반적인 건축외장재와 비교하더라도 거의 동일한 가격 수준으로 출시될 수 있을 것으로 예상된다. 이와 같이 태양전지의 가격이 낮아지는 경우 건물의 외벽이나 지붕 및 창호 등 모든 건물외피는 태양전지를 이용한 에너지생산처로서 활용하는 것이 당연한 일이며 향후 이를 실현하기 위한 최선의 노력을 경주해야 한다.

이 책에서는 이와 같이 미래 사회를 위해 필수적인 건물일체형 태양광발전 시스템(BIPV)의 기본적인 개념을 정립하였으며 이 시스템을 설계하는 경우 유의해야 할 사항에 대하여 제시하였다. BIPV 설계 시 유의해야 할 사항은 많이 있지만 건물의 입지조건, 음영 관련 사항, 시각적 측면에서의 색채, 크기, 그리드 구성, 프레임 및 바탕색, 투과도, 비용적 측면, 환경적 측면을 종합적으로 고려하는 것이 중요하며 전술한 바와 같이 향후 가까운 장래에는 모든 건축물을 건설함에 있어서 당연히 반영되는 필수적인 설계요소가 될 것으로 확신하며 시장 규모는 실로 엄청나다고 할 수 있을 것이다.

제2장

BIPV 제품의 분류 및 주요 제품

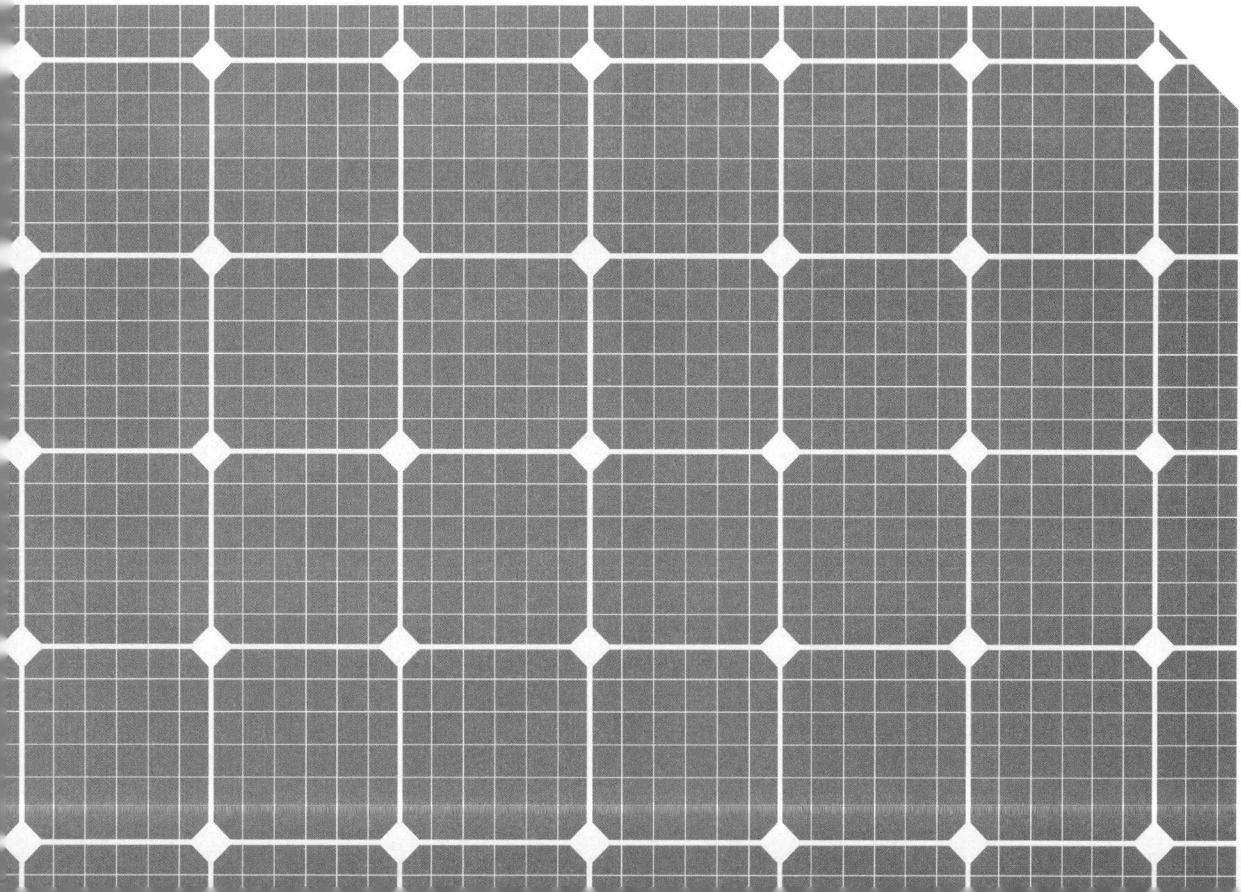

제2장

BIPV 제품의 분류 및 주요 제품

제1절 제품 분류

BIPV는 태양광발전설비를 건물에 도입하여 설치하는 '건물일체형 태양광발전'이다. 이 개념은 건물의 외벽, 창호, 지붕 및 옥상, 발코니 등 건물을 둘러싸고 있는 외피 구조물에 태양광 패널을 설치하여 발전하는 개념으로서, ① 설치 카테고리별 분류방식, ② 태양광발전설비를 어떤 부위에 설치하느냐라는 설치 위치별로 분류하는 방식, ③ BIPV를 구성하는 제품 자체에 대한 분류 방식이 있다.

1. 설치 카테고리별 분류

설치 카테고리별 분류 방식은 BIPV에 대한 국제규격을 정하기 위해 출범한 국제공동연구그룹인 IEA Task15의 국제표준화 세부분과에서 채택한 유럽규격인 EN 50583-2에서 채택한 방식인데 [표 2-1]과 같다.[1]

이 규격은 BIPV에 대한 국제규격의 중요성을 인식한 조직인 CENELEC에서 2015년 10월 15일 승인한 후 2016년에 시행되는 EU의 규격인 EN 50583-1에서 규정한 BIPV 모듈에 대한 규격이 시작되었는데 중요한 것은 BIPV 모듈이 유럽건설제품규격인 CPR 305/2011에서 정의한 건축 부자재로서 성능을 가져야 하며 건불과 일체형이 되어야 한다는 것이였다. 이 규격과 더불어 BIPV 시스템에 대한 규격은 상기 CENELEC에서 2015년 10월 12일 승인하고 2016년부터 EU 규격인 EN 50583-2가 있다. EN 50583-2에서는 BIPV와는 별도로 BAPV를 정의하

---

1 石井 久史(서항석 역), BIPV 모듈 및 시스템의 국제표준화를 위한 건축 및 기술적 과제에 대하여

고 있는데 BIPV가 건축물의 외피의 일부분을 구성하는 것으로서 이 BIPV 모듈이 없는 경우 건축물의 외피가 완성되지 않는 것, 즉 건축물과 완전한 일체감을 가지는 구조물로서의 역할을 해야 한다는 것인데 비해 BAPV는 건물외피와는 별개의 구조물로서 기존건물에 추가로 더 붙여서 시공할 수 있는 건물부착형 태양광발전 시스템(Building Attached Photovoltaic system)이다.

EN 50583-2에서 정의한 분류는 다음과 같다.

- 카테고리 A : 경사지붕 설치형 타입
- 카테고리 B : 경사지붕 일체형 타입
- 카테고리 C : 수직벽면 설치형 타입
- 카테고리 D : 수직외벽 일체형 타입
- 카테고리 E : 수직외벽 거치형 타입

표 2-1 EN 50583-2에 의한 설치 카테고리별 BIPV 분류

카테고리		카테고리의 요건 해설
A		경사면 지붕 일체형으로 건물 내에서 접근이 불가능한 PV 모듈, 큰 유리가 낙하하는 것을 방지하기 위해 하부에 베리어를 설치 0~75도 각도로 건물외피에 취부함
B		경사면 지붕 일체형으로 건물 내에서 접근이 가능한 PV 모듈, 0~75도 각도로 건물외피에 취부함
C		수직면에 취부. 건물 내에서 접근이 불가능한 PV 모듈, 큰 유리가 낙하하는 것을 방지하기 위해 후부에 베리어를 설치. 75~90도 각도 범위에서 건물에 취부함
D		수직면에 취부. 건물 내에서 접근이 가능한 PV 모듈. 75~90도 각도 범위로 건물외피에 취부
E		건물 내에서 외부로 연결. 접근은 가능하기도 하고 불가능하기도 함. PV 모듈은 건물에 취부. 외피(예컨대 발코니, 셔터, 일사차폐 루버 등)의 외측에 추가 기능층을 형성

2. 설치 위치 및 방법에 따른 분류

설치 위치 및 방법에 따른 분류는 [표 2-2]에서 보는 바와 같이 분류되는데 다음과 같이 5개로 분류할 수 있다.

- 외벽에 설치하는 것 : 외벽의 전면 또는 일부분을 활용하여 설치함
- 유리자재에 설치하는 것 : 유리에 박막 태양광전지를 코팅하여 설치하는 것으로서 어느 정도 빛을 투과시키면서 발전하는 것으로서 유리창 일체형 태양광발전 시스템
- 거치형 : 주로 옥상 등에 설치하는 것으로서 엄밀한 의미에서는 BAPV로 분류됨
- 지붕에 설치하는 것 : 지붕일체형으로 설치되어 지붕의 기능을 대체할 수 있는 기능을 가지는 것임
- 기타 : 건물의 외벽에 일차차폐를 겸하여 설치하는 것, 베란다 외부벽에 설치하는 것, 지붕과 지붕 사이 공간 등 건물에서 설치가능한 위치에 설치하는 것

표 2-2 설치 위치 및 방법에 따른 분류

설치 위치	설치 예상도
외벽	
유리자재	
거치형	
지붕	
그 외 기타	

3. BIPV를 구성하는 제품 자체에 대한 분류

BIPV 제품은 초기 단계에서는 단순히 단결정질 태양전지의 후면부에 패널을 부착하여 시공하기 쉬운 형태로 하였고 1개 패널의 용량이 300W급 내외였으나 시간이 지남에 따라 BIPV를 설치해야 할 외벽이나 지붕의 면적이 균일하지 않기 때문에 이러한 수요에 맞추기 위하여 다양한 크기와 다양한 형태가 요구되었다. BIPV에 대한 제품은 매우 다양한 형태를 가지고 있는데 스위스의 BIPV 전문 성능시험기관이며 연구기관인 SUPSI(La Scuola universitaria professionale della Svizzera italiana / The University of Applied Sciences and Arts of Southern Switzerland) 대학의 스위스 BIPV 센터(The Swiss BiPV Competence Centre)에서 다양한 BIPV 제품에 대한 성능 시험을 수행하면서 BIPV 제품에 대한 데이터베이스를 구축하였는데 이 책에서는 SUPSI의 제품 분류 체계를 설명하고 SUPSI가 구축한 제품 분류별 주요 제품에 대하여 기술하기로 한다.

SUPSI의 BIPV 제품 분류는 다음과 같이 7개 종류의 모듈과 파사드 및 지붕용 BIPV 고정장치로 분류하였다.

가. BIPV 모듈

- 타일 형태 BIPV
- 반투과 유리 BIPV
- 파사드 일체형 BIPV
- 파사드 창호일체형 BIPV
- 박막 태양전지형 BIPV
- 금속패널 BIPV
- 일사차폐 BIPV

나. BIPV 고정장치

- 파사드용 BIPV 고정장치
- 지붕용 BIPV 고정장치

제2절 주요 BIPV 제품

전술한 바와 같이 BIPV는 매우 다양한 형태가 있고 SUPSI 산하 스위스 BIPV 센터에 서 구축한 제품 DB는 247쪽에 달하는 많은 제품을 수록하고 있지만 본 절에서는 이 중에서 주목할 만한 것들에 대해서 기술하기로 한다. 이 책에서 소개하는 것보다 더 자세한 시항에 대하여 관심이 있으면 Swiss BIPV Competence Centre의 홈페이인 info@bipv.ch를 방문하거나 저자가 2019년 7월 비제이파워 자체연구보고서로 발간했던 "스위스 BIPV 센터 BIPV 제품 데이터 베이스집"을[2] 참조하면 된다.

1. BIPV 모듈

전술한 바와 같이 BIPV 모듈은 타일 형태로 된 것부터 시작하여 시공하는 위치가 외벽인지 아니면 지붕인지에 따라 모듈의 형태가 달라지며 유리창과 같이 채광을 중요하게 계획해야 하는 공간에 시공할 수 있는 모듈과 채광과는 상관 없이 불투명한 재료로 된 패널로 구성되는 모듈 등 다양한 제품이 있는데 전술한 7개 종류의 분류별로 주요 BIPV 모듈 제품을 소개하기로 하겠다.

가. 타일 형태 BIPV

이 BIPV 모듈은 타일 형태로 되어 있어서 조립하기가 쉬워서 시공성이 뛰어난 것이 특징이다. 타일의 형태는 평면으로 된 것부터 기와 지붕 형태로 된 것 등 다양하며 스위스 BIPV 센터의 2019년 DB에는 총 38종류의 BIPV 타일이 등재되어 있으나 이 형태의 BIPV 모듈은 계속해서 발전되고 있으며 신상품도 출시되고 있다.

타일 형태의 주요 BIPV 모듈을 소개하면 다음에서 보는 바와 같은데 제품의 특징에 대해서만 한글로 설명했는데 나머지는 영어로 된 자료를 참고하기 바란다.

---

2 서항석, "스위스 BIPV센터 BIPV제품 데이터 베이스집", 비제이파워 자체연구보고서, 2019. 7.

1) Aeternum PV 타일

- Brandoni Solare에서 제조
- 경사 지붕에 시공할 수 있도록 제작
- 체결장치가 잘 되어 있고 알루미늄제 특수 프레임을 사용
- 방수기능이 있고 다결정질 실리콘 태양전지 사용
- 발전용량은 1모듈당 130-150W
- 색채 : 청색, 회색, 빨강, 녹색, 진한 갈색 등 다양함
- 1모듈의 무게 : 13.6kg
- 모듈 크기 : 1064mm-1094mm-29mm

Product	Aeternum
Producer / CH supplier	Brandoni Solare S.p.A.
Address	via Pigini, 8 I-60022 Castelfidardo (AN)
Contact	Tel: +39 0717206860 Fax: Mail: info@brandonisolare.com Web: www.brandonisolare.com

Product specifics

Aeternum is a special PV module that, thanks to a special fastening system, allows to construct integrated plants on sloped roofs. The special frame made in aluminium and pre-mounted onto the bottom border of the module, is properly studied to warranty a continuous surface. The features of the module and the mounting profiles allow, apart from the complete water-tightness of the solar surface, a simple and easy mounting onto the frames supporting the tiles.

Technology:	Multi-crystalline
Power [W]:	130-155
Size [mm] L, w, t:	1064x1094x29
Specific power [W/m^2]:	112–133
Price [CHF/m^2]:	-
Module weight [Kg]:	13,6
Specific weight [Kg/m^2]:	12 (excepted sub-structures)
Min. tilt:	-
Custom made:	Cell colour (blue, grey, red, green, dark brown, etc.)
Certifications:	IEC61215, EN61730-1,2, IEC61140, CE, IEC61701, Fire Test

시공사례 및 상세 도면

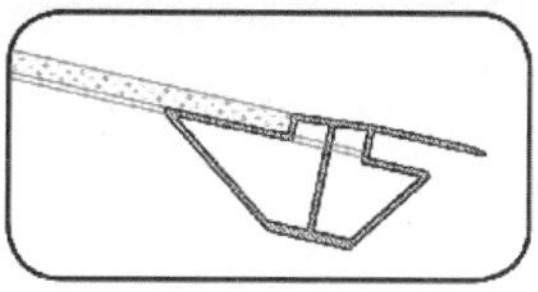

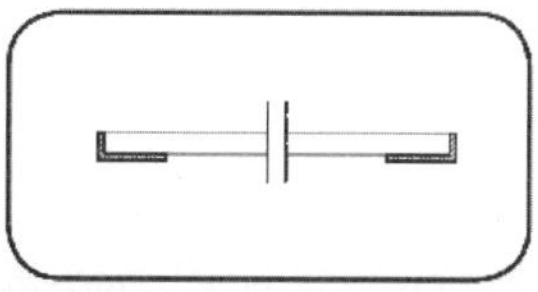

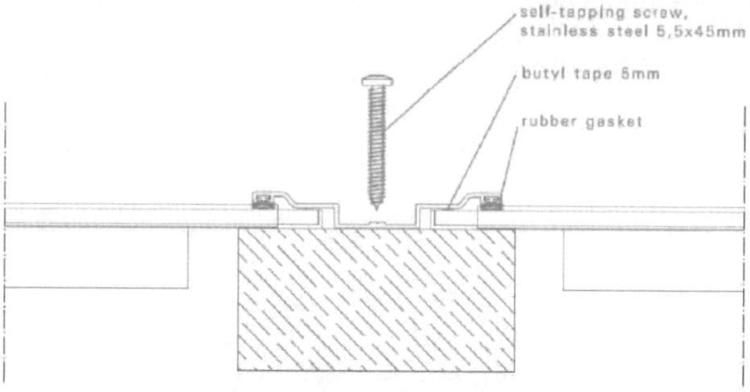
self-tapping screw,
stainless steel 5,5x45mm
butyl tape 5mm
rubber gasket

2) Aldo Voltaik PV 타일

- Helvetic Energy에서 제조

Product	**Aldo Voltaik / Aldo+ Voltaik**
Producer / CH supplier	**Helvetic Energy +**
Address	**Winterthrerstrasse 702** **CH– 8247 Flurlingen**
Contact	**Tel: +41 52 647 46 70** **Fax: +41 52 647 46 79** **Mail :** info@helvetic-energy.ch **Web:** www.helvetic-energy.ch

Product specifics

Aldo®Voltaik and Aldo+ Voltaik modules by Helvetic Energy can be combined with Aldo® and Aldo+ flat collectors by the same producer and therefore allow the construction of surfaces (with horizontal or vertical layout) both photovoltaic and thermal. Good ventilation allows the modules best performance.

Technology:	**Multicrystalline / Monocrystalline**
Power [W]:	**280 / 298**
Size [mm] L, w, t:	**2070 x 1170 x 110 / 2250 x 1098 x 85**
Specific power [W/m²]:	**115.7 / 120**
Price [CHF/m²]:	**n.d.**
Module weight [Kg]:	**30 / 35**
Specific weight [Kg/m²]:	**12.4 / 14**
Min. tilt:	**20°**
Custom made:	**-**
Certifications:	**-**

- 수평구조물과 수직구조물 공히 사용 가능
- 후면 환기장치가 되어 있어서 가열을 방지하고 발전효율 저하를 방지할 수 있음
- 다결정질 실리콘 태양전지 사용

• 발전용량은 1모듈당 280-298W

• 색채 : 정보 없음

• 1모듈의 무게 : 30 / 35kg

• 모듈 크기 : 2070mm-1170mm-110mm 및 2250mm-1098mm-85mm

시공사례 및 상세 도면

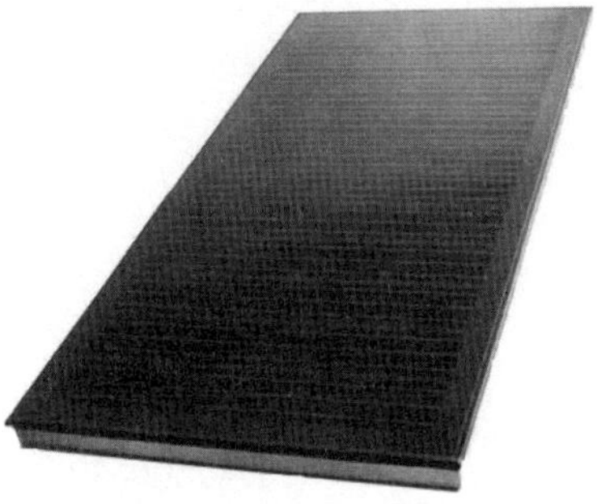

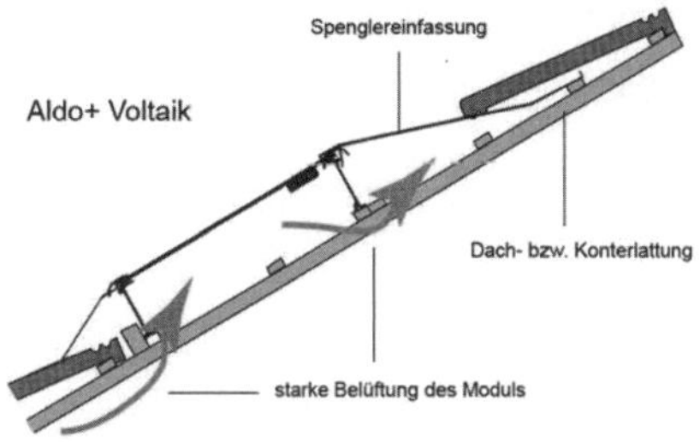

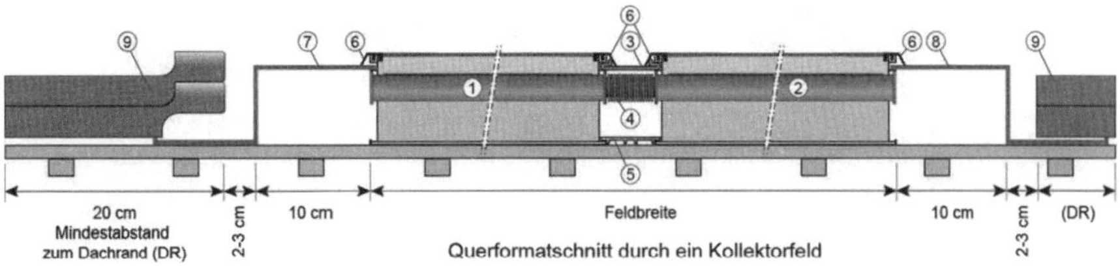

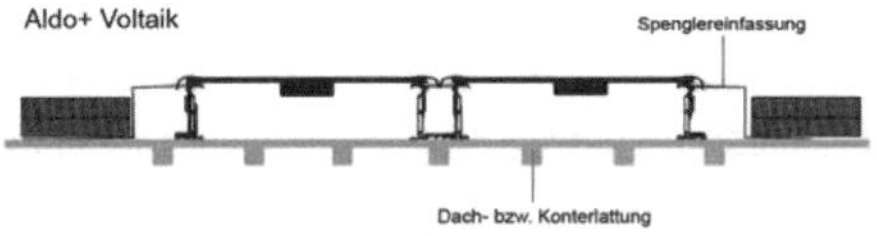

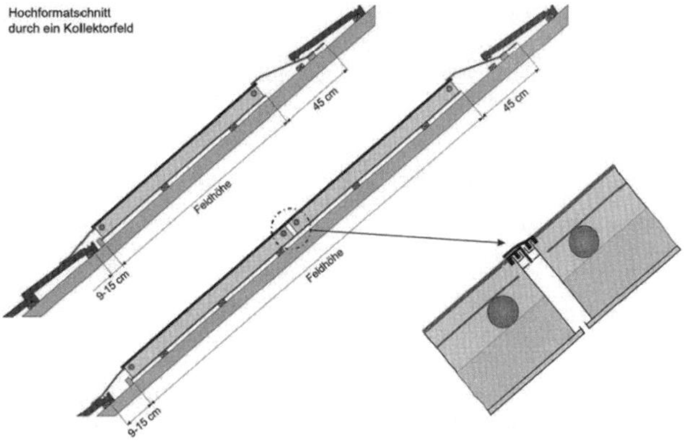

3) Coppo in cotto fotovoltaico PV 타일

- Industrie Cotto Possagno Spa에서 제조
- 지붕재로서 기와 대신 사용
- 환기장치가 되어 있어서 가열을 방지하고 발전효율 저하를 방지할 수 있음
- 단결정 실리콘 태양전지 사용
- 발전용량은 1모듈당 4W
- 색채 : 다양함
- 1모듈의 무게 : 0.8kg
- 모듈 크기 : 335mm-88mm-4mm

Product	Coppo in cotto fotovoltaico
Producer / CH supplier	Industrie Cotto Possagno Spa
Address	Via Molinetto 80 31054 Possagno (TV) - Italy
Contact	Tel: +39 0423 920 701 Mail: info@cottopossagno.com Web: www.cottopossagno.com

Product specifics

This bent tile specially structured to accommodate a photovoltaic module, equipped with a ventilation duct continues, all executed with the aid of mixture special clays in order to ensure all the morphological characteristics: appearance, geometry, absorption, bending, frost, etc.
Coupling bent tile with photovoltaic module: silicon product with a high modulus of elasticity capable of passing the tests of solar thermal aging.

Technology:	Monocrystalline
Power [W]:	4
Size [mm] L, w, t:	335x88x4
Specific power [W/m^2]:	60
Price [CHF/m^2]:	215 (excl. VAT)
Module weight [Kg]:	0,8
Specific weight [Kg/m^2]:	8,8
Min. tilt:	-
Custom made:	different colors for bent tiles
Certifications:	IEC/EN 61215, IEC/EN 61730, UNI-EN 1304, UNI EN 1024, UNI EN 538, UNI EN 539-1, UNI EN 539-2

시공사례 및 상세 도면

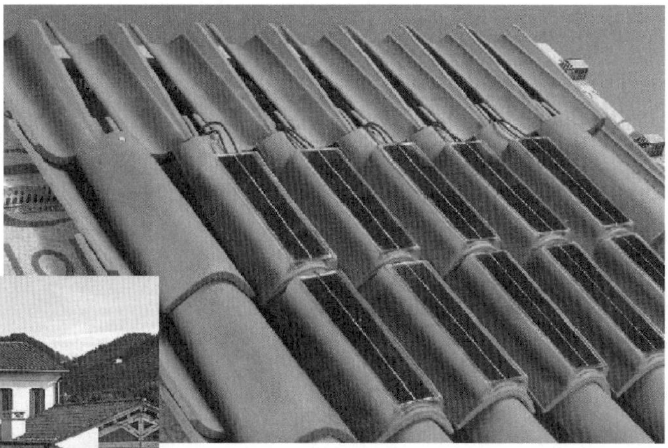

4) Ennogie roofing system 타일

- Ennogie Aps에서 제조
- 지붕재로서 사용－신축, 기존건물 모두 가능
- 방수기능이 우수하고 초소형 인버터 채택, 모듈 프레임이 없음
- CdTe 태양전지 사용
- 발전용량은 1모듈당 80W
- 색채 : 검은색
- 1모듈의 무게 : 13.5kg
- 모듈 크기 : 1,262mm–665mm–40mm(외형), 1,190–625–40(태양전지모듈)

Product	Ennogie roofing system
Producer / CH supplier	Ennogie ApS
Address	Thrigesvej 23 DK-7430 Ikast, Denmark
Contact	Tel: +45 5188 2665 Mob: - Mail : info@ennogie.com Web: http://www.ennogie.com

Product specifics

The solar roof from Ennogie completely replaces the traditional roof. The photovoltaic modules overlap both by length and width, thereby providing a tight waterproof envelope. The underlying construction is identical to the traditional one used in standard roof types and it is easy and fast to mount. Ennogie uses micro-inverters mounted on the roof instead of string-inverters. Using micro-inverters makes the roof very resistant against shading and increases the system's reliability. It also adds to the safety during installation and operation, because the DC voltage is always lower than 60 V. The Ennogie roof is made of frameless modules with a black and homogeneous surface. The layout of this roof is suitable for both newly built and older houses. With its good aesthetics and the high energy output, the Ennogie solar roof increases the value of the building. In 2016, Ennogie received the Danish Design Award, and in 2017 the iF Design Award for its design.

Technology:	CdTe
Power [W]:	80
Size [mm] L, w, t:	1262x665x40 (including overlapping); 1190x625x40 (net)
Specific power [W/m^2]:	108
Price [€/m^2]:	200, including VAT, micro inverters, adapter modules, cables, flashing
Module weight [Kg]:	13.5
Specific weight [Kg/m^2]:	18
Min. tilt:	5°
Custom made:	Custom adapter modules are supplied
Certifications:	-

시공사례 및 상세 도면

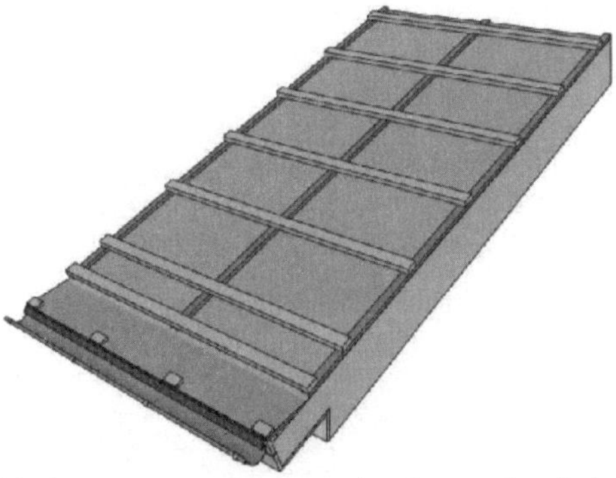

The battens, counter battens and wedges are installed.

The inverter drawer and then the micro-inverters are installed.

The first PV module is mounted with two self-tapping screws in the right side.

The remaining modules are fastened and the front grille is mounted.

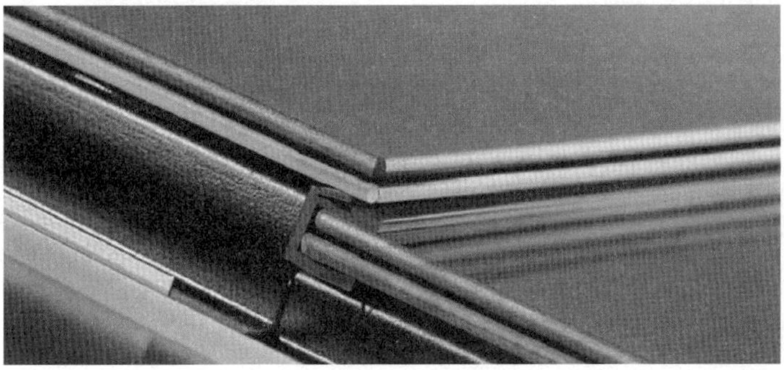

5) MegaSlate® solar roof system PV 타일

- Meyer Burger AG에서 제조
- 지붕재로서 사용
- 기존건물에 사용 가능
- 단결정 실리콘 태양전지 사용
- 발전용량은 1모듈당 185W
- 색채 : 연한 청색
- 1모듈의 무게 : 17kg
- 모듈 크기 : 1,300mm-875mm-6.5mm

Product	MegaSlate ® solar roof system
Producer / CH supplier	Meyer Burger AG
Address	Schorenstrasse 39 CH-3645 Gwatt (Thun)
Contact	Tel: +41 33 221 21 21 Fax: +41 33 221 21 22 Mail : info.pvsystems@meyerburger.com Web: www.meyerburger.com

Product specifics

The MegaSlate® solar roof system is a trend-setting, architecturally appealing product especially suited to new buildings and roof refurbishments. This Swiss solar system offers all the benefits of a conventional roof and is a perfectly fitting replacement for the original roof covering. Solar power, solar thermal energy, roof window, snow guard and anti-climbing guard in a single integrated system.

Technology:	Monocrystalline MB-PERC
Power [W]:	185
Size [mm] L, w, t:	1300x875x6.5
Specific power [W/m²]:	172,5
Price [CHF/m²]:	n.d.
Module weight [Kg]:	17
Specific weight [Kg/m²]:	15,9
Min. tilt:	10°
Custom made:	Physical dimensions and shape / Active and passive design
Certifications:	IEC 61215, IEC 61730, DIN-EN 13501-5, CEN/TR 15601

시공사례 및 상세 도면

6) SolarStone PV 타일

- Solarstone Std에서 제조
- 지붕재로서 사용
- 별도 부속품이나 마운트 없이 나무 베튼에 직접 설치가능
- 22개의 단결정 실리콘 태양전지 사용
- 발전용량은 1모듈당 109W
- 색채 : 다양함
- 1모듈의 무게 : 11kg
- 모듈 크기 : 1,800mm-420mm-22mm

Product	SolarStone
Producer / CH supplier	Solarstone Std
Address	Tartu Str. 16 Viljandi 71004 - Estonia
Contact	Tel: +37 258 830 500 Mob: - Mail : mattis@solarstone.ee Web: http://www.solarstone.ee

Product specifics

SolarStone is a photovoltaic tile composed of 22 monocristalline cells. These BiPV panels interlock perfectly with any type of roof tiles and are installed directly onto wooden batten without any costly fittings or mounts. SolarStone combines a modern design with a practical mounting system. It can be used in both existing roofs and new buildings. Its aesthetical pleasing design makes it particularly suitable for those buildings where regular modules are not accepted. The PV modules are supplied with a 10 year warranty for defects.

Technology:	Monocristalline
Power [W]:	109
Size [mm] L, w, t:	1800 x 420 x 22-25-30
Specific power [W/m²]:	144
Price [€/m²]:	255 (cost of the PV plant, excluding VAT, valid in Estonia, 2016)
Module weight [Kg]:	11
Specific weight [Kg/m²]:	14.5
Min. tilt:	-
Custom made:	Cells colour, frame colour
Certifications:	-

시공사례 및 상세 도면

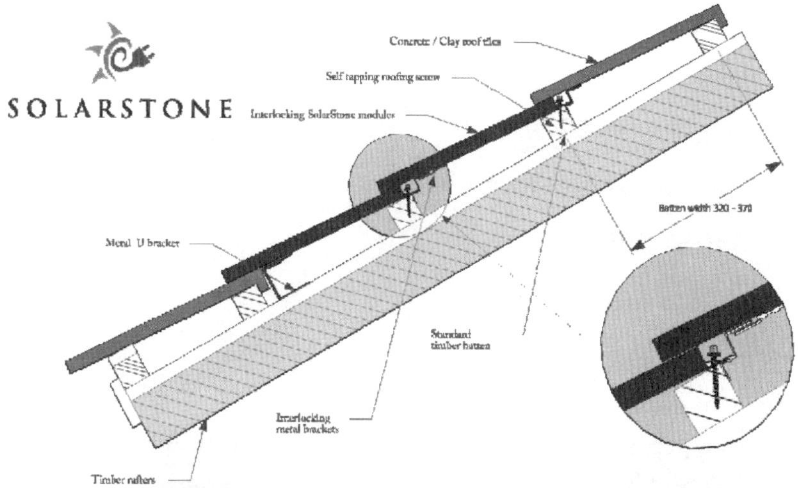
SOLARSTONE
Concrete / Clay roof tiles
Self tapping roofing screw
Interlocking SolarStone modules
Batten width 320 - 370
Metal U bracket
Standard timber batten
Interlocking metal brackets
Timber rafters

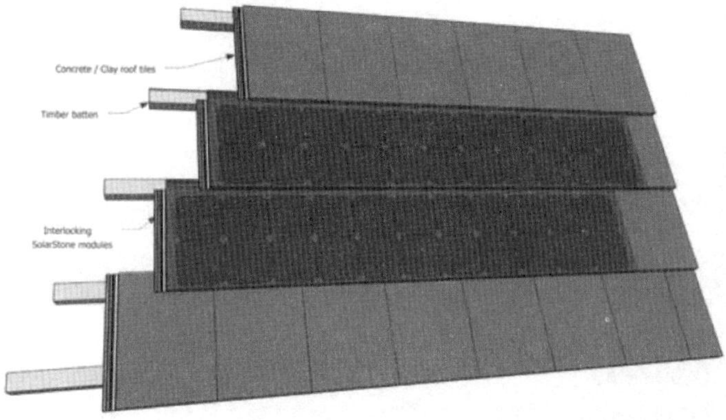
Concrete / Clay roof tiles
Timber batten
Interlocking SolarStone modules

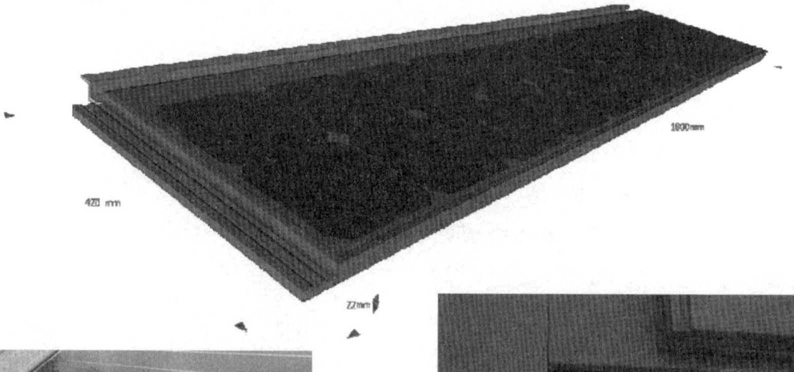

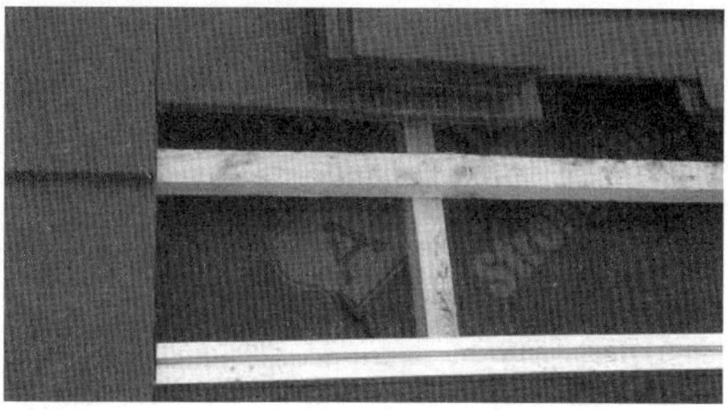

7) S-TE Integra PV 타일

- Tenesol에서 제조
- 지붕 위에 시공
- 모듈 하부에 자연환기 장치가 되어 있어서 가열을 방지하고 발전효율 저하를 방지
- 단결정 및 다결정 실리콘 태양전지 사용
- 발전용량은 1모듈당 130~150W
- 색채 : 검은색
- 1모듈의 무게 : 12kg
- 모듈 크기 : 1,510mm~700mm~5.5mm

Product	S-TE Integra
Producer / CH supplier	Tenesol
Address	The product is no longer available
Contact	

Product specifics

The S-TE Integra with the Tenesol modules is a building integrated solution for tiled and slated roofs. It is suitable for partial or total coverage of residential, educational or health care buildings' roofs. Its flexibility allows for an extra-flat final look and an integration in portait or landscape mode for new or existing buildings with low scope roofs of minimum 15°. The air gap underneath the modules, ensures natural ventilation. The realization of pyramidal configurations is also possible.

Technology:	Monocrystalline, multicrystalline
Power [W]:	140-150 (monocrystalline), 130-140 (multicrystalline)
Size [mm] L, w, t:	1510 x 700 x 5.5
Specific power [W/m²]:	123.8-133.3
Price [CHF/m²]:	n.d.
Module weight [Kg]:	12
Specific weight [Kg/m²]:	11.4 (15: structure + module)
Min. tilt:	15°
Custom made:	Power, color (black)
Certifications:	IEC 61215, IEC 61730

시공사례 및 상세 도면

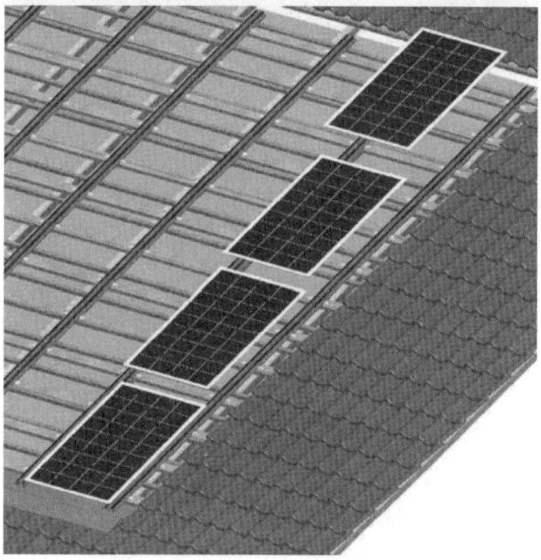

8) Sunroof SRP PV 타일

- Roto Sunroof에서 제조
- 기와 대신 지붕재로서 사용, 방수 기능 탁월
- 환기장치가 되어 있어서 가열을 방지하고 발전효율 저하를 방지할 수 있음
- 단결정 실리콘 태양전지 사용
- 발전용량은 1모듈당 270~285W
- 색채 : 검은색
- 1모듈의 무게 : 26kg
- 모듈 크기 : 1,050mm~2,030mm~89mm

Product	Sunroof SRP
Producer / CH supplier	Roto Sunroof
Address	Wilhelm-Frank-Strasse 38-40 D-97980 Bad Mergentheim
Contact	Tel: +49 07931/5490-0 Fax: +49 07931/5490-50 Mail : dachundsolar@roto-frank.com Web: www.roto-bauelemente.de

Product specifics

Sunroof PV module by Roto can be combined with solar collectors and roof windows by the same producer. The modules (and collectors) are mounted directly on the existing battens. They replace the roof covering and waterproofing is guaranteed by the special frame. Cables are protected from bad weather and back ventilation directs the heat on the module's surface upwards.

Technology:	monocrystalline
Power [W]:	270—285
Size [mm] L, w, t:	1050 x 2030 x 89
Specific power [W/m²]:	134,5
Price [CHF/m²]:	n.d.
Module weight [Kg]:	26
Specific weight [Kg/m²]:	12.2
Min. tilt:	15°
Custom made:	-
Certifications:	IEC 61215, IEC 61730

시공사례 및 상세 도면

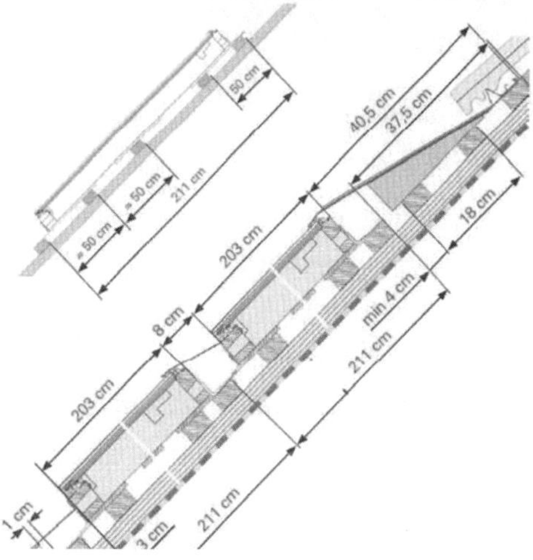
≈ 50 cm
≈ 50 cm
50 cm
211 cm
40,5 cm
37,5 cm
18 cm
203 cm
8 cm
min 4 cm
211 cm
203 cm
1 cm
3 cm
211 cm

9) Tegole DF2-DF3 in cotto PV 타일

- Fornace Fonti에서 제조
- 기존의 기와에 태양전지를 부착하여 만든 모듈임
- 기존의 기와재를 사용하므로 원가절감에 도움이 됨
- 단결정 및 다결정 실리콘 태양전지 사용
- 발전용량은 1모듈당 8W 및 12W
- 색채 : 진한 청색
- 1모듈의 무게 : 기와 종류에 따라 다름
- 모듈 크기 : 460mm-390mm, 460mm-430mm

Product	DF2-DF3
Producer / CH supplier	Fornace Fonti
Address	Via Giotto 41 I-45100 Grignano Polesine (RO)
Contact	Tel: +39 0425 49 40 85 Fax: +39 0425 49 43 96 Mail : info@fornacefonti.it Web: www.fornacefonti.it

Product specifics

Tile produced with natural clay of the Po plain (Italy). This type of tile can be mounted as a normal tile, and it is possible, in a second time, to insert photovoltaic modules by anticipating cabling. At this time, two models of tile are available, a third one is in the testing phase. Currently a PV module of four 8 or 12 Wp cells 125x125 can be installed.

Technology:	Monocrystalline; multicrystalline
Power [W]:	8; 12
Size [mm] L, w, t:	460 x 390; 460 x 430
Specific power [W/m²]:	60 o 90; 54 o 81
Price [CHF/m²]:	n.a.
Module weight [Kg]:	n.a.
Specific weight [Kg/m²]:	n.a.
Min. tilt:	-
Custom made:	-
Certifications:	n.a.

시공사례 및 상세 도면

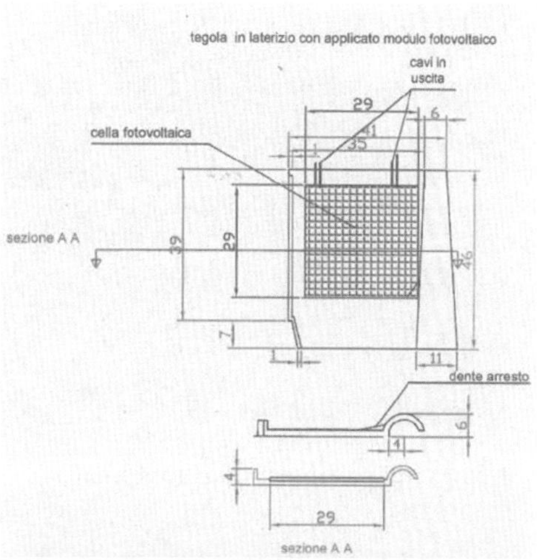
tegola in laterizio con applicato modulo fotovoltaico
cavi in uscita
cella fotovoltaica
sezione A A
dente arresto
sezione A A

10) GIELLENERGY ULTRA 타일

- GIELLEPLAST에서 제조
- 열경화성고분자 재료를 모듈 판재로 하여 제작
- 무게가 경량인 것이 장점
- 단결정 실리콘 태양전지 사용
- 발전용량은 1모듈당 18W
- 색채 : 진한 푸른색
- 1모듈의 무게 : 2.5kg
- 모듈 크기 : 415mm-245mm-45mm

Product	GIELLENERGY ULTRA
Producer / supplier	GIELLEPLAST
Address	Via Luigi Einaudi 5 IT-10060 Pancalieri (TO)
Contact	Tel: +39 (0)11 973 45 24 Mob: +39 335 611 13 46 Mail : commerciale@giellenergy-tile.eu Web.: www.giellenergy-tile.eu

Product specifics

La GIELLENERGY-TILE® ULTRA is a photovoltaic tile designed to offer a total architectural integration and to be compatible with most Marseilles terracotta tiles. La GIELLENERGY-TILE® ULTRA is made of thermoplastic resin. The PV module is set inside the thermoplastic resin structure and is composed of two standard 156mm EVA encapsulated monocrystalline cells, covered with textured and tempered low-iron high transmittance (>92%) glass. A four cells module (GIELLENERGY-TILE® FOR FOUR) is also available.

Technology:	monocristalline
Power [W]:	18
Size [mm] L, w, t:	415x245x45mm (installed: 365x205x35mm)
Specific power [W/m²]:	240
Price [CHF/m²]:	-
Module weight [Kg]:	2.5
Specific weight [Kg/m²]:	33.3
Min. tilt:	-
Custom made:	Colour of the frame
Certifications:	IEC 61215/II and IEC 61730-2

시공사례 및 상세 도면

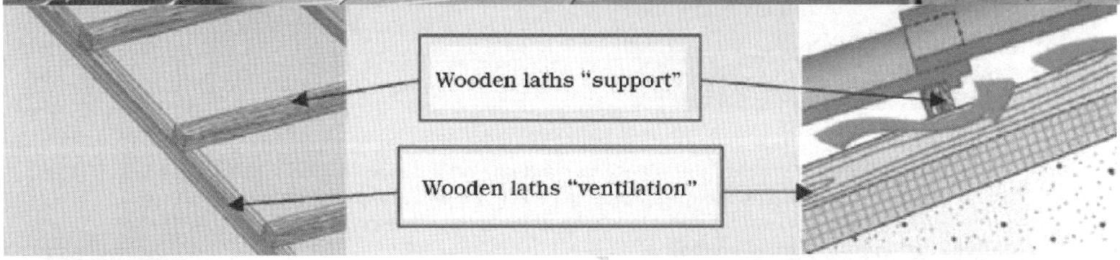
Wooden laths "support"
Wooden laths "ventilation"

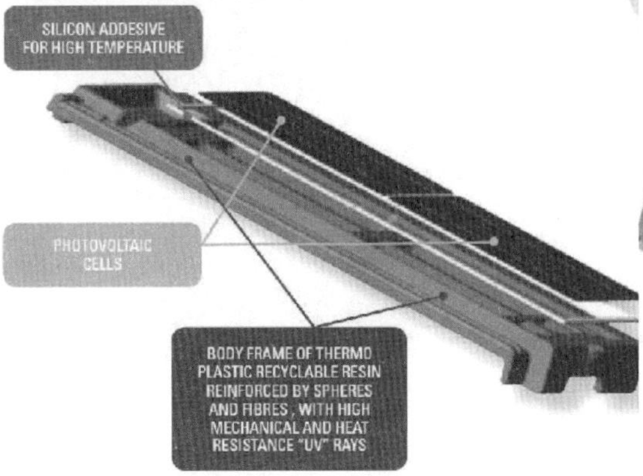
SILICON ADDESIVE FOR HIGH TEMPERATURE
PHOTOVOLTAIC CELLS
BODY FRAME OF THERMO PLASTIC RECYCLABLE RESIN REINFORCED BY SPHERES AND FIBRES, WITH HIGH MECHANICAL AND HEAT RESISTANCE "UV" RAYS

11) Solarziegel PV 타일

- Panotron에서 제조
- 지붕재로서 사용, 방수 기능 탁월
- 점토 타일 상부에 태양전지장착, 점토타일에 축열되는 열을 히트펌프를 이용하여 열원으로 활용할 수 있음
- 단결정 실리콘 태양전지 사용
- 발전용량은 1모듈당 75W
- 색채 : 11개 종류의 색을 구현 가능
- 1모듈의 무게 : 0.7kg
- 모듈 크기 : 373mm–155mm–9mm

Product	Solarziegel
Producer / CH supplier	Panotron
Address	Panotron AG, Ziegelei 8 CH-3255 Rapperswil BE
Contact	Tel: +41 31 879 65 40 Fax: +41 31 879 65 49 Mail: panotron@gasserceramic.ch Web: www.gasserceramic.ch

Product specifics

The solar energy system Panotron is designed in a way that a solar module for electric power generation can be mounted on a conventional clay tile. At the same time, the stored heat from the clay tiles, in combination with a heat pump is used for thermal use. The thermal energy transport system is very flexible and easy to install as part of the roof structure.
All statements above relate only to photovoltaics.

Technology:	Monocrystalline
Power [W]:	6.25 per tile
Size [mm] L, w, t:	373 x 155 x 9 per tile
Specific power [W/m^2]:	75
Price [CHF/m^2]:	-
Module weight [Kg]:	0.7
Specific weight [Kg/m^2]:	8.4
Min. tilt:	17°
Custom made:	11 different tile colors available
Certifications:	TÜV, CE, IEC 61215, IEC 61730

시공사례 및 상세 도면

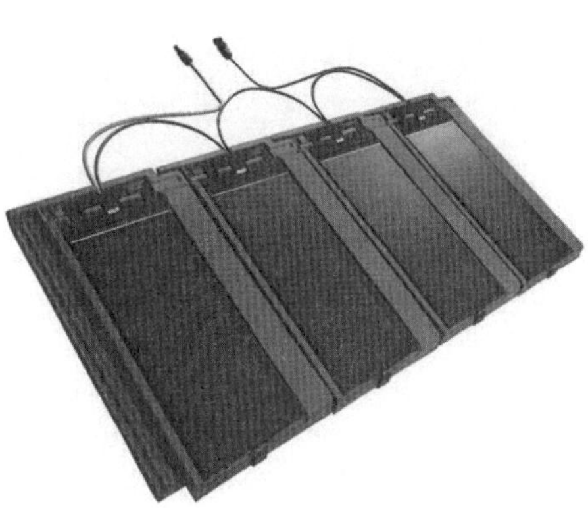

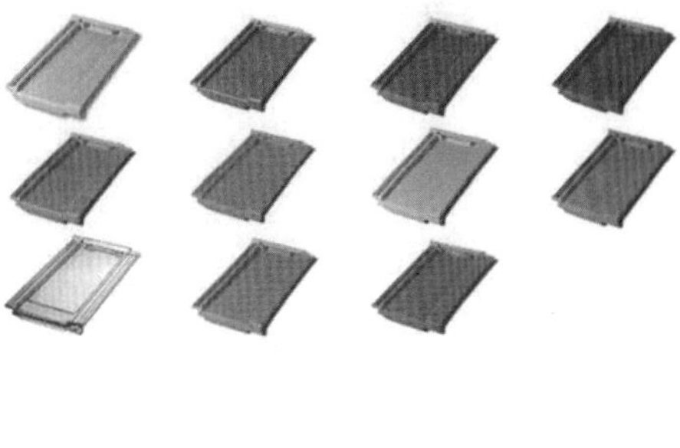

12) High efficiency color solar cell PV 타일

- LOF SOLAR에서 제조
- 외벽, 캐노피, 지붕, 슬래트, 싱글, 커튼월, 크래딩 등 건물 관련 모든 부위에 사용 가능
- 단결정 및 다결정 실리콘 태양전지 사용
- 발전용량은 1모듈당 49.71W
- 색채 : 매우 다양함
- 1모듈의 무게 : 규격별로 다름
- 모듈 크기 : 주문 제작

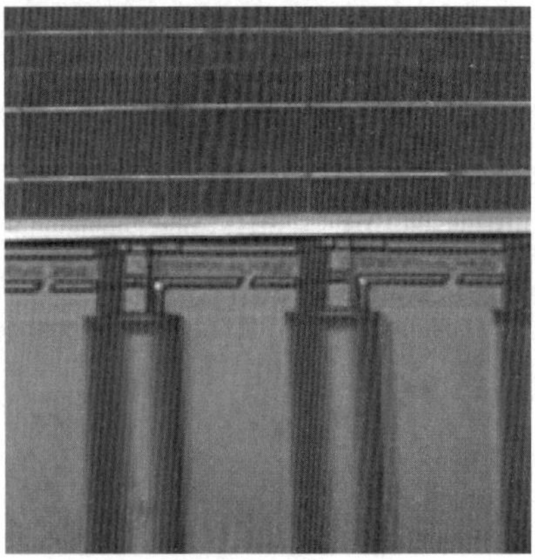

Product	High efficiency color solar cell
Producer / CH supplier	LOF SOLAR
Address	2F, No. 6 Prosperity Road 2 Hsinchu Science Park, 300 Taiwan
Contact	Tel: +886 3 666 2616 Fax: +886 3 666 3856 Mail : contact@lofsolar.com Web: www.lofsolar.com

Product specifics

Can be integrated into many different building materials and substrates, such as roof tile, slate, shingles or panels. Other application ideas include solar wall (building cladding/curtain walls/atrium glass), solar windows (skylights/sunshades), or solar canopy. The two tiles available are "Tile red" and "True steel". Many color and size possibilities.

Technology:	Monocrystalline, multicrystalline
Power [W]:	49.71
Size [mm] L, w, t:	1092 x 312
Specific power [W/m^2]:	146.2
Price [CHF/m^2]:	n.d.
Module weight [Kg]:	n.d.
Specific weight [Kg/m^2]:	n.d.
Min. tilt:	n.d.
Custom made:	Dimensions, color cell
Certifications:	n.d.

시공사례 및 상세 도면

LAVENDER
TILE RED
ARMY GREEN
TRUE STEEL
DISCO PINK
METALLIC GOLD
REBEL GREEN
STONE ELEGANCE
GOLDEN BROWN
CUSTOM ENGRAVING
DIAGONAL CUT
MIDDLE CUT

LAVENDER
TILE RED
ARMY GREEN
TRUE STEEL
GOLDEN BROWN
CUSTOM ENGRAVING
DIAGONAL CUT
MIDDLE CUT

13) Just roof PV 타일

- Suntech-Sunergic에서 제조
- 지붕재로서 사용, 방수 및 배수 기능 탁월
- 금속 레일에 타일 프레임을 끼워서 조립하고 공정시킴
- 단결정 및 다결정 실리콘 태양전지 사용
- 발전용량은 1모듈당 90-190W
- 색채 : 푸른색
- 1모듈의 무게 : 9-15kg
- 모듈 크기 : 879 / 1,641mm-834.5mm-33mm

Product	Just roof
Producer / CH supplier	Suntech – Sunergic
Address	Rue des Tilleuls 2 CH-1800 Vevey
Contact	Tel: +41 21 533 00 88 Fax: +41 21 533 00 89 Mail : info@sunergic.com Web: www.sunergic.com

Product specifics

Complete roofing solution which consists of special framed modules, with multi or monocrystalline cells, and metal rails, perpendicularly fixed to the ridgepole. Panels are inserted in each rows and screwed to the rails with four self drilling screws. Sealing is assured through vertical overlapping and rainwater draining in profiles. Joints can be covered to improve the visual appearance.

Technology:	Monocrystalline
Power [W]:	90-190
Size [mm] L, w, t:	879-1641 x 834.5 x 33
Specific power [W/m²]:	64.3-271.4
Price [CHF/m²]:	n.d.
Module weight [Kg]:	9-15
Specific weight [Kg/m²]:	10.7-12.9
Min. tilt:	6°
Custom made:	Dimensions
Certifications:	IEC61215, IEC61730

시공사례 및 상세 도면

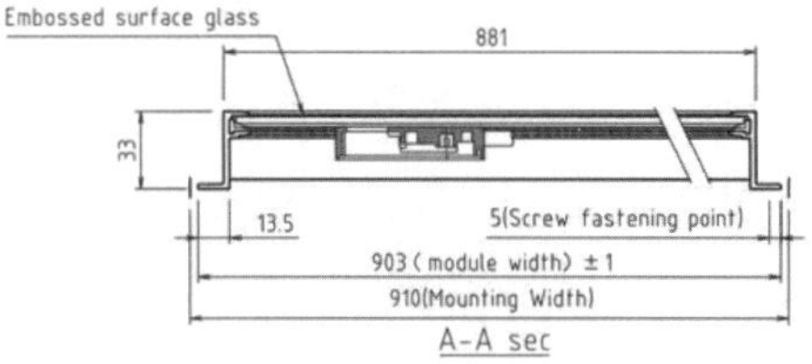
Embossed surface glass
881
33
13.5
5(Screw fastening point)
903 (module width) ± 1
910(Mounting Width)
A-A sec

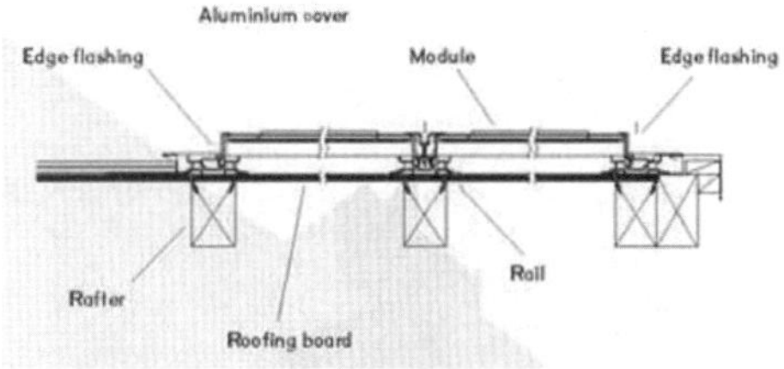
Aluminium cover
Edge flashing
Module
Edge flashing
Rafter
Roofing board
Rail

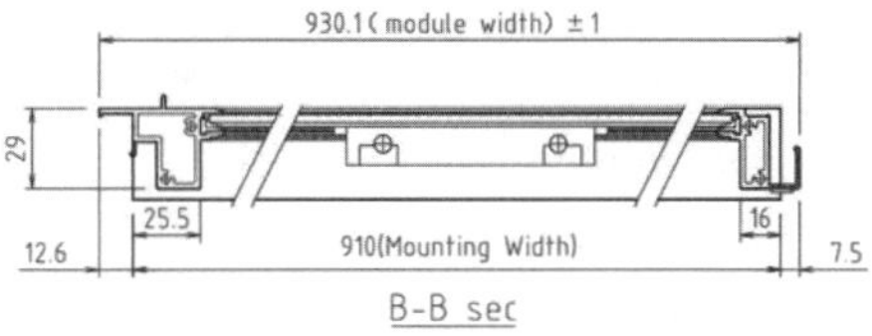
930.1 (module width) ± 1
29
25.5
16
12.6
910(Mounting Width)
7.5
B-B sec

14) QuickStep solar PV 타일

- Rheinzink에서 제조
- 기와 대신 지붕재로서 사용, 방수 기능 탁월
- 금속제 지붕으로 조립이 용이함
- 단결정 실리콘 태양전지 사용
- 발전용량은 1모듈당 68W
- 색채 : graphite-grey
- 1모듈의 무게 : 19.1kg
- 모듈 크기 : 500~4,000mm~365mm

Product	QuickStep solar PV
Producer / CH supplier	Rheinzink
Address	Täfernstrasse 18 CH-5405 Baden Dättwil
Contact	Tel: +41 56 484 14 14 Fax: +41 56 484 14 00 Mail : info@rheinzink.ch Web: www.rheinzink.ch

Product specifics

Metallic roof with horizontal steps. The profiles are joined together by a clamping spring system and previously fixed on the roof battens. Battens are cutting the end of the tiles, where vertical joints are inserted to collect the rainwater.

Technology:	Crystalline
Power [W]:	68
Size [mm] L, w, t:	500-4000 x 365 (std: 2000 x 365)
Specific power [W/m^2]:	93.2
Price [CHF/m^2]:	n.d.
Module weight [Kg]:	19.1
Specific weight [Kg/m^2]:	26.2
Min. tilt:	10°
Custom made:	Color tiles (graphite-grey), dimensions
Certifications:	IEC61215

시공사례 및 상세 도면

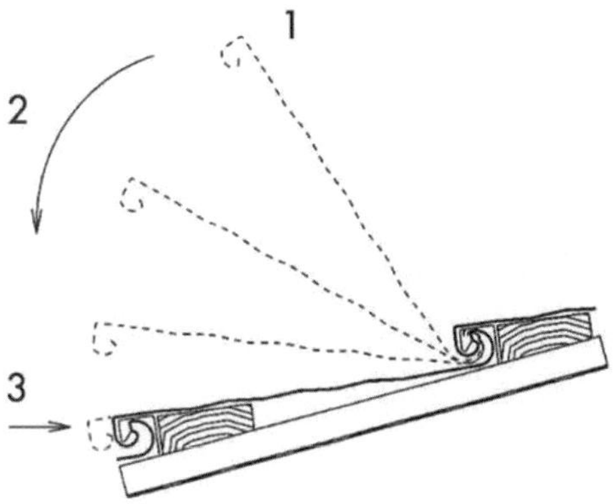

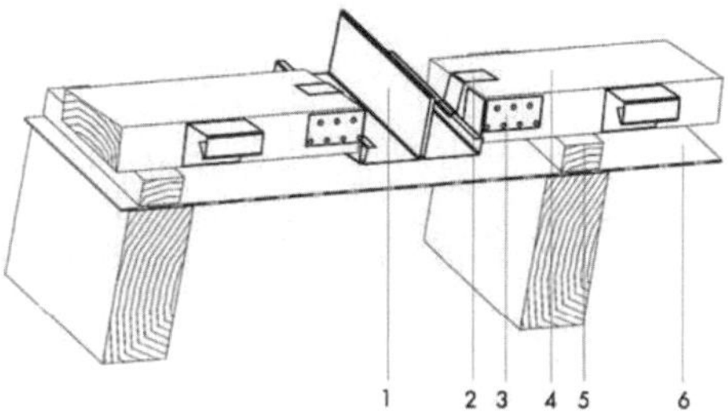

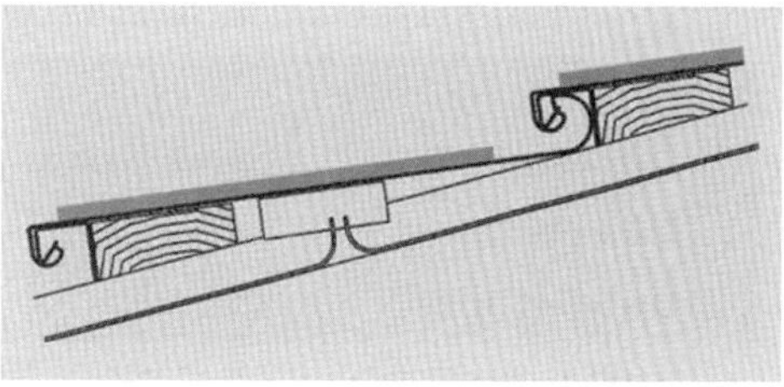

15) Neosolpan PV 타일

- Smartroof NV에서 제조
- 기와 대신 지붕재로서 사용, 방수 기능 탁월, 세라믹 타일 기반 제작
- 내부에 환기장치가 되어 있어서 가열을 방지하고 발전효율 저하를 방지할 수 있음
- 단결정 실리콘 태양전지 사용
- 발전용량은 1모듈당 13W
- 색채 : 검은색
- 1모듈의 무게 : 1.6kg
- 모듈 크기 : 468mm-356mm-62mm

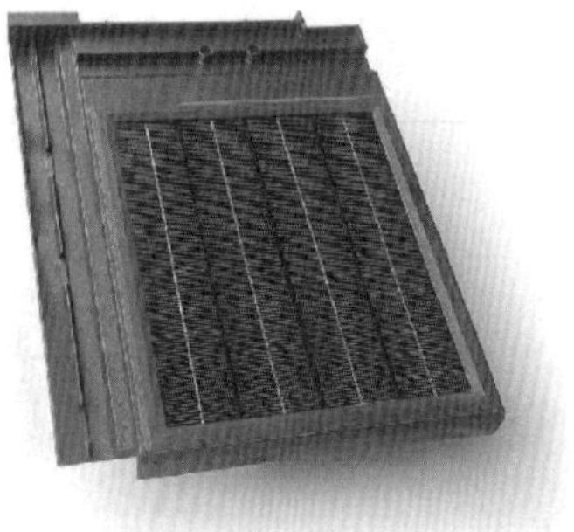

Product	Neosolpan
Producer / CH supplier	Smartroof NV
Address	Wezestraat 8A 8850 Ardooie- Belgium
Contact	Tel: +32475415140 Fax: Mail: info@smartroof.be Web: www.smartroof.be

Product specifics

The Neosolpan is a Suntile with a power of 125 Wp/m² and can be integrated with several ceramic tiles. Cooling channels inside the Suntile allows to cool down the PV-element. Easy mounting and eventual repair are the characterizing factors of the system. Each Suntile is fixed with a stainless steel screw on the tiling batten. An integrated hook makes that the tiles are holding nicely each other and making the roof homogeneous, airtight and weathers the storm. SmartRoof Suntiles have been made from high quality synthetic materials which are recyclable following the 'cradle to cradle' principal. Development and production in Belgium.

Technology:	Mono-crystalline
Power [W]:	13
Size [mm] L, w, t:	468x356x62
Specific power [W/m²]:	125
Price [CHF/m²]:	430
Module weight [Kg]:	1,6
Specific weight [Kg/m²]:	16 (excepted sub-structures)
Min. tilt:	12 °
Custom made:	Color (anthracite and black)
Certifications:	IEC61215,30-1/2

시공사례 및 상세 도면

나. 반투과 유리 BIPV

이것은 주차장이라든지 그린하우스 선스페이스 등 태양광을 일정량 필요로 하는 공간에 설치되는 것으로서 대표적인 사례는 다음과 같다.

1) Asola VITRUM Carport

- Asola Technologies GmbH에서 제조
- 주차장 지붕으로 설치
- 단결정 실리콘 태양전지 사용
- 발전용량은 1모듈당 80 / 160W
- 색채 : 주문 제작
- 1모듈의 무게 : 15 / 32kg
- 모듈 크기 : 808mm–976mm–8.5mm / 1,512mm–976–9.5 / 최대 3,800mm · 2,400mm

Product	Asola VITRUM Carport
Producer / CH Supplier	Asola Technologies GmbH
Address	Konrad-Zuse-Str.25 D-99099 Erfurt
Contact	Tel: +49 361 2414250 Mail : info@asolatech.de Web: www.asola-tech.de

Product specifics

Overhead glazing BIPV asola designs and produces solar laminated glass elements for overhead glazing, especially for carports „asola VITRUM® Car (port)" as well as clouding or sunscreen elements „asola VITRUM Sun Secret" – with coloured glass available - for porch roofs, winter gardens and huge halls.

Technology:	Monocrystalline
Power [W]:	80 / 160
Size [mm] L, l, s:	808x976x8,5 / 1512x976x9,5 / max: 3800x2400
Specific power [W/m²]:	101,5 / 108,4
Price [CHF/m²]:	
Module weight [Kg]:	15 / 32
Specific weight [Kg/m²]:	19 / 21,7
Min. tilt:	
Custom made :	Design
Certifications:	IEC61215; IEC61730-1/-2

시공사례 및 상세 도면

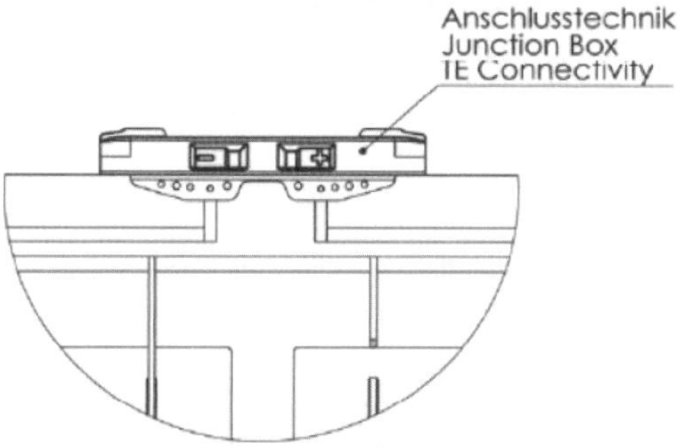
Anschlusstechnik
Junction Box
TE Connectivity

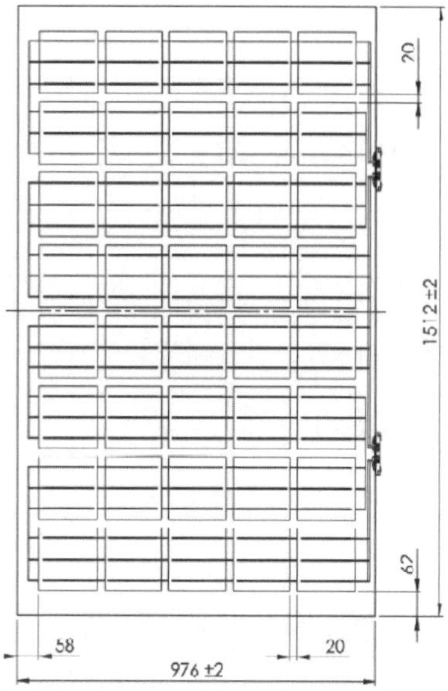
20
1512 ±2
62
58
20
976 ±2

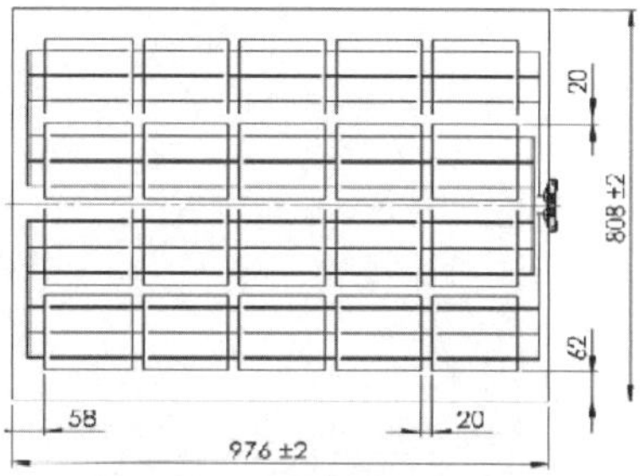
20
808 ±2
62
58
20
976 ±2

2) Galaxy Energy Indachsystem

• Galaxy Energy GmbH에서 제조

• 기와 대신 지붕재로서 사용, 방수 기능 탁월

• 환기장치가 되어 있어서 가열을 방지하고 발전효율 저하를 방지할 수 있음

• 단결정 실리콘 태양전지 사용

• 발전용량은 1모듈당 185-270W

• 색채 : 검은색, 푸른색

• 1모듈의 무게 : 16-20kg

• 모듈 크기 : 1,580mm-808mm-50mm, 1,640mm-990mm-50mm

Product	Galaxy Energy Indachsystem
Producer / CH supplier	Galaxy Energy GmbH
Address	Sonnenstrasse 2 DE-89180 Berghülen
Contact	Tel: +49 73 44 92 45 00 Fax: +49 7344 92 45 0 101 Mail: info@galaxy-energy.com Web: www.galaxy-energy.com

Product specifics

The Galaxy Energy Indachsystem consists of the Galaxy Energy rafter, specially design for PV integration, and the Galaxy Standard PV-modules. Together they provide a complete waterproofness. The roof may be insulated or non-insulated. The completely enclosed module-roof reduces the accumulation of snow during the winter months. A more aesthetic look can be achieved by using the Edition black or blue modules. Modules with transparent back sheet can also be installed to replace light domes or windows.

Technology:	Monocrystalline
Power [W]:	185-270
Size [mm] L, w, t:	1580 x 808 x 50, 1575 x 1060 x 50, 1640 x 990 x 50
Specific power [W/m²]:	145-162
Price [CHF/m²]:	200-300 (€/m²)
Module weight [Kg]:	16-20
Specific weight [Kg/m²]:	n.d.
Min. tilt:	10°
Custom made:	-
Certifications:	IEC 61215, IEC 61730

시공사례 및 상세 도면

3) Megasol Swiss Premium Transluzid

- Megasol Energie AG에서 제조
- Glass-glass모듈, PVB를 입힌 재료를 사용하여 수명이 50년 이상 장기간
- 환기장치가 되어 있어서 가열을 방지하고 발전효율 저하를 방지할 수 있음
- 단결정 실리콘 태양전지 사용, 두께가 8mm로 얇음
- 발전용량은 1모듈당 158-174W
- 색채 : 검은색-하얀색, 기타 다른색
- 1모듈의 무게 : 22kg
- 모듈 크기 : 1,634mm-986mm-8mm

Product	Megasol Swiss Premium Translucid
Producer / CH supplier	Megasol Energie AG
Address	Deitingenstrasse 4 CH-3380 Wangen an der Aare
Contact	Tel: +41 62 919 90 90 Fax: +41 62 919 90 99 Mail : info@megasol.ch Web: www.megasol.ch

Product specifics

The trend-setting Megasol Swiss Premium glass-glass-modules' front and backside consist of two identical glass panels. By deploying PVB encapsulating material, Swiss Premium solar modules feature an extremely long useful life of more than 50 years. Laminate clamps allow for using glass-glass-modules with all common installation systems. Their classy appearance makes them meet even high architectural requirements perfectly. Available are black, white, translucent or coloured models. For being used in high alpine environments, the modules are also available being equipped with tried-and-tested CleanFrame or NICER frames.

Technology:	Monocrystalline
Power [W]:	255 - 280
Size [mm] L, w, t:	1634 x 986 x 8
Specific power [W/m^2]:	158-174
Price [CHF/m^2]:	n.a.
Module weight [Kg]:	22 (excluding sub-structures)
Specific weight [Kg/m^2]:	13.7 (excluding sub-structures)
Min. tilt:	-
Custom made:	Size, shape, colour, cell spacing, glass tickness, frame
Certifications:	IEC 61215, IEC 61701 I+II, IEC 61730, IEC 62716, cl.4 hail (CH)

시공사례 및 상세 도면

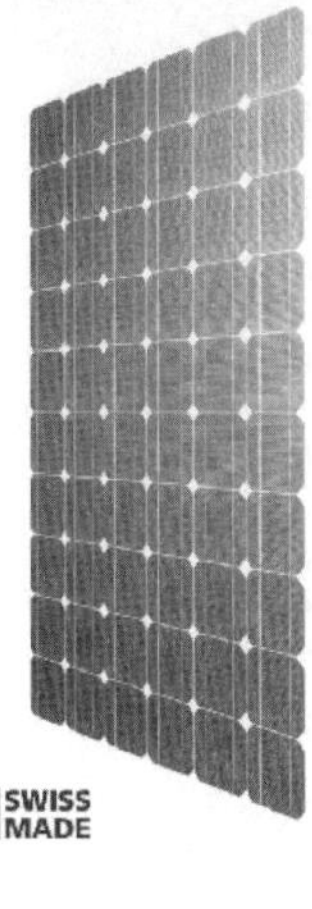

4) eFORM Crystal

- SUNOVATION GmbH에서 제조
- Glass-glass 타입
- 이음쇠를 최소화하고 단열성을 높였음
- 단결정 및 다결정질 태양전지 사용
- 발전용량은 1모듈당 50~650W
- 색채 : 검은색
- 1모듈의 무게 : 제품에 따라 다름
- 모듈 크기 : 3,500mm~1,500mm

Product	eFORM Crystal
Producer / CH supplier	SUNOVATION GmbH
Address	Glanzstoffstraβe, 21 D-63820 Elsenfeld
Contact	Tel: +49(0) 6022 / 26573-0 Fax: +49(0) 6022 / 26573-44 Mail : info@sunovation.de Web: www.sunovation.de

Product specifics

SUNOVATION solar power modules from the eFORM Crystal line consist of an intelligent glass-glass composition. They combine the benefit of a modern glass surface with the one of a power generating photovoltaic element. Contrary to the laminated glass modules commonly seen in the market, which are rigidly laminated in a complex process, the layers of the eFORM modules are flexibly connected to each other in a cold filling process. This does not only save energy for warming up the glass, but also enables much more varieties with regard to cell coverage and module geometry.

Technology:	Monocrystalline, multicrystalline
Power [W]:	50-650 W
Size [mm] L, w, t:	Max 3,500x1,500
Specific power [W/m²]:	Ca. 50-140, depending on transparency
Price [CHF/m²]:	On request
Module weight [Kg]:	According to static requirements
Specific weight [Kg/m²]:	According to static requirements
Custom made:	module- and cell-color, transparency, shape and dimensions, innerside pv-cell-cover for attractive appearance from inside of the building, thermal insulating value, glass design
Certifications:	On request

시공사례 및 상세 도면

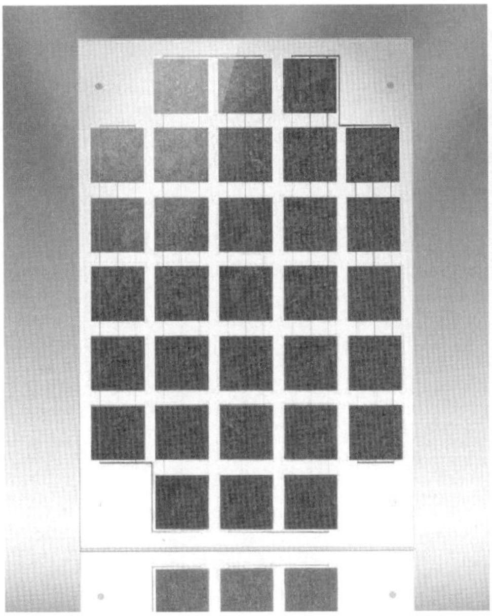

5) EnergyGlass BIPV Module

- EnergyGlass에서 제조
- Glass-glass 태양전지, 방수 기능 탁월
- 미관이 좋음
- 단결정 및 다결정질 박막 태양전지 사용
- 발전용량은 주문 생산
- 색채 : 주문 생산
- 1모듈의 무게 : 주문 생산
- 모듈 크기 : 주문 생산

Product	EnergyGlass BIPV Module
Producer / CH supplier	EnergyGlass
Address	Via Domea 79 I-22063 Cantù CO
Contact	Tel: +39 031 412 03 88 Fax: +39 031 449 01 41 Mail : contact@energyglass.eu Web: www.energyglass.eu

Product specifics

Security stratified photovoltaic glasses for architectonic integration. The PV glasses designed and produced by EnergyGlass are customizable to satisfy any architectonic requirement. EnergyGlass has certified its PV glasses by the CEI EN 61215 and CEI EN 61730 norms.

Technology:	Monocrystalline, multicrystalline, thin film
Power [W]:	Custom made
Size [mm] L, w, t:	Custom made (<$8m^2$)
Specific power [W/m^2]:	Custom made
Price [CHF/m^2]:	n.d.
Module weight [Kg]:	Custom made
Specific weight [Kg/m^2]:	Custom made
Min. tilt:	n.d.
Custom made:	Power, dimensions
Certifications:	IEC61215, IEC61730

시공사례 및 상세 도면

6) Optisol Sky

- Scheuten Glas에서 제조
- Glass-glass 타입, PVB로 코팅되어서 수명이 장기간
- 주문 제작하고 있음
- 다결정질 태양전지 사용
- 발전용량은 1모듈당 152 / 190 / 228 / 266 / 304 / 342 / 380W
- 색채 : 검은색
- 1모듈의 무게 : 48 / 59 / 70 / 81 / 92 / 103 / 114kg
- 모듈 크기 : 주문 제작

Product	Optisol Sky
Producer / CH supplier	Scheuten Glas
Address	Van Heemskerckweg 9 (P.O. Box 22) NL-5900 AA Venlo
Contact	Tel: +31(0)77 3599332 Fax: Mail : svanderaa@scheuten.com Web: www.scheuten.com

Product specifics

Optisol® Sky has been developed specifically for coverings and roof applications. The glass-glass solar panels are laminated with a PVB foil for fall-through safety and walkability. Apart from the standard sizes offered, the product can be fully customized.

Technology:	Multicrystalline
Power [W]:	152 / 190 / 228 / 266 / 304 / 342 / 380
Size [mm] L, w, t:	1440-3440 x 950
Specific power [W/m²]:	111 / 113.1 / 114 / 114.7 /115.6 / 116 / 116.2
Price [CHF/m²]:	n.d.
Module weight [Kg]:	48 / 59 / 70 / 81 / 92 / 103 / 114
Specific weight [Kg/m²]:	35
Min. tilt:	n.d.
Custom made:	Dimensions
Certifications:	IEC 61215, IEC 61730

시공사례 및 상세 도면

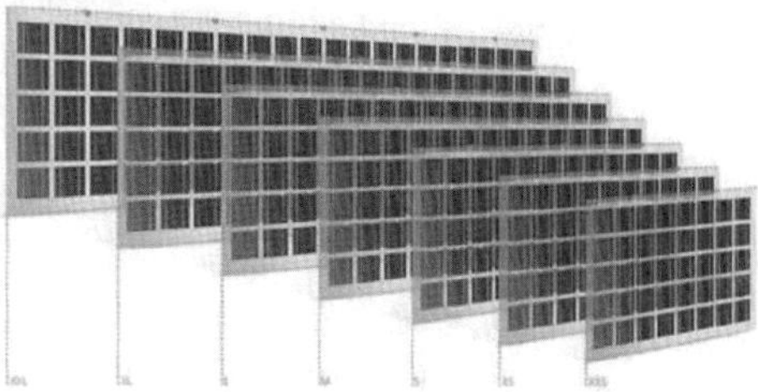

7) PEAKIN

- abakus solar AG에서 제조
- Glass-glass 타입
- 환기장치가 되어 있어서 가열을 방지하고 발전효율 저하를 방지할 수 있음
- 솔라캐노피, 천창, 커튼월 솔라 파사드, 파사드, 지붕, 발코니 등 사용처 다양
- 발전용량은 1모듈당 200~220W
- 색채 : 푸른색
- 1모듈의 무게 : 50kg
- 모듈 크기 : 3,000(최대)mm~2,000(최대)mm

Product	PEAKIN
Producer / CH supplier	abakus solar AG
Address	Leithestrasse 39 D-45886 Gelsenkirchen
Contact	Tel: +49 209 730 801 00 Fax: +49 209 730 801 99 Mail : bipv@abakus-solar.de info@abakus-solar.de Web: www.abakus-solar.de

Product specifics

Glass/glass solar modules for building integrated photovoltaics.

Glazing applications with BIPV: solar canopies, atria and skylights, curtain wall solar facades, warm and cold solar facades, roof integrated systems, balconies.

Technology:	Monocrystalline, multicrystalline, thin film (a-Si)
Power [W]:	200-220
Size [mm] L, w, t:	3000 (max) x 2000 (max)
Specific power [W/m^2]:	95.2-104.8
Price [CHF/m^2]:	-
Module weight [Kg]:	50
Specific weight [Kg/m^2]:	23.8
Min. tilt:	-
Custom made:	Cell dimensions (125x125, 156x156), shape (Cell: square, rounded)
Certifications:	IEC61215, IEC61730

시공사례 및 상세 도면

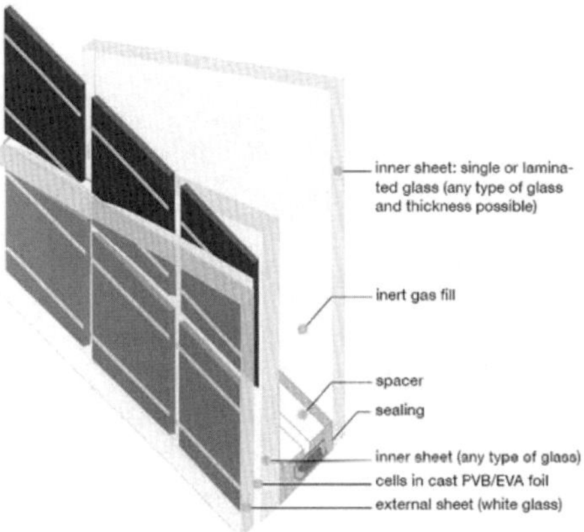

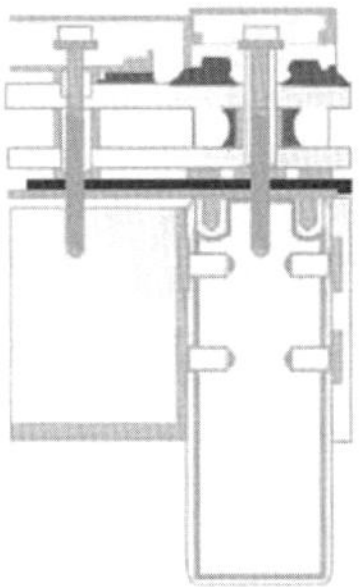

Steel mullion-transom stick system with a narrow face width.

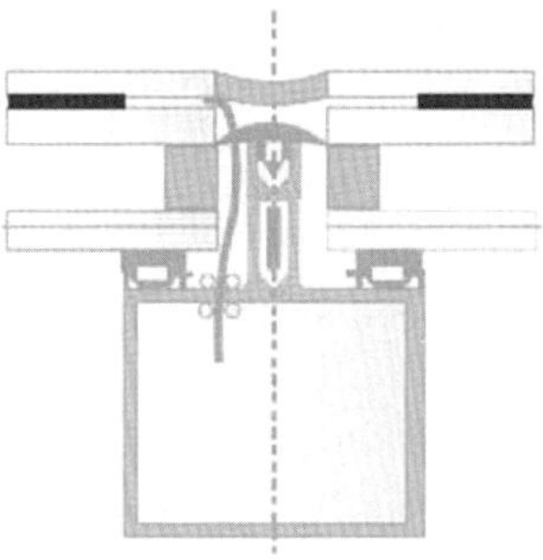

Silicone joint.

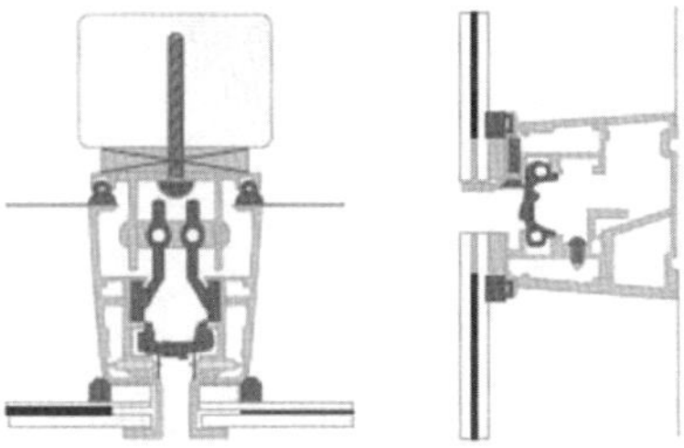

SSG facade with glass-glass module.

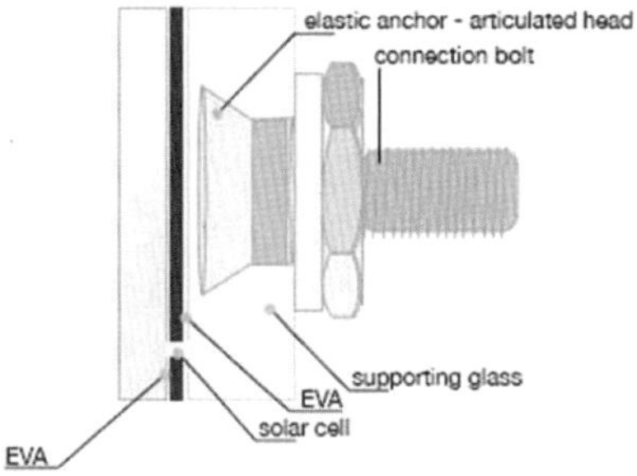

Module anchoring with undercut borehole

8) PowerGlaz

- Romag에서 제조
- Glass-glass 타입
- 캐노피, 중간통로, 천창 등 경사 또는 수직 BIPV 구조물에 적합
- 단결정 및 다결정질 태양전지 사용
- 발전용량은 1모듈당 165-235W
- 색채 : 검푸른색
- 1모듈의 무게 : 17-21kg
- 모듈 크기 : 1,318-1,640mm-994mm-46mm, 최대 4,000mm-2,200mm-9.5mm 가능

Product	**PowerGlaz**
Producer / CH supplier	**Romag**
Address	**Leadgate Industrial Estate** **Leadgate** **Consett**
Contact	**GB-County Durham - DH8 7RS** **Tel: +44 120 750 00 00** **Fax: +44 120 759 19 79** **Mail : info@romag.co.uk** **Web: www.romag.co.uk**

Product specifics

PowerGlaz BIPV can be integrated into vertical glazing, pitched glazing to canopies or walkways and glazed roofs such as atria. It can be single or double glazed and will fit easily into most glazing systems. Each type has its own aesthetic appeal and the choice may depend on the designer's and architect's vision of the building as much as their efficiency.

Technology:	**Monocrystalline, multicrystalline**
Power [W]:	**165-235**
Size [mm] L, w, t:	**1318-1640 x 994 x 46**
Specific power [W/m^2]:	**126.9-146.9**
Price [CHF/m^2]:	**n.d.**
Module weight [Kg]:	**17-21**
Specific weight [Kg/m^2]:	**13.1**
Min. tilt:	**n.d.**
Custom made:	**Dimensions (4000 (max) x 2200 (max) x 9.5 (min))**
Certifications:	**IEC61215, IEC61730**

시공사례 및 상세 도면

9) VSG-insulating glass modules and VSG

- ERTL GLAS AG / Ertex Solar에서 제조
- Glass-glass 타입
- 대형 사이즈 제작이 가능하고 광투과율 조절 가능하며 파사드와 조합시키는 것이 가능하며 주문 제작이 가능
- 단결정 및 다결정질 태양전지 사용
- 발전용량은 주문에 따라 다름
- 색채 : 주문 제작
- 1모듈의 무게 : 주문 제작
- 모듈 크기 : 최대 5,100mm-2,440mm

Product	VSG-insulating glass modules and VSG
Producer / CH supplier	ERTL GLAS AG / Ertex Solar
Address	Peter Mitterhofer Straße 4 A-3300 Amstetten
Contact	Tel: +43 7472 28260 615 Fax: +43 7472 28260 629 Mail : info@ertex-solar.at Web: www.ertex-solar.at

Product specifics

Glass-glass cell encapsulation, laminated safety glass technique, large size modules, selectable light transparency, combinable with façade systems, customized modules (size, structure).
Applications for: roofings, shadowing systems, car ports, canopy, projecting roof, roof integration, energy façade.

Technology:	Monocrystalline, multicrystalline
Power [W]:	Custom made
Size [mm] L, w, t:	5100 (max) x 2440 (max)
Specific power [W/m²]:	Custom made
Price [CHF/m²]:	Custom made
Module weight [Kg]:	Custom made
Specific weight [Kg/m²]:	Custom made
Min. tilt:	Custom made
Custom made:	Size, structure
Certifications:	On request

시공사례 및 상세 도면

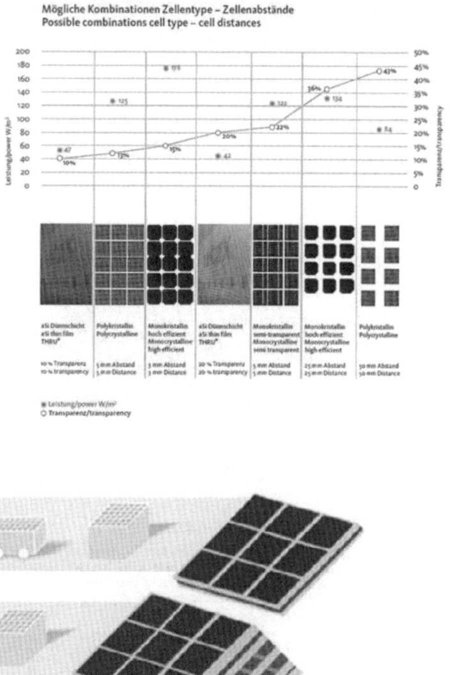
Mögliche Kombinationen Zellentype – Zellenabstände
Possible combinations cell type – cell distances
Leistung/power W/m²
Transparenz/transparency
200
180
160
140
120
100
80
60
40
20
0
50%
45%
40%
35%
30%
25%
20%
15%
10%
5%
0
47
125
42
134
10%
13%
15%
20%
22%
36%
43%
aSi Dünnschicht
aSi thin film
THRU®
10 % Transparenz
10 % transparency
Polykristallin
Polycrystalline
5 mm Abstand
5 mm Distance
Monokristallin
hoch effizient
Monocrystalline
high efficient
3 mm Abstand
3 mm Distance
aSi Dünnschicht
aSi thin film
THRU®
20 % Transparenz
20 % transparency
Monokristallin
semi-transparent
Monocrystalline
semi transparent
5 mm Abstand
5 mm Distance
Monokristallin
hoch effizient
Monocrystalline
high efficient
25 mm Abstand
25 mm Distance
Polykristallin
Polycrystalline
50 mm Abstand
50 mm Distance
Leistung/power W/m²
Transparenz/transparency

VSG-EVO
VSG-ISO
VSG-ISO
VSG

다. 파사드 일체형 BIPV

이것은 건물의 파사드를 BIPV로 설치하는 것으로서 이와 관련된 제품을 소개하면 다음과 같다.

1) Asola VITRUM Super 파사드 BIPV

- Asola Technologies GmbH에서 제조
- 파사드에 시공할 수 있음
- 커튼월 또는 공기층을 가진 파사드 일체형으로 신축, 기존건물 모두 가능
- 다결정질 태양전지 사용
- 발전용량은 1모듈당 160W
- 색채 : 검푸른색
- 1모듈의 무게 : 43kg
- 모듈 크기 : 800mm-2,000mm-11.5mm, 최대 크기는 3,800mm-2,400mm

Product	Asola VITRUM Super
Producer / CH Supplier	Asola Technologies GmbH
Address	Konrad-Zuse-Str.25 99099 Erfurt
Contact	Tel: +49 361 2414250 Mail : info@asolatech.de Web: www.asola-tech.de

Product specifics

Asola designs and produces the solar laminated glass element „asola VITRUM® Super", available as standard size or customized BIPV elements according to technical instructions for the application of glazing in compliance with TRLV and TRPV. Depending on type and grid of the facade as well as height of construction, solar laminated glass elements can be integrated as curtain-wall facing with air space or facade into new or already existing buildings.

Technology:	Multicrystalline
Power [W]:	160
Size [mm] L, l, s:	800x2000x11,5 / max. 3800x2400
Specific power [W/m²]:	100
Price [CHF/m²]:	
Module weight [Kg]:	43
Specific weight [Kg/m²]:	26,9
Min. tilt:	
Custom made :	Design
Certifications:	IEC 61215 / IEC 61730-1/2

시공사례 및 상세 도면

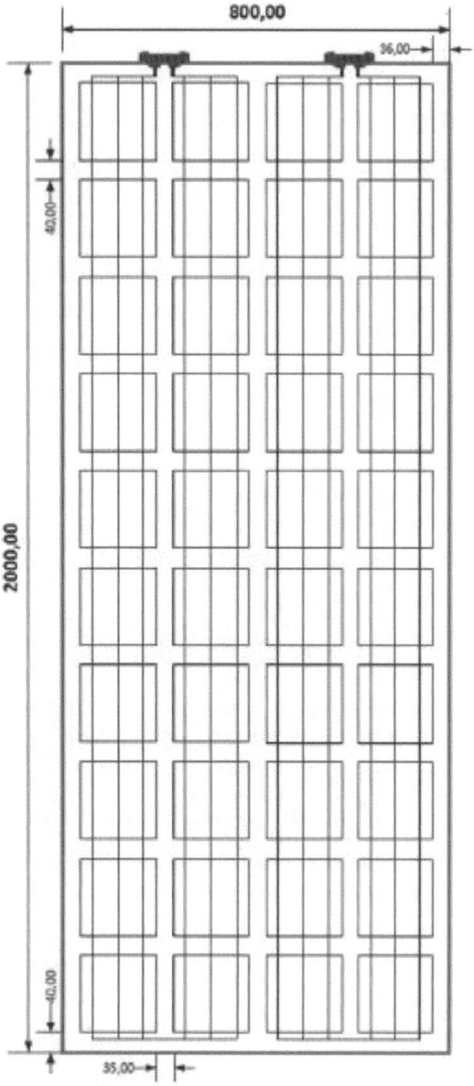

2) Hanergy BIPV Modules

- Hanergy Holding Group에서 제조
- 주문 생산
- 파사드, 커튼월, 지붕, 기타 수평 수직 유리구조물 모두 가능
- 박막 비정질 실리콘 태양전지 사용
- 발전용량은 1모듈당 65W
- 색채 : 다양한 색채 주문 생산
- 1모듈의 무게 : 18.6kg
- 모듈 크기 : 1,245mm-635mm-9.7mm

Product	**Hanergy BIPV Modules**
Producer / CH supplier	**Hanergy Holding Group**
Address	**Lungotevere dei Mellini, 27** **00193, Rome, Italy**
Contact	**Tel: 0039-06-32652798** **Mail : info@hanergy.it** **Web: www.solibro-solar.com**

Product specifics

The Hanergy BIPV Modules are a-Si modules, ideal for integration into building façades, curtain walls, rooftops and other horizontal or vertical glass surfaces.
The modules are highly customizable for BIPV usage, in order to face any kind of architect's needs: the modules can be produced in different sizes, colors, transparency rate, or even complex designs, like a company logo.

Technology:	**Thin film (a-Si)**
Power [W]:	**65 (max)**
Size [mm] L, w, t:	**1245 x 635 x 9.7 (basic version)**
Specific power [W/m^2]:	**82.22 (basic version)**
Price [CHF/m^2]:	**Available on request**
Module weight [Kg]:	**18.6 (basic version)**
Specific weight [Kg/m^2]:	**23.53 (basic version)**
Min. tilt:	**n.a.**
Custom made:	**Size, Color, Transparency, Junction Box Position, Jointed Pieces Available**
Certifications:	**Available on request**

시공사례 및 상세 도면

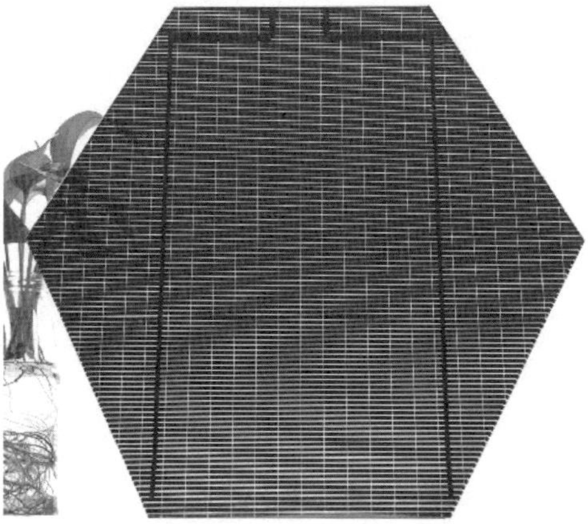

3) eFORM Color 파사드 BIPV

- SUNOVATION GmbH에서 제조
- Glass-glass 타입
- 단색에 무늬, 건축 미관이 좋음
- 단결정, 다결정질 태양전지 사용
- 발전용량은 1모듈당 120-140W
- 색채 : 검은색과 푸른색
- 1모듈의 무게 : 각각 다름
- 모듈 크기 : 50mm-650mm

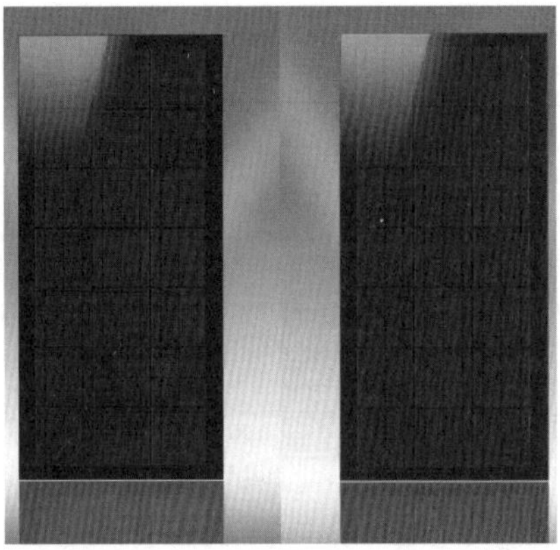

Product	eFORM Color
Producer / CH supplier	SUNOVATION GmbH
Address	Glanzstoffstraβe, 21 D-63820 Elsenfeld
Contact	Tel: +49(0) 6022 / 26573-0 Fax: +49(0) 6022 / 26573-44 Mail : info@sunovation.de Web: www.sunovation.de

Product specifics

eFORM Color is an innovative further development of glass-glass solar modules for building integration (BIPV). An uniform appearance in monochrome design is a distinguishing feature of this power generating façade element. The answer to architectural visions for creating modern building shells: colored solar cells were combined with special tinted glass to create the unique design protected by european design patent. The homogeneous surface is only discreetly interrupted by the the solar cells and their reflections.

Technology:	Monocrystalline, multicrystalline
Power [W]:	Ca. 50-650
Size [mm] L, w, t:	Max 50-650
Specific power [W/m^2]:	Ca. 120-140
Price [CHF/m^2]:	On request
Module weight [Kg]:	According to static requirements
Specific weight [Kg/m^2]:	According to static requirements
Min. tilt:	-
Custom made:	Module and cell color, size and dimension, glass design
Certifications:	On request

시공사례 및 상세 도면

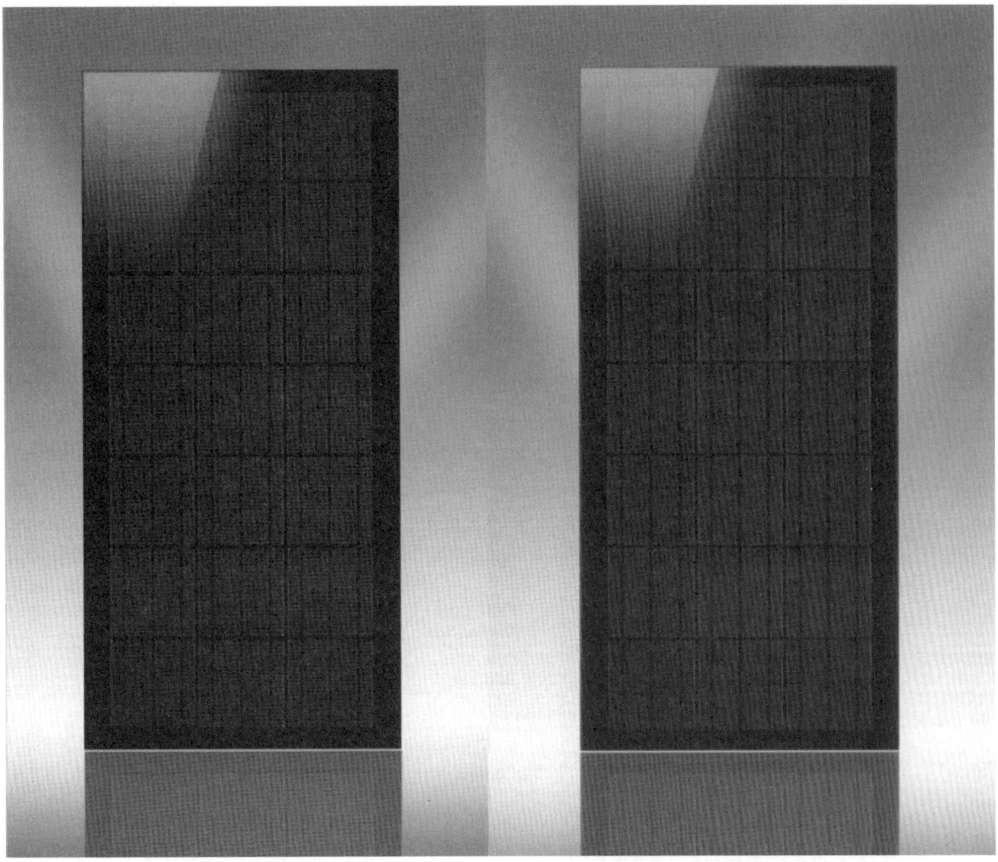

4) M125-32 / P110-32 GEG LK 파사드 BIPV

- Solarwatt에서 제조
- 알루미늄벽 고정 랭글그라스와 솔라와트 모듈을 결합
- 최대 20m 건물에 시공 가능하며 컬러 알루미늄 프로파일 사용하여 미관 수려
- 단결정 및 다결정질 태양전지 사용
- 발전용량은 1모듈당 110-124W
- 색채 : 다양한 색 구현
- 1모듈의 무게 : 33kg
- 모듈 크기 : 1,490mm-755mm-12mm

Product	M125-32/P110-32 GEG LK
Producer / CH supplier	Solarwatt
Address	Solarwatt AG Maria-Reiche-Straße 8 D-01109 Dresden Germany
Contact	Tel: +49 351 88 95 116 Fax: +49 351 88 95 111 Mail : info@solarwatt.de Web: www.solarwatt.de www.langleglas.com

Product specifics

The combination of the modules Solarwatt (M115-50 GEG opaque LK / P110-32 GEG opaque LK) with the Al-Wall fastening system of the company Längle Glas is a system for the standard components façade design. Can be used for building up to 20m (according to country regulations). Aluminium profiles can be coloured according to RAL colour chart. This would allow a better visual integration.

Technology:	Monocrystalline, multicrystalline
Power [W]:	110-124
Size [mm] L, w, t:	1490 x 755 x 12
Specific power [W/m^2]:	98.2-110.7
Price [CHF/m^2]:	n.d.
Module weight [Kg]:	33
Specific weight [Kg/m^2]:	30
Min. tilt:	n.d.
Custom made:	Dimensions, color
Certifications:	IEC61215, IEC61730

시공사례 및 상세 도면

NEUHEIT

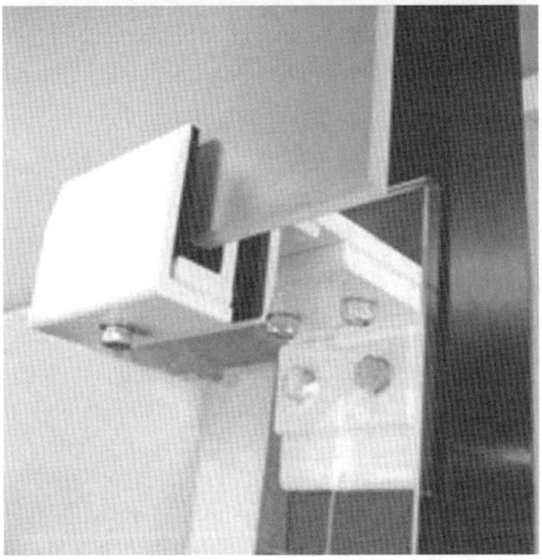

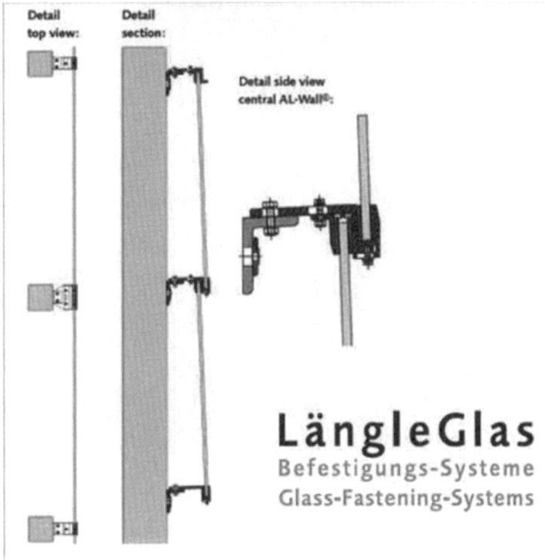
Detail
top view:
Detail
section:
Detail side view
central AL-Wall®:
LängleGlas
Befestigungs-Systeme
Glass-Fastening-Systems

5) Optisol Skin 파사드 BIPV

- Scheuten Glas에서 제조
- 파사드 크래딩에 시공할 수 있음
- 기존건물 개수 등에 좋고 주문 생산 제품임
- 단결정질 태양전지 사용
- 발전용량은 1모듈당 72 / 144 / 216 / 288W
- 색채 : 푸른색
- 1모듈의 무게 : 13 / 23 / 33 / 43kg
- 모듈 크기 : 590mm-2,020mm-1,070mm

Product	Optisol Skin
Producer / CH supplier	Scheuten Glas
Address	Van Heemskerckweg 9 (P.O. Box 22) NL-5900 AA Venlo
Contact	Tel: +31(0)77 3599332 Fax: Mail : svanderaa@scheuten.com Web: www.scheuten.com

Product specifics

The glass-glass Optisol® Skin product was specially designed as a 'second skin' for façade cladding and is thus particularly suited for renovation projects. It literally provides buildings with a new skin which, as a bonus, even generates solar energy. Apart from the standard sizes offered, the product can be fully customized.

Technology:	Monocrystalline
Power [W]:	72 / 144 / 216 / 288
Size [mm] L, w, t:	590-2020 x 1070
Specific power [W/m²]:	120 / 131 / 127 / 131
Price [CHF/m²]:	n.d.
Module weight [Kg]:	13 / 23 / 33 / 43
Specific weight [Kg/m²]:	21.6 / 21 / 31.7 / 32.7
Min. tilt:	n.d.
Custom made:	Dimensions
Certifications:	IEC 61215, IEC 61730

시공사례 및 상세 도면

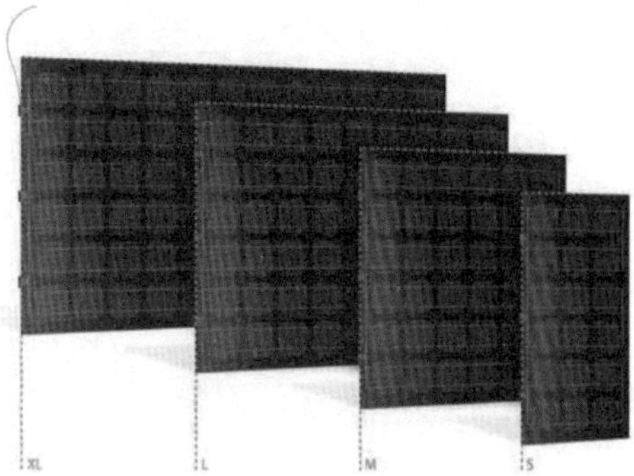

6) Sapa Solar 파사드 BIPV

- Sapa Building System에서 제조
- 일반 유리로 제작 가능
- 파사드, 커튼월, 지붕, 기타 수평 및 수직 유리 구조물에 적용
- 단결정질, 다결정질, 박막 태양전지 사용
- 발전용량은 1모듈당 주문 생산
- 색채 : 검푸른색
- 1모듈의 무게 : 크기별로 다름
- 모듈 크기 : 최대 5,100mm-2,400mm

Product	Sapa Solar
Producer / CH supplier	Sapa Building System
Address	Sapa Building System Z.I. La Guérite CH-1541 Sévaz
Contact	Tel: +41 26 663 99 66 Fax: +41 26 663 99 69 Mail : info.ch@sapagroup.com Web: www.sapabuildingsystem.com

Product specifics

Sapa Solar insulating PV glasses are as easy to incorporate as standard glasses and lend themselves very well to integration into façades, curtain walls, roofs and other horizontal or vertical glass surfaces. Cell type, color and geometric arrangement allow the architect to find the best compromise between electricity production, light strategy and shading effect. Esthetics are completely preserved by an invisible electrical wiring.

Technology:	Monocrystalline, multicrystalline, thin film
Power [W]:	Custom made
Size [mm] L, w, t:	5100 (max) x 2400 (max)
Specific power [W/m²]:	Custom made
Price [CHF/m²]:	n.d.
Module weight [Kg]:	Custom made
Specific weight [Kg/m²]:	Custom made
Min. tilt:	n.d.
Custom made:	Dimensions
Certifications:	n.d.

시공사례 및 상세 도면

7) Schüco-Prosol 파사드 BIPV

- Schüco-Jansen AG에서 제조
- 다양한 크기, 형태, 표면 처리 가능하며 곡면 제작도 가능
- 복층유리 사용하여 차음성이 높고 안전유리 사용
- 단결정질, 다결정질, 박막 비정질 실리콘 태양전지 사용
- 발전용량은 모듈별로 다양함
- 색채 : 검푸른색
- 1모듈의 무게 : 주문 제작
- 모듈 크기 : 500 / 3,000mm–500 / 2,000mm

Product	Schüco-Prosol
Producer / CH supplier	Schüco-Jansen AG
Address	Industriestrasse 34 CH- 9463 Oberriet
Contact	Tel: +41 71 763 95 23 Fax: +41 71 761 27 38 Mail : solar@jansen.com Web: www.jansen.com www.schueco.de

Product specifics

High quality glazing is available in a wide choice of sizes, formats and finishes, from simple glass/Tedlar combinations to designs with double glazing, sound insulation or safety glass.

Technology:	Monocrystalline, multicrystalline, thin film (a-Si)
Power [W]:	Depends on the choice of the module
Size [mm] L, w, t:	500-3000 x 500-2000 (curves are possible)
Specific power [W/m^2]:	Depends on the choice of the module
Price [CHF/m^2]:	n.d.
Module weight [Kg]:	Depends on the choice of the module
Specific weight [Kg/m^2]:	Depends on the choice of the module
Min. tilt:	n.d.
Custom made:	Dimensions, form
Certifications:	IEC 61215, IEC 61646, IEC 61730

시공사례 및 상세 도면

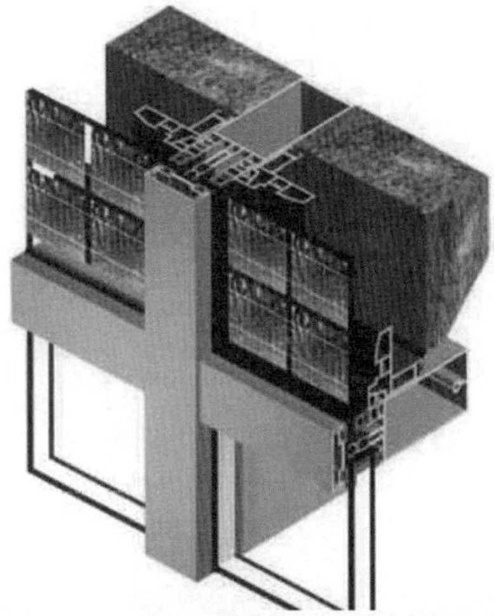

8) VSG modules 파사드 BIPV

- ERTL GLAS AG / Ertex Solar에서 제조
- PVB 필름을 입힌 Ertex-solar 모듈, 설계에 따라 다양한 형태로 제작 가능
- 커튼월 또는 공기층을 가진 파사드 일체형으로 신축, 기존건물 모두 가능
- 단결정질 및 다결정질 태양전지 사용
- 발전용량은 1모듈당 다양함
- 색채 : 다양한 색 구현
- 1모듈의 무게 : 모듈별로 다름
- 모듈 크기 : 최대 5,100mm-2,440mm

Product	VSG modules
Producer / CH supplier	ERTL GLAS AG / Ertex Solar
Address	ERTL GLAS AG / Ertex Solar Peter Mitterhofer Straße 4 A-3300 Amstetten
Contact	Tel: +43 7472 28260 615 Fax: +43 7472 28260 629 Mail : info@ertex-solar.at Web: www.ertex-solar.at

Product specifics

Ertex-solar photovoltaic modules are produced in laminated safety glass with PVB film. Ertex-solar photovoltaic façade modules can be produced in the widest variety of shapes - in accordance with your own creative desires. They are available in sizes up to 2.440 x 5.100 mm per module. Advantages: greatly reduced length of façade profile is necessary, thus lessening, by the same token, any potential weak points. Result:homogeneous and generously spacious appearance.

Technology:	Monocrystalline, multicrystalline
Power [W]:	Custom made
Size [mm] L, w, t:	5100 (max) x 2440 (max)
Specific power [W/m^2]:	Custom made
Price [CHF/m^2]:	Custom made
Module weight [Kg]:	Custom made
Specific weight [Kg/m^2]:	Custom made
Min. tilt:	Custom made
Custom made:	Dimensions, color module, form
Certifications:	On request

시공사례 및 상세 도면

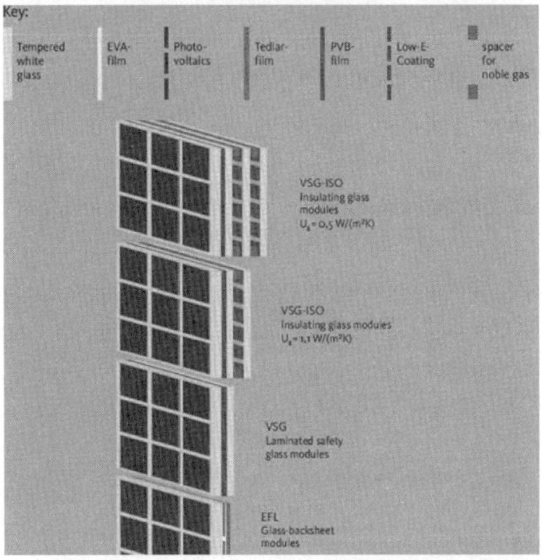
Key:
Tempered white glass
EVA-film
Photo-voltaics
Tedlar-film
PVB-film
Low-E-Coating
spacer for noble gas
VSG-ISO
Insulating glass modules
U_g = 0,5 W/(m²K)
VSG-ISO
Insulating glass modules
U_g = 1,1 W/(m²K)
VSG
Laminated safety glass modules
EFL
Glass-backsheet modules

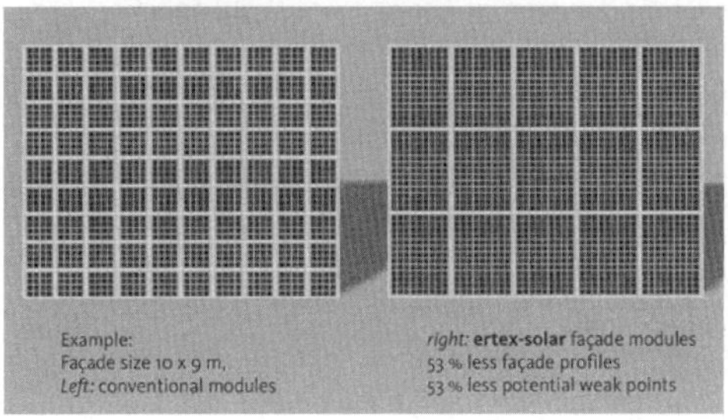
Example:
Façade size 10 x 9 m,
Left: conventional modules
right: **ertex-solar** façade modules
53 % less façade profiles
53 % less potential weak points

9) Megasol Swiss Premium Mono 파사드 BIPV

- Megasol Energie AG에서 제조
- Glass-glass 타입, 8mm로 얇음
- PVB 코팅으로 수명 50년 정도, 다양한 색 구현 가능
- 단결정질 태양전지 사용
- 발전용량은 1모듈당 255-280W
- 색채 : 다양함
- 1모듈의 무게 : 22kg
- 모듈 크기 : 1,634mm-986mm-8mm

Product	Megasol Swiss Premium Mono
Producer / CH supplier	Megasol Energie AG
Address	Deitingenstrasse 4 CH-3380 Wangen an der Aare
Contact	Tel: +41 62 919 90 90 Fax: +41 62 919 90 99 Mail : info@megasol.ch Web: www.megasol.ch

Product specifics

The trend-setting Megasol Swiss Premium glass-glass-modules' front and backside consist of two identical glass panels. By deploying PVB encapsulating material, Swiss Premium solar modules feature an extremely long useful life of more than 50 years. Laminate clamps allow for using glass-glass-modules with all common installation systems. Their classy appearance makes them meet even high architectural requirements perfectly. Available are black, white, translucent or coloured models. For being used in high alpine environments, the modules are also available being equipped with tried-and-tested CleanFrame or NICER frames.

Technology:	Monocrystalline
Power [W]:	255 - 280
Size [mm] L, w, t:	1634 x 986 x 8
Specific power [W/m^2]:	158-174
Price [CHF/m^2]:	n.a.
Module weight [Kg]:	22 (excluding sub-structures)
Specific weight [Kg/m^2]:	13.7 (excluding sub-structures)
Min. tilt:	-
Custom made:	Size, shape, colour, cell spacing, glass tickness, frame
Certifications:	IEC 61215, IEC 61701 I+II, IEC 61730, IEC 62716, cl.4 hail (CH)

시공사례 및 상세 도면

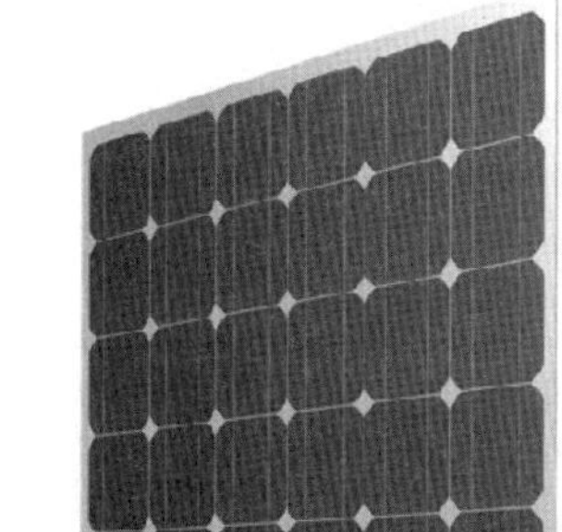

10) Solaxess coloured film 파사드 BIPV

- Solaxess SA에서 제조
- 나노 기술을 활용, 가격이 저렴, 흰색, 회색, 베이지 등 밝은 색채 구현 가능
- 건축가들이 선호할 수 있는 설계 가능
- 코팅을 한 태양전지 사용
- 발전용량은 1모듈당 다양함
- 색채 : 다양함
- 1모듈의 무게 : 모듈별로 다름
- 모듈 크기 : 폭 1,665mm 길이는 주문 생산 가능

Product	Solaxess coloured film
Producer / CH supplier	Solaxess SA
Address	Rue de la Maladière 71c CH-2000 Neuchâtel
Contact	Tel: +41 32 930 28 28 Mail : info@solaxess.ch Web: www.solaxess.ch

Product specifics

Solaxess is a Swiss company that specialises in the high-tech solar sector. Solaxess markets nanotechnology-based films enabling all PV module manufacturers to provide architects, developers and ultimately owners with white or light-coloured active full-building elements that are cost effective, durable and aesthetically pleasing.
These façade panels have the appearance of a noble material – with a matt aspect and bright colour (white, grey, beige) – yet retain excellent power output.
This breakthrough allows architects and designers to maintain their aesthetic vision while providing a solution for renewable energy integration into the built environment – a crucial aspect for the design of construction projects complying with the new building regulatory requirements. Conventional passive façade elements, made of plaster, aluminium, marble or other materials are coming to an end. With these active building elements – being aesthetic and producing energy – the building envelope is stepping into a new era. With Solaxess excellence and design are not a mere expense, but a real investment.

Technology:	Laminated film on regular PV modules
Power [W]:	Variable depending on size and colour
Size [mm] L, w, t:	1665 maximum width, any lenght
Specific power [W/m^2]:	100-140, depending on the colour
Price [CHF/m^2]:	TBD
Module weight [Kg]:	Refer to the PV module manufacturer
Specific weight [Kg/m^2]:	Refer to the PV module manufacturer
Min. tilt:	No limitation
Custom made:	Colour can be adapted depending on the project size
Certifications:	Pre-certifications undergoing

시공사례 및 상세 도면

Installation PV at the Jardin des énergies - Énergie Service Biel/Bienne (ESB)"

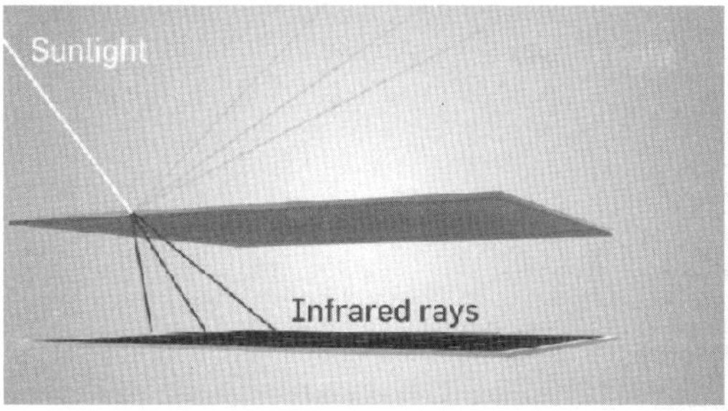

라. 파사드 창호일체형 BIPV

이것은 건물의 파사드의 창호를 BIPV로 설치하는 것으로서 이와 관련된 제품을 소개하면 다음과 같다.

1) eFORM Arc 창호일체형 BIPV

- SUNOVATION GmbH에서 제조
- Glass-glass 타입으로 창호와 지붕에 가능
- 곡면으로 된 구조물에도 가능
- 단결정질, 다결정질 태양전지 사용
- 발전용량은 1모듈당 50-140W
- 색채 : 검푸른색
- 1모듈의 무게 : 주문에 따라 상이함
- 모듈 크기 : 최대 3,500mm-1,500mm

Product	eFORM Arc
Producer / CH supplier	SUNOVATION GmbH
Address	Glanzstoffstraβe, 21 D-63820 Elsenfeld
Contact	Tel: +49(0) 6022 / 26573-0 Fax: +49(0) 6022 / 26573-44 Mail : info@sunovation.de Web: www.sunovation.de

Product specifics

These modules are offered as glass-glass modules and have their application in roofs and facades. All types imply the embedding of the sensitive cells into a permanently elastic multicomponent layer. Beside the bended modules, very unique is the possibility to add a backside cell cover which creates an attractive appearance from inside of the building or the module inner side. This inside cell cover can be produced in different colors or even showing a name or a company logo.

Technology:	Monocrystalline, multicrystalline
Power [W]:	Ca. 50-650 Wp
Size [mm] L, w, t:	Max 3,500 x 1,500
Specific power [W/m^2]:	Ca. 50-140, depending on transparency
Price [CHF/m^2]:	On request
Module weight [Kg]:	According to static requirements
Specific weight [Kg/m^2]:	According to static requirements
Min. tilt:	-
Custom made:	Bending radius, module and cell color, transparency, shape and dimensions, backside cell cover
Certifications:	On request

시공사례 및 상세 도면

2) EnergyGlass BIPV Module 창호일체형 BIPV

- EnergyGlass에서 제조
- 파사드 창호에 시공할 수 있음
- 주문형 생산 가능
- 단결정질, 다결정질, 박막 태양전지 사용
- 발전용량은 1모듈당 주문 생산
- 색채 : 검푸른색
- 1모듈의 무게 : 주문 생산
- 모듈 크기 : 주문 생산

Product	EnergyGlass BIPV Module
Producer / CH supplier	EnergyGlass
Address	Via Domea 79 I-22063 Cantù CO
Contact	Tel: +39 031 412 03 88 Fax: +39 031 449 01 41 Mail : contact@energyglass.eu Web: www.energyglass.eu

Product specifics

Security stratified photovoltaic glasses for architectonic integration. The PV glasses designed and produced by EnergyGlass are customizable to satisfy any architectonic requirement. EnergyGlass has certified its PV glasses by the CEI EN 61215 and CEI EN 61730 norms.

Technology:	Monocrystalline, multicrystalline, thin film
Power [W]:	Custom made
Size [mm] L, w, t:	Custom made (<$8m^2$)
Specific power [W/m^2]:	Custom made
Price [CHF/m^2]:	n.d.
Module weight [Kg]:	Custom made
Specific weight [Kg/m^2]:	Custom made
Min. tilt:	n.d.
Custom made:	Power, dimensions
Certifications:	IEC61215, IEC61730

시공사례 및 상세 도면

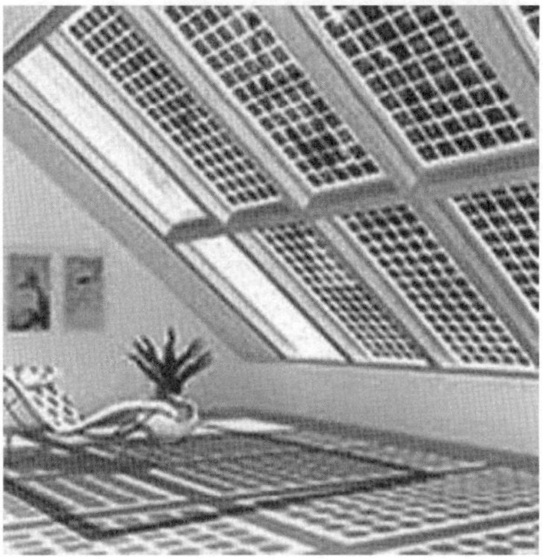

3) Glass-glass modules 창호일체형 BIPV

- Solarwatt AG에서 제조
- 프레임이 없는 Glass-glass 타입
- 창호는 물론 지붕도 가능
- 단결정질 태양전지 사용
- 발전용량은 1모듈당 130-160W
- 색채 : 검푸른색
- 1모듈의 무게 : 25-29kg
- 모듈 크기 : 1,520 / 16,00mm-700 / 800mm-10mm

Product	Glass-Glass modules
Producer / CH supplier	Solarwatt AG
Address	Maria-Reiche-Straße 8 D-01109 Dresden
Contact	Tel: +49 351 8895 0 Fax: +44 351 8895 111 Mail : info@solarwatt.de Web: www.solarwatt.de

Product specifics

The frameless and semi-transparent (glass-glass modules) design makes these modules ideal for use as structural solar panels to form part of the building envelope.
Elegant and power generating terraced roofing or projecting roofs can be created with these modules. With the suitable installation systems, attractive solutions can be implemented.

Technology:	Monocrystalline
Power [W]:	130-140
Size [mm] L, w, t:	1520-1600 x 710-800 x 10
Specific power [W/m²]:	100-130
Price [CHF/m²]:	n.d.
Module weight [Kg]:	25-29
Specific weight [Kg/m²]:	22.7-23.2
Min. tilt:	n.d.
Custom made:	-
Certifications:	IEC61215, IEC61730

시공사례 및 상세 도면

4) Light thru type 창호일체형 BIPV

- MSK Corporation에서 제조
- 주문형 생산으로 어떠한 형태든 크기든 가능, 얇은 두께(3.2mm)로 시공 가능
- 단열유리에 다양한 태양전지를 붙여서 만듦, 크기, 색상, 형태가 다양하게 가능
- 단결정질, 다결정질 태양전지 사용
- 발전용량은 1모듈당 80~736W
- 색채 : 다양한 연출이 가능
- 1모듈의 무게 : 사이즈별로 다름
- 모듈 크기 : 1,000 / 3,000mm~1,000 / 2,000mm~3.2 / 12mm

Product	Light thru type
Producer / CH supplier	MSK Corporation
Address	Canada House 272 Field End Road, Eastcote UK- Middlesex HA4 9NA
Contact	Tel: +44 8582 0393 Fax: +44 8582 0394 Mail : sales.europe@suntech-power.com Web: www.msk.ne.jp www.suntech-power.com

Product specifics

As with any standard architectural glass, Light Thru Type can be specified to meet the needs of practically any glazing installation. Modules can be fabricated into insulated glass units with variable cell size, type, and color options available. There is flexibility in adjusting the spacing between cells to modify light transmission levels.

Technology:	Monocrystalline, multicrystalline
Power [W]:	80-736
Size [mm] L, w, t:	1000-3000 x 1000-2000 x 3.2-12
Specific power [W/m^2]:	80-122.7
Price [CHF/m^2]:	n.d.
Module weight [Kg]:	n.d.
Specific weight [Kg/m^2]:	n.d.
Min. tilt:	n.d.
Custom made:	Dimensions, colored cells
Certifications:	IEC61215, IEC61730

시공사례 및 상세 도면

5) Optisol Screen 창호일체형 BIPV

- Scheuten Glas에서 제조
- 파사드에 시공할 수 있고 건물외피를 대체할 수 있음
- 이중 및 3중유리 Glass-glass 타입이며 주문 생산 가능
- 단결정질 태양전지 사용
- 발전용량은 1모듈당 186 / 249 / 280 / 373 / 497W로 다양함
- 색채 : 검푸른색
- 1모듈의 무게 : 34 / 43 / 49 / 64 / 83kg로 무거운 편임
- 모듈 크기 : 1,470mm / 2,840mm–790 / 1470mm

Product	Optisol Screen
Producer / CH supplier	Scheuten Glas
Address	Van Heemskerckweg 9 (P.O. Box 22) NL-5900 AA Venlo
Contact	Tel: +31(0)77 3599332 Fax: Mail : svanderaa@scheuten.com Web: www.scheuten.com

Product specifics

Optisol® Screen is especially developed for facades and thus replaces the conventional building shell. The glass-glass solar panels, in double or triple version, are very versatile and will fit within the constructive and aesthetical requirements of any building. Apart from the standard sizes offered, the product can be fully customized.

Technology:	Multicrystalline
Power [W]:	186 / 249 / 280 / 373 / 497
Size [mm] L, w, t:	1470-2840 x 790-1470
Specific power [W/m²]:	109.4 / 113.2 / 116.7 / 116.6 /118.3
Price [CHF/m²]:	n.d.
Module weight [Kg]:	34 / 43 / 49 / 64 / 83
Specific weight [Kg/m²]:	20
Min. tilt:	n.d.
Custom made:	Dimensions
Certifications:	IEC 61215, IEC 61730

시공사례 및 상세 도면

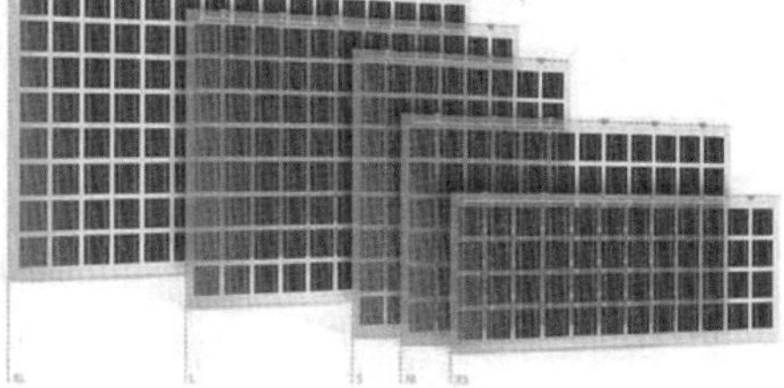

6) PEAKIN 창호일체형 BIPV

- abakus solar AG에서 제조
- 창호 이외에도 캐노피, 아트리움, 천창, 커튼월, 지붕, 발코니 등에 다양하게 사용
- 유리 두께가 3.2~10mm로 얇음, 스트링 사이 간격도 2~40mm 가능
- 단결정질, 다결정질, 비정질박막실리콘 태양전지 사용
- 발전용량은 1모듈당 200-220W
- 색채 : 다양한 무늬와 색채 구현 가능
- 1모듈의 무게 : 50kg
- 모듈 크기 : 최대 3,000mm-2,000mm

Product	PEAKIN
Producer / CH supplier	abakus solar AG
Address	Leithestrasse 39 D-45886 Gelsenkirchen
Contact	Tel: +49 209 730 801 00 Fax: +49 209 730 801 99 Mail : bipv@abakus-solar.de info@abakus-solar.de Web: www.abakus-solar.de

Product specifics

Glazing applications with BIPV: solar canopies, atria and skylights, curtain wall solar facades, warm and cold solar facades, roof integrated systems, balconies.
Glass thickness: from 3.2 - 10 mm
Variation of embedding material: PVB or EVA
Option for construction: glass-glass, insulation glass, glass-transparent tedlar, etc.
Variation of cell and string spacing: in a range of 2 - 40 mm

Technology:	Monocrystalline, multicrystalline, thin film (a-Si)
Power [W]:	200-220
Size [mm] L, w, t:	3000 (max) x 2000 (max)
Specific power [W/m^2]:	95.2-104.8
Price [CHF/m^2]:	-
Module weight [Kg]:	50
Specific weight [Kg/m^2]:	23.8
Min. tilt:	-
Custom made:	Cell dimensions (125x125, 156x156), shape (Cell: square, rounded)
Certifications:	IEC61215, IEC61730

시공사례 및 상세 도면

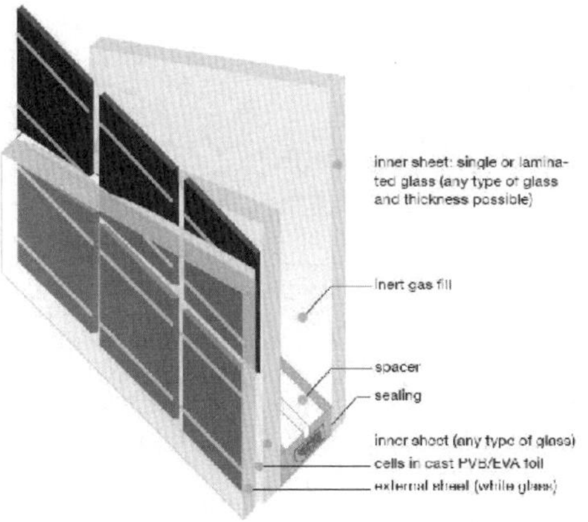

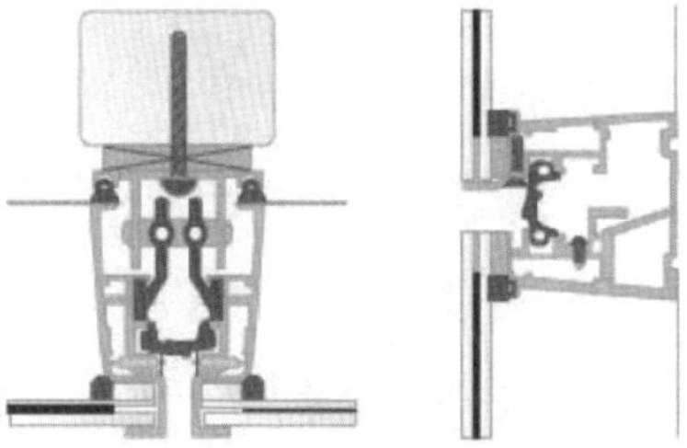

SSG facade with glass-glass module.

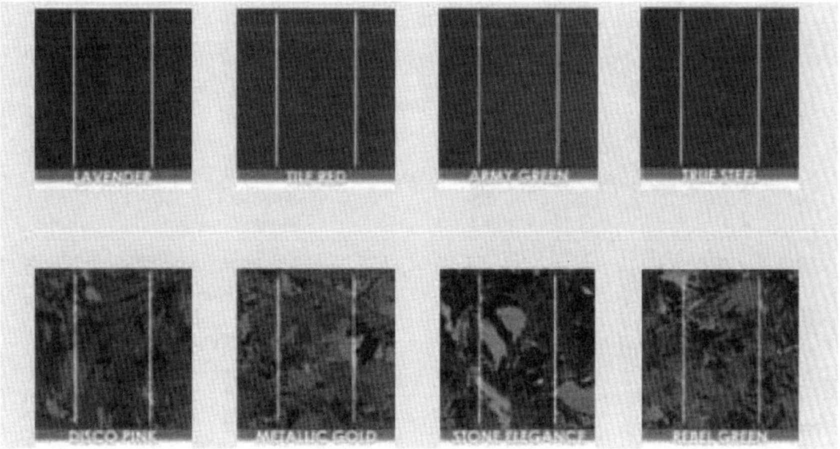

7) Schüco-Prosol 창호일체형 BIPV

- Schüco에서 제조
- 단열성능과 차음성이 뛰어나며 안전유리를 사용
- 크기, 형태, 포면처리 등이 다양한 제품임, 곡면제작도 가능
- 단결정, 다결정질, 비정질실리콘박막 태양전지 사용
- 발전용량은 1모듈당 크기에 따라 다름
- 색채 : 다양함
- 1모듈의 무게 : 주문 생산
- 모듈 크기 : 500mm / 3,000mm-500 / 2,000mm

Product	**Schüco-Prosol**
Producer / CH supplier	**Schüco**
Address	**Jansen AG** **Industriestrasse 34** **CH- 9463 Oberriet**
Contact	**Tel: +41 71 763 95 23** **Fax: +41 71 761 27 38** **Mail : solar@jansen.com** **Web: www.jansen.com** **www.schueco.eu**

Product specifics

This high quality glazing product is available in a wide choice of sizes, formats and finishes: from simple glass/Tedlar combinations to designs with double glazing, sound insulation or safety glass.
For PV infill units with insulating glass, PV modules with excellent Ug values may be used, values achieved by the gaps between the panes. G values are defined according to the cell configuration.

Technology:	**Monocrystalline, multicrystalline, thin film (a-Si)**
Power [W]:	**Depends on the choice of the module**
Size [mm] L, w, t:	**500-3000 x 500-2000 (curves are possible)**
Specific power [W/m^2]:	**Depends on the choice of the module**
Price [CHF/m^2]:	**n.d.**
Module weight [Kg]:	**Depends on the choice of the module**
Specific weight [Kg/m^2]:	**Depends on the choice of the module**
Min. tilt:	**n.d.**
Custom made:	**Dimensions, color (frame), form (curves)**
Certifications:	**IEC 61215, IEC 61646, IEC 61730**

시공사례 및 상세 도면

8) VSG-insulating glass modules and VSG 창호일체형 BIPV

- ERTL GLAS AG / Ertex Solar에서 제조
- Glass-glass 타입이며 안전유리 사용, 대형사이즈 제작 가능, 선택성 광투과 가능
- 창호 이외에 지붕차광막, 주차장, 캐노피, 지붕 등에 모두 가능
- 단결정질, 다결정질 태양전지 사용
- 발전용량은 1모듈당 크기에 따라 다름
- 색채 : 검푸른색
- 1모듈의 무게 : 모듈에 따라 다름
- 모듈 크기 : 최대 5,100mm-2,440mm

Product	VSG-insulating glass modules and VSG
Producer / CH supplier	ERTL GLAS AG / Ertex Solar
Address	Peter Mitterhofer Straße 4 A-3300 Amstetten
Contact	Tel: +43 7472 28260 615 Fax: +43 7472 28260 629 Mail : info@ertex-solar.at Web: www.ertex-solar.at

Product specifics

Glass-glass cell encapsulation, laminated safety glass technique, large size modules, selectable light transparency, combinable with façade systems, customized modules (size, structure).
Applications for: roofs, shadowing systems, car ports, canopy, projecting roof, roof integration, energy façade.

Technology:	Monocrystalline, multicrystalline
Power [W]:	Custom made
Size [mm] L, w, t:	5100 (max) x 2440 (max)
Specific power [W/m^2]:	Custom made
Price [CHF/m^2]:	Custom made
Module weight [Kg]:	Custom made
Specific weight [Kg/m^2]:	Custom made
Min. tilt:	Custom made
Custom made:	Size, structure
Certifications:	On request

시공사례 및 상세 도면

9) Solaronix Solar Cells 창호일체형 BIPV

- Solaronix에서 제조
- 염료감응형 태양전지 사용, 다양한 색상과 투과도 조정이 가능하며 곡면 가능
- 염료감응형이여서 빛의 산란 투과에 따른 실내 환경을 아름답게 구현 가능
- 염료감응형 태양전지 사용
- 발전용량은 1모듈당 10W
- 색채 : 다양한 색채
- 1모듈의 무게 : 36kg
- 모듈 크기 : 2,100mm-384mm

Product	**Solaronix Solar Cells LP4M-SERIO3550W19-S/P**
Producer / CH supplier	**Solaronix**
Address	**Rue de l'Ouriette 129 CH-1170 Aubonne**
Contact	**Tel: +41 21 821 22 80 Fax: +41 21 821 22 89 Mail : toby.meyer@solaronix.com Web: www.solaronix.com**

Product specifics

Solaronix module are composed of Dye Solar Cells (Grätzel cells). Their models come in a variety of colors and transparencies, offering unprecedented design flexibility for device or building integration. Their low light sensitivity makes them attractive for diffuse light conditions, including indoor applications. Most of the material in Solaronix solar cells is glass. Apart from glass and sealant, the most used ingredient is titanium dioxide, a compound that's commonly found in other industries such as paints or cosmetics.

Technology:	**dye-sensitized solar cell (DSSC)**
Power [W]:	**10**
Size [mm] L, w, t:	**2100 x 384**
Specific power [W/m^2]:	**-**
Price [CHF/m^2]:	**2000**
Module weight [Kg]:	**36**
Specific weight [Kg/m^2]:	**-**
Min. tilt:	**no restrictions**
Custom made:	**custom made prototypes**
Certifications:	**no**

시공사례 및 상세 도면

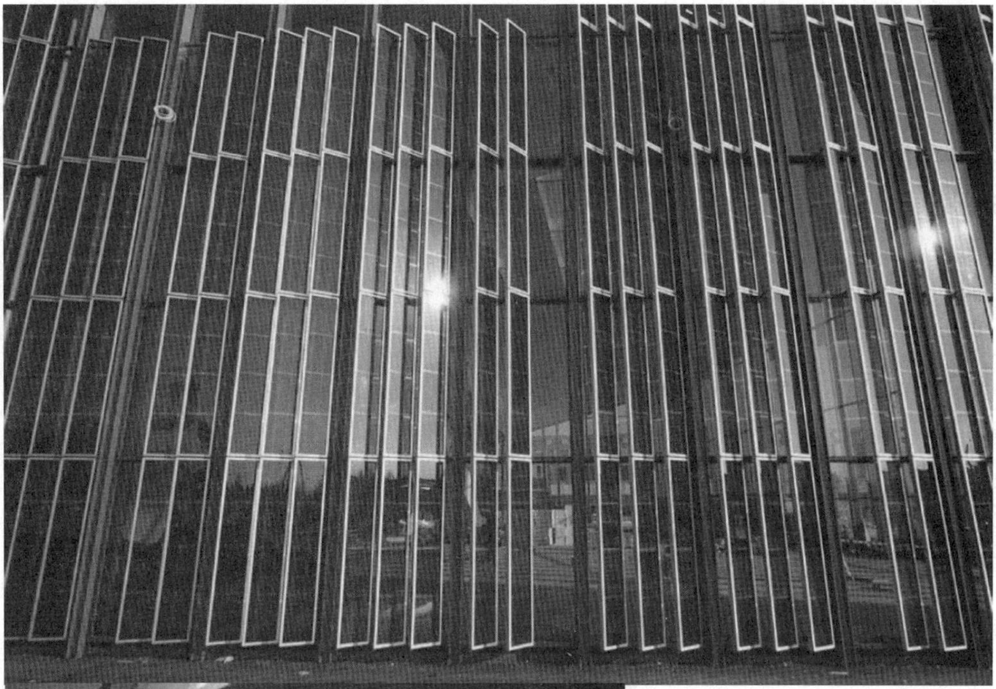

마. 박막 태양전지 BIPV

이 BIPV 모듈은 박막 태양전지로 구성되어 있으며 방수성이 뛰어나고 가벼운 것이 특징이나 고가로서 제품이 많지 않다. 주요 제품을 소개하면 다음과 같다.

1) Evalon Solar 박막 태양전지 BIPV

- Alwitra에서 제조
- 3중 접합 박막 태양전지로 제작
- 박막과 모듈 2종류가 있음, 모듈 두께가 3.3mm로 얇고 넓음
- 발전용량은 1모듈당 136-408W
- 색채 : 검푸른색
- 1모듈의 무게 : 14.6-40kg
- 박막 크기 : 1,050 / 1,550mm-3,360 / 6,000mm
- 모듈 크기 : 2,580 / 5,490mm-790 / 1,185mm-3.3mm

Product	Evalon Solar
Producer / CH supplier	Alwitra
Address	
Contact	The product is no longer available

Product specifics

The "Uni-Solar" modules are glued directly on the "Evalon" membrane in polymer alloy (EVA e PVC) that carries out the function of the impermeability system. The waterproofing membranes are joined together by the use of electrically heated hot air.

Technology:	Thin film (triple junction)
Power [W]:	136-408
Size [mm] L, w, t:	Membrane: 1050-1550x3360-6000x1.8, Module: 2850-5490x790-1185x3.3
Specific power [W/m^2]:	59.1-62.8
Price [CHF/m^2]:	n.d.
Module weight [Kg]:	14.6-40
Specific weight [Kg/m^2]:	4.0-4.3
Min. tilt:	n.d.
Custom made:	-
Certifications:	IEC61646, IEC61730

시공사례 및 상세 도면

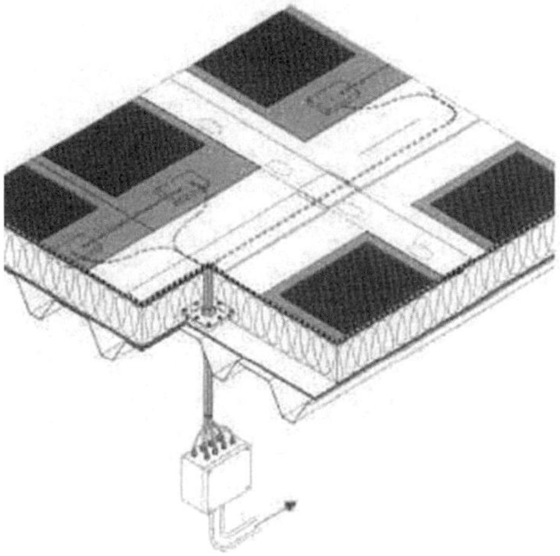

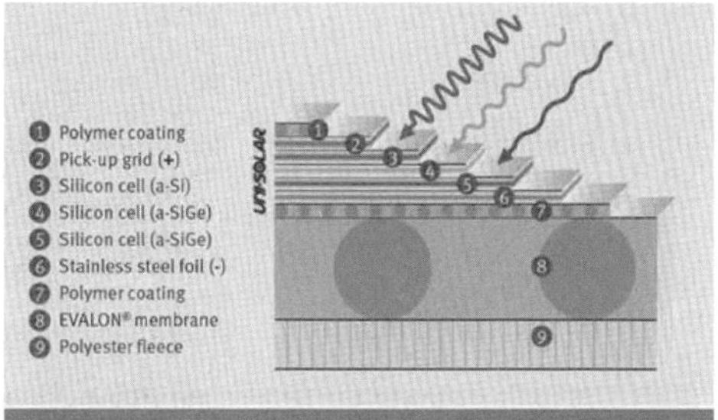

▲ View of the EVALON® Solar layer structure (cross section)

2) Hanergy GlobalSolar PowerFLEX 박막 태양전지 BIPV

- Hanergy Holding Group에서 제조
- 박막으로 되어 있어서 지붕 위에 설치하기가 쉬움
- 박막 가요성 모듈로서 넓은 면적에 설치가 가능하고 가벼움
- CIGS 태양전지 사용
- 발전용량은 1모듈당 300W
- 색채 : 검푸른색
- 1모듈의 무게 : 7.2kg
- 모듈 크기 : 5,745mm-494.5mm-3.5mm

Product	Hanergy GlobalSolar PowerFLEX
Producer / CH supplier	Hanergy Holding Group
Address	Lungotevere dei Mellini, 27 00193, Rome, Italy
Contact	Tel: 0039-06-32652798 Mail : info@hanergy.it Web: www.solibro-solar.com

Product specifics

CIGS GlobalSolar PowerFLEX is a flexible module, ideal for in and on-roof applications. PowerFLEX is also lightweight and can be applied directly to multiple surfaces without penetrations and creates no additional wind load maintaining the integrity and aesthetics. The module has a large format and a high power density, enabling it to outperform other flexible solar solutions.

Technology:	CIGS
Power [W]:	300 (Max)
Size [mm] L, w, t:	5745 x 494.5 x 3 (max)
Specific power [W/m^2]:	105.71 (300W Powerclass)
Price [CHF/m^2]:	Available on request
Module weight [Kg]:	7.2 (300W Powerclass, without adhesive)
Specific weight [Kg/m^2]:	2.54 (300W Powerclass, without adhesive)
Min. tilt:	n.a.
Custom made:	n.a.
Certifications:	Available on request

시공사례 및 상세 도면

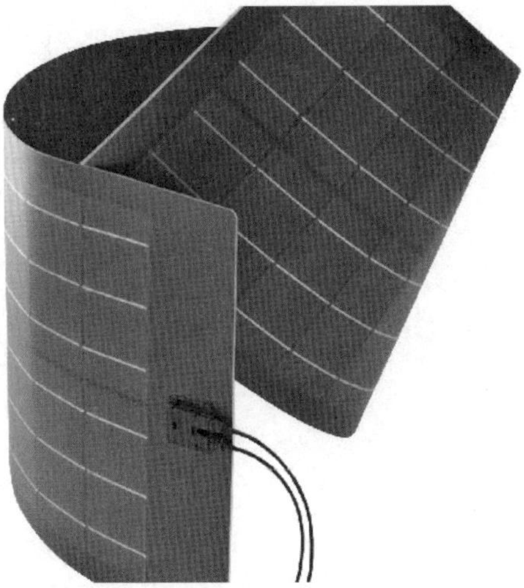

바. 금속패널 BIPV

이 BIPV 모듈은 금속판에 태양전지를 설치한 패널로 구성되어 있으며 얇고 방수성이 뛰어나고 튼튼한 것이 특징이다. 주요 제품을 소개하면 다음과 같다.

1) Brollo Solar 금속패널 BIPV

- Marcegaglia Building에서 제조
- 단열 금속패널임
- 산업시설 지붕처럼 경사도가 낮은 곳에 적합
- 발전용량은 1모듈당 68-144W
- 색채 : 검푸른색
- 1모듈의 무게 : 3.9-7.7kg
- 모듈 크기 : 2,849 / 5,486mm-394mm-4mm

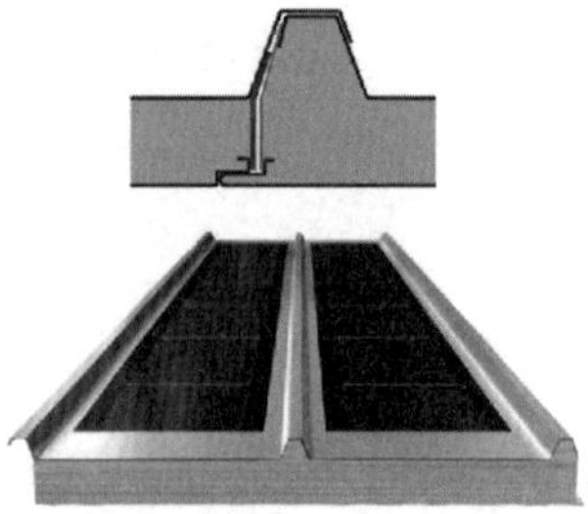

Product	Brollo Solar
Producer / CH supplier	Marcegaglia Building
Address	Viale Sarca 336 I-20126 Milano
Contact	Tel: +39 02 6617 17 1 Fax: +39 02 6617 17 22 Mail : brollo@marcegaglia.com Web: www.marcegaglia.com

Product specifics

Uni-solar photovoltaics modules are applied on insulating panels. This system is particularly interesting for industrial roof, including those with low pitches, such as sheds, shopping centres and sports facilities.

Technology:	Thin film (triple junction)
Power [W]:	68-144
Size [mm] L, w, t:	2849-5486 x 394 x 4
Specific power [W/m^2]:	61.8-65.5
Price [CHF/m^2]:	n.d.
Module weight [Kg]:	3.9.7.7
Specific weight [Kg/m^2]:	3.5
Min. tilt:	n.d.
Custom made:	-
Certifications:	IEC61646, IEC61730

시공사례 및 상세 도면

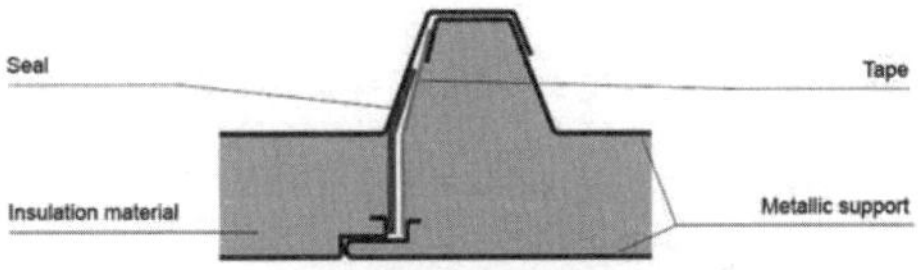

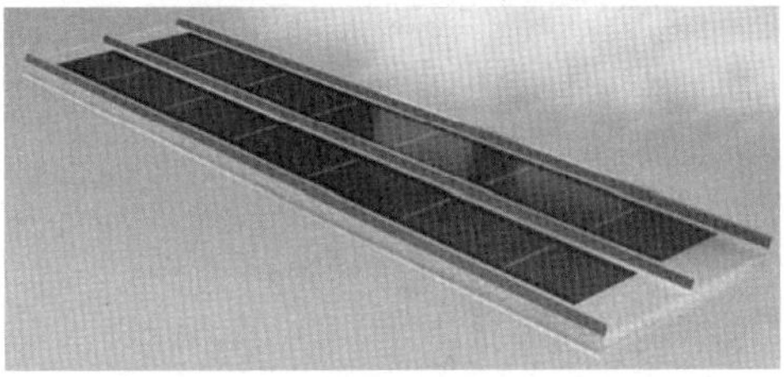

2) Kalzip Aluplus Solar 금속패널 BIPV

- Büro Bach & Wand에서 제조
- 알루미늄판으로 제작, 곡면 제작이 가능
- 곡면 지붕에 적합
- 박막 비정질 실리콘 3중 접합 태양전지
- 발전용량은 1모듈당 68-144W
- 색채 : 검푸른색
- 1모듈의 무게 : 3.9-7.7kg
- 모듈 크기 : 2,849 / 5,486mm-394mm-4 / 16mm

Product	Kalzip Aluplus Solar
Producer / CH supplier	Büro Bach & Wand
Address	Karlihofstrasse 4 CH-7208 Malans
Contact	Tel: +41 81 322 38 38 Fax: +41 81 322 38 39 Mail : info@kalzip.ch Web: www.kalzip.ch

Product specifics

Aluminium metallic roof. Suitable also for convex or concave roofs.

Technology:	Thin film (a-Si triple junction)
Power [W]:	68-144
Size [mm] L, w, t:	2849-5486 x 394 x 4-16
Specific power [W/m^2]:	61.8-65.5
Price [CHF/m^2]:	n.d.
Module weight [Kg]:	3.9-7.7
Specific weight [Kg/m^2]:	3.5
Min. tilt:	3°
Custom made:	Form (curves)
Certifications:	IEC61646, IEC61730

시공사례 및 상세 도면

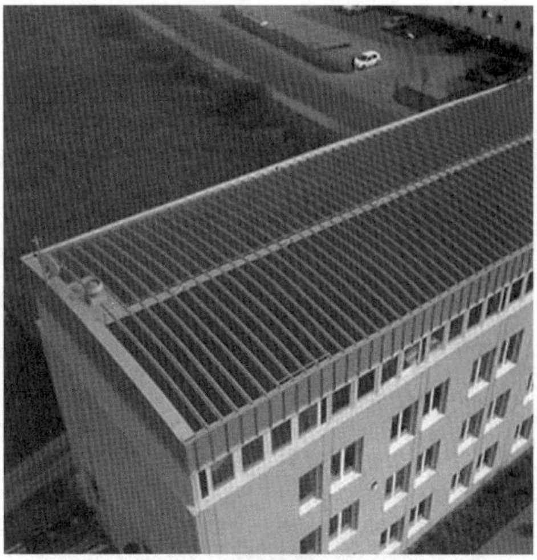

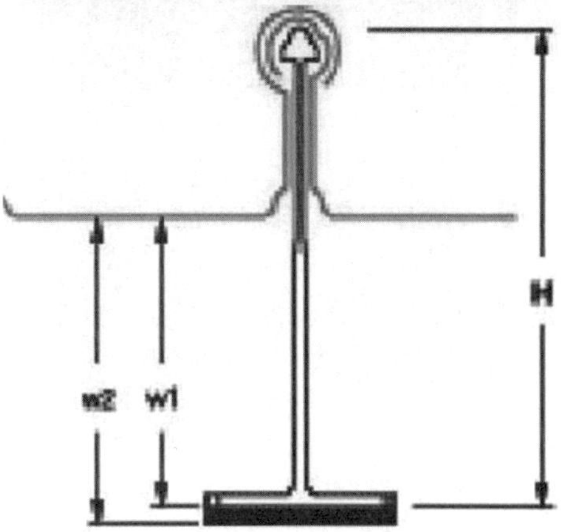
H
w2
w1

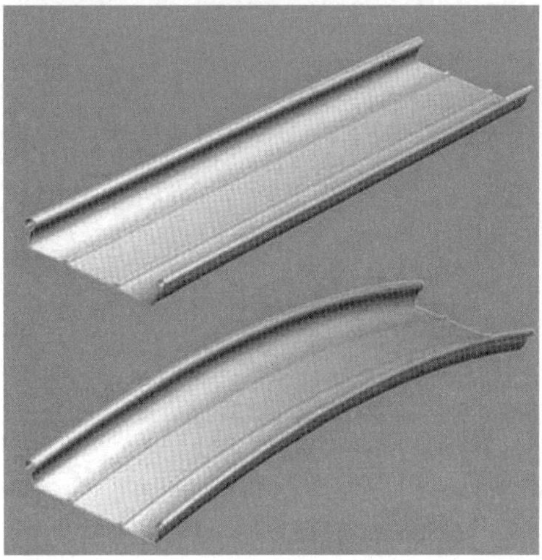

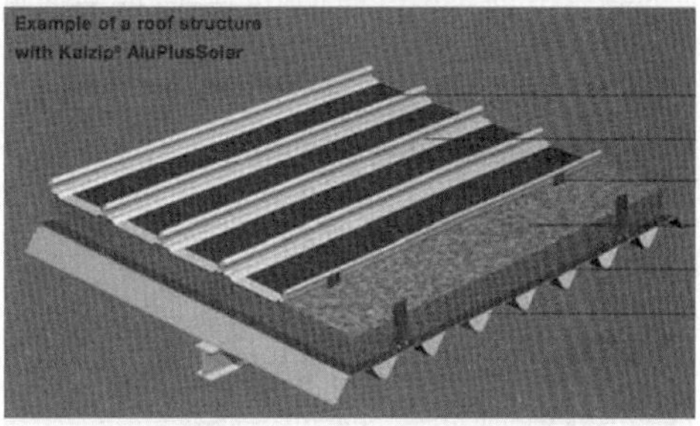
Example of a roof structure
with Kalzip® AluPlusSolar

3) RHEINZINK-Solar PV, Klick-Leiste 금속패널 BIPV

- RHEINZINK에서 제조
- 3중 접합 비정질 실리콘 박막 태양전지로 제작
- 티타늄아연으로 지붕용 제작
- 발전용량은 1모듈당 68W
- 색채 : 푸른색
- 1모듈의 무게 : 11.3kg
- 모듈 크기 : 2,848mm-394mm

Product	RHEINZINK-Solar PV, Klick-Leiste
Producer / CH supplier	RHEINZINK
Address	Täfernstrasse 18 CH-5405 Baden-Dättwil
Contact	Tel: +41 56 484 14 14 Fax: +41 56 484 14 00 Mail : info@rheinzink.ch Web: www.rheinzink.ch

Product specifics

Titanium zinc roof for click battens.

Technology:	Thin film (a-Si triple junction)
Power [W]:	68
Size [mm] L, w, t:	2848 x 394
Specific power [W/m^2]:	61.8
Price [CHF/m^2]:	n.d.
Module weight [Kg]:	11.3
Specific weight [Kg/m^2]:	10.23
Min. tilt:	n.d.
Custom made:	Dimensions of the metal sheet
Certifications:	IEC61646

시공사례 및 상세 도면

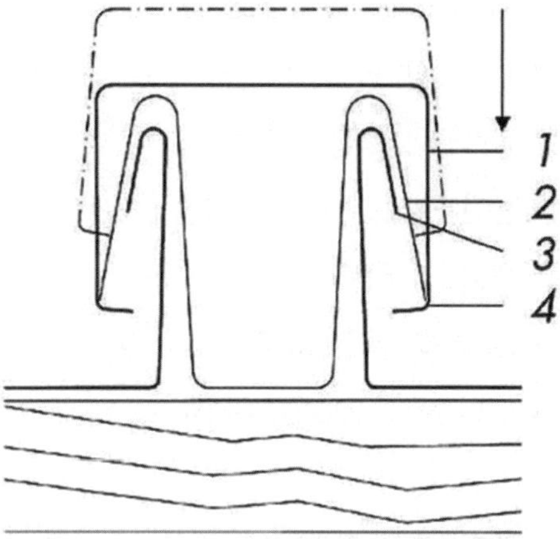

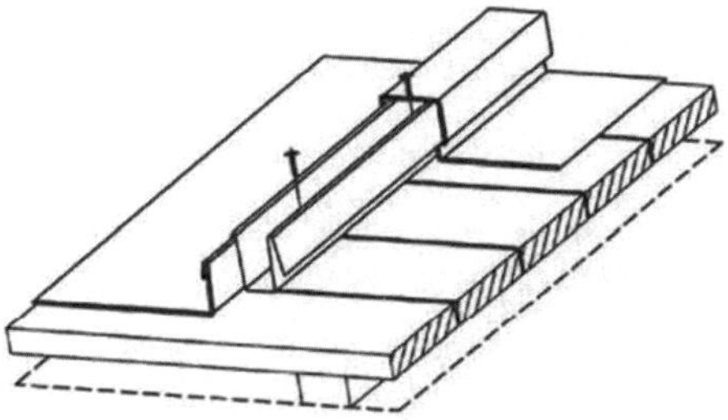

4) Stehfalz 금속패널 BIPV

- RHEINZINK에서 제조
- 3중 접합 비정질실리콘 박막 태양전지로 제작
- 티타늄아연으로 제작
- 발전용량은 1모듈당 68W
- 색채 : 검푸른색
- 1모듈의 무게 : 10.6kg
- 모듈 크기 : 2,848mm-394mm

Product	Stehfalz
Producer / CH supplier	RHEINZINK
Address	Täfernstrasse 18 CH-5405 Baden-Dättwil
Contact	Tel: +41 56 484 14 14 Fax: +41 56 484 14 00 Mail : info@rheinzink.ch Web: www.rheinzink.ch

Product specifics

Titanium zinc roof for standing seam.

Technology:	Thin film (a-Si triple junction)
Power [W]:	68
Size [mm] L, w, t:	2848 x 394
Specific power [W/m^2]:	61.8
Price [CHF/m^2]:	n.d.
Module weight [Kg]:	10.6
Specific weight [Kg/m^2]:	9.65
Min. tilt:	n.d.
Custom made:	Dimensions of the metal sheet
Certifications:	IEC61646

시공사례 및 상세 도면

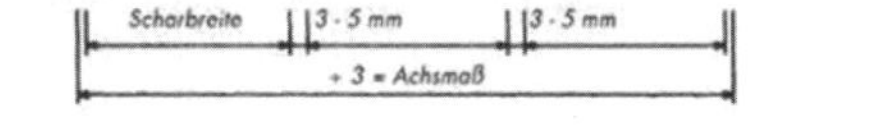

사. 일사차폐 BIPV

이 BIPV 모듈은 일사차폐 구조물용으로 개발된 BIPV로서 주요 제품은 다음과 같다.

1) Optisol Shade 일사차폐 BIPV

- Scheuten Glas에서 제조
- Glass-glass 타입, 다결정질 태양전지
- 일사차폐용으로 제작
- 발전용량은 1모듈당 93 / 117 / 186 / 233 / 280 / 350W
- 색채 : 검푸른색
- 1모듈의 무게 : 16 / 19 / 30 / 37 / 44 / 54kg
- 모듈 크기 : 1,060 / 2,990mm-740 / 900mm

Product	Optisol Shade
Producer / CH supplier	Scheuten Glas
Address	Van Heemskerckweg 9 (P.O. Box 22) NL-5900 AA Venlo
Contact	Tel: +31(0)77 3599332 Fax: Mail : svanderaa@scheuten.com Web: www.scheuten.com

Product specifics

Optisol® Shade is a glass-glass solar panel specially designed for sun protection. A proper distribution of the solar cells ensures an optimum yield from the sun's energy and gives ample shade. Apart from the standard sizes offered, the product can be fully customized.

Technology:	Multicrystalline
Power [W]:	93 / 117 / 186 / 233 / 280 / 350
Size [mm] L, w, t:	1060-2990 x 740-900
Specific power [W/m^2]:	116.3 / 117 / 124 / 129.4 / 127.3 / 129.6
Price [CHF/m^2]:	n.d.
Module weight [Kg]:	16 / 19 / 30 / 37 / 44 / 54
Specific weight [Kg/m^2]:	20 / 19 / 20 / 20.6 / 20 / 20
Min. tilt:	n.d.
Custom made:	Dimensions
Certifications:	IEC 61215, IEC 61730

시공사례 및 상세 도면

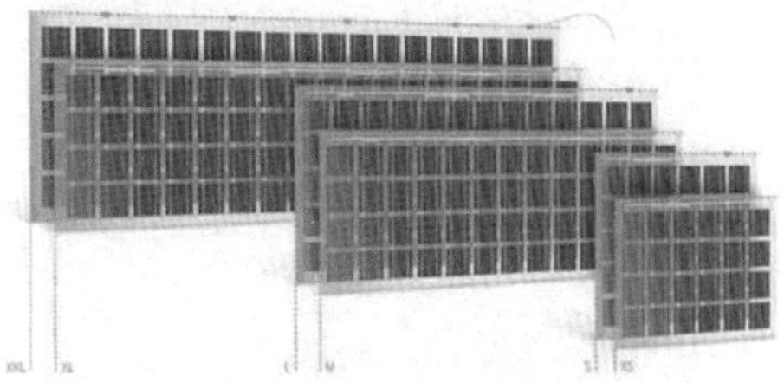

2) PowerGlaz 일사차폐 BIPV

- Romag에서 제조
- 단결정질, 다결정질 태양전지로 제작
- 아트리움에 시공 가능하며 복층유리이고 수직, 경사 일사차폐구조물, 캐노피에 가능
- 발전용량은 1모듈당 165~235W
- 색채 : 검푸른색
- 1모듈의 무게 : 17~21kg
- 모듈 크기 : 1,318 / 1,640mm~994mm~46mm

Product	PowerGlaz
Producer / CH supplier	Romag
Address	Leadgate Industrial Estate Leadgate Consett GB-County Durham - DH8 7RS
Contact	Tel: +44 120 750 00 00 Fax: +44 120 759 19 79 Mail : info@romag.co.uk Web: www.romag.co.uk

Product specifics

PowerGlaz BIPV can be integrated into vertical glazing, pitched glazing to canopies or walkways and glazed roofs such as atria. It can be single or double glazed and will fit easily into most glazing systems. Each type has its own aesthetic appeal and their choice may depend on the designer's and architect's vision of the building as much as their efficiency.

Technology:	Monocrystalline, multicrystalline
Power [W]:	165-235
Size [mm] L, w, t:	1318-1640 x 994 x 46
Specific power [W/m^2]:	126.9-146.9
Price [CHF/m^2]:	n.d.
Module weight [Kg]:	17-21
Specific weight [Kg/m^2]:	13.1
Min. tilt:	n.d.
Custom made:	Dimensions (4000 (max) x 2200 (max) x 9.5 (min))
Certifications:	IEC61215, IEC61730

시공사례 및 상세 도면

3) Shadovoltaic 일사차폐 BIPV

- Colt International에서 제조
- 단결정질, 다결정질 태양전지
- 파사드와 지붕 모두에 가능한 일사차폐, 폭이 최대 4m로 넓고 시공성이 우수
- 발전용량은 1모듈당 크기에 따라 다름
- 색채 : 검푸른색
- 1모듈의 무게 : 주문형
- 모듈 크기 : 2,000 / 3,000mm – 500mm

Product	Shadovoltaic
Producer / CH supplier	Colt International
Address	Colt International (Schweiz) AG Ruessenstrasse 5 CH - 6340 Baar
Contact	Tel: +41 41 768 54 54 Fax: +41 41 768 54 55 Mail : info@ch.coltgroup.com Web: www.colt-info.de

Product specifics

Fixed or mobile sunshade for facade or roof. Linear or point fastening system. Sunshade with large width (up to 4m) require an adding structure. The use of a system without a fixed rotation axis allow to move the whole system in a vertical position and give the appearance of a continuous façade. In addition to the common electronic/electromechanical control system, there is a thermal hydraulic actuator (Girasol) providing sun tracking without using any energy input or electronic regulator.

Technology:	Monocrystalline, multicrystalline
Power [W]:	n.d.
Size [mm] L, w, t:	Type LS1: 3000 (max) x 500 (max), Type LS2: 2000 (max) x 500 (max)
Specific power [W/m²]:	n.d.
Price [CHF/m²]:	n.d.
Module weight [Kg]:	n.d.
Specific weight [Kg/m²]:	n.d.
Min. tilt:	n.d.
Custom made:	n.d.
Certifications:	n.d.

시공사례 및 상세 도면

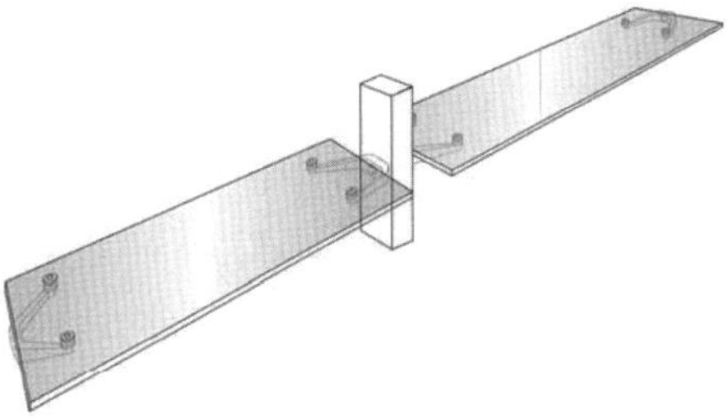

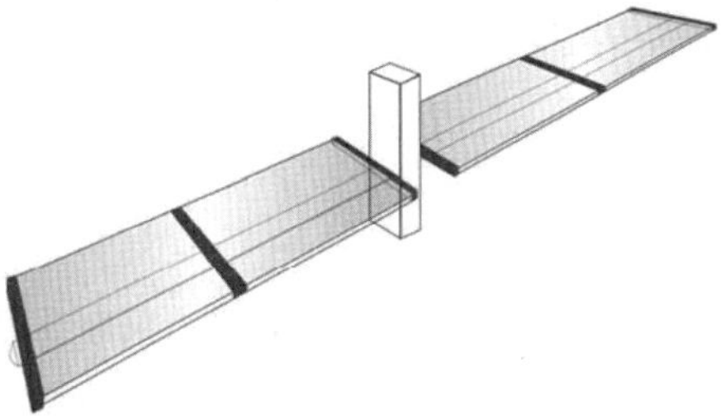

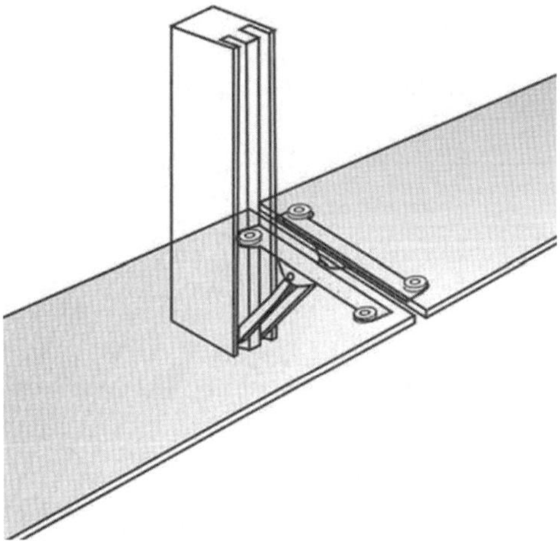

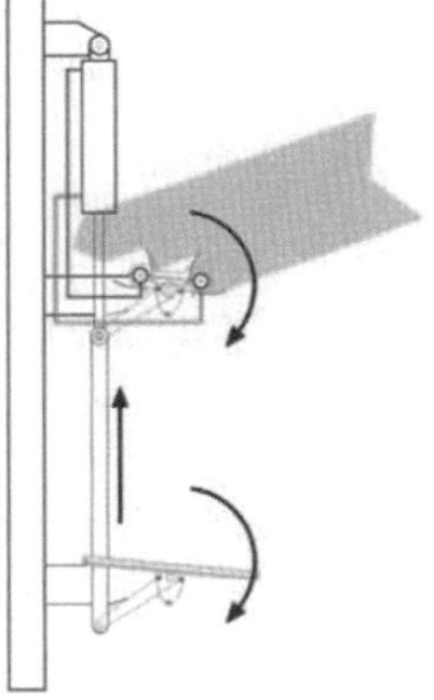

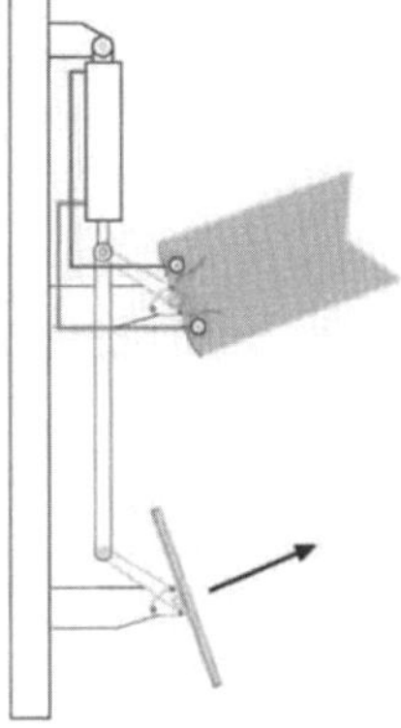

2. BIPV 고정장치

BIPV 고정장치는 BIPV를 고정시키기 위한 고정장치로서 파사드를 위한 것과 지붕을 위한 것이 있다. BIPV 고정장치는 건물의 외피에 해당되는 외벽이나 지붕에 태양광 패널을 효과적으로 고정시키면서 방수 및 단열 및 내열성능을 향상시켜야 하며 태양광 패널이 과도하게 가열됨으로써 태양광발전 효율이 저하되는 것을 방지할 수 있도록 적절한 환기성능을 가지는 것이 요구되고 있다. 파사드에 설치하는 BIPV인 경우 태양광 패널의 태양전지 표면온도의 상승에 대한 연구결과[3]에 의하면 서울지역에 설치하는 후면 환기형 BIPV인 경우에도 10월 기상조건을 기준으로 예측했을 때 자연환기인 경우 최대 67.6℃까지 올라가며 환기팬을 돌리면 36.3℃ 정도가 되어서 발전효율에 상당한 차이가 발생되므로 고정하는 구조물을 어떤 것을 사용하고 후면 환기가 있는지 없는지에 따라 달라지므로 BIPV 고정장치는 중요한 부자재라고 할 수 있다.

가. 파사드용 BIPV 고정장치

파사드 BIPV 고정장치와 관련된 제품중 주요 제품을 소개하면 다음과 같다.

1) AA 110 Photovoltaic 파사드 BIPV 고정장치

단열유리 수직 및 수평파사드 BIPV를 위한 고정장치. 홀딩 장치는 고정 시스템을 숨기고, 보호용 클립으로 덮여 있음. 비를 차단하고 모듈 전기 케이블을 삽입함

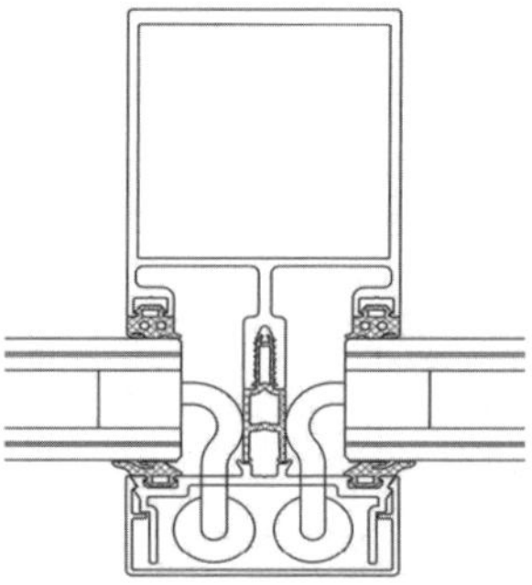

Product	AA 110 Photovoltaic
Producer / CH supplier	Kawneer
Address	Zone industrielle Rue de la Garenne F-34748 Vendargues cedex
Contact	Tel: +33 67 87 77 77 Fax: +33 67 87 77 00 Mail: Web: www.kawneer-france.com www.alcoa.com

---

3 박준언, 서항석외, "후면 환기형 BIPV 시스템의 레이놀즈수에 따른 전력 및 열성능특성에 관한 해석적 연구", 대한설비공학회논문집 Vol. 32, No. 7(203), pp 360-361, 대한설비공학회, 2020. 7.

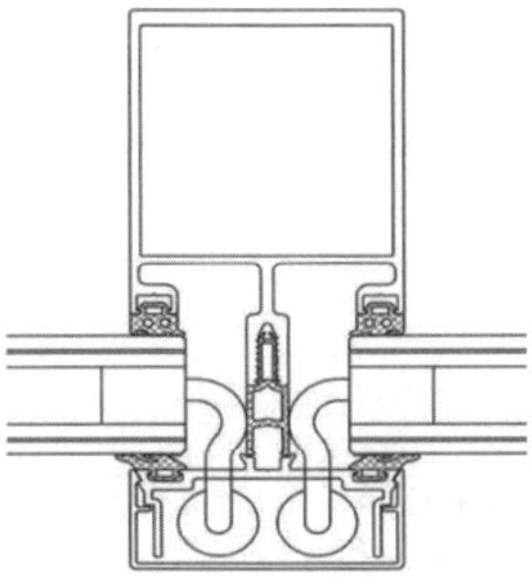

Section of support

View of the system

Example of realization

2) Aluhit 파사드 BIPV 고정장치

적층 PV 또는 기타재료(세라믹스, 섬유질, 유리 등)로 덮여 있는 환기 기능이 있는 파사드 BIPV 고정장치로서 Wyss Aluhit AG에서 제조함

모든 모듈을 시공 중인 구조물에 4개 지점에서 보링 없이 고정시킬 수 있으며 분해, 조립이 가능하도록 되어 있음

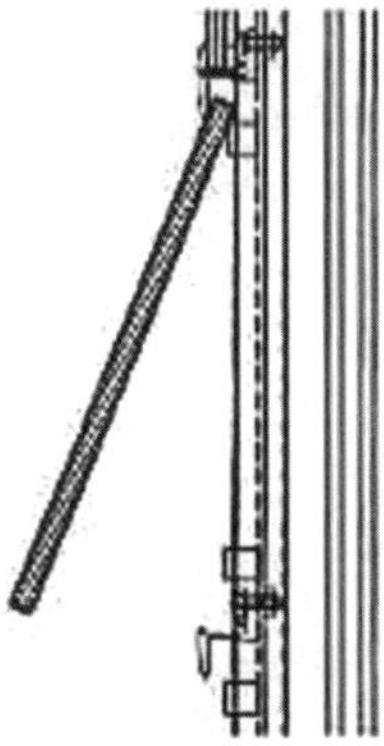

Product	Aluhit
Producer / CH supplier	Wyss Aluhit AG
Address	Grossmatte 9 CH-6014 Littau
Contact	Tel: +41 41 259 11 00 Fax: +41 41 250 21 75 Mail: info@wyssaluhit.ch Web: www.wyssag.com

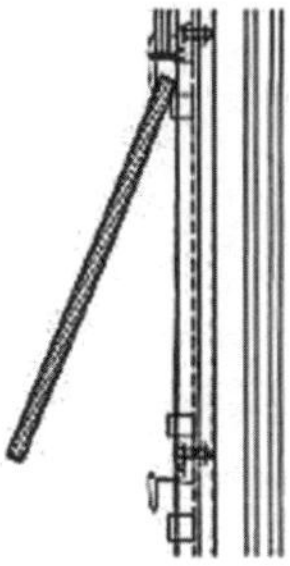

Section of the installation

Series of panels

Completed facade

3) Al-Wall 파사드 BIPV 고정장치

알루미늄 프로파일로서 다양한 색 구현이 가능하고 20m까지도 시공 가능하고 미관이 좋음. Längle Glas가 Solarwatt와 공동으로 제작

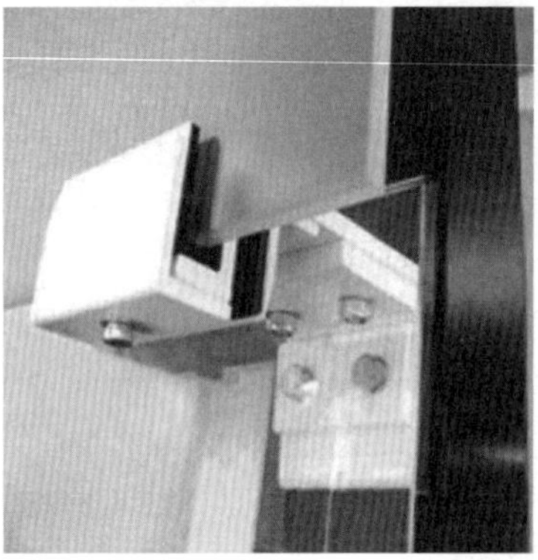

Product	Al-Wall
Producer / CH supplier	Längle Glas GmbH
Address	Hauptstrasse 3 A-6840 Götzis
Contact	Tel: +43 552 353 630 20 Fax: +43 552 353 630 21 Mail: office@langleglas.com Web: www.langleglas.com

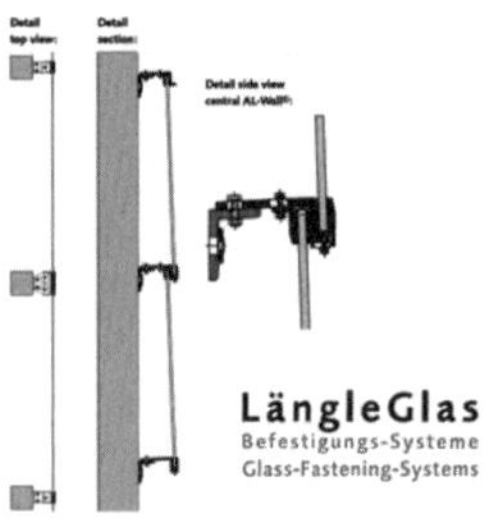

Fastening of modules on the facade

Hoockup of the panel

Laying performed

4) Metra Poliedra Sky 50 BIPV 고정장치

폴리에드라-스카이 50 태양광 시스템은 이음매 없는 파사드를 구현 가능. 모듈은 전기 케이블을 내장시킨 알루미늄 구조물로 되어 있음. 이탈리아 METRA Ragusa spa사 제품

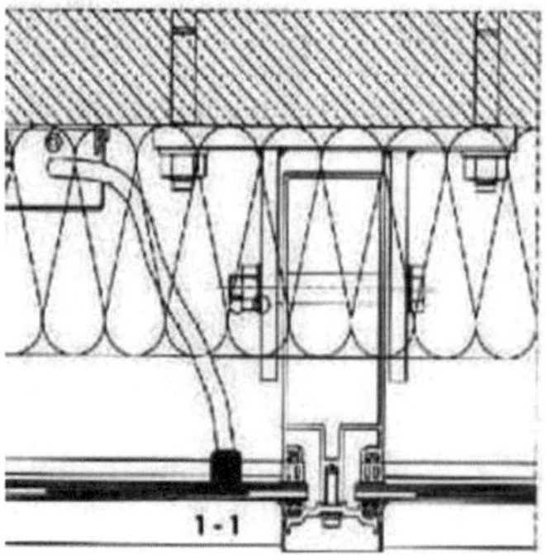

Product	Metra Poliedra Sky 50
Producer / CH supplier	METRA Ragusa spa
Address	Zona Industriale c.p. 300 IT-97100 Ragusa
Contact	Tel: +39 0932 667 310 Fax:+39 0932 667 224 Mail: metraragusa@metraragusa.it Web: www.alcover.it

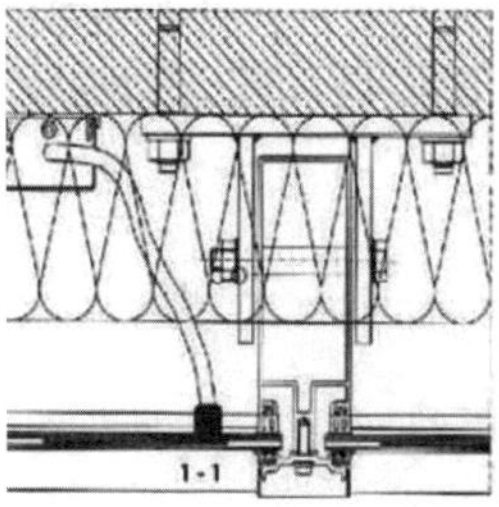

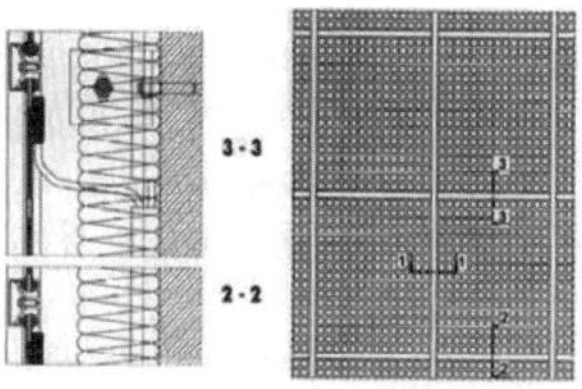

Horizontal section of the facade　Vertical section of the facade　Complete facade

5) Naps Solar Glazing system BIPV 고정장치

이 제품은 모듈, 고정장치, 기본구조물을 모두 제작. 모듈은 2개 또는 4개 모서리 또는 점으로 조립되고 전선은 프로파일 내부에 삽입되어 있음. Naps Systems 제품

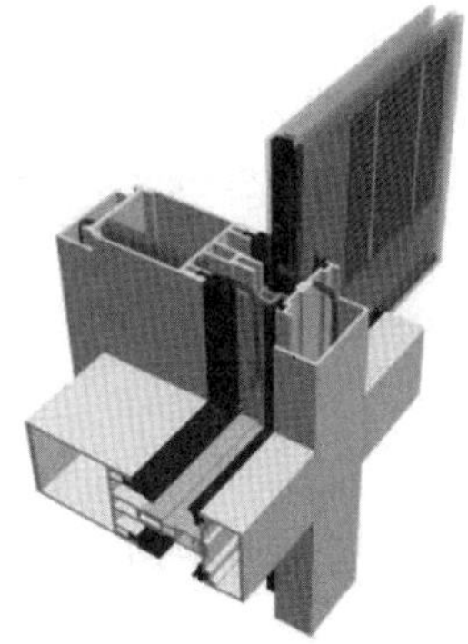

Product	Naps Solar Glazing system
Producer / CH supplier	Naps Systems
Address	Pakkalankuja 7 FI-01510, Vantaa
Contact	Tel: +358 20 7545 666 Fax: +358 20 7545 660 Mail: group@napssystems.com Web: www.napssystems.com

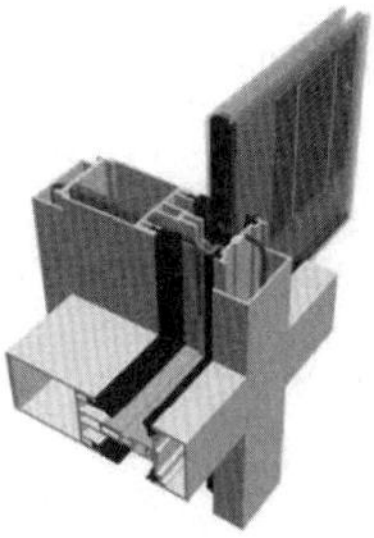

Section of the frame　View of a cover　Inclined covering

6) Sapa Solar BIPV 고정장치

이 제품은 모듈, 고정장치, 기본구조물을 모두 공급 가능. Sapa RC System Sàrl 제품

Elegance 52 ST

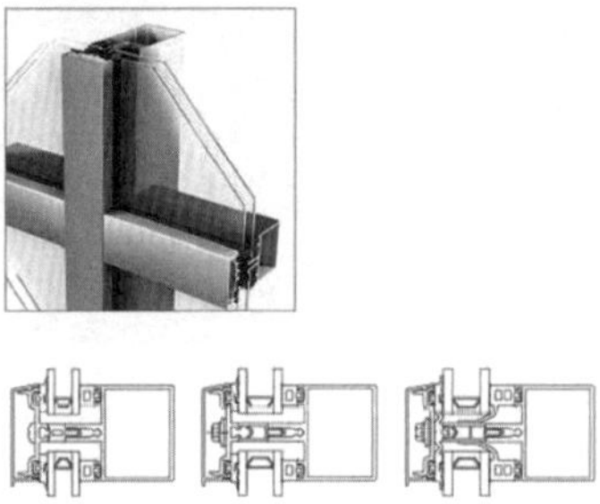

Product	Sapa Solar
Producer / CH supplier	Sapa RC System Sàrl
Address	Z.I. "La Guérite" CH-1541 Sévaz
Contact	Tel: +41 26 663 99 66 Fax: +41 26 663 99 69
	Mail: info.ch@sapagroup.com Web: www.sapagroup.com

Elegance 52 IT

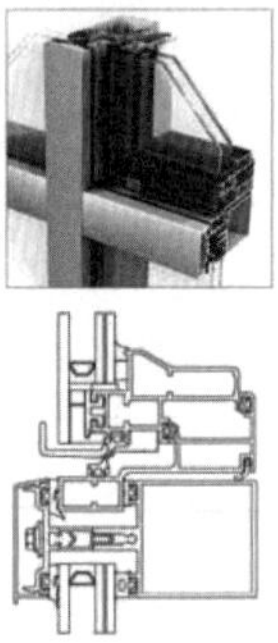

System and section of "Elegance 52 IT"

Elegance 52 GF

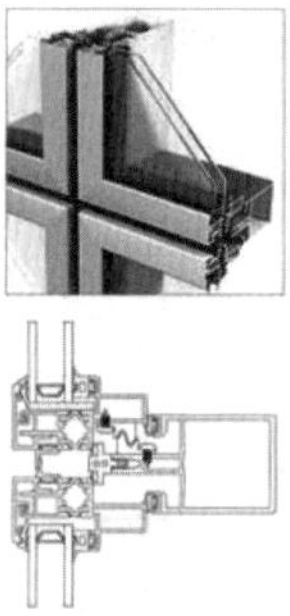

System and section of "Elegance 52 GF"

Elegance 52 SG TH

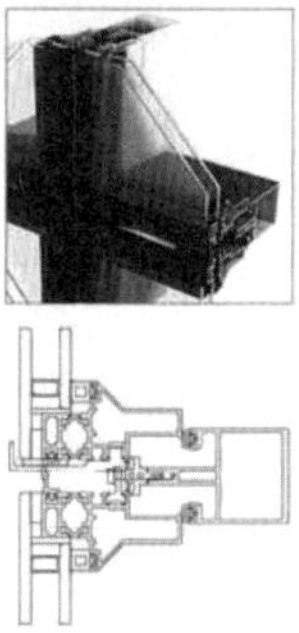

System and section of "Elegance 52 SG TH"

7) Solar retrofit BIPV 고정장치

30° 경사 태양광 패널을 벽에 고정시키는 장치. 3개의 간단한 앵커로 벽에 고정할 수 있고, 하나의 나사만으로 설치할 수 있어 시간과 장착 비용 절감 가능. 설치용 스캐 폴드는 필요하지 않음. 기존건물 개수용으로 사용 가능함

Product	Solar Retrofit
Producer / CH supplier	Solar Retrofit Sagl
Address	Viale Verbano, 7 6602 Locarno-Muralto Switzerland
Contact	Tel. +39 335 6971695
	Mail: info@solar-retrofit.ch Web: www.solar-retrofit.ch/

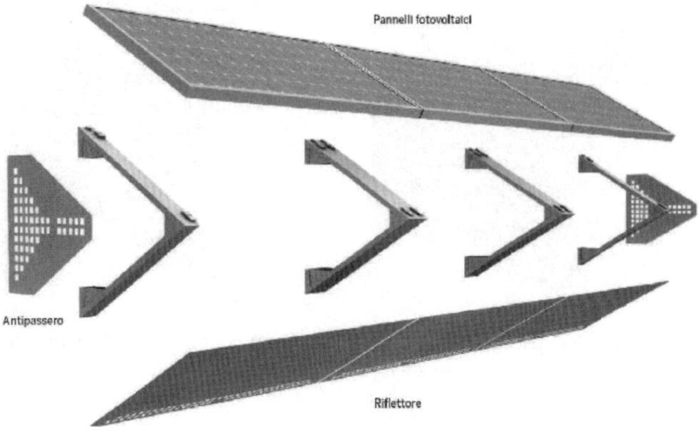

Mounting frame system　　　　　3d view of the Solar Retrofit

나. 지붕용 BIPV 고정장치

지붕용 BIPV 고정장치는 파사드에 비해서 종류가 다양하고 많다. 왜냐하면 BIPV를 경사 지붕에 설치하는 경우 발전량이 높아지기 때문이며 지붕 자체도 경사지붕부터 수평 옥상에 이르기까지 다양한 형태이기 때문이다.

1) Arres Solar 지붕용 BIPV 고정장치

태두리 없이 지붕에 설치할 수 있도록 하는 BIPV 고정체결장치임

Product	Arres Solar Indach - Montagesystem
Producer / CH supplier	SolarMarkt GmbH
Address	Aarepark 6 5000 Aarau
Contact	Tel: +41 062 834 00 80 Fax: +41 062 834 00 99 Mail : u.kessler@solarmarkt.ch Web: www.solarmarkt.ch

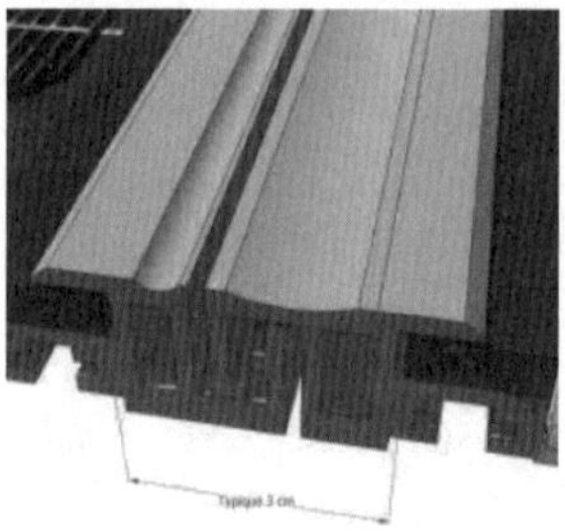

"Bottom line" fastening profile Fastening of modules on the roof battens Fastening between the modules

2) BiPV 2-11 지붕용 BIPV 고정장치

태두리 없이 지붕에 설치. 소규모 지붕부터 대규모 공장건물 15° 이하 경사 지붕에 가능. 모듈 두께가 4~8mm

Product	BiPV 2-11
Producer / CH supplier	Schletter GmbH
Address	Alustraße 1 D-83527 Kirchdorf/ Haag i.OB
Contact	Tel: +49 8072 9191 495 Fax: +49 8072 9191 9495 Mail: anfrage@schletter.de Web: www.schletter.de

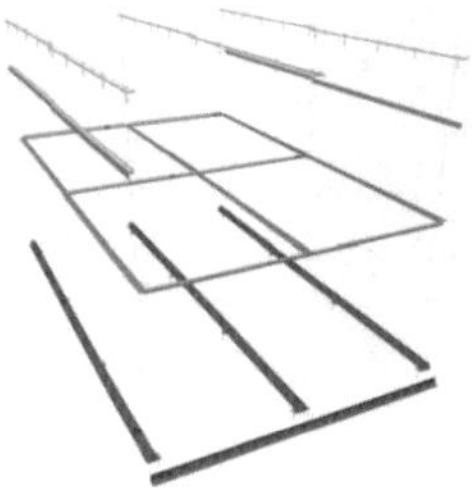

Fastening of modules on the roof battens "Bottom line" fastening profile Profile of fastening system

3) EASY ROOF EVOLUTION 지붕용 BIPV 고정장치

EASY ROOF는 PV 시스템을 위한 지붕 내 장착 시스템. 밀봉도 절단도 없는 체결 시스템 덕분에 타일처럼 잘 맞으며 모든 종류의 지붕과 타일에 이상적임.

제조사는 프랑스의 IRFTS임

기술 세부 사항은 다음과 같이 요약됨

• 여러 개의 MW가 있는 모듈러 어셈블리
• 무게가 가볍고 부피가 크지 않아 이동이 용이
• 액자형, 풍경형, 피라미드형 어셈블리 및 기타 형태

한편 이 제품의 레이아웃은 다음과 같이 요약됨

• 지붕 가장자리에서부터 조립 가능
• 유리한 디자인은 10°에서 50°까지의 경사로 굴곡이 있는 모든 종류의 지붕 형태(타일, 슬레이트…)에 맞출 수 있음
• 각 모듈을 개별적으로 교체하거나 제거 가능
• 단일 나사 및 회전 방지 고정 클램프 있음
• 자외선, 우박, 녹, 열, 눈 및 바람 등 내후성능 보유
• 환기가 가능하여 PV 모듈 효율 최적화
• 생산 낭비가 없고 현재 상용화된 태양광모듈과 적합

Product	EASY ROOF EVOLUTION
Producer / CH supplier	IRFTS
Address	rue du 35eme régiment d'aviation, 26 69500 Bron - France
Contact	Tel: +33 47 838 83 10 Fax: Mail : info@irfts.com Web: www.irfts.com

Installation of the mounting system

Panel view

Example of complete installation

4) Energiedach 지붕용 BIPV 고정장치

각 장착 키트는 맞춤형임. 건물 요구사항, 설치 및 배선 다이어그램, 상세한 매뉴얼도 포함. 고무 스트립이 있는 알루미늄 프로파일로 방수성이 높고 태두리 없는 적층모듈임. 독일 SolarWorld 제품임

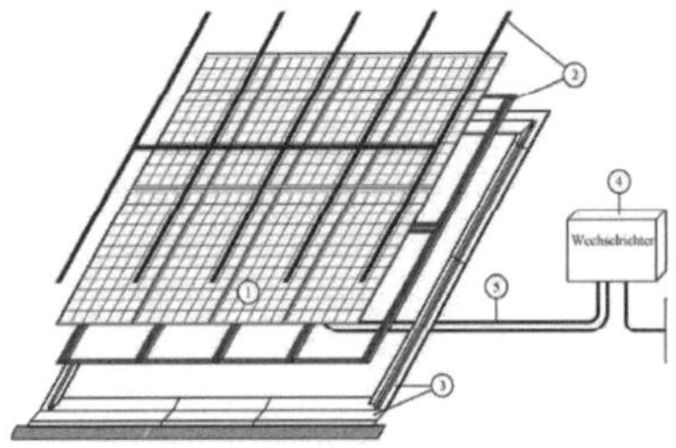

Product	**Energiedach**
Producer / CH supplier	**SolarWorld**
Address	**Kurt-Schumacher-Str. 12-14** **D-53113 Bonn**
Contact	**Tel: +49 228 559 20 0** **Fax: +49 228 559 20 99** **Mail : service@solarworld.de** **Web: www.solarworld.de**

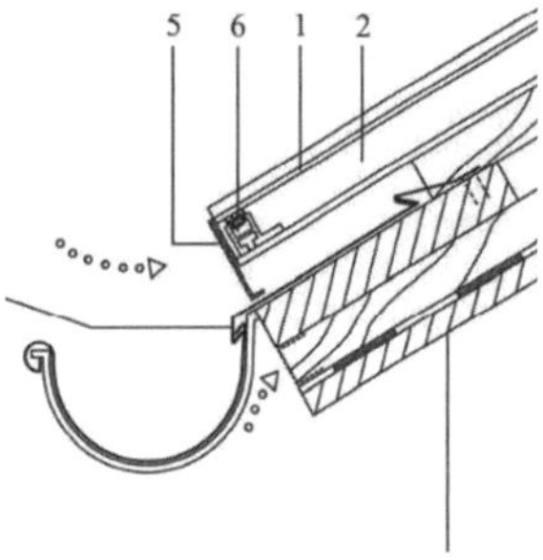

Gutter section

Preparation of the roof

Roof waterproofing

5) GSE Air'System 지붕용 BIPV 고정장치

태양광 패널 하부 공간에서 환기되는 공기로 열을 생산하면서 발전할 수 있는 지붕용 BIPV/T 제품임. 프랑스 SVH Energie에서 제작

Product	**GSE Air'System**
Producer / CH supplier	**SVH Energie**
Address	**155-159 Rue du Docteur Bauer** **93400 Saint Ouen**
Contact	**Tel: +33 170 32 08 00**
	Mail : contact@gseintegration.com
	Website: www.gseintegration.com

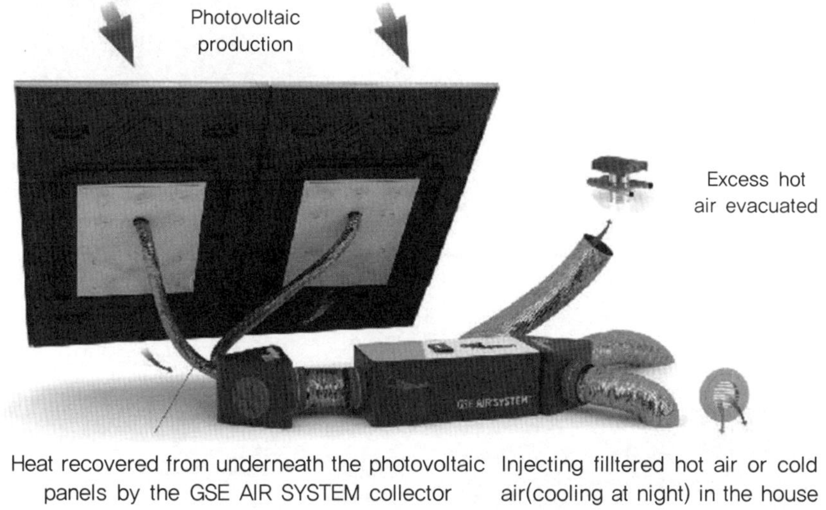

6) GSE In-Roof System 지붕용 BIPV 고정장치

경사도가 12°에서 50°인 지붕에 설치가능. 설치가 쉽고 빨라 6시간 내에 3-5kW 설치. 2-3kg으로 경량, 완전방수, 원하는 형태로 구성 가능, 내후성 탁월. 프랑스 SVH Energie 제작

Product	GSE Integration System
Producer / CH supplier	SVH Energie
Address	155-159 Rue du Docteur Bauer 93400 Saint Ouen
Contact	Tel: +33 170 32 08 00 Mail : contact@gseintegration.com Website: www.gseintegration.com

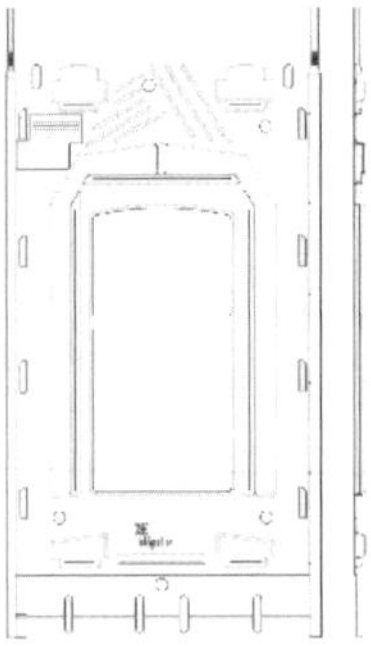

7) Intersole SE 지붕용 BIPV 고정장치

경사도가 15°에서 70°인 지붕에 설치가능. 수평, 수직 방향으로 조립이 가능하고 방수 성능이 탁월. Electro-sol에서 제조

Product	Intersole SE
Producer / CH supplier	Electro-sol
Address	Rue des Artisans 2, Cp34 CH-1148 L'isle
Contact	Tel: +41 218 64 40 12 Mail : kilian.thonney@electrosol.ch Web: www.electrosol.ch

Installation example

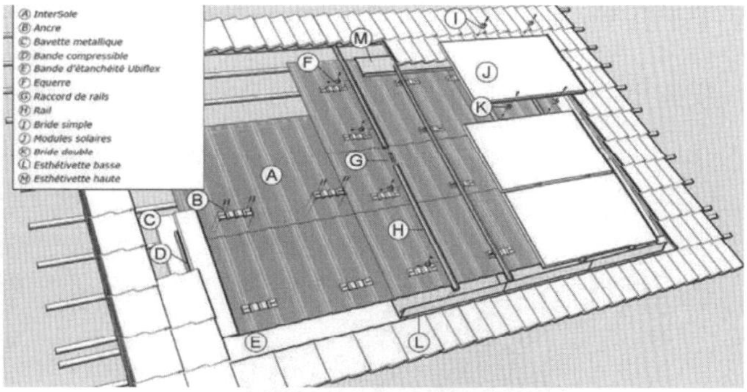

Details of the fixing system

8) MV3 지붕용 BIPV 고정장치

공장, 농업용 건물, 주택의 지붕에 사용 레일을 써서 조립하고 자재 재활용이 가능하며 태양광모듈에 관계 없이 장착 가능. 프랑스 Mecosun 제품

Product	MV3
Producer / CH supplier	Mecosun
Address	Zac du Boutet 7 Avenue de Marconi F—31470 Saint Lys
Contact	Tel: +33 56 214 07 11 Fax: +33 56 214 07 12 Mail: info@mecosun.fr Web: www.mecosun.fr

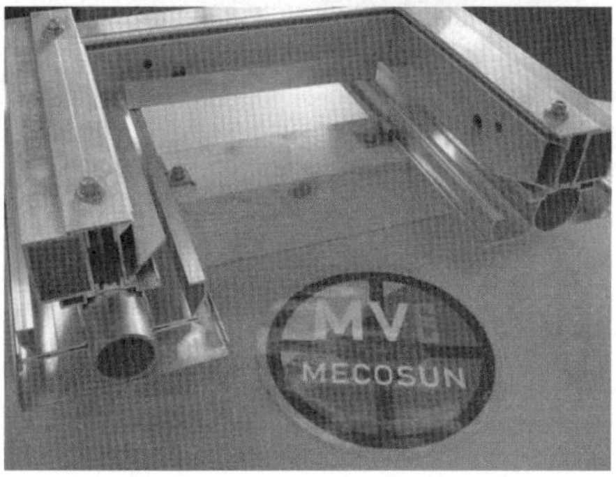

9) Montavent INDACH 지붕용 BIPV 고정장치

빗물이 자연스럽게 흘러내리도록 했으며 방수기능 탁월. 유연한 충진재를 써서 비바람에 잘 버틸 수 있도록 제작. 스위스 Montavent에서 생산

Product	Montavent INDACH
Producer / CH supplier	Montavent
Address	Hafnerstrasse 60 CH-8005 Zürich
Contact	Tel: +41 43 444 69 10 Fax: +41 43 444 69 19 Mail : info@montavent.ch Web: www.montavent.ch

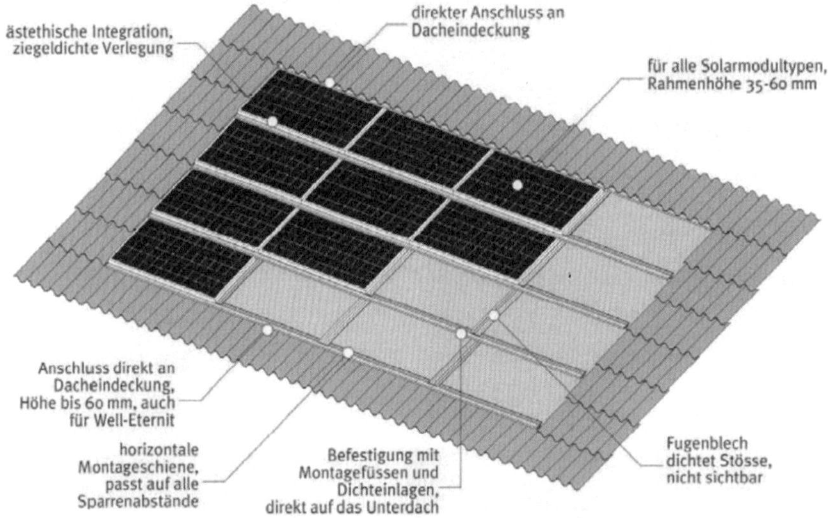

Fixing system scheme

10) Schüco MPE 210 Indach 지붕용 BIPV 고정장치

경사도가 15°에서 65°인 지붕에 설치가능. 단결정질, 다결정질 모듈에 장착 가능하고 방수성능이 탁월. 스위스 Schüco에서 제조

Product	Schüco MPE 210 Indach
Producer / CH supplier	Schüco Jansen
Address	Industriesstrasse 34 CH-9463 Oberriet
Contact	Tel: +41 71 763 91 11 Fax: +41 71 761 22 70 Mail : solar@jansen.com Web: www.jansen.com

Preparation of roof

Example of installation

Detail of installation

11) nD · System 지붕용 BIPV 고정장치

태두리 없이 조립이 가능, 미관우수. 각각의 모듈을 독립적으로 조립 가능하고 환기공 간 설치가능. 천창이나 태양열집열기에 응용 가능. 독일 Naturhaus-Solar GmbH 제조

Product	nD-System
Producer / CH supplier	Naturhaus - Solar GmbH
Address	Gewerbestrasse 4 D-88636 Illmansee
Contact	Tel: +49 7558 1597 Fax: +49 7558 93 99 82 Mail : info@nd-system.de Web: www.nd-system.de

nD-System fastening solar system

Aluminium profiles

Example of nD-System installation

12) Plandach 5 지붕용 BIPV 고정장치

루프 타일 대체 가능, 금속 시트 채널을 모듈 표면에 체결. 모듈 간 실리콘 방수. 받치는 레일에서 물을 유하시켜 방수. 독일 Schletter Solarmontagesysteme에서 제조

Product	Plandach 5
Producer / CH supplier	Schletter Solarmontagesysteme Heimgartenstrasse 41 D-83527 Haag
Address	Böhni Energie und Umwelt Bahnhofstrasse 43 CH-8500 Frauenfeld
Contact	Tel: +44 807 29 191 40 +41 52 723 00 40 Mail : solar@schletter.de buser@euu.ch Web: www.schettler.de www.euu.ch

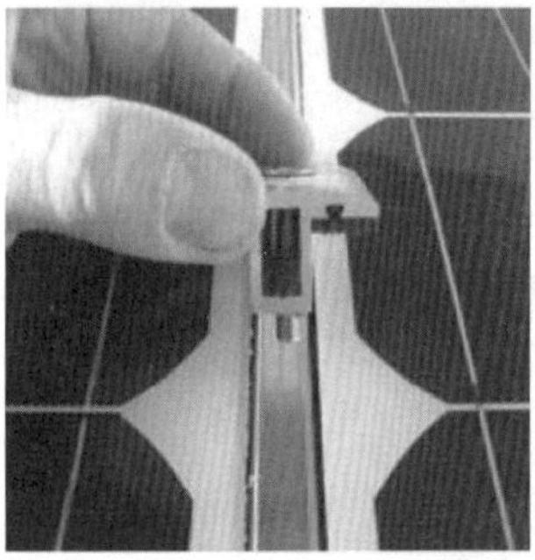

Fixing element

Panel connecting section

Connection detail

제3장

우리나라의 BIPV 발전잠재량과 보급 촉진방안

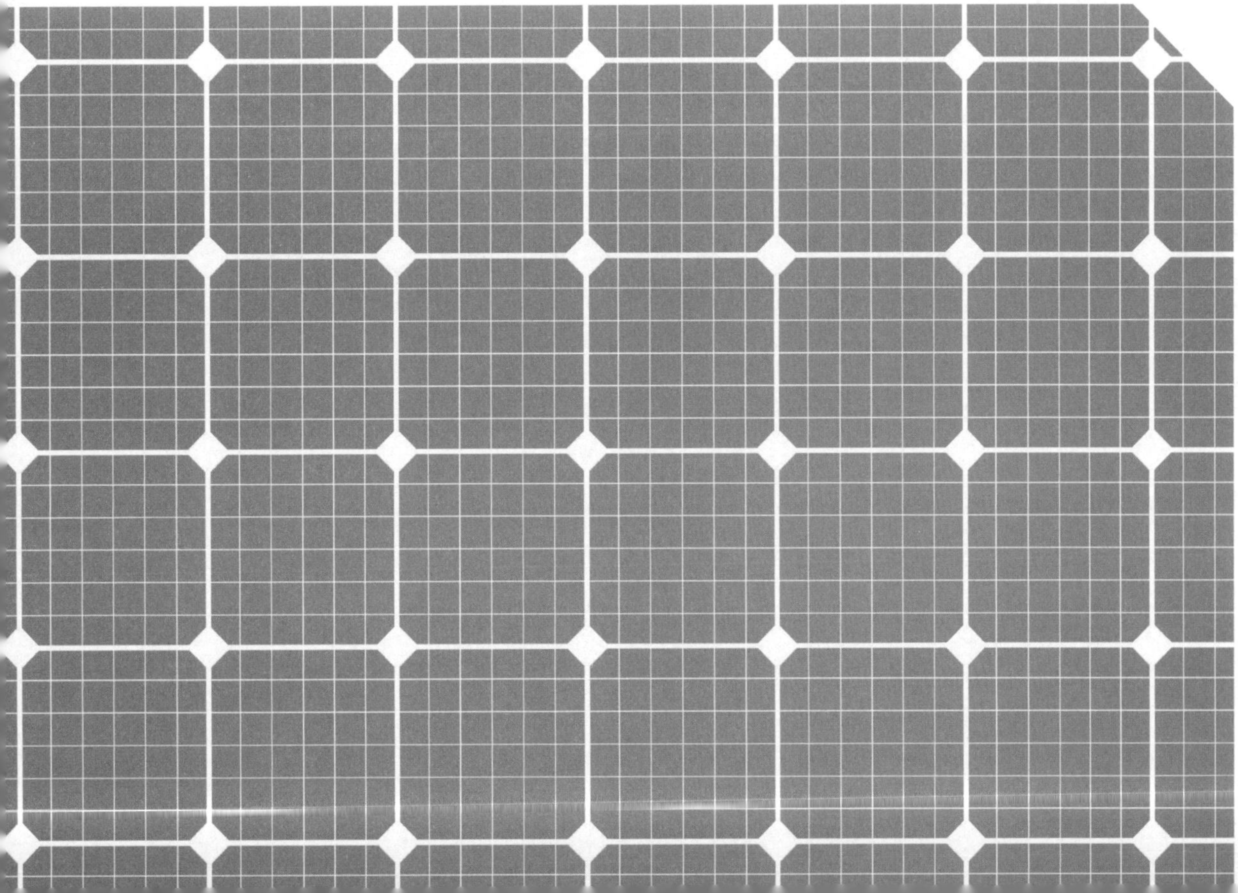

제3장

우리나라의 BIPV 발전잠재량과 보급 촉진방안

본 장에서는 향후 BIPV에 대한 발전잠재량에 대하여 분석하고 향후 보급 촉진방안에 대하여 기술하고자 한다. BIPV는 적용 대상이 건물로서 기존건물이 대부분이나 향후 건축될 것으로 예상되는 신축건물에 대한 수요도 감안해야 하기 때문에 건물에 대한 통계자료가 뒷받침이 되어야 정확한 예측이 가능하다. BIPV의 발전잠재량에 대한 분석은 2010년 주거용 건물의 지붕만을 대상으로 유럽, 미국, 일본에 대해서 시도되었는데[1] 지붕에 설치가능한 총면적이 [표 3-1]에서 보는 바와 같이 지붕만을 이용하더라도 상당한 전력을 건물에 공급할 수 있는 잠재력이 있음을 알 수 있다.

BIPV는 건물의 외벽이나 창호 및 지붕 등으로 구성되는 외피 부분에서 태양광발전이 가능한 방향을 가진 부분을 이용하는 것이므로 건물에서 BIPV 발전잠재량을 정확하게 추산하기 위해서는 건물의 외피조건을 파악할 수 있는 통계자료를 이용해야 하지만 대부분의 국가인 경우 이러한 자료가 없기 때문에 취득 가능한 건물의 통계자료로부터 적당한 가정하에서 개략적인 추정치를 산출할 수밖에 없다. 현재 우리나라의 경우 건물외피면적을 추산할 수 있는 통계자료가 부족하기 때문에 이 책에서는 일본에서 연구했던 자료를 소개한 후 일본과 우리나라의 인구, 국민총생산 등에 대한 비교치를 이용하여 우리나라의 BIPV 잠재량을 추정하기로 하며 최근 한국에너지기술연구원에서 서울 및 대전지역의 건물을 대상으로 추정한 도시건물의 태양에너지 이용 가능 잠재량 산출 연구와 그 이용법을 소개하기로 한다.

---

1 Mario et al, "BIPV : merging the photovoltaic with the construction industry", Progress in Photovoltaics : Research and Applications Prog. Photovoltaic : Res. Appl. 2010, Vol. 18, pp. 61-72.

표 3-1 지붕을 이용한 BIPV 발전잠재량 추정치

활용 가능 지붕면적					
	활용 가능한 태양광설치 면적 (km^2)	설치 가능한 태양광발전용량 (GW)	태양광발전 예측치 (TWh/year)	주택의 전기 소비량 2006년 (TWh/year)	태양광발전 의존율(%)
유럽 (75%; 독일, 프랑스, 영국, 이탈리아, 스페인)	3,723	465.4 ($8m^2$/KWp)	511.9	859	59
		161.9 ($23m^2$/KWp)	178.1		20
미국	4,563	570.4 ($8m^2$/KWp)	570.4	1,351	43
		198.4 ($23m^2$/KWp)	198.4		14
일본	1,050	131.3 ($8m^2$/KWp)	118.1	229	51
		45.7 ($23m^2$/KWp)	41.1		18

제1절 일본의 BIPV 도입 잠재량

최근 몇년 동안 일본의 건축에서 ZEB(Zero Energy Building)를 위한 조치가 제시되었으며 다른 나라에서도 ZEB에 대한 조치가 진행되고 있다. 일본에서는 2020년 신축 공공건축물 등에서 2030년 신축건축물 평균으로 ZEB 실현을 목표로 하고 있다. ZEB는 [그림 3-1]과 같이 정의할 수 있는데 ZEB 실현을 위해서는 에너지소비량을 최대한 줄이면서 재생에너지를 적극적으로 활용하는 것이 관건이다.

현재까지 건축물 소비에너지 절감 노력은 광범위하게 진행되어 왔지만, 건축물의 재생에너지에 대한 도전은 부족한 것으로서 도시의 건축외피를 보면 이해할 수 있다. 건물 대상 태양광발전은 건물외피 부착형 태양광발전인 BAPV(Building Attached Photovoltaics)와 건물일체형 태양광발전인 BIPV(Building Integrated Photovoltaics)가 있는데 BAPV를 적용하기 시작한 것은 오래되지만 BIPV는 BAPV보다 늦게 적용되기 시작되었는데 BIPV가 BAPV에 비해서 훨씬 더 많은 면적에 태양광 패널을 설치할 수 있으며 건물의 미관을 해치지 않는다는 장점이 있기 때문에 향후에는 BIPV가 대세를 이룰 것으로 판단된다.

제1절에서는 2016년 일본 태양광발전기술연구조합에서 NEDO(일본신에너지산업기술종합개발기구)의 연구과제로[2] 수행되었던 '고성능, 고신뢰성 태양광발전의 발전가격 저감기술 개발동향조사 등 BIPV(建材一体型太陽光発電에 관한 검토'에서 제시되었던 BIPV 발전잠재량 산출방법과 그 결과에 대하여 소개하기로 한다.

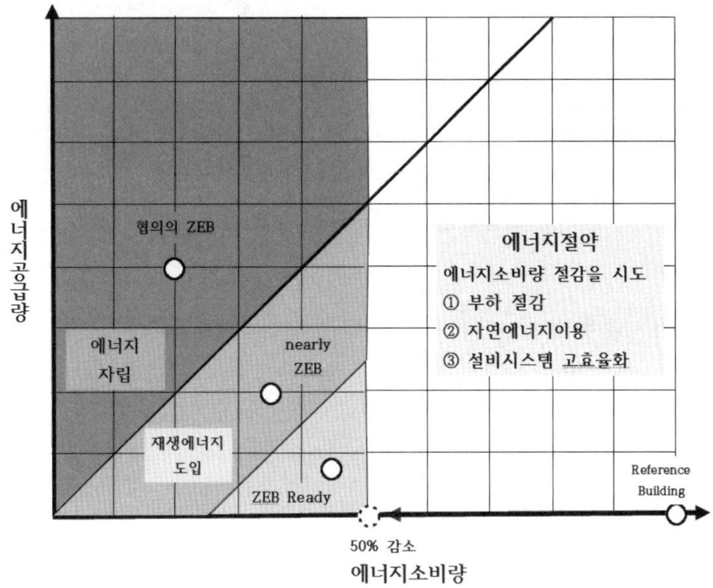

그림 3-1 일본에서의 ZEB의 개념과 정의

1. BIPV 도입잠재량 산출방법

가. BIPV의 정의

BIPV는 건축물에 건물외피를 대체하는 개념으로 설치된 태양광발전 시스템(그림 3-2 참조)이며 BIPV와 BAPV로 분류된다. 이 중 건물 파사드나 외피에 있어서 건축의 성능 라인과 공유할 수 있도록 한 결과를 가진 것을 협의의 BIPV라 하며 건축의 성능에 의존하지 않는 것을 BAPV라고 부른지만 광의의 의미에서는 둘 다 모두 BIPV로 정의하며 건물 파사드 및 건물외피에 설치가능한 잠재량을 산출하기로 한다.

---

2 太陽光発電技術研究組合, "高性能·高信頼性太陽光発電の発電コスト低減技術開発動向調査 等 BIPV(建材一体型太陽光発電)に関する検討", 国立研究開発法人新エネルギー·産業技術総合開発機構 2016년 성과보고서, 2016. 9.

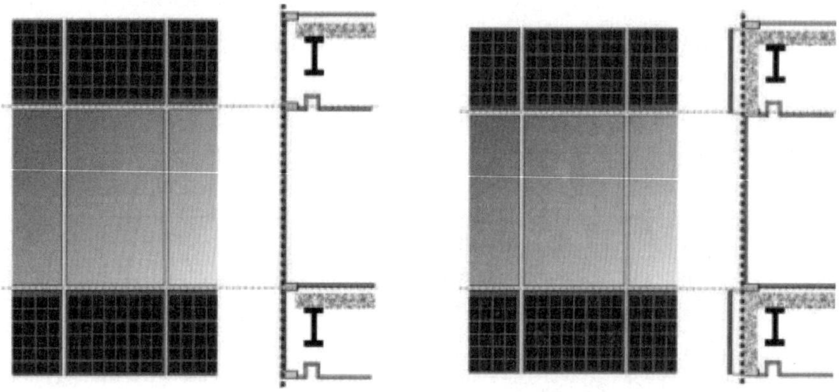

그림 3-2 광의의 BIPV 개념과 정의

나. 신축건물에서의 산출방법

BIPV 도입잠재량 산출방법은 신축건물과 기존건물로 구분되는데 신축건물에 대한 산출방법은 다음과 같다.

1) 산정순서

신축건물에 대한 산출순서는 [표 3-2]와 같다.

표 3-2 산출순서

항목	산정방법
1. 요소추출, 규정 정리	통계자료에서 용도, 건물구조, 형식, 층수, 건물연면적을 추출
2. 지붕과 각 층의 면적	건물연면적, 건물동수, 건물층수로부터 1층당 면적을 산정
3. 외벽면적	층고를 규정, 바닥면적으로부터 한 변의 길이를 결정하고 외벽 면적을 산정
4. 향후 착공면적예측	신축 공공건물과 기타 신축건물 등 향후 예측치를 과거 자료로부터 산정
5. 용도규정과 비율	건물의 사용 용도를 정하고 각 용도별 비율을 산정
6. 도입가능잠재량	향후 착공면적을 예측하고 BIPV 설치가능 외벽 면적을 건물의 용도별 비율에 따라 산정
7. ZEB에 대한 태양광발전기여율	BIPV 설치가능면적과 바닥면적으로부터 발전·소비원단위에 의해 산정

2) 산정 시 사용 자료

2020년 신축 공공건축(이하 신축 공공)의 착공 세대 수와 연면적 예측은 2011~2015년 기간 중 일본 국토교통부 건축착공 통계조사자료에서 건물용도별, 구조별, 층수별 신축착공자료가 사용되었고 이 기간 중의 평균변화율을 사용하여 2020년의 신축 착공 동수가 예측되었다. 신축 공공에 있어서의 착공수는 예년 큰 변동이 적기 때문에 과거 5년간 평균치로 예측 가능하다.

3) BIPV 대상 건물의 구조

BIPV를 설치할 수 있는 건물의 구조 형태는 목조건물과 하중부하가 낮은 콘크리트블록조 건물은 제외되었고 철골조(S), 철근콘크리트조(RC조), 철근콘크리트조(SRC조)의 세 가지 유형이 채택되었다.

4) BIPV 대상 건물의 용도

사무소건물, 점포, 공장 작업장, 창고, 학교 등 교육용 건물, 병원과 요양원, 주택, 기타 건물 등 8개로 분류되었다.

5) BIPV 잠재발전량산정 용도에 대한 분류

일본이 2014년 에너지기본법에서 설정한 ZEB 달성을 위한 목표체계에 따라 2020년과 2030년에 있어서 각각 공공건물과 민간건물로 구분하여 산정되었다. 사무소건물, 점포, 공장 작업장, 창고, 학교 등 교육용 건물, 병원과 요양원, 주택, 기타 건물 등 8개로 분류되었다.

6) 2020년 건물의 연바닥면적 예측

전술한 바와 같이 2011년부터 2015년까지 착공된 건축착공통계조사자료를 활용하여 예측되었다.

7) 기타 산정을 위해 검토한 사항

이상에서 기술한 자료 이외에도 다음과 같은 사항이 검토되었다.

- 건물의 층수에 대해서는 1, 2, 3, 4–5, 6–9, 10–15, 16–20, 21–30, 30층 이상의 9개로 분류되었다.
- 건물 1동당 평균 면적 및 한 개 층의 평균면적은 건축착공통계자료에 있는 총 건물동수 및 총 바닥연면적 등의 자료를 활용하여 산출하여 사용되었다.
- 건물 한 변의 길이에 대해서는 건물의 형태를 정사각형 평면이라고 가정한 후 산출하여 사용되었다.
- 층고와 지붕면적에 대해서는 층고는 4m로 일률적으로 하였고 지붕면적은 각 층의 면적이 같다고 가정하여 산출된 값이 채택되었다.
- BIPV 설치면적의 비율은 층고를 4m로 보고 건물평면의 한 변에 설치면적의 비율을 100%(H＝4m), 75%(H＝3m), 50%(H＝2m), 25%(H＝1m)의 4종류로 분류하여 적용되는 것으로 하였다.
- BIPV 설치가능 영역은 지붕만 설치하는 경우, 지붕＋1개 외벽, 지붕＋2개 외벽, 지붕＋3개 외벽, 지붕＋4개 외벽의 5개 종류로 분류되었다.
- 건물용도별 바닥의 연면적 비율은 일본건설착공통계조사집에 있는 건물용도별 연면적에 대해 2011년부터 2015년 5년분의 자료를 용도별로 합산 평균하고 그 결과를 전술한 5항에서 분류한 건물용도별 비율을 감안하여 산출되었다.
- 태양광발전 원단위는 일본자원에너지청이 배포하고 있는 발전량 시뮬레이터에 의해 산출한다. 태양광발전량 산출에 있어서는 설치지역에 의존하지만, 여기서는 대표로 도쿄(오테초)의 수치를 채택하였고, BIPV가 설치되는 부위는 지붕면(남쪽)에서 태양광발전 모듈의 발전 능력은 단결정 실리콘의 평균값인 6.96m^2/KW(143.6W/m^2)을 채택하였으며, 이는 지붕(θ＝10°), 남측 수직면(θ＝90°), 동서측 수직면(θ＝90°), 북측 수직면(θ＝90°)의 조건으로 사용하였다. 각 부위의 발전량 원단위는 JIS C 8907에 기반하는데 월별 종합설계계수 K 산출은 JIS 권장값으로 K′를 산출한 후 설치 형태, 설치지역 평균기온에 따른 온도보정을 다음과 같은 방법으로 산출되었다.

$$K' = KHD \times KPD \times KPM \times KPA \times INO = 0.97 \times 0.95 \times 0.94 \times 0.97 \times 0.90$$

- 발전 위치별 발전량 원단위는 연간 단위면적당 발전량인데 요약하면 [표 3-3]과 같다.

표 3-3 건물 부위별 BIPV 발전량 원단위

	지붕면(남 10°)	남측 수직면	동서측 수직면	북측 수직면
연간 단위면적당 태양광발전량 (kWh/m²)	127.9	91.3	69.6	39.6

• BIPV 태양광발전에 의한 에너지공급량은 태양광발전 원단위에 면적을 곱한 후 인버터 등의 손실률을 감안하여 이 값의 90%로 산출하게 되었다.

• 건물용도별 에너지소비원단위는 기존의 연구자료에 의해 [표 3-4]와 같이 설정되었다.

표 3-4 건물용도별 에너지소비 원단위

	사무소	점포	공장	창고	학교	병원	기타	주택
에너지 원단위 (Mj/m²)	1450	2150	1810	1800	1400	2950	1700	1750

• 해당 건물의 에너지소비량은 [표 3-4]의 에너지 원단위에 건물연면적을 곱하여 구한다.

다. 기존건물에서의 산출방법

기존건물에 대한 BIPV 도입잠재량 산출은 신축건물과 같이 건설 관련 통계자료를 이용하되 신축건물과는 다른 특색이 감안되었다.

1) 산정순서

기존건물에 대한 산출순서는 신축건물과 같이 기존건물의 총연면적과 층수, 용도, 층고 등 기본적인 통계자료를 가공하여 사용하며 일본이 2014년 에너지기본법에서 설정한 ZEB 달성을 위한 목표체계에 따라 2020년과 2030년에 있어서 BIPV 설치가능면적을 추산하여 추정하는 방식이 채택되었다.

2) 대상건물의 분류체계 등 대상 건물의 범위와 방법

사무소건물, 점포, 공장 작업장, 창고, 학교 등 교육용 건물, 병원과 요양원, 주택, 기타 건물 등 8개로 분류하였다. BIPV를 설치할 수 있는 건물의 구조 형태는 목조건물과 하중부하가 낮은 콘크리트블록조 건물은 제외하였고 철골조(S), 철근콘크리트조(RC조), 철근콘크리트조(SRC조)의 세 가지 유형으로 채택하였고 대상건물용도 등 다른 사항이나 방법도 신축건물과 비슷하게 생각할 수 있으며 내용이 중복되므로 생략하기로 한다.

2. BIPV 도입잠재량 산정 결과

가. 신축건물 BIPV 도입잠재량

각 설정 조건에 따른 BIPV의 설치가능면적 및 ZEB에 대한 PV 기여도의 결과는 [표 3-5]와 [표 3-6]에 나타내었다. PV 기여율은 PV의 발전 에너지를 건물의 1차 에너지소비량에서 차지하는 비율이다. 즉 소비 에너지가 BIPV의 발전기에 의해 상쇄되는 비율을 나타낸다.

총바닥면적에 대한 BIPV의 설치가능면적 비율은 총바닥면적의 10% 후반부터 많게는 100%를 넘는 것도 있다. 한편 지붕면과 외벽면에서의 발전효율은 지붕면이 수직면에 비해 30~100% 정도 효율이 높다는 결과를 얻었다. 그 결과는 이하에서 나타내었다. 여기에서 괄호 안의 설치가능면적에 대한 정격출력은 시뮬레이션에서 사용한 143.6W/m^{2}를 발전효율 14%로 간주하여 계산한 값이다.

1) 2020년의 신축 공공건물

공공건물에 있어서 BIPV 도입잠재량은 [표 3-5]에서 보는 바와 같이 2020년에 연간 25만~138만m^2(35~200MW)이다. 建築物의 에너지절약화가 추진되어 에너지소비량이 50% 줄어들게 되면(ZEBReady) 건물용도에 따라 제로에너지건물도 증가할 가능성이 있다. 2030년의 예측결과는 별도로 설명하기로 한다.

2) 2020년의 신축건물 전체

전체 신축건물에 있어서 BIPV 도입잠재량은 [표 3-6]에서 보는 바와 같이 2020년 연간 1120만~7600만m^2(1.6~10.9GW)이지만 모든 건물이 ZEB를 목표로 하는 것이 아니라는 것을 감안할 때 실제 잠재량은 이 값보다 적게 산출된다고 생각된다. 다만 2030년에는 신축 평균으로 ZEB를 목표로 하는 것으로 되어 있기 때문에 신축의 평균을 반이 된다고 해석하면

BIPV 도입잠재량은 앞으로 크게 증가할 것으로 예측된다. 2030년의 예측에 대해서는 별도로 설명하겠다.

나. 기존건물의 BIPV 도입잠재량 산정 결과

1) 2020년과 2030년의 기존 공공건물

기존건물은 [표 3-7]과 [표 3-8]에 나타낸 바와 같이 신축건물에 비하면 총 바닥면적이 20배 이상이다. 신축건물과 같이 ZEB를 목표로 한다면 BIPV가 필수적이기 때문에 기존공공건물에 있어서 BIPV의 도입잠재량은 2020년 시점에서 연간 564만~3064만m^2(0.8~4.4GW)로 추정된다.

한편 2030년 시점에서는 440만~2347만m^2(0.6~3.5GW)로 예측되는데 2020년 시점보다는 약 25% 감소할 것으로 예상되었다.

2) 2020년과 2030년의 기존건물 전체

기존건물 전체에 있어서 BIPV 도입잠재량은 [표 3-9]와 [표 3-10]에서 보는 바와 같이 2020년 시점에서 2.3억m^2~15.8억m^2(33~221GW), 2030년 시점에서는 1.5억m^2~10.6억m^2(22~149GW)로 예상되며 잠재적 수요의 크기를 짐작할 수 있다. 또한 2030년은 2020년에 비해 약 33% 감소한다고 예측되지만 전체 건물은 민간건물의 비율이 크기 때문에 정부방침 등의 영향으로 2020년에 비해 2030년 시점에서 ZEB를 지향하는 BIPV의 설치 분위기가 높아질 것으로 예상된다.

표 3-5 2020년 일본의 공공신축건물의 BIPV 설치가능면적과 ZEB 달성을 위한 태양광발전 기여율

신축 공공건물		공공건물 바닥연면적(m^2)			에너지소비량(MWh/a)	
		1,182,156			476,146	
BIPV 지붕설치비율 50%		외벽 0%	외벽 100% (4m)	외벽 75% (3m)	외벽 50% (2m)	외벽 25% (1m)
지붕만 설치	설치가능면적(m^2)	255,318				
	BIPV 면적(%)	21.6				
	발전용량(MWh/a)	79,646				
	PV 기여율(%)	16.7				
지붕+ 외벽1면 남향	설치가능면적(m^2)		474,465	419,678	364,891	310,105
	BIPV 면적(%)		40.1	35.5	30.9	26.2
	발전용량(MWh/a)		128,446	116,246	104,046	91,846
	PV 기여율(%)		27.0	24.4	21.9	19.3
지붕+ 외벽2면 남동향	설치가능면적(m^2)		693,613	584,039	474,465	364,891
	BIPV 면적(%)		58.7	49.4	40.1	30.9
	발전용량(MWh/a)		165,647	144,147	122,646	101,146
	PV 기여율(%)		34.8	30.3	25.8	21.2
지붕+ 외벽3면 남동서	설치가능면적(m^2)		912,760	748,399	584,039	419,678
	BIPV 면적(%)		77.2	63.3	49.4	35.5
	발전용량(MWh/a)		202,848	172,048	141,247	110,446
	PV 기여율(%)		42.6	36.1	29.7	23.2
지붕+ 외벽4면 동서남북	설치가능면적(m^2)		1,131,907	912,760	693,613	474,465
	BIPV 면적(%)		95.7	77.2	58.7	40.1
	발전용량(MWh/a)		223,993	187,906	151,820	115,733
	PV 기여율(%)		47.0	39.5	31.9	24.3

BIPV 지붕설치비율 100%		외벽 0%	외벽 100% (4m)	외벽 75% (3m)	외벽 50% (2m)	외벽 25% (1m)
지붕만 설치	설치가능면적(m^2)	510,636				
	BIPV 면적(%)	43.2				
	발전용량(MWh/a)	159,292				
	PV 기여율(%)	33.5				
지붕+ 외벽1면 남향	설치가능면적(m^2)		729,783	674,996	620,209	565,422
	BIPV 면적(%)		61.7	57.1	52.5	47.8
	발전용량(MWh/a)		208,092	195,892	183,692	171,492
	PV 기여율(%)		43.7	41.1	38.6	36.0
지붕+ 외벽2면 남동향	설치가능면적(m^2)		848,930	839,357	729,783	620,209
	BIPV 면적(%)		80.3	71.0	61.7	52.5
	발전용량(MWh/a)		245,293	223,793	202,292	180,792
	PV 기여율(%)		51.5	47.0	42.5	38.0
지붕+ 외벽3면 남동서	설치가능면적(m^2)		1,168,078	1,003,717	839,357	674,996
	BIPV 면적(%)		98.8	84.9	71.0	57.1
	발전용량(MWh/a)		282,494	251,694	220,893	190,092
	PV 기여율(%)		59.3	52.9	46.4	39.9
지붕+ 외벽4면 동서남북	설치가능면적(m^2)		1,387,225	1,168,078	948,930	729,783
	BIPV 면적(%)		117.3	98.8	80.3	61.7
	발전용량(MWh/a)		303,639	267,552	231,465	195,379
	PV 기여율(%)		63.8	56.2	48.6	41.0

표 3-6 2020년 일본의 신축건물 전체(공공+민간)의 BIPV 설치가능면적과 ZEB 달성을 위한 태양광발전 기여율

신축 공공건물		공공건물 바닥연면적(m²)			에너지소비량(MWh/a)	
		60,486,530			30,243,265	
BIPV 지붕설치비율 50%		외벽 0%	외벽 100% (4m)	외벽 75% (3m)	외벽 50% (2m)	외벽 25% (1m)
지붕만 설치	설치가능면적(m²)	11,241,667				
	BIPV 면적(%)	18.6				
	발전용량(MWh/a)	3,506,817				
	PV 기여율(%)	11.6				
지붕+ 외벽1면 남향	설치가능면적(m²)		24,730,446	21,358,251	17,986,057	14,613,862
	BIPV 면적(%)		40.9	35.3	29.7	24.2
	발전용량(MWh/a)		6,510,507	5,759,585	5,008,662	4,257,739
	PV 기여율(%)		21.5	19.0	16.6	14.1
지붕+ 외벽2면 남동향	설치가능면적(m²)		38,219,225	31,474,836	24,730,446	17,986,057
	BIPV 면적(%)		63.2	52.0	40.9	29.7
	발전용량(MWh/a)		8,800,287	7,476,919	6,153,552	4,830,184
	PV 기여율(%)		29.1	24.7	20.3	16.0
지붕+ 외벽3면 남동서	설치가능면적(m²)		51,708,005	41,591,420	31,474,836	21,358,251
	BIPV 면적(%)		85.5	68.8	52.0	35.3
	발전용량(MWh/a)		11,090,067	9,194,254	7,298,442	5,402,629
	PV 기여율(%)		36.7	30.4	24.1	17.9
지붕+ 외벽4면 동서남북	설치가능면적(m²)		65,196,784	51,708,005	38,219,225	24,730,446
	BIPV 면적(%)		107.8	85.5	63.2	40.9
	발전용량(MWh/a)		12,391,556	10,170,371	7,949,187	5,728,002
	PV 기여율(%)		41.0	33.6	26.3	18.9

BIPV 지붕설치비율 100%		외벽 0%	외벽 100% (4m)	외벽 75% (3m)	외벽 50% (2m)	외벽 25% (1m)
지붕만 설치	설치가능면적(m²)	22,483,334				
	BIPV 면적(%)	37.2				
	발전용량(MWh/a)	7,013,633				
	PV 기여율(%)	23.2				
지붕+ 외벽1면 남향	설치가능면적(m²)		35,972,113	32,599,918	29,227,724	25,855,529
	BIPV 면적(%)		59.5	53.9	48.3	42.7
	발전용량(MWh/a)		10,017,324	9,266,401	8,515,479	7,764,556
	PV 기여율(%)		33.1	30.6	28.2	25.7
지붕+ 외벽2면 남동향	설치가능면적(m²)		49,460,892	42,716,503	35,972,113	29,227,724
	BIPV 면적(%)		81.8	70.6	59.5	48.3
	발전용량(MWh/a)		12,307,104	10,983,736	9,660,369	8,337,001
	PV 기여율(%)		40.7	36.3	31.9	27.6
지붕+ 외벽3면 남동서	설치가능면적(m²)		62,949,672	52,833,087	42,716,503	32,599,918
	BIPV 면적(%)		104.1	87.3	70.6	53.9
	발전용량(MWh/a)		14,596,883	12,701,071	10,805,258	8,909,446
	PV 기여율(%)		48.3	42.0	35.7	29.5
지붕+ 외벽4면 동서남북	설치가능면적(m²)		76,438,451	62,949,672	49,460,892	35,972,113
	BIPV 면적(%)		126.4	104.1	81.8	59.5
	발전용량(MWh/a)		15,898,373	13,677,188	11,456,003	9,234,818
	PV 기여율(%)		52.6	45.2	37.9	30.5

표 3-7 2020년 일본의 공공 기존건물의 BIPV 설치가능면적과 ZEB 달성을 위한 태양광발전 기여율

기존 공공건물		공공건물 바닥연면적(m²)			에너지소비량(MWh/a)	
		26,110,863			10,516,875	
BIPV 지붕설치비율 50%		외벽 0%	외벽 100% (4m)	외벽 75% (3m)	외벽 50% (2m)	외벽 25% (1m)
지붕만 설치	설치가능면적(m²)	5,639,331				
	BIPV 면적(%)	21.6				
	발전용량(MWh/a)	1,759,179				
	PV 기여율(%)	16.7				
지붕+ 외벽1면 남향	설치가능면적(m²)		10,479,749	9,269,644	8,059,540	6,849,435
	BIPV 면적(%)		40.1	35.5	30.9	26.2
	발전용량(MWh/a)		2,837,046	2,567,579	2,298,112	2,028,645
	PV 기여율(%)		27.0	24.4	21.9	19.3
지붕+ 외벽2면 남동향	설치가능면적(m²)		15,320,167	12,899,958	10,479,749	8,059,540
	BIPV 면적(%)		58.7	49.4	40.1	30.9
	발전용량(MWh/a)		3,658,729	3,183,841	2,708,954	2,234,066
	PV 기여율(%)		34.8	30.3	25.8	21.2
지붕+ 외벽3면 남동서	설치가능면적(m²)		20,160,585	16,530,272	12,899,958	9,269,644
	BIPV 면적(%)		77.2	63.3	49.4	35.5
	발전용량(MWh/a)		4,480,411	3,800,103	3,119,795	2,439,487
	PV 기여율(%)		42.6	36.1	29.7	23.2
지붕+ 외벽4면 동서남북	설치가능면적(m²)		25,001,003	20,160,585	15,320,167	10,479,749
	BIPV 면적(%)		95.7	77.2	58.7	40.1
	발전용량(MWh/a)		4,947,447	4,150,380	3,353,313	2,556,246
	PV 기여율(%)		47.0	39.5	31.9	24.3
BIPV 지붕설치비율 100%		외벽 0%	외벽 100% (4m)	외벽 75% (3m)	외벽 50% (2m)	외벽 25% (1m)
지붕만 설치	설치가능면적(m²)	11,278,662				
	BIPV 면적(%)	43.2				
	발전용량(MWh/a)	3,518,357				
	PV 기여율(%)	33.5				
지붕+ 외벽1면 남향	설치가능면적(m²)		16,119,080	14,908,975	13,698,871	12,488,766
	BIPV 면적(%)		61.7	57.1	52.5	47.8
	발전용량(MWh/a)		4,596,225	4,326,758	4,057,291	3,787,824
	PV 기여율(%)		43.7	41.1	38.6	36.0
지붕+ 외벽2면 남동향	설치가능면적(m²)		20,959,498	18,539,289	16,119,080	13,698,871
	BIPV 면적(%)		80.3	71.0	61.7	52.5
	발전용량(MWh/a)		5,417,907	4,943,020	4,468,132	3,993,245
	PV 기여율(%)		51.5	47.0	42.5	38.0
지붕+ 외벽3면 남동서	설치가능면적(m²)		25,799,916	22,169,603	18,539,289	14,908,975
	BIPV 면적(%)		98.8	84.9	71.0	57.1
	발전용량(MWh/a)		6,239,589	5,559,281	4,878,973	4,198,665
	PV 기여율(%)		59.3	52.9	46.4	39.9
지붕+ 외벽4면 동서남북	설치가능면적(m²)		30,640,334	25,799,916	20,959,498	16,119,080
	BIPV 면적(%)		117.3	98.8	80.3	61.7
	발전용량(MWh/a)		6,706,626	5,909,559	5,112,492	4,315,424
	PV 기여율(%)		63.8	56.2	48.6	41.0

표 3-8 2030년 일본의 공공 기존건물의 BIPV 설치가능면적과 ZEB 달성을 위한 태양광발전 기여율

기존 공공건물		공공건물 바닥연면적(m^2)			에너지소비량(MWh/a)	
		20,003,079			10,001,539	
BIPV 지붕설치비율 50%		외벽 0%	외벽 100% (4m)	외벽 75% (3m)	외벽 50% (2m)	외벽 25% (1m)
지붕만 설치	설치가능면적(m^2)	4,320,193				
	BIPV 면적(%)	21.6				
	발전용량(MWh/a)	1,347,676				
	PV 기여율(%)	13.5				
지붕+ 외벽1면 남향	설치가능면적(m^2)		8,028,354	7,101,314	6,174,274	5,247,234
	BIPV 면적(%)		40.1	35.5	30.9	26.2
	발전용량(MWh/a)		2,291,168	2,084,734	1,878,300	1,671,866
	PV 기여율(%)		22.9	20.8	18.8	16.7
지붕+ 외벽2면 남, 동	설치가능면적(m^2)		11,736,514	9,882,434	8,028,354	6,174,274
	BIPV 면적(%)		58.7	49.4	40.1	30.9
	발전용량(MWh/a)		3,050,388	2,671,603	2,292,818	1,914,034
	PV 기여율(%)		30.5	26.7	22.9	19.1
지붕+ 외벽3면 남동서	설치가능면적(m^2)		15,444,675	12,663,554	9,882,434	7,101,314
	BIPV 면적(%)		77.2	63.3	49.4	35.5
	발전용량(MWh/a)		3,679,864	3,143,710	2,607,557	2,071,403
	PV 기여율(%)		36.8	31.4	26.1	20.7
지붕+ 외벽4면 동서남북	설치가능면적(m^2)		19,152,835	15,444,675	11,736,514	8,028,354
	BIPV 면적(%)		95.7	77.2	58.7	40.1
	발전용량(MWh/a)		4,383,176	3,695,357	3,007,538	2,319,718
	PV 기여율(%)		43.8	36.9	30.1	23.2

BIPV 지붕설치비율 100%		외벽 0%	외벽 100% (4m)	외벽 75% (3m)	외벽 50% (2m)	외벽 25% (1m)
지붕만 설치	설치가능면적(m^2)	8,640,387				
	BIPV 면적(%)	43.2				
	발전용량(MWh/a)	2,695,352				
	PV 기여율(%)	26.9				
지붕+ 외벽1면 남향	설치가능면적(m^2)		12,348,547	11,421,507	10,494,467	9,567,427
	BIPV 면적(%)		61.7	51.7	52.5	47.8
	발전용량(MWh/a)		3,253,192	3,046,758	2,840,324	2,633,890
	PV 기여율(%)		32.5	30.5	28.4	26.3
지붕+ 외벽2면 남, 동	설치가능면적(m^2)		16,056,708	14,202,627	12,348,547	10,494,467
	BIPV 면적(%)		80.3	71.0	61.7	52.5
	발전용량(MWh/a)		3,783,760	3,404,975	3,026,190	2,647,406
	PV 기여율(%)		37.8	34.0	30.3	26.5
지붕+ 외벽3면 남동서	설치가능면적(m^2)		19,764,868	16,983,748	14,202,627	11,421,507
	BIPV 면적(%)		98.8	84.9	71.0	57.1
	발전용량(MWh/a)		4,413,236	3,877,082	3,340,929	2,804,775
	PV 기여율(%)		44.1	38.8	33.4	28.0
지붕+ 외벽4면 동서남북	설치가능면적(m^2)		23,473,028	19,764,868	16,056,708	12,348,547
	BIPV 면적(%)		117.3	98.8	80.3	61.7
	발전용량(MWh/a)		4,800,018	4,111,199	3,424,379	2,736,560
	PV 기여율(%)		48.0	41.1	34.2	27.4

표 3-9 2020년 일본의 전체 기존건물의 BIPV 설치가능면적과 ZEB 달성을 위한 태양광발전 기여율

기존 공공건물		공공건물 바닥연면적(m²)			에너지소비량(MWh/a)	
		1,249,868,636			624,934,318	
BIPV 지붕설치비율 50%		외벽 0%	외벽 100% (4m)	외벽 75% (3m)	외벽 50% (2m)	외벽 25% (1m)
지붕만 설치	설치가능면적(m²)	232,292,855				
	BIPV 면적(%)	18.6				
	발전용량(MWh/a)	72,463,315				
	PV 기여율(%)	11.6				
지붕+ 외벽1면 남향	설치가능면적(m²)		511,019,046	441,337,498	371,655,951	301,974,403
	BIPV 면적(%)		40.9	35.3	29.7	29.7
	발전용량(MWh/a)		134,530,258	119,013,522	103,496,786	87,980,051
	PV 기여율(%)		21.5	19.0	16.6	14.1
지붕+ 외벽2면 남, 동	설치가능면적(m²)		789,745,237	650,382,414	511,019,046	371,655,951
	BIPV 면적(%)		63.2	52.0	40.9	29.7
	발전용량(MWh/a)		181,845,255	154,499,770	127,154,285	99,808,800
	PV 기여율(%)		29.1	24.7	20.4	16.0
지붕+ 외벽3면 남동서	설치가능면적(m²)		1,068,471,427	859,426,784	650,382,141	441,337,498
	BIPV 면적(%)		85.5	68.8	52.0	35.3
	발전용량(MWh/a)		229,160,253	189,986,018	150,811,784	111,637,549
	PV 기여율(%)		36.7	30.4	24.1	17.9
지붕+ 외벽4면 동서남북	설치가능면적(m²)		1,347,197,618	1,068,471,427	789,745,237	511,019,046
	BIPV 면적(%)		107.8	85.5	63.2	40.9
	발전용량(MWh/a)		256,053,662	210,156,075	164,258,488	118,360,902
	PV 기여율(%)		41.0	33.6	26.3	18.9
BIPV 지붕설치비율 100%		외벽 0%	외벽 100% (4m)	외벽 75% (3m)	외벽 50% (2m)	외벽 25% (1m)
지붕만 설치	설치가능면적(m²)	464,585,711				
	BIPV 면적(%)	37.2				
	발전용량(MWh/a)	144,926,630				
	PV 기여율(%)	23.2				
지붕+ 외벽1면 남향	설치가능면적(m²)		743,311,901	673,630,354	603,948,806	534,267,258
	BIPV 면적(%)		59.5	53.9	48.3	42.7
	발전용량(MWh/a)		206,993,573	191,476,837	175,960,101	160,443,366
	PV 기여율(%)		33.1	30.6	28.2	25.7
지붕+ 외벽2면 남, 동	설치가능면적(m²)		1,022,038,092	882,674,997	743,311,901	603,948,806
	BIPV 면적(%)		81.8	70.6	59.5	48.3
	발전용량(MWh/a)		254,308,570	226,963,085	199,617,600	172,272,115
	PV 기여율(%)		40.7	36.3	31.9	27.6
지붕+ 외벽3면 남동서	설치가능면적(m²)		1,300,764,283	1,091,719,640	882,674,997	673,630,354
	BIPV 면적(%)		104.1	87.3	70.6	53.9
	발전용량(MWh/a)		301,623,567	262,449,333	223,275,099	184,100,864
	PV 기여율(%)		48.3	42.0	35.7	29.5
지붕+ 외벽4면 동서남북	설치가능면적(m²)		1,579,490,473	1,300,764,283	1,022,038,092	743,311,901
	BIPV 면적(%)		126.4	104.1	81.8	59.5
	발전용량(MWh/a)		328,516,977	282,619,390	236,721,803	190,824,217
	PV 기여율(%)		52.6	45.2	37.9	30.5

표 3-10 2030년 일본의 전체 기존건물의 BIPV 설치가능면적과 ZEB 달성을 위한 태양광발전 기여율

기존 공공건물		공공건물 바닥연면적(m^2)			에너지소비량(MWh/a)	
		842,089,955			421,044,197	
BIPV 지붕설치비율 50%		외벽 0%	외벽 100% (4m)	외벽 75% (3m)	외벽 50% (2m)	외벽 25% (1m)
지붕만 설치	설치가능면적(m^2)	156,505,546				
	BIPV 면적(%)	12.5				
	발전용량(MWh/a)	48,821,608				
	PV 기여율(%)	11.6				
지붕+ 외벽1면 남향	설치가능면적(m^2)		344,295,199	297,347,786	250,400,372	203,452,959
	BIPV 면적(%)		27.5	35.5	30.9	26.2
	발전용량(MWh/a)		97,404,075	86,949,792	76,495,509	66,041,227
	PV 기여율(%)		23.1	20.7	18.2	15.7
지붕+ 외벽2면 남, 동	설치가능면적(m^2)		532,084,852	438,190,025	344,295,199	250,400,382
	BIPV 면적(%)		42.6	35.1	27.5	20.0
	발전용량(MWh/a)		129,282,195	110,858,382	92,434,569	74,010,757
	PV 기여율(%)		30.7	26.3	22.0	17.6
지붕+ 외벽3면 남동서	설치가능면적(m^2)		719,874,504	579,032,265	438,190,025	297,347,786
	BIPV 면적(%)		57.6	46.3	35.1	23.8
	발전용량(MWh/a)		161,160,315	134,766,972	108,373,629	81,980,287
	PV 기여율(%)		38.3	32.0	25.7	19.5
지붕+ 외벽4면 동서남북	설치가능면적(m^2)		907,664,157	719,874,504	532,084,852	344,295,199
	BIPV 면적(%)		72.6	57.6	42.6	27.5
	발전용량(MWh/a)		179,279,545	148,356,395	117,433,244	86,510,094
	PV 기여율(%)		42.6	35.2	27.9	20.6

BIPV 지붕설치비율 100%		외벽 0%	외벽 100% (4m)	외벽 75% (3m)	외벽 50% (2m)	외벽 25% (1m)
지붕만 설치	설치가능면적(m^2)	313,011,092				
	BIPV 면적(%)	25.0				
	발전용량(MWh/a)	97,643,215				
	PV 기여율(%)	23.2				
지붕+ 외벽1면 남향	설치가능면적(m^2)		500,800,745	453,853,332	406,905,918	359,958,505
	BIPV 면적(%)		40.1	36.3	32.6	28.8
	발전용량(MWh/a)		139,460,347	129,006,064	118,551,781	108,097,498
	PV 기여율(%)		33.1	30.6	28.2	25.7
지붕+ 외벽2면 남, 동	설치가능면적(m^2)		688,590,398	594,695,571	500,800,745	406,905,918
	BIPV 면적(%)		55.1	47.6	40.1	32.6
	발전용량(MWh/a)		171,338,467	152,914,654	134,490,841	116,067,028
	PV 기여율(%)		40.7	36.3	31.9	27.6
지붕+ 외벽3면 남동서	설치가능면적(m^2)		876,380,050	735,537,811	594,695,571	453,853,332
	BIPV 면적(%)		70.1	58.8	47.6	36.3
	발전용량(MWh/a)		203,216,586	176,823,244	150,429,901	124,036,558
	PV 기여율(%)		48.3	42.0	35.7	29.5
지붕+ 외벽4면 동서남북	설치가능면적(m^2)		1,064,169,703	876,380,050	688,590,398	500,800,745
	BIPV 면적(%)		85.1	70.1	55.1	40.1
	발전용량(MWh/a)		221,335,817	190,412,666	159,489,516	128,566,366
	PV 기여율(%)		52.6	45.2	37.9	30.5

3. 현실적인 BIPV 도입잠재량 검토

전술한 BIPV 도입잠재량은 현실적인 건물의 조건을 고려하지 않고 가정에 의해 산출한 값이기 때문에 도입가능한 최대치에 해당한다고 볼 수 있기 때문에 실제 건물의 현실적인 조건을 고려하여 실현 가능한 잠재량을 산출하는 것이 중요하며 이를 위하여 다음과 같은 현실적인 가정을 하면서 산출하였다.

가. 설치가능면적 및 영역

외벽 전면을 100% BIPV로 시공하면 개구부로부터 시야를 방해하기 때문에 BIPV의 설치 가능면적이 최대가 되는 75%를 하나의 기준으로 설정했으며 설치 영역은 일사에 유리한 동서남 3면으로 하고 북면은 제외하였다.

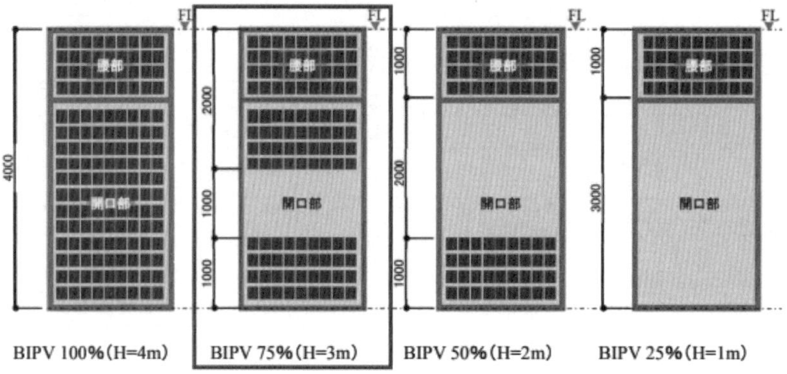

그림 3-3 BIPV 설치가능 영역 설정

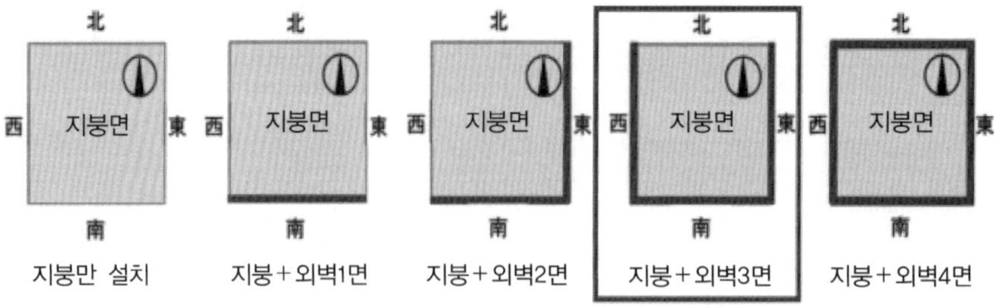

그림 3-4 BIPV 설치면의 설정

나. 산출결과

BIPV 도입잠재량 산정 결과는 [표 3-11]에서 보는 바와 같이 PV 기여율은 지붕 50% 설치 시 30.4%~36.1%로 나타났다. 또한 지붕 100% 설치한 경우의 산정 결과는 [표 3-12]와 같이 38.8%~52.9%로 나타나 PV 기여율이 향상됐다.

표 3-11 동서남 3면-지붕 50%-외벽 75% 설치 시 BIPV 도입가능잠재량

	2020년 신축 공공건물	2020년 전체 신축건물	2020년 공공 기존건물	2030년 공공 기존건물	2020년 전체 기존건물	2030년 전체 기존건물
설치가능면적(m^2)	748,399	41,591,420	16,530,272	12,663,554	859,426,784	579,032,265
BIPV / 외벽면적(%)	63.3	68.8	63.3	63.3	68.8	46.3
발전용량(GWh/a)	172.2	9,194.3	33,800.1	3,143.7	189,986.0	134,767.0
정격출력(GW)	0.11	5.97	2.37	1.82	123.41	83.15
PV 기여율(%)	36.1	30.4	36.1	31.4	30.4	32.0

표 3-12 동서남 3면-지붕 100%-외벽 75% 설치 시 BIPV 도입가능잠재량

	2020년 신축 공공건물	2020년 신축 전체건물	2020년 공공 기존건물	2030년 공공 기존건물	2020년 전체 기존건물	2030년 전체 기존건물
설치가능면적(m^2)	1,003,717	52,833,087	22,169,603	16,983,748	1,091,719,640	735,537,811
BIPV / 외벽면적(%)	84.9	87.3	84.9	84.9	87.3	58.8
발전용량(GWh/a)	251.7	12,701.1	5,559.3	3,877.1	262,449.3	176.823.2
정격출력(GW)	0.14	8.12	3.18	2.44	156.77	105.62
PV 기여율(%)	52.9	42.0	52.9	38.8	42.0	42.0

한편 건물용도별 산정 결과는 [표 3-13]과 [표 3-14]와 같은데 사무실과 학교에서는 지붕 50% 설치로 37.7%, 39.1%의 PV 기여율을 보였으며 지붕 100% 설치 시 52.1%, 54.0%로 나타났다. PV 기여도가 가장 높은 학교는 설치면적이 비목재주택의 1 / 7 정도이지만 학교 주변에는 건물이 없기 때문에 외벽 3면보다 외벽 4면에 설치할 수 있다. 설치영역을 4면, 설치면적 비율을 75%(법령에 따라 바닥면적 대비 개구면적 비율 배려)로 할 경우 PV 기여율은 지붕 설치 50%에서 43.2%, 지붕 설치 100%에서는 58.1%로 향상된다.

표 3-13 동서남 3면-지붕 50%-외벽 75% 설치 시 전체 신축건물의 용도별 BIPV 도입가능잠재량

	전체	사무소	점포	공장등	창고	학교	병원등	비목조 주택	기타
비율(%)	100.0	7.3	8.3	10.0	8.4	5.4	4.7	39.9	16.6
총바닥면적 (m^2)	60,486,530	4,411,229	5,034,418	6,044,191	5,082,508	3,270,081	2,807,079	23,788,868	10,048,155
소비량 (MWh/a)	30,243,524	1,776,745	3,006,666	3,037,921	2,541,254	1,271,698	2,300,245	11,564,033	4,744,962
외벽75% (m^2)	41,591,420	3,033,225	3,461,739	4,156,074	3,494,807	2,248,555	1,930,188	16,357,573	6,909,258
발전량 (GWh/a)	9,194,256	670,529	765,257	918,747	772,567	497,069	426,690	3,616,027	1,527,370
PV 기여율 (%)	30.4	37.7	25.5	30.2	30.4	39.1	18.5	31.3	32.2

표 3-14 동서남 3면-지붕 100%-외벽 75% 설치 시 전체 신축건물의 용도별 BIPV 도입가능잠재량

	전체	사무소	점포	공장등	창고	학교	병원등	비목조 주택	기타
비율(%)	100.0	7.3	8.3	10.0	8.4	5.4	4.7	39.9	16.6
총바닥면적 (m^2)	60,486,530	4,411,229	5,034,418	6,044,191	5,082,508	3,270,081	2,807,079	23,788,868	10,048,155
소비량 (MWh/a)	30,243,524	1,776,745	3,006,666	3,037,921	2,541,254	1,271,698	2,300,245	11,564,033	4,744,962
외벽75% (m^2)	52,833,087	3,853,070	4,397,406	5,279,411	4,439,412	2,856,313	2,451,895	20,778,831	8,776,749
발전량 (GWh/a)	12,701,071	926,278	1,057,136	1,269,170	1,067,234	686,657	589,436	4,995,230	2,09,930
PV 기여율 (%)	42.0	52.1	35.2	41.8	42.0	54.0	25.6	43.2	44.5

4. 결론

이상으로 일본의 BIPV 도입잠재량에 대한 일본의 예측 자료를 소개하였다. 이 자료는 일본 태양광발전연구조합에서 2016년 일본신에너지산업기술종합개발기구(NEDO)의 연구자금으로 연구한 것으로서 소개한 자료 이외에도 2040년까지 일본의 BIPV 시장에 대한 예측 등을 제시한 것으로서 보다 자세한 정보를 얻기 원하는 독자들은 2016년 NEDO 성과보고서인 "高性能·高信頼性太陽光発電の発電コスト低減技術開発動向調査　等　BIPV(建材一体型太陽光発電)に

関する検討" 보고서를 참조하기 바란다.

일본의 BIPV 도입잠재량은 2020년에 건설되는 신축건물과 기존건물의 지붕의 100%와 동서남향 외벽의 75%를 BIPV로 시공하는 경우 [표 3-12]에서 보는 바와 같이 총 1,145km^{2}의 면적에 시공이 가능하며 이 경우 발전용량은 약 165GW로 예측되었다. 물론 이 예측 자료는 달성하기가 매우 어려운 것이지만 건물의 외피를 충분히 잘 활용하는 경우 건물 부문의 전력 소비량의 42%를 감당할 수 있는 잠재력이 있다고 평가되었다.

제2절 우리나라의 BIPV 도입 잠재량

1. 우리나라의 건물 태양광발전 잠재량 산출 개발 현황

우리나라의 건물을 대상으로 태양에너지 발전 잠재량을 산출하기 위한 시도로 2013년 서울시가 서울시 햇빛지도를 만들었으며 그 후 2018년 한국에너지기술연구원이 대전시의 용역을 받아서 대전시 소재 건물의 태양에너지 발전 잠재량을 일목요연하게 알 수 있는 공간정보 시스템을 구축하였다. 서울시와 대전시가 개발한 건물 대상 태양광발전 잠재량에 대한 평가는 건물의 옥상만을 대상으로 하였으며 일본의 경우와 같이 건물 외벽에 설치되는 BIPV에 의한 태양광발전 잠재량에 대해서는 다루지를 못하였다. 실제 건물 설계 시 건물의 외벽을 대상으로 하여 주변건물의 3차원적인 배치를 고려한 태양광발전량을 예측해야 하는 프로그램은 이미 미국 등에서 개발되어 실용화되어 있는 상태로서 우리나라의 기상자료를 입력하여 사용하면 되는 것이므로 태양광발전을 건물에 도입시키는 설계 시 이용 가능하다. 개별 건물에 대한 태양광발전 시뮬레이션에 대해서는 이미 개발된 도구들이 있으므로 본 절에서는 우리나라 전체 건물에 BIPV를 적용시키는 경우 어느 정도 잠재량을 가지는 것에 대해서만 언급하기로 한다.

2. 서울시 햇빛지도

가. 개요

서울시는 '원전 하나 줄이기 종합대책'의 핵심사업 중 하나로 2020년까지 도시 전력자급률

20%를 목표로 서울 시내 주요 건물의 옥상 및 지붕에 태양광발전소를 설치하는 "햇빛도시"를 추진하고 있으며 이와 관련하여 서울시민들에게 태양광발전설비 설치에 따른 필요한 정보를 제공하기 위하여 햇빛지도를 만들었다. 햇빛지도는 주변건물 간의 영향을 고려, 건물 지붕 및 옥상에 입사되는 태양에너지 잠재량을 산출하여 태양광입사 에너지를 지도상에 표출한 것으로서 한국에스지티 / 새한항업 컨소시엄에서 서울 관내 전 지역(605km^2)에 대해 햇빛지도를 구축하고, 태양광정보시스템을 구축하였다. 서울연구원에서는 2001년부터 2011년까지 11년간의 서울시 기상정보를 분석하여 서울형 파라메터를 도출하고, 개별 건물에 대한 태양광발전량, 탄소배출 저감량, 비용절감액을 시뮬레이션할 수 있는 Screening Logic을 개발하여 적용하였다.

이러한 햇빛지도가 개발됨으로써 서울시의 지역적 특성을 고려한 햇빛 알고리즘을 반영하여 개별 건물에서 확보할 수 있는 태양광에너지를 시뮬레이션할 수 있어, 시민들의 에너지 절약의 중요성을 인식하고, 참여할 수 있는 동기를 마련하는 데 기여할 것이다. 또한 지역단위로 태양광에너지 활용을 위한 기초자료 및 정책결정을 위한 데이터를 제공하여, 태양광에너지 활용 잠재성이 높은 지역을 선정하여 우선적인 투자를 통해 태양광발전사업의 효율성을 증대할 수 있다.

나. 구축과정

먼저 기본도를 활용하여 건물단위당 일사량 및 일조권 정보를 구축한 주제도를 작성하고, 대상 건물과 주변건물의 배치, 방향, 높이 등의 조건과 지형조건을 고려하여 개별건물에 대한 햇빛음영분석도를 제작한 후 서울형 햇빛알고리즘을 활용하여 건물 옥상면적 기준의 주제도가 제작되었다.

건물에 입사되는 태양광에너지는 직사광, 산란광, 반사광으로 이루어져 있으며, 서울햇빛지도 구축 시에는 직사광과 산란광을 고려하여 구축되었는데 구축모델은 DEM, DBEM, DSM의 3종을 사용했는데 그 정의는 다음과 같다.

- DEM(Digital Elevation Model) : 지형(건축물, 식생등 제외)만의 높이를 표현한 수치모델
- DBEM(Digital Building Elevation Model) : 건물(지형포함 / 미포함 선택사항) 높이 값을 표현한 수치모델

• DSM(Digital Surface Model) : 지형·지물 모두의 높이값을 표현한 수치모델

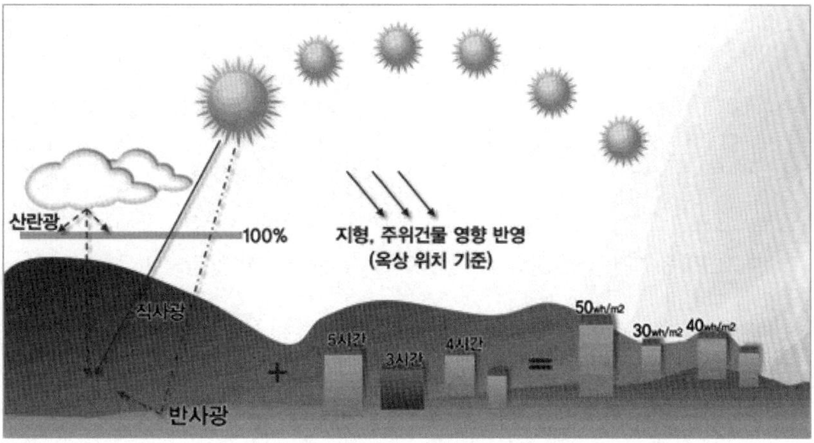

그림 3-5 구축모델

서울시 햇빛지도에서는 1m×1m 단위의 격자에 입사되는 태양광에너지를 계산하여 구축되었는데 [그림 3-6]에서 보는 바와 같이 주변건물과의 영향에 따라 태양광에너지의 음영을 확인할 수 있다. 건물 태양광에너지 등급도는 태양광에너지 음영도를 기반으로 각 건물의 평균 태양광입사에너지를 계산하여 등급별로 표시한 주제도로서 [그림 3-7]과 같다.

그림 3-6 태양광에너지음영분석도 - 서울 전역(좌측) 및 강남구(우측)

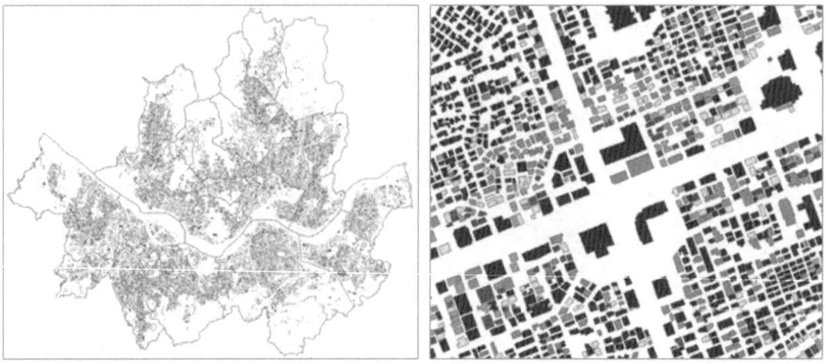

그림 3-7 건물 태양광에너지 등급도 - 서울 전역(좌측) 및 강남구(우측)

다. 태양광에너지 산출 알고리즘

햇빛지도는 ESRI사의 ArcGIS® Solar Radiation Tool을 이용하여 제작되었다. ArcGIS Solar Radiation Tool은 전 세계에서 사용 가능한 태양광에너지 산출 알고리즘을 프로그램화한 솔루션으로, 뉴욕 / 보스턴 / LA 등의 Solar map service 구축에 적용된 바 있는 검증된 도구이다. Solar Radiation Tool에서는 지표면에 도달하는 태양광 중 영향이 제일 작은 반사광을 제외한 직사광과 산란광을 고려하여 일사량(Wh/m^2)을 계산한다고 한다. SolarRadiation Tool 태양광에너지 산출 절차는 [그림 3-8]에서 보는 바와 같이 Hemispherical Viewshed Algorithm을 기반으로 하며, 특정 지점에서 하늘을 관찰하였을 때 보이거나 가려지는 시야를 계산하여 천구의 모습을 Raster(격자형이미지)로 나타내는 방법을 이용하여 직사광, 반사광, 산란광 중 반사광을 제외한 두 성분을 이용하여 산출되었다.

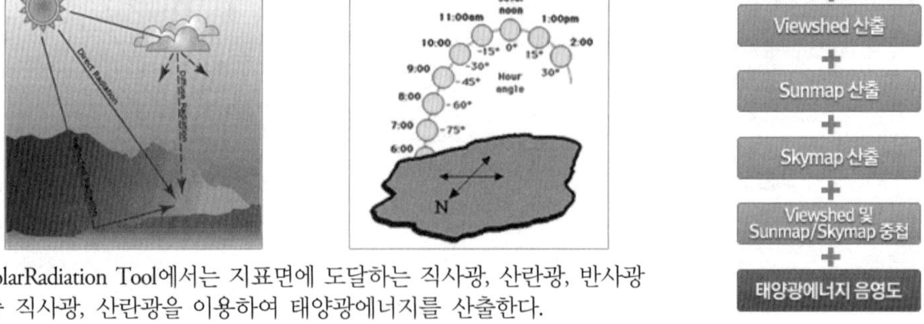

* SolarRadiation Tool에서는 지표면에 도달하는 직사광, 산란광, 반사광 중 직사광, 산란광을 이용하여 태양광에너지를 산출한다.

그림 3-8 SolarRadiation Tool 태양광에너지 산출 절차

한편 서울시 태양광 screening logic을 개발하기 위하여 [그림 3-9]에서 보는 바와 같이 기상청에서 제공하고 있는 2000년부터 2011년간 평균 직달일사량 데이터를 기준으로 태양의 고도 및 방위각을 분석하고, 방위별, 설치각도 별로 일사량을 계산하여, 태양광발전설비 설치에 따른 일사량 변화를 계산하였다. screening logic은 서울연구원에서 햇빛지도 제작 관련 자료조사 및 분석 사업을 통해 개발하였다.

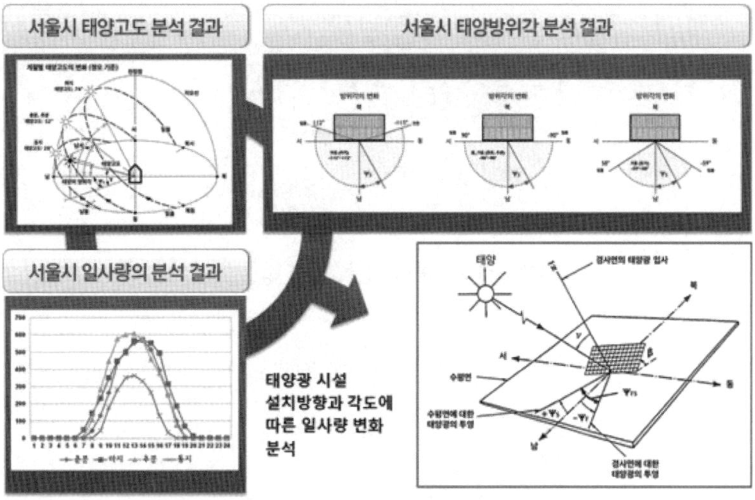

그림 3-9 서울시 태양고도 및 방위각 분석결과

먼저 서울시 계절별, 시간별 일사량 관측자료를 기준으로 [그림 3-10]과 같이 태양광 어레이의 방위별, 설치각도별 일사율의 변화가 분석되었으며 연평균 일사율에서는 설치각도 10도에서 30도 사이에서 최대 일사율을 나타내고 있었으며, 동 30도, 서 50도의 방위 범위 내에서 최대 일사량을 나타내었다. 일반적인 경우 그 지역의 위도와 동일한 각도로 태양광 어레이를 설치하였을 경우 최대 효율을 기대할 수 있다.

서울시의 경우 태양광 어레이 설치면과 주변건물의 높이차가 1m일 때를 기준으로 동지시 태양고도와 방위각의 변화에 따른 음영의 영향을 받지 않는 최소 확보거리를 계산하면, 시간의 경과에 따라 태양의 고도가 낮아짐으로써 요구되는 최소 확보 거리는 증가하게 되며 어레이의 방위가 동－서 방향으로 48도 이상 이르게 되면 인접건물과의 높이차에 5배에 이르는 거리를 확보하는 것이 필요하다.

서울시 태양광 시설의 설치방향, 설치각도에 따른 계절별 일사효율 분석

> 연평균

연평균	정서								정남										정동
경사	90°	80°	70°	60°	50°	40°	30°	20°	10°	0°	-10°	-20°	-30°	-40°	-50°	-60°	-70°	-80°	-90°
0°	75	75	75	75	75	75	75	75	75	75	75	75	75	75	75	75	75	75	75
10°	77	79	80	82	83	84	85	86	86	85	85	84	83	81	80	78	76	74	72
20°	76	79	83	86	89	91	92	93	93	93	92	90	88	85	82	78	75	71	67
30°	73	78	83	88	91	94	97	98	98	97	96	93	90	86	82	77	72	67	61
40°	69	75	81	87	91	95	98	100	100	99	97	94	90	85	80	74	67	61	55
50°	63	70	77	84	89	93	96	98	99	98	95	92	87	81	75	69	62	55	48
60°	57	64	72	78	84	89	92	94	95	93	91	87	81	75	69	62	55	48	41
70°	50	57	65	71	77	82	85	87	88	86	83	79	74	68	61	54	48	41	34
80°	42	50	56	62	68	72	76	78	78	77	74	69	64	59	52	46	40	34	28
90°	35	41	47	53	57	61	64	66	66	65	62	58	53	48	43	37	32	27	22

서울시 태양광 이용 최적 조건

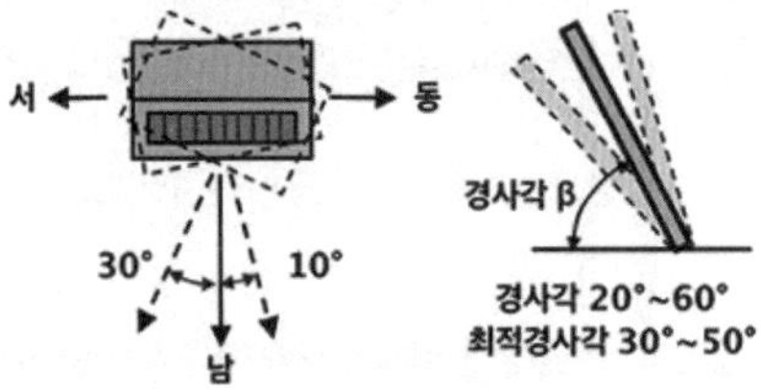

그림 3-10 서울시 태양광이용 조건 분석

주변건물 음영의 영향력 분석

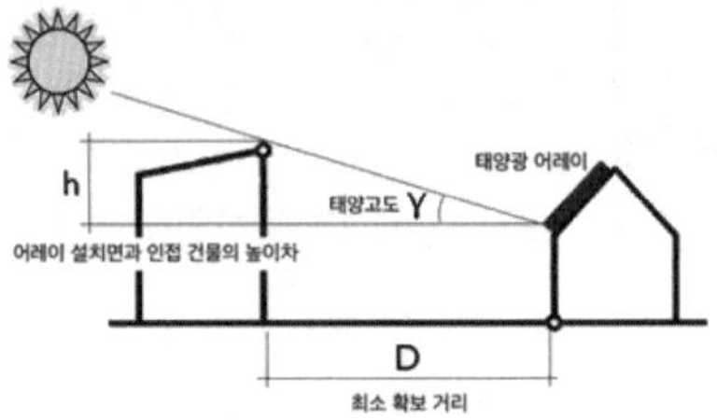

$$D = \frac{h \cdot COS\gamma}{SIN\gamma}$$

음영요소와의 높이차 1m일때 최소 확보 거리

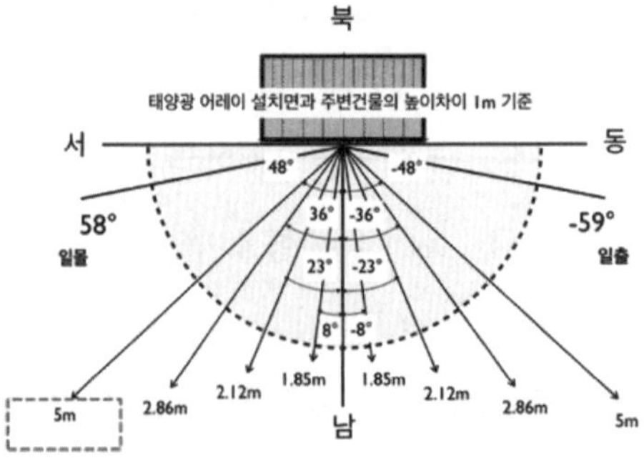

태양고도, 방위각의 변화에 따른 음영의 영향 (동지기준)

그림 3-11 주변건물의 음영의 영향

라. 사용방법

1) 태양광발전 시뮬레이션

사용자가 선택한 건물 및 건물 옥상의 임의의 면적을 지정하여 태양광입사량, 연간 전기생산량, 이산화탄소 감소량, 비용절감액 및 월별 전기생산량을 시뮬레이션할 수 있다.

서울연구원에서 자체 개발한 screening logic을 기반으로 태양광발전량을 산출한다. 주소검색기능을 통해 태양광발전 시뮬레이션 대상 건물을 검색하고, 위치이동을 한 후 '태양광발전량시뮬레이션' 메뉴를 클릭하게 되면 시뮬레이션 툴바가 나타나고, 지도상에 햇빛지도가 나타난다.

툴바에서 건물선택기능을 클릭하여 선택하고, 지도상의 건물을 선택하게 되면, 태양광발전량 시뮬레이션 창이 뜨며 발전시스템 용량, 설치방위, 설치각도, 태양광발전모듈의 환경설정을 하고 태양광발전계산 버튼을 클릭하게 되면, 태양광입사량, 연간 전기생산량 비용절감액, 이산화탄소 감소량, 월별 전기생산량을 조회할 수 있다.

툴바에서 임의영역선택 기능을 클릭하여 선택하고, 지도상 건물 위에 태양광발전 시뮬레이션 영역을 선택하게 되면, 태양광발전량 시뮬레이션 창이 뜬다. 발전 시스템 용량은 선택한 임의의 영역의 면적을 기준으로 계산되어 설정되며 설치방위, 설치각도, 태양광발전모듈을 설정하고 '태양광발전계산' 버튼을 클릭하게 되면, 태양광입사량, 연간 전기생산량 비용절감액, 이산화탄소 감소량, 월별 전기생산량을 조회할 수 있다.

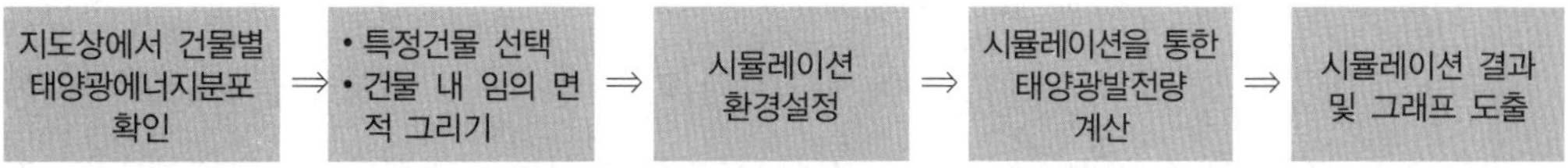

그림 3-12 태양광발전 시뮬레이션 개념도

2) 햇빛 주제도 조회

사용자가 건물 태양광에너지 등급도와 태양광에너지분포도를 월별 / 분기별로 조회할 수 있다. '햇빛 주제도 조회' 버튼을 클릭하면, 건물태양광에너지 등급도, 태양광에너지분포도를 선택할 수 있는 툴바가 나타난다. '건물태양광에너지등급도'를 선택하여, 월별 / 분기별 주제도를 선택하게 되면 지도상의 햇빛지도가 선택한 월 또는 분기의 건물태양광에너지등급도로 변경되며 '태양광에너지 분포도'를 선택하고, 월별/분기별 주제도를 선택하게 되면 지도상의 햇빛지도가 선택한 월 또는 분기의 태양광에너지 분포도로 변경된다. 건물태양광에너지 등급도는 건물에 입사되는 평균 태양광에너지(Wh/m^2)에 따라 등급을 나눠 6단계의 등급으로 나누어 지도에 표시하고, 태양광에너지 분포도는 1m*1m 크기의 면적에 입사되는 태양광에너지를 지도에 표시하여, 주변건물의 영향을 받아 태양광에너지 입사량이 영향을 받는 정도를 파악할 수 있나.

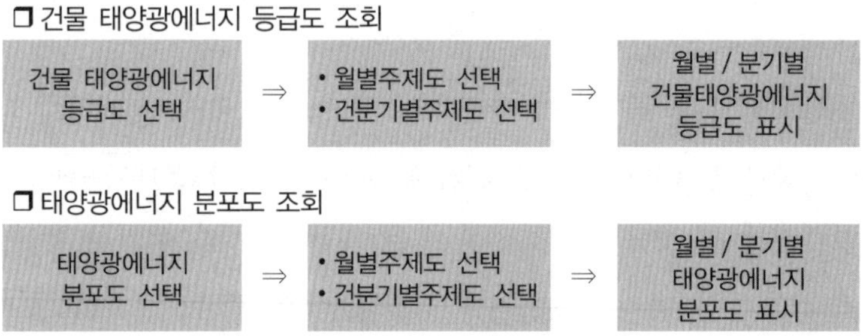

그림 3-13 햇빛 주제도 조회 순서

3. 한국에너지기술연구원이 개발한 대전시 건물 태양광발전 잠재량

가. 개발 개요

한국에너지기술연구원 신재생에너지자원센터 연구팀은 대전시의 용역을 받아서 대전시 소재 건물의 옥상에 설치할 수 있는 태양광발전용량에 대하여 주변건물의 음영까지 고려한 태양광발전 잠재량 지도를 완성하였으며 이 연구결과는 대전시가 인터넷에 별도로 구축한 공간정보시스템에 잘 소개되어 있다. 이 연구팀은 GIS 분석도구를 활용하여 대전지역의 건물지붕에 대한 태양광발전 잠재량을 연산하고자 하였다. 그림자 연산을 수행하여 대상 건물에 대한 표면일사량을 구하고, 지붕면적을 고려하여 활용 가능한 태양광설비 용량을 적용하여 도입가능한 태양광설비 잠재량을 도출하였다.

연산을 위한 공간 데이터로 우선 국토교통부 국토지리정보원의 수치표고모델과 행정안정부 도로명주소 사업의 결과에 나타난 건물레이어를 활용하였고 생성된 수치건물표고모델(DBEM)은 지형과 건물 모두를 표현했으며 향후 음영연산을 위한 GIS(Geographical Information System) 분석 입력자료로 사용할 수 있도록 하였다.

한국에너지기술연구원에서 도출한 일사량은 법선면직달일사량(DNI; Direct Normal Irradiation)과 수평면산란일사량(DHI; Diffuse Horizontal Irradiation)의 합산값으로 구성되어 있으며, 해당 데이터는 1년 전체에 대하여 1시간 간격으로 일사량 연산을 수행하였다.

주변건물이나 지형에 의해 발생되는 그림자 때문에 도달 일사량의 차이가 나는데 손실량이 고려된 실제 도달 일사량을 연산하기 위하여 시뮬레이션 분석을 수행하였다.

그림 3-14 전(Global)일사량 계산 완료 화면

그림 3-15 전일사량과 건물 레이어 중첩 화면

도출된 건물별 전일사량을 근거로 건물별 잠재량은 연간 생산 가능한 태양광설비 발전량(kWh/년)으로 도출하였다.

① 발전량 계산

- 30개 모듈을 조사하여 설비 용량의 현실적인 반영
- 현장 실지징보(4고도, 5방위)가 적용 가능한 발전량 산정 지원
- 가정용 절약전기비 및 발전사업용 전기판매금액 제공
- 투자비용회수기간 및 보조금 지원 반영
- 발전사업 경제성 분석 REC 가중치 적용

② 대전시 태양에너지산정(SEED; Solar Energy Estimator for Daejeon) 서비스 플랫폼 개발

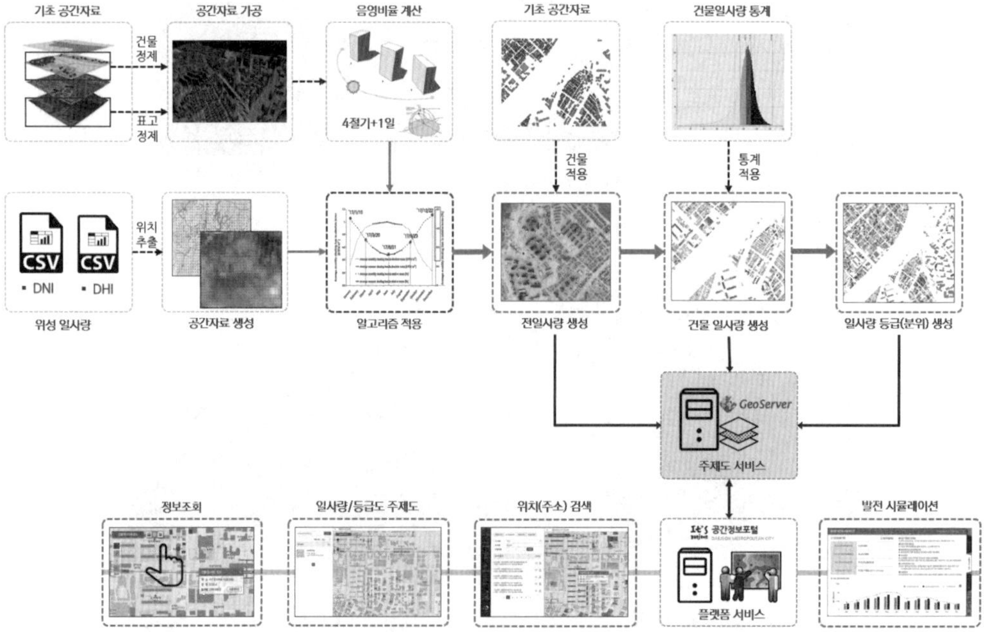

그림 3-16 도심지역 태양광 분석 플랫폼(SEED) 시스템 구성도

- 플랫폼 구성

−대전시 공간정보포털 서비스 Add-On 형태로 개발

- 대민 / 행정 시스템 적용

• 시스템 구성
- 일사량 주제도 서비스 제공
- 위치검색 / 정보조회 기능 제공
- 발전량 시뮬레이션 기능 제공
- 태양광 관련 정보 제공(REC 등급가이드, 규제 가이드 등)

나. 사용방법

1) 대전시공간정보시스템에 접속

먼저 인터넷에서 '대전시공간정보시스템(http://gis.daejeon.go.kr/)'에 접속하면 다음과 같은 화면이 뜨고 상단에 있는 지도서비스창을 입력한 후 좌측 창에서 태양광지도를 입력하면 태양광지도 화면으로 넘어간다.

2) 지도검색창

02 지도검색

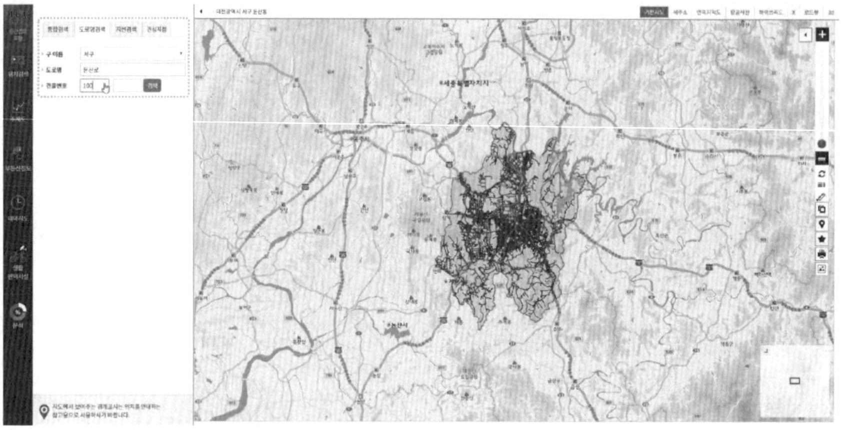

1. 검색 방법을 선택하고, 검색할 위치를 입력합니다.
2. 여기에서는 대전광역시청(서구 둔산로 100)을 검색 위치로 입력하였습니다.

3) 일사량지도 선택

03 일사량지도 선택

1. 검색을 완료하면 그림과 같이 검색결과 목록이 나타납니다.
2. 원하는 검색결과에서 ☼ 아이콘을 클릭하면 일사량 지도를 볼 수 있습니다.

4) 검색정보 및 일사량 정보(검색된 건물에 대한 일사량 정보를 알 수 있음)

KIER 04 검색 정보 및 일사량 정보

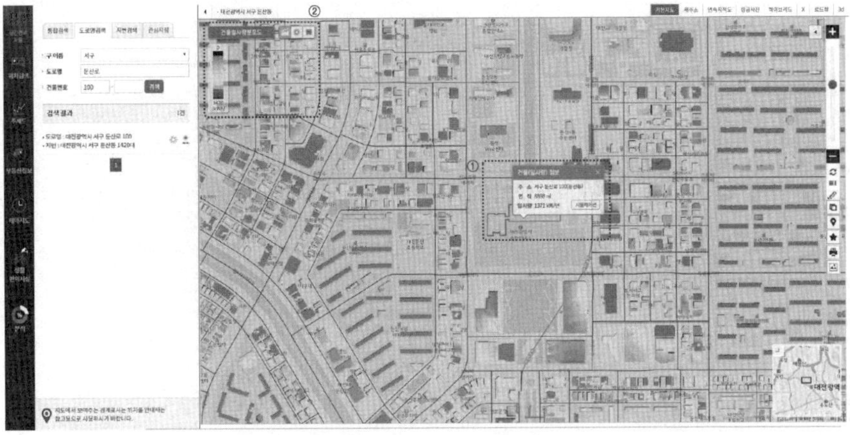

1. 검색 결과에서 선택한 위치(건물)에 대해 정보가 표시됩니다. 주소와 지붕면적, 연간 일사량 정보를 볼 수 있습니다.
2. 일사량 정보 메뉴입니다. 현재 지도 이름과 범례를 볼 수 있습니다.

5) 건물 직접 선택 및 일사량 정보 확인

KIER 04-1 건물 직접 선택

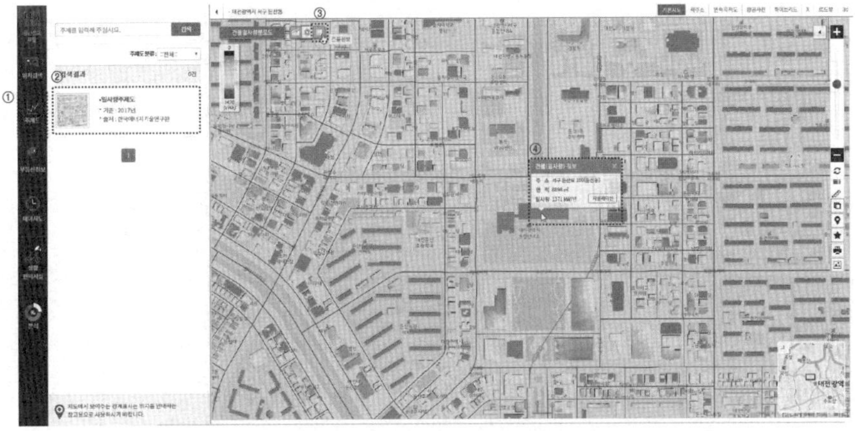

1. 건물을 직접 선택하여 정보를 보려면 주제도-일사량 주제도를 선택합니다.
2. 일사량 주제도 메뉴에서 '건물정보' 버튼을 클릭하고 원하는 건물을 지도위에서 선택합니다.
3. 검색을 이용하여 표시되는 정보와 동일한 건물 정보를 확인할 수 있습니다.

6) 일사량 정보 보기 : 범례, 월간일사량, 건물 정보 보기 선택 가능

05 일사량 정보 보기

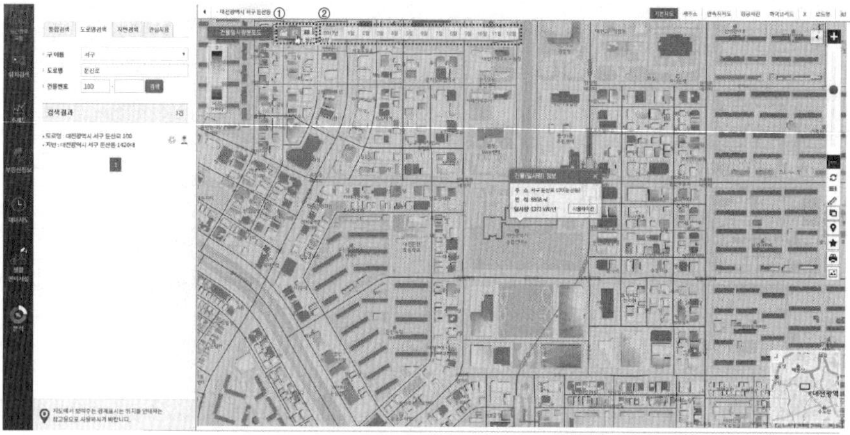

1. 정보 메뉴입니다. 왼쪽부터 '범례보기', '월간일사량보기', '건물정보보기' 메뉴입니다.
2. '월간일사량보기' 버튼을 클릭하면, 월간 일사량을 확인할 수 있는 버튼이 추가로 표시됩니다.

7) 일사량 정보 보기 및 시뮬레이션

06 일사량 정보 보기 및 시뮬레이션

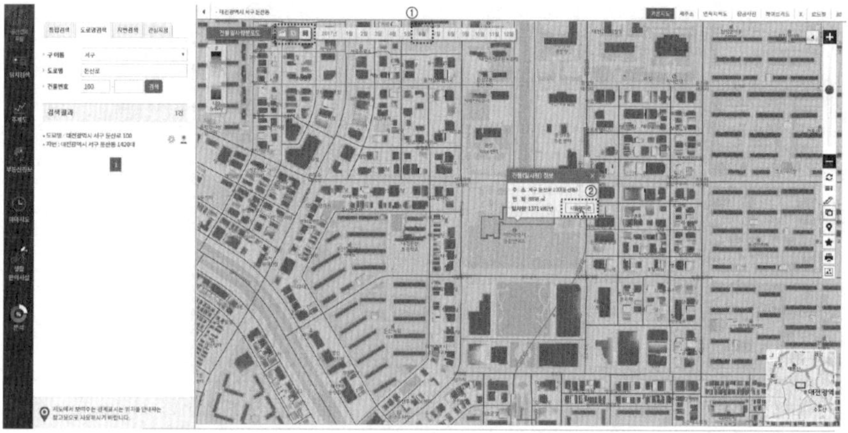

1. 월간일사량 중에서 6월 버튼을 클릭하면 지도에 2017년 6월의 일사량을 볼 수 있습니다.
2. 태양광 발전량을 시뮬레이션 하기 위해서 검색 정보 창에서 '시뮬레이션' 버튼을 클릭합니다.

8) 시뮬레이션 설정화면

07 시뮬레이션 설정 화면

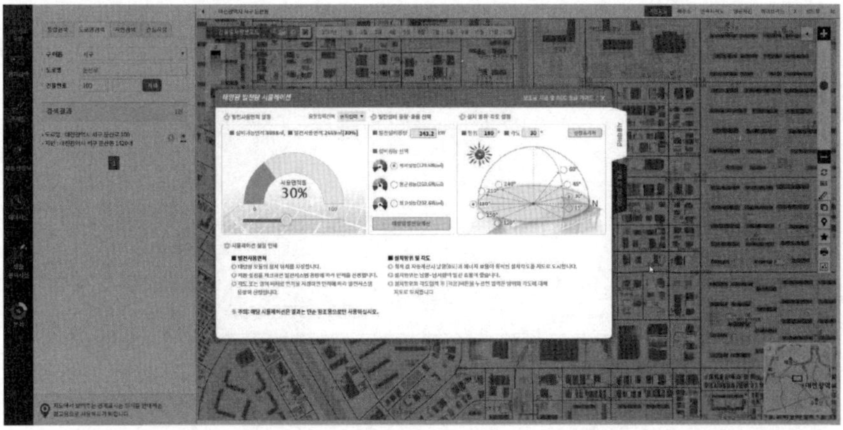

1. '시뮬레이션' 화면입니다. 이 화면에서 면적, 설비 용량, 설치 방위 정보를 설정할 수 있습니다.

9) 시뮬레이션 설정(발전용량 및 발전면적)

08 시뮬레이션 설정 [발전용량 및 발전면적 입력]

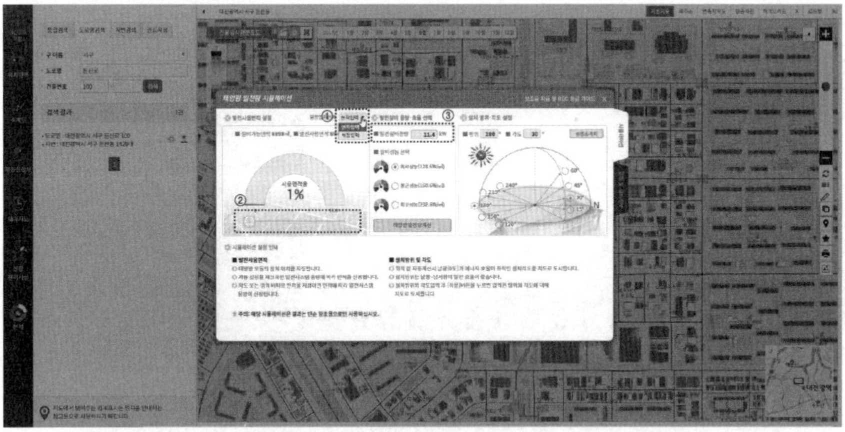

1. 면적입력(발전사용면적) 또는 직접입력(발전설비용량) 중에서 입력을 원하는 방법으로 선택합니다.
2. 건물 전체 면적 중에서 발전에 사용할 면적율을 슬라이드 바를 움직여서 입력합니다.
3. 발전설비용량의 값을 직접 입력합니다. 입력한 값에 따라 면적율이 자동으로 산정됩니다.

10) 시뮬레이션 설정(설비성능, 설치방위 및 각도 설정)

09 시뮬레이션 설정 [설비성능 및 설치방위·각도 설정]

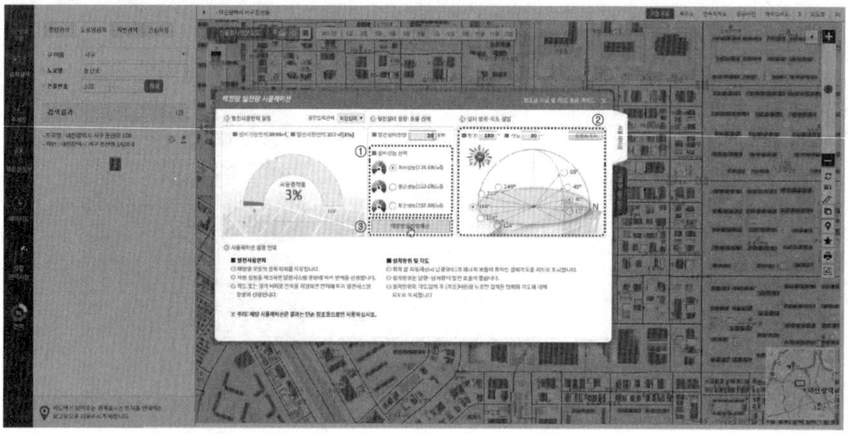

1. 설치하려는 설비의 성능을 선택합니다.
2. 건물에 설치하려는 방위와 각도를 선택하여 입력합니다.
3. 설정한 값을 이용하여 시뮬레이션을 시작하기 위해 '태양광발전량계산' 버튼을 클릭합니다.

11) 시뮬레이션 결과

10 시뮬레이션 결과

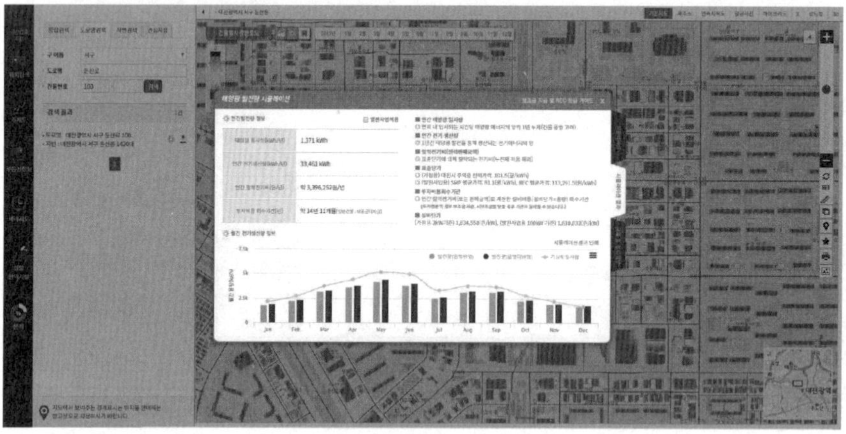

1. 시뮬레이션 분석이 끝나면 시뮬레이션 결과 화면을 볼 수 있습니다.
2. 연간 발전량 정보(일사량, 전기생산량, 절약비용, 투자비용 회수 기간)를 확인할 수 있습니다.
3. 월간 전기생산량 정보를 그래프로 확인할 수 있습니다.

12) 시뮬레이션 결과

11 시뮬레이션 결과

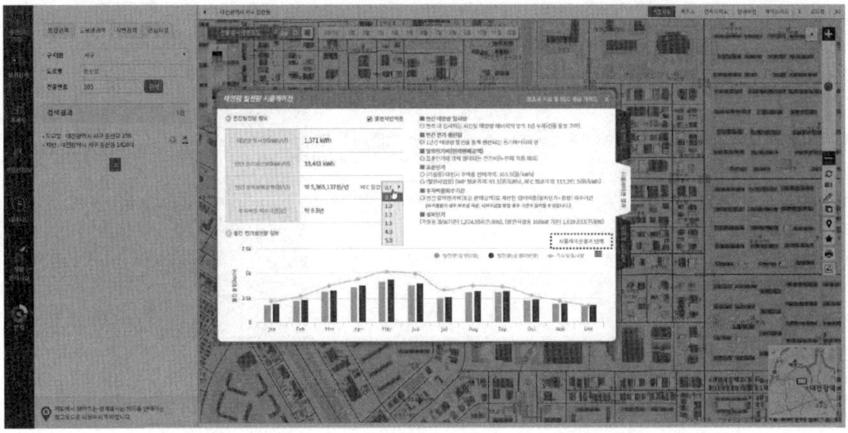

1. 발전사업에 적용할 경우의 시뮬레이션 결과를 확인하려면 '발전사업적용'을 클릭합니다.
2. REC 등급별로 연간 전력판매금액을 확인할 수 있습니다.
3. 시뮬레이션 결과를 인쇄하려면 '시뮬레이션결과 인쇄' 버튼을 클릭합니다.

13) 시뮬레이션 결과물 인쇄

12 시뮬레이션 결과물 인쇄

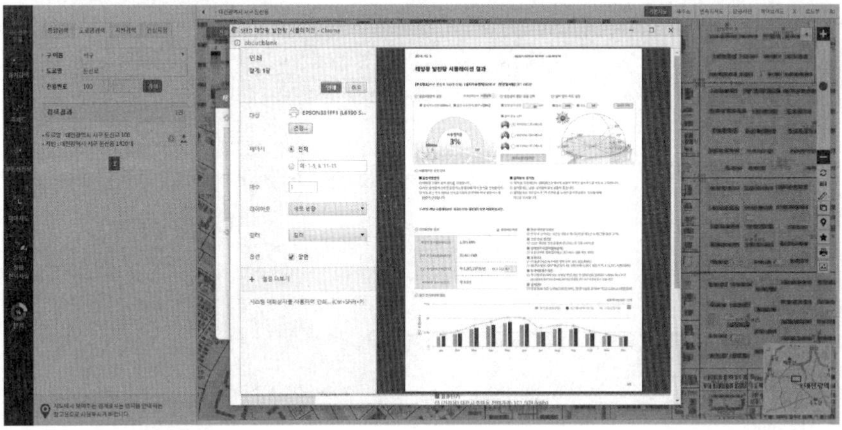

1. 시뮬레이션 설정 화면과 시뮬레이션 결과 화면을 동시에 인쇄할 수 있습니다.

14) 보조금 지급 및 REC 등급 가이드

13 보조금 지급 및 REC 등급 가이드

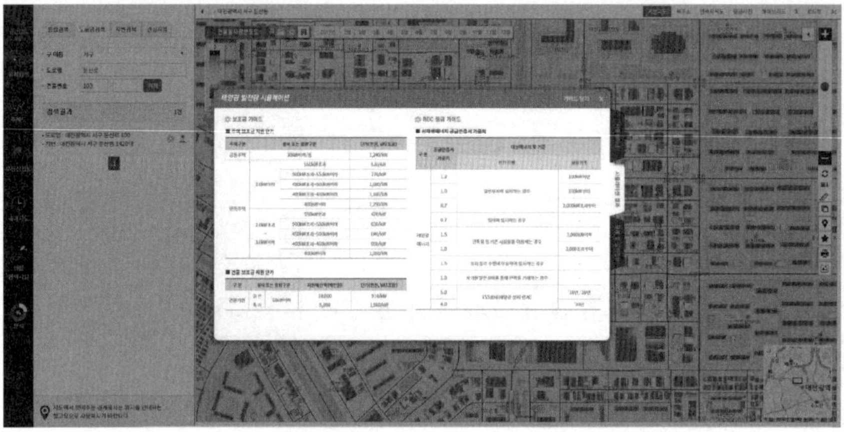

1. 시뮬레이션 창 상단에 '보조금 지급 및 REC 등급 가이드' 버튼을 클릭하여 정보를 확인할 수 있습니다.

15) 규제 및 설비정보

14 규제 및 설비정보

1. 태양광 발전설비 허가가이드를 확인하려면 시뮬레이션 창 우측의 '규제 및 설비정보' 버튼을 클릭합니다.

4. 우리나라의 BIPV 태양광발전 잠재량에 대한 추정

지금까지 우리나라의 건물에서 발전할 수 있는 연구사례를 소개하였다. 서울시와 대전시의 사례와 같이 우리나라도 개별 건물에 대한 태양광발전 잠재량을 예측하는 것은 비록 옥상부분에 한정된 것이지만 자원지도로 표시하고 주변건물의 음영을 고려한 상태에서 예측할 수 있을 정도로 발전하였다. 그러나 일반적으로 고층건물인 경우 옥상이나 지붕이 차지하는 면적보다는 외벽이 차지하는 면적이 월등히 많기 때문에 향후 BIPV를 본격적으로 적용해야 하는 대상은 외벽이며 건물의 외벽과 옥상을 포함하는 전체 외피에 대한 BIPV 도입 및 발전 잠재량에 대한 예측이 필요하다. 우리나라 건물의 BIPV 도입잠재량을 산출하기 위해서는 일본의 경우에서 보는 바와 같이 이를 뒷받침할 수 있는 광범위한 건물 관련 통계자료가 있어야 하는데 아직 우리나라의 경우 일본만큼 자세한 통계자료가 부족한 실정이다. 물론 현존하는 통계자료를 이용하여 산출하는 것도 불가능한 것은 아니지만 이는 별도의 연구자를 위해 남겨 놓기로 하고 본 절에서는 우리나라의 건물의 BIPV 태양광발전 잠재량을 일본의 연구결과를 이용하여 추정하는 방법을 사용하여 제시하기로 한다. 우리나라와 일본은 인구밀도가 높으며 도심지에 건물이 고밀도로 배치되어 있는 등 국토가 넓은 미국이나 유럽과는 달리 서로 공통점이 많다. 따라서 일본에서 산출한 BIPV 도입잠재량 결과에 우리나라와 일본의 경제적 특성을 고려하여 다음과 같은 가정하에서 우리나라에 적용할 수 있는 가중치를 구한 후 일본의 BIPV 발전잠재량에 이 가중치를 곱하여 산출하였다. 이 방법은 정확도가 떨어질 수 있지만 우리나라의 개략적인 BIPV 발전잠재량을 추정할 수 있을 것이다. 이 책의 독자들 중 보다 신뢰성 있는 추정치를 원한다면 제1절에서 설명한 일본에서의 연구 방법을 참고로 직접 산출해볼 것을 권하고 싶다.

가. 우리나라의 BIPV 발전잠재량 추정을 위한 기본 가정

일본의 BIPV 발전잠재량 산출결과를 우리나라에 적용하기 위한 기본 가정은 다음과 같이 하였다.

- 우리나라에 설치가능한 BIPV 대상 면적은 우리나라와 일본의 인구비율에 비례함
- 우리나라와 일본의 1인당 국민소득(GNI)에 비례함
- BIPV에 의한 발전량은 우리나라와 일본의 단위면적당 연평균 일사량의 비율에 비례함

나. 우리나라의 BIPV 발전잠재량 추정을 위한 가중치 산출식

앞의 가정에 따라 우리나라의 BIPV 설치가능면적과 발전잠재량은 다음 식과 같이 산출할 수 있다. 단 이때 건물에 설치할 수 있는 BIPV 면적은 전술한 일본의 경우 [표 3-11]부터 [표 3-14]에 있는 바와 같이 여러 가지 조건으로 가정하여 산출할 수 있으나 일본에서 산출한 건물의 통계 자료와 같은 세분화된 자료가 없으므로 [표 3-12]에서 2020년을 예측연도로 하여 산출한 조건인 '지붕 및 옥상에 100% BIPV를 설치하고 동서남향 외벽에 75% 설치한 경우'를 기준으로 하여 산출하기로 한다.

$$A_{BIPV\_Kor} = A_{BIPV\_Jpn} \times P_{Kor} / P_{Jpn} \times GNI_{Kor} / GNI_{Jpn}$$
$$= 1,145 \times 51,843,195 \div 126,586,566 \times 32046 \div 40,106$$
$$= 374.7km^2$$

$$E_{BIPV\_Kor} = E_{BIPV\_Jpn} \times Ih_{Kor} / Ih_{Jpn}$$
$$= 165 \times 4,675 \div 4,851 \times 374.7 \div 1,145$$
$$= 52GW$$

여기에서,

$A_{BIPV\_Facade\_Kor}$: 우리나라의 BIPV 설치가능 총면적(1,145km^2)

$A_{BIPV\_Facade\_Jpn}$: 일본의 BIPV 설치가능 총면적

P_{Kor} : 우리나라 인구(2020년 3월 기준 51,843,195명)

P_{Jpn} : 일본의 인구(2020년 4월 기준 126,586,566명)

GNI_{Kor} : 우리나라 1인당 GNI(32,046달러 / 2018년 기준)

GNI_{Jpn} : 일본의 1인당 GNI(40,106달러 / 2018년 기준)

E_{BIPV_Kor} : 한국의 BIPV 발전잠재량 추정치

E_{BIPV_Jpn} : 일본의 BIPV 발전잠재량 추정치(165GW / 이 책의 제3장 - 제1절 - 4. 결론 참조)

Ih_{Kor} : 우리나라의 연평균 수평면 일사량(4,675MJ/y)

Ih_{Jpn} : 일본의 연평균 수평면 일사량(4,851MJ/y)[3]

---

3 일본 도쿄 인근 지바현(千葉懸) 지역의 현청에서 발표한 일사량 자료.

다. 결론

이상에서 우리나라의 건물에 BIPV를 설치하였을 때 태양광발전을 할 수 있는 용량을 개략적으로 추정해보았다. 추정은 충분한 통계자료를 활용하여 해야 하지만 향후 BIPV가 우리와 같이 국토가 좁은 국가에서 얼마나 중요한 것이라는 것을 정량적으로 부각시키기 위하여 개략적인 방법을 사용하였다.

이상에서 추정한 바와 같이 우리나라 건물에 설치할 수 있는 BIPV의 면적은 최대 374.7km^{2}로서 약 52GW의 태양광발전설비를 설치하는 것이 가능한 것으로서 국토가 좁은 우리나라의 여건상 별도의 토지를 필요로 하지 않는 BIPV야말로 향후 필수적으로 보급해야 할 발전설비라고 할 수 있다.

특히 최근에 기존의 건축외장재를 충분히 대체할 수 있을 정도로 아름다운 색상과 미관을 살리면서도 난연성이나 단열성 및 방음성 등 건축외장재로 구비해야 할 조건을 충분히 갖춘 BIPV가 출현하고 있다. 대량보급에 따른 보급가격 저하가 동반된다면 BIPV는 향후 필수적인 건축외피재료로서 보급될 것으로 생각하며 우리나라의 에너지수급에도 많은 기여가 있을 것으로 생각한다.

제4장

BIPV 관련 국제규격 현황과 우리나라 규정

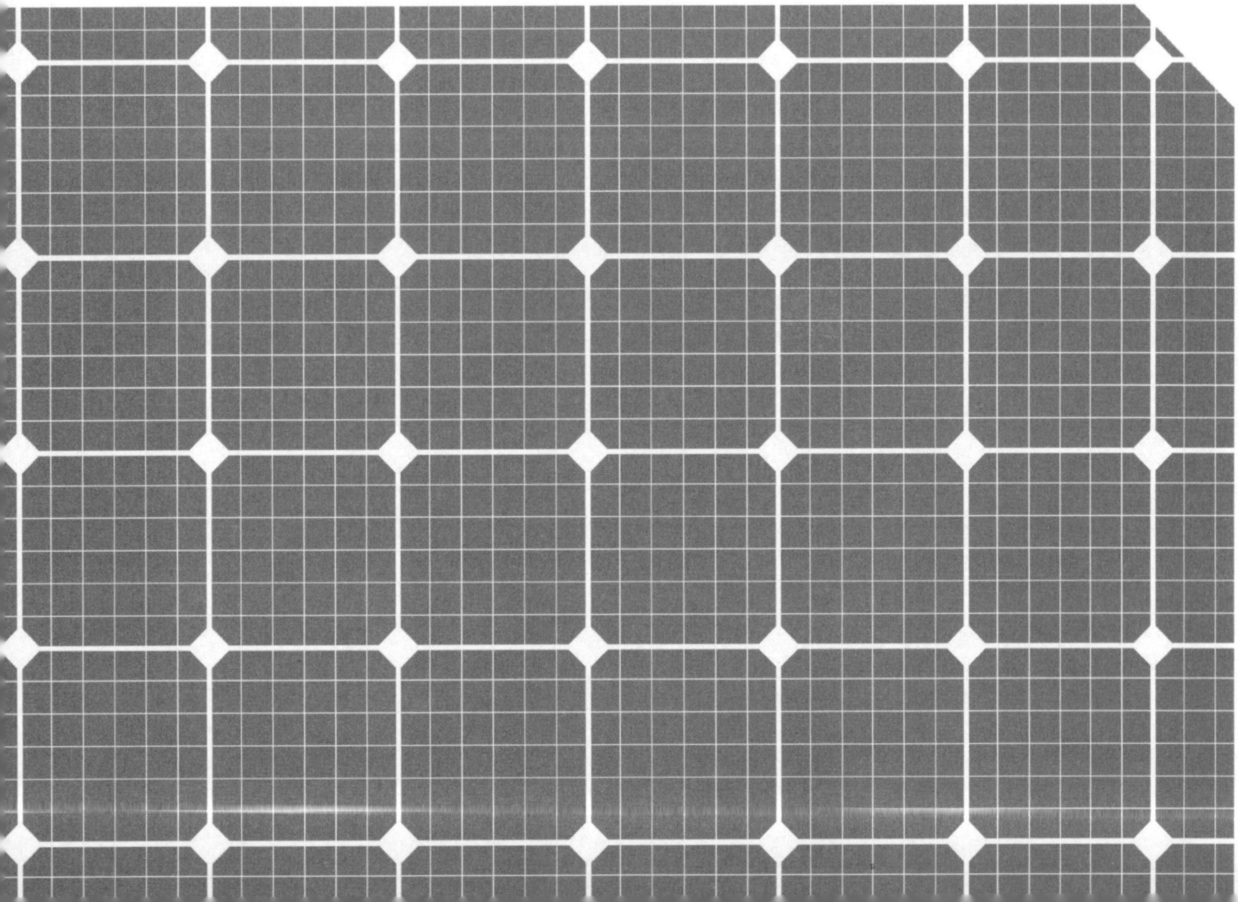

제4장

BIPV 관련 국제규격 현황과 우리나라 규정

제1절 BIPV 모듈 및 시스템의 국제표준화 변천 과정

1. 서론

ZEB(Zero Energy Building)는 건물 규모나 건물 주변 환경 및 운용 방법 등 여러 가지 요인에 의해 실현 가능성이 바뀐다. 그러나 ZEB의 개념은 에너지소비절감이 건물관리비를 절감할 수 있을 뿐만 아니라 지구환경에도 좋은 의미가 있다. 이러한 개념은 전 세계적으로 진행이 되고 있으며 제로에너지하우스를 실현하기 위해서는 BIPV(Building Integrated Photovoltaic; 건물일체형 태양광발전)가 필수적이다. 원래 BIPV 시장은 어느 정도 존재하는가? 우리나라의 BIPV의 도입가능잠재량은 제3장에서 살펴본 바와 같이 2020년을 기준으로 한 수요예측에서 약 160GW(동서남 3면 외벽 면적의 75% 설치, 지붕 면적의 100%를 설치한 경우)이며 연간 발전량은 204,400GWh/년(설치가능면적 374억 km^2)에 달한다. 물론 이 자료는 일본의 선행 연구자료를 활용한 추산치이기는 하지만 BIPV가 상당한 잠재력을 가지고 있음을 알 수 있다. 더욱이 BIPV는 기존의 건물의 지붕이나 외벽 및 창호 등을 활용하여 태양광발전을 하기 때문에 태양광발전설비를 설치하기 위하여 투입되는 별도의 토지가 필요하지 않기 때문에 우리나라와 같이 인구밀도가 높은 국가에는 매우 중요한 발전수단이라고 할 수 있다. 유럽과 일본에서도 이와 같은 BIPV의 중요성을 충분히 인식하고 BIPV 설비에 대한 기술개발을 경쟁적으로 해오고 있으며 최근에는 BIPV 제품에 대한 국제규격을 정비하는 노력이 계속되고 있다.

BIPV는 건물의 외피구조물을 대체하면서 발전을 하는 것이기 때문에 태양광발전설비로서 갖추어야 할 기본적인 성능은 물론 건축외장재로서 갖추어야 할 내열성능, 단열성능, 수밀성능, 차음성능, 구조적 강도, 열화에 견디면서 장기적인 수명을 유지할 수 있는 성능, 방오성능, 미관상 요구되는 성능 등 수많은 성능기준을 만족시키는 것이 중요하여 이러한 성능을 만족시키면서도 경제적으로 시공할 수 있도록 제품 가격도 중요하다. 그러나 지금까지 BIPV는 여러 가지 측면에서 장점이 많지만 현재는 위에서 열거한 기술적인 성능을 충분히 만족시키면서도 경제성이 보장될 정도까지는 정비되어 있지 못한 상황이라고 할 수 있다. 이는 보급에 있어서 장애요인이 되고 있는 실정이다. BIPV는 건물의 전문 영역이 건축과 전기 및 기계 분야가 복합적으로 구성되어 있으며 서로의 성능과 능력에 대한 인식과 이해가 부족하다는 점인데 이러한 문제를 해결 하기 위해서는 BIPV에 관한 국제표준화 작업이 필요하다. BIPV에 대한 표준화 및 규제는 크게 나누어서 건물에 관한 국가별 표준규격과 ISO 표준규격인 첫 번째 부류와 IEC(국제전기기구) 규격으로 대표되는 전기기술규격으로 대별되는데 이 모두를 포괄하는 규격집으로 EN 50583 시리즈인 "건물태양광발전규격(Photovoltaic in Buildings)"이 2016년 발간되었다. 또한 유럽의 BIPV 공동연구그룹에서는 새로운 규격이 제안되었는데 다음과 같다.[1]

- ISO/TS 18178 : 태양전지적층유리 태양광발전(건물 유리 부문 조직인 ISO TC 160에서 제안된 것)
- IEC TC82(태양광발전), IEC TC82/1055/NP(지붕용 태양광발전, 2015년)와 IEC 63092 및 82/888/NP(커튼월용 태양광발전, 2014년)
- IEC TC82에서 2017년 TC82/1339/DC로 PT63092인 BIPV 규격제정팀을 ISO, IEC 및 IEA PVPS의 전문가 40명을 15개국으로부터 위촉받아서 구성하였는데 요약하면 다음과 같다.

2. EN 50583

이 문서는 CENELEC TC 82 "Solar photovoltaic energy systems"에 의해 작성되었으며 2016년 1월에 발표되었다. EN 50583은 건설제품으로 사용되는 BIPV 시스템에 적용된다. BIPV는 태양광모듈과 태양광모듈지지장치 및 전기설비를 포함하는 것으로서 EN 50583은 Part 1인

1 Karl Berger et al., "Analysis of requirements, specifications and regulation of BIPV", IEA PVPS Task 15 Subtask C-International framework for BIPV specifications Draft Report IEA-PVPS T15-08, July 2019

BIPV 모듈과 Part 2인 BIPV 시스템으로 구성되었으며 다음과 같은 내용을 규정하고 있다.

- 일반요건
- 전기요건
- 건축 관련 요구사항
- 유리창이 있는 제품에 대한 요구사항
- 유리창 없는 제품 요구사항
- 라벨링 요구사항
- 시스템 문서, 시운전 결과, 검사 요구사항

유리가 있는 모듈의 요구사항은 모듈이 건물의 어떤 위치에 설치되느냐에 따라 추가적인 요구사항이 있으며 그 밖에 국제전기협회의 태양광발전규격인 IEC 61215, IEC 61646 및 IEC 61730과 건축 부문의 규격인 EN 13501(화재안전); EN 13022(안전 및 접근성); EN 12758(차음성능) 등이 있다. BIPV 모듈과 시스템은 건축기자재 제품이며 전기 부품을 포함되기 때문에 유럽 건설제품규제인 CPR305/2011과 저전압지침인 LVD 2014/35/ EU와 전자기호환성지침인 ECD 2014/30/EU의 규제 대상이다.

3. ISO/TS 18178

이 문서는 태양전지적층유리 태양광발전에 대한 규격으로서 ISO/FDIS 18178로 제안되었으나 2016년 11월에 승인되지 않았으며 2017년 9월 ISO/TS로 다시 제안된 것으로서 2018년 10월에 승인되었다. ISO TC160 SC1 WG9는 이 TS를 IS로 업그레이드할 계획이다. 이 규격은 건물에 사용하는 태양전지적층유리의 외형, 내구성, 안전성 및 검사 방법에 대한 요구사항을 규정했다. 태양전지적층유리는 태양광발전기능을 가지는 태양전지적층유리로서 ISO 12543 (건물의 유리−적층유리 및 안전유리)은 전기적 특성 규격 이외에도 많은 사항을 규제하고 있고 IEC 61215(Terrestrial Photovoltaic(PV) 모듈−설계 자격 및 유형 승인)에서 다양한 전기적 특성 요구사항을 포함한다.

이 규격은 다양한 유형의 유리(플로트 유리, 패턴 유리 등)를 사용할 수 있으며 사용할 수 있는 태양전지도 결정질 실리콘 태양전지, 박막 태양전지 등 다양하며 층간 충진물질도 폴리 비닐부티랄, 에틸렌 비닐아세테이트 등 다양한 종류로 규정하였다.

4. ISO/TS 62980과 IEC 63092

ISO/TS 62980 규격은 2014년에 커튼월용 태양광모듈 규격으로 제안되었는데 취소되었고 2017년 5월 일본에서 열린 IEC/TC82 본회의에서 ISO 63092와 통합하여 BIPV 규격으로 제정을 하는 것으로 결정되었으며 ISO TC 150과 IEA PVPS Task 15, CENELEC 및 IEC 국가별 위원회와 협동하여 작업하도록 하였다.

통합 이전 프로젝트는 건물의 커튼월에 대한 여러 가지 태양광발전의 주요 기술적 특성을 정의하고 구조적 안전성 및 전기안전을 담보할 수 있는 성능요구사항과 시험방법 및 커튼월의 분류방법을 규정했다. 또한 검사방법은 지반 연속성, 단열성, 풍압 특성평가를 평가하며, 기밀성, 수밀성, 구조적 성능, 차음성능, 열화 사이클 테스트, 방음성능, 방화, 단열성능을 하며 시험 전후로 시각적인 검사도 하도록 되어 있는데 새로 추진되는 규격에서도 이 모든 것을 포함하도록 하였다.

5. 2015년 제안된 IEC 63092

IEC 63092는 2015년 지붕 태양광발전을 위하여 82/1055/Np 제안서에 의해 제안되었다가 2017년 일본 나라에서 열린 IEC/TC82 본회의에서 수정되었는데 당시 작업 중이던 IEC 63092에 IEC 62980을 합쳐서 작업하도록 결정되었다. 통합되기 전 IEC 63092는 지붕에 설치되는 태양광모듈이나 시스템에 대한 규격을 취급하고 있는데 모듈의 프레임과 지지구조물에 관한 사항으로서 모듈에 걸리는 풍압, 충격 강도, 내화성능, 지반연속성, 임펄스 전압, IP 등급과 초기 및 최종 시각적 검사 등을 규정하였다.

6. 현재 작업 중인 IEC 63092

EN 50583이 기준이 되어서 이 규격 제정이 제안되었는데 2개 파트로 구성되어 있다. Part 1은 BIPV 모듈에 관한 사항을 Part 2는 BIPV 시스템에 관한 사항을 규정하고 있다. 이 규격에서는 EU의 지침과 규정이 각국의 사정에 맞는 EN 규격으로 해당 국가의 언어로 대체되었다.

IEA PVPS 태스크 15, Subtask C, Activity C2에서 분류된 체계에 따라 EC 63092 프로젝트 팀이 작업을 수행하였다. 이러한 일련의 작업은 당시까지 진행되어온 IEA, IEC 등의 다양한 기술분과에서 다루고 있는 분류체계를 체계적으로 재분류하거나 통합하는 것이기 때문에 관련 단체 및 관련 기술 분과의 협조와 참여 및 조정이 필수적인 사항이라고 하겠다.

제2절 국제표준규격 제정 현황

1. 규격 제정을 위한 BIPV의 정의

BIPV의 국제표준화 과제를 추진하는 데 있어서 가장 중요한 것은 BIPV를 어떻게 정의해야 하는 것이다. BIPV의 정의에 관한 논의는 IEA(International Energy Agency) Task15와 BIPV의 국제표준화를 수행하고 있는 IEC PT63092에서 행해 왔지만 아직까지는 국제적으로 완전히 확정되지는 않았지만 EU가 중심이 되어 정한 EN 50583과 같이 정의되는 것이 일반적이며 우리나라에서도 이러한 정의를 채택하고 있다. 유럽 국가에서는 BIPV의 개념을 포괄적인 건축물에 적용하는 개념으로 취급하고 있다. 과거에는 BIPV(Building Integrated Photovoltaics : 건물일체형 태양광발전) 및 BAPV(Building Attached Photovoltaics : 첨부형 – 거치형 태양광발전)를 모두 BIPV로 취급하였으나 최근에는 다음과 같이 구분되어 사용되고 있다.

- BIPV : 태양광발전설비 자체가 건물에 부착되어 건물의 외피중 일부로서 대체되어 사용되는 것으로서 BIPV 구조물을 분리했을 경우 건물외피가 건물 외부와 실내를 구분하는 구조물로서의 기능을 상실하는 경우
- BAPV : 태양광발전설비 자체가 건물외피를 구성하는 구조물이 아니라 건물외피에 부착되어 있는 것으로서 이 태양광발전설비를 건물에서 분리하더라도 건물외피의 기능에는 이상을 주지 않는 경우

그러나 이와 같은 정의에도 불구하고 도로 방음벽(noise barrier)의 지붕 등에 설치하는 태양광발전인 경우 건물(building)과는 관련이 없는데도 불구하고 BIPV의 파생 PV 시스템으로 국

제회의 등에서 사용된 경우도 있다.

유럽 규격인 EN 50583은[2] [표 4-1]과 같이 설치 카테고리별로 그 특징이 나타나고 있다. 여기에서는 본질적으로 건축 자재와 태양광발전설비가 일체가 되느냐 아니 되느냐 여부에 달려 있다. 그래서 일본과 같은 일부 국가에서는 용도 및 공종에 의한 구분을 별도로 하지 않고 루버나 발코니 및 난간 등도 BIPV로 분류하기로 하며 이것이 이 규격의 특징이기도 하다. 또한 구성 부재에 대해서도 이중 유리(접합 유리) 모듈과 같은 투과성 부재뿐만 아니라 다양한 부재가 대상으로 해석된다. 즉, 건축 외피를 구성하고 있는 기능재와 일체화되어 있는 태양광발전설비이면 어떠한 구조, 공법 및 용도에도 불구하고 일관되게 BIPV라고 부를 수 있다는 것을 표에서 파악할 수 있다.

그러나 EN 50583의 정의에서는 BIPV 및 BAPV의 경계가 불분명하다. 건축 자재는 다양한 용도와 역할을 가지고 있으며, 기초 재료에서 장식 재료, 성능을 만족시키는 건축 자재에 이르기까지 그 종류와 역할은 다양하다. 그래서 건축 자재 관점뿐만 아니라 건축과의 일체성을 중요시한다. 건축적인 관점에서 건축 자재의 역할을 명확하게 하면, BIPV는 적용 부위부터 건축 외피의 요구 성능에 초점을 맞추는 것이 자연스러운 일이다. 일반적으로 건축 외피에 요구되는 성능은 내풍압, 기밀성, 수밀성, 단열성, 일사차폐성 및 층간변위추종성 등 다양하지만 최소한 요구되는 건축적 성능으로서는 비바람에 견딜 수 있는 성능으로 좁혀진다. 물론, 단열성 등도 중요하지만 이것이 없다고 건축으로 성립되지 않는 것은 아니다. 따라서 단열성은 외피 성능으로 이차적인 성능으로 자리 매김된다. 그래서 중시해야 할 성능은 비바람 대한 성능으로서 풍압에 대한 안전성 확보(내풍압성), 비바람에 의한 압력차에서 발생되는 침수를 방지하기 위한 기밀성과 수밀성이다. 업계에서는 내풍압성, 기밀성, 수밀성을 BIPV가 구비해야 할 3대 성능이라고 하며 이 성능을 보유한 건축 자재가 태양광모듈 기능이 있고 그 불가분성이 만족된다면 BIPV로 정의할 수 있다. 따라서 여기에서는 소정의 외피 성능과 발전성능이 있고 건축 자재로서 통합기능을 가진 태양광모듈 및 태양광발전 시스템을 BIPV라고 정의한다. 이와 같은 정의에 의해 BIPV 및 BAPV를 비교하면 BIPV는 건물과 일체형이 되는 "Integrate" 하는 것이며 BAPV는 건물과는 다른 구조물로서 부착, 즉 "Attach" 하는 것이기 때문에 건축 외피의 경계선을 기준으로 확인하면 통합된 것과 그렇지 않은 것과는 명확히

---

2 IEC 63092(CD) : Photovoltaics in buildings Part 1 : Building integrated photovoltaic modules, Part 2 : Building integrated photovoltaic systems, 2018.

구별할 수 있다. 예를 들어, EN 50583(표 4-1)에 나타내는 카테고리 E는 발코니 난간이 대상이지만, 그들이 건축 외피의 3대 성능에 영향을 끼치지 않는다. 따라서 이것은 BAPV로 분류된다. 마찬가지로 카테고리 A, C의 하부 장벽과 뒷면 레이어에 존재하는 건축 자재가 성능라인 역할을 한다면, PV 모듈이 'Attach'된 것이 되므로 BAPV로 판별할 수 있다.

표 4-1 EN 50583에 의한 BIPV의 정의

카테고리		카테고리 요건 해설
A		경사면 지붕 일체형으로 건물 내에서 접근이 불가능한 PV 모듈, 큰 유리가 낙하하는 것을 방지하기 위해 하부에 베리어를 설치. 0~75도 각도로 건물외피에 설치함
B		경사면 지붕 일체형으로 건물 내에서 접근이 가능한 PV 모듈, 0~75도 각도로 건물외피에 설치함
C		수직면에 취부. 건물 내에서 접근이 불가능한 PV 모듈, 큰 유리가 낙하하는 것을 방지하기 위해 후부에 베리어를 설치. 75~90도 각도 범위에서 건물에 설치함
D		수직면에 취부. 건물 내에서 접근이 가능한 PV 모듈. 75~90도 각도 범위로 건물외피에 설치함
E		건물 내에서 외부로 연결. 접근은 가능하기도 하고 불가능하기도 함. PV 모듈은 건물에 설치. 외피(예컨대 발코니, 셔터, 일사차폐루버 등)의 외측에 추가 기능층을 형성함

2. BIPV 모듈의 진화

BIPV는 단순히 발전성능을 가지는 것뿐만 아니라 건축적 디자인에 대한 대응과 건축 외피에 요구되는 성능을 동시에 만족시킬 수 있는 형태로 진화하고 있다. 이미 유럽 국가에서는 연구 기관과 기업이 건축디자인으로 장점이 많은 PV 모듈을 제공하기 시작했다. 유럽 국가에서는 건축에서 요구되는 큰 면적의 BIPV와 프린티드 PV 모듈 및 다양한 색상을 구현할 수 있는 컬러 PV 모듈 등 다양한 제품 모델을 출시하고 있다. 이와 같이 최근 출시되는 BIPV 모듈은 형식승인 인증을 받고 있는 기존의 PV 모듈과는 큰 차이가 있는 것을 알 수 있다. BIPV 모듈이나 시스템은 크게 진화되고 있는데 단순히 발전효율만을 중시하는 개발목표방향에서 건축적으로 잘 채택될 수 있도록 디자인적인 요소나 기타 설계다양성에 대응할 수 있는 방향으로 변화하고 있음을 알 수 있다.

BIPV를 설치할 때 건물의 어떤 위치에 설치하느냐에 따라 어떤 규제를 받는지에 대한 이

해가 선행되어야 하며 BIPV 모듈은 건축 자재와 일체화되어 있기 때문에 당연히 건축법상 규제를 받지만 발전 기능도 가지는 것으로 전기 안전성 등 전기적 특성에 대한 규제도 동시에 받고 있으므로 건축-전기적인 규제의 정비가 필수적이다.

주택의 지붕에 설치된 태양광발전 시스템은 대부분이 형식승인된 태양광모듈을 채택하기 때문에 치수, 유리 두께 및 태양전지의 매수, 종류, 크기 및 두께(결정질 5inch나 6inch), 탭 라인 및 정션 박스와 같은 사용 재료가 미리 정해져 있다. 또한 인증이 필요한 이유는 소비자가 안심하고 구매하여 사용할 수 있도록 하기 위한 것으로서 제조업자나 제품공급자가 안전한 제품을 확실하게 제공하는 획일적인 사양으로 품질 안정성을 보장하면서 비용을 절감할 수 있는 효과를 올리기 위한 것이며 최종적으로는 이용자에게 이득이 된다. 이 인증된 PV 모듈을 단독주택이나 빌딩 지붕에 계획하는 것은 건축 설계자의 역할이다. 건축 설계자는 발전으로부터 얻는 에너지량과 비용 등의 관계를 검토하는 것이 기본이다. 설계엔지니어가 설치 매수에 따른 정격 출력과 연간 발전량 등을 간단한 시뮬레이션으로 예측할 수 있다. 이러한 것이 형식승인된 태양광모듈을 사용하는 이점의 하나이다.

반면에 건물외피나 지붕에 설치하는 BIPV는 디자인적인 요소나 설치 높이, 설치 부위, 지역 및 응용 영역 등에 따라 BIPV 모듈의 이상적인 방식이 크게 달라진다. BIPV는 건축디자인을 구현하기 위해 모듈의 셀의 매수, 배치패턴 및 피치 등은 종류가 많고 다양하다. 성능 면에서도 동일한 지역이나 설치 높이, 설치 부위에 따른 풍압이 다르기 때문에 적용 높이나 적용 부위에 따라 달라지는 것이 일반적이다. 즉, 형식승인 인증을 받은 PV 모듈에서는 미세한 대처가 어려울 수 밖에 없으며 과대사양으로 인한 낭비 요소가 많아서 상업용 건물과 같은 건물외피에 적용하는 경우 별도의 규격제정이 필요할 것으로 생각된다.

BIPV는 EN 50583 카테고리 B, D에 해당하므로 발전능력뿐만 아니라 열성능이나 시각 적인 효과와 영향도 받는다. 따라서 건축 환경 공학 접근법이 필요하며 형식 인증된 종래의 PV 모듈에 없는 설계기술이 요구된다. 이처럼 기존의 PV와 BIPV 시스템의 도입 과정에는 명확한 차이가 존재한다.

이에 상업용 건물 등 건축 외피에 적용하는 BIPV는 실무상 어떻게 할 것인지를 풀어본다. BIPV 모듈에 한하여 인증을 획득한 것은 전무하기 때문에 기존의 건축 자재 및 전기 분야의 법규제, 규격(ISO, IEC, JIS), 지침, 표준사양서 등을 활용하여 안전하고 요구사항에 부합하도록 전문 건축설계자, 시공사, 파사드 콘트랙터 및 PV 관련 업종의 전문가들이 협의하면서 요구 성능을 정리하고 자체 검증을 실시하고 있다. 즉, 인증이 취해지지 않았기 때문에 인증에서 담보될 수 있는 요구사항에 대해서는 독자적인 시험항목을 설정하고 관계자들이 책임지고 대응해야 한다는 것이다. 이러한 검토가 프로젝트별로 이루어지는 것은 좋은 일이지만, 건축, 재료 및 전기에 대한 BIPV 시스템을 좀 더 잘 통합하고 조화시킬 수 있다면 부분적으로 단순화를 도모하여 건물 특성에 맞도록 BIPV 시스템을 통일시키는 것이 필요하며 이를 보증하기 위해서는 국제표준화 작업이 제안되었고 상당 부분 규격화가 진전되고 있다. BIPV 표준화는 형식 인증 모듈과 BIPV 모듈 사이의 차이를 규격이라는 프레임에서 어떻게 보완하고 건축으로서의 자유도를 존중할 수 있는지를 결정하는 데 중요하다.

3. BIPV 관련 국제규격 등

BIPV의 급증이 예상되기 때문에 양질의 제품 및 시스템을 보증하기 위해서 BIPV와 관련된 표준은 매우 중요하다. 본 장에서는 BIPV와 관련된 모듈 및 시스템과 관련된 국제표준과 과거에 제안된 표준안 등을 [표 4-2]에 제시하고 이들의 개요를 설명하기로 한다.

표 4-2 BIPV 관련 국제표준안 일람표

규격번호	규격제목 등
IEC 61215-1 Ed.1(2016) IEC 61215-2 Ed.1(2016)	지상설치 태양전지모듈의 설계적격성 확인과 형식 인증, 제1부:시험요구 제2부 : 시험수순
IEC 61730-1 Ed. 1(2016) IEC 61730-2 Ed. 1(2016)	태양전지모듈 안전인증, 제1부 : 규격요구사항, 제2부 : 시험요구사항
IEC 60904-9	태양전지디바이스, 제9부 : 솔라시뮬레이터 성능요구조건
IEC 61853	태양전지모듈 성능시험 및 발전인증
IEC 60721	자연계에 나타나는 환경조건의 분류
IEC 62915(TS)	태양전지모듈 설계 및 안전성 인증을 위한 재시험
구 IEC 63092(폐기)	과거 제안된 지붕용 태양전지 / 폐기됨
구 IEC 62890(폐기)	과거 제안된 커튼월용 태양전지모듈(폐기됨)
IEC 63092-1 IEC 63092-2(CD)	건축용 태양전지 제1부 : 건재일체형모듈 건축용 태양전지 제2부 : 건재일체형시스템 현재 IEC에서 검토 중인 국제규격
IEC 19467	창호의 열성능, 솔라시뮬레이터를 사용한 열취득률 결정방법
IEC 18178(TS)	건축용 유리－건축용 유리
EN 50583-1 EN 50583-2	건축용 태양전지 제1부 : BIPV 모듈 건축용 태양전지 제2부 : BIPV 시스템

IEC 61215-1은 지상 설치형 PV 모듈에 대해 설계적격성 확인 및 형식 인증을 수행하는 데 있어서 1부에서는 시험요건, 2부에서는 시험절차에 대해 규정한 것이며, PV 모듈 규격으로서는 기초적인 역할을 한다. IEC 61215-1은 PV 셀의 종류별로 IEC 61215-1-1 c-Si, IEC 61215-1-2 CdTe, IEC 61215-1-3 a-Si 및 마이크로 c-Si, IEC 61215-1-4 CIS와 CIGS의 4종으로 운영되고 있다. IEC 61215에서는 모듈의 설계 및 환경 및 작동 조건에 영향을 받기 때문에 모듈의 전기 및 온도 특성을 결정하고 모듈이 일반적인 야외 기후에 장기간 노출되어도 적격성을 확인한 모듈의 실제 기대 수명은 모듈의 설계 및 환경 및 운전 조건에 영향을 받기 때문에 모듈의 전기적·온도적 특성을 결정하고 모듈이 일반적인 야외 기후에 장기간 노출되어도 견딜 수 있는지 확인하는 것이 목적이다. 따라서 단독주택 지붕 등에 적용되는 PV 모듈도 이에 준하여 확인하고 있다. 또한 BIPV에 준용될 수 있는 항목도 있기 때문에 건축외피 특유의 수직설치 시 눈부심이나 발전특성 등의 과제도 추출하면서 규격정비를 진행할 필요가 있다.

IEC 61730-1은 PV 모듈 안전 인증에 대해 규정하였는데, 1부에서 구조 요구사항이 2부에서 시험 요구사항이 규정되어 있다. 이 표준은 안전한 전기 및 기계 작동을 제공하기 위한 PV 모듈의 기본 구조 요구사항을 보여준다. 특히 기계 및 환경 스트레스로 인한 감전, 화재 위험 및 인적 상해 예방을 평가한다. BIPV는 건축 외피에 적용되기 때문에 BIPV 모듈에 직접 접촉할 수 있으며 이 부분의 평가 항목도 참고하여 검토해야 한다.

이미 폐기된 구 **IEC 62890이나 구 IEC, 63092**는 전자가 커튼월(이하 CW)용 BIPV 모듈과 시스템을 대상으로 했고 후자가 지붕용 BIPV 모듈과 시스템을 대상으로 했다. 이들은 외벽재나 지붕재로 기능하는 것을 목적으로 한 규격안이기 때문에 시험항목에 전기영역은 거의 없으며 기존 CW나 지붕재의 시험항목 위주로 테스트 시퀀스가 표시되어 있었을 뿐 내용은 사소하거나 부적절했다.

IEC 60904-9는 평면·비집광형 발전을 목적으로 하는 지상용 결정계 태양전지 셀 및 지상용 결정계 태양전지모듈의 출력 측정에 사용되는 결정계 태양전지 측정용 태양전지 시뮬레이터를 규정하고 있다. 태양광 시뮬레이터는 전기적 성능 외에 건축 외피 성능에 관한 열적 성능을 가미한 시험방법에 대해 IEC PT 63092에서 검토를 진행하고 있으며 중요한 규격 중 하나로 포착하고 있다. 현재 IEC 61853은 4개의 부분으로 구성되어 있으며, 1부는 정격전력(Wh)의 관점에서 PV 모듈의 성능을 평가하기 위한 요구사항을 기술하고 있다. 제2영역에서는 방사조도, 주변온도, 풍속으로부터 모듈온도를 결정하는 테스트 절차와 입사각 효과의 측정방법 및 분광감도를 제시하고, 제4영역에서는 에너지 정격값을 계산하는 데 사용되는 표준기상자료파일에 관하여 설명하고 있으며 3부에서는 1부, 2부 및 4부의 데이터를 사용하여 PV 모듈의 에너지 정격치를 계산하는 방법이 설명되어 있다.

IEC 60721은 기온 습도에서 기후 분류를 나타내며 제품 테스트 및 적용 시 적절한 온습도를 선택하는 자료로 사용된다(남극과 해발 5,000m 이상 제외). 이 표준은 시험이나 시뮬레이션 등에 활용된다.

IEC TS 62195는 소위 리테스팅에 관한 규격으로 형식 변경 또는 변경 예정 지상용 PV 모듈의 형식 인증을 유지하기 위해 필요한 항목을 규정하고 있다. 재료 선택, 구성, 제조 과정의 변화는 제품의 전기적 성능, 신뢰성 및 안전성에 영향을 미치기 때문에 BIPV의 안선성 확보에는 관련 규격이 되지만 BIPV의 특성상 자유도를 방해하지 않는 쪽으로 규정하는 것이 필요하다. 또한 유리 제조 측면에서는 BIPV 모듈의 형식 인증에 있어서 그곳에서 벗어난 것에 대해 리테스팅하는 항목을 규격으로 논의되는 것이지만 그 진행상황은 확실하지 않다. 만약 ISO의 건축용 유리로 BIPV의 리테스팅 요건을 규정한다면, 단순히 유리만을 특화하는 것이 아니라 전기적 요건(IEC TS 62195)이나 건축적 요구사항을 근거로 BIPV 표준에 맞게 되도록 해야 할 것이다. ISO19467은 창호의 일사열 획득률을 측정하는 방법을 지정한 것으로, 창호에 적용된다. 비수직 창호 또는 커튼월(CW)은, 본 표준에 포함되지 않고도, 창문용 BIPV를 정보로 포함하고, 태양열 취득계수(SHGC; Solar Heat Gain Coefficient)는 BIPV의 중요한 지표가 될 수 있기 때문에 시험방법 및 시험조건을 다른 규격과 어긋나지 않도록 하는 것이 중요하다. 또한 이 표준은 IEC 60904-9와 함께 범위와 그 합치도 등에서도 조화가 필요하지만, 창문으로서의 BIPV와 건축 외피(CW 구법)로서의 BIPV와의 차이도 포함하고, 그 뒤를 이어 조정을 도모해나가야 한다.

ISO/TS 18178은 외관, 내구성, 안전성 요구사항, 시험방법 및 건축물에 사용하는 이중유리 모듈에 대해 규정하고 있다. ISO/TS 18178은 건물일체형 태양광발전(BIPV)에 적용되며, 부착형 거치형 태양광발전설비(BAPV)도 참조할 수 있다. 이 규격은 전기적 성능에 관한 항목을 포함하지 않으며 건축 자재에 특화되어 있기 때문에 IEC 표준과 결합하여 재구성해야 한다.

EN 50583은 건축용 태양전지의 유럽 표준이며 모듈과 시스템에 관해서 규정하고 있다. 건축 및 전기제품으로서의 EU 지침 외에 설치 형태별로 기계적 안정성 및 화재 시 안전성 등의 요구사항이 설정되어 있다. 재료로는 유리, 폴리머, 금속시트 등도 광범위하게 대상이

되고 있다. 유럽의 지역 표준이지만 필요한 항목은 참고하여 국제표준화에 활용한다. BIPV와 관련된 규격은 건축, 건축 자재, 재료, 전기 분야로 만들기 때문에 정리 통합하기에는 매우 복잡하게 비쳐져서 이해하기 어렵다. 각 규격의 특성으로부터 전용을 [그림 4-1]에 나타내었다. 도형의 가로축은 설치 부위별로 구분되는 범주이며, 세로축은 규격의 대상 영역 등을 나타낸다. [그림 4-1]에서는 유리에 초점을 맞추어 ISO/TS 18178, PV 모듈과 시스템을 중심으로 EN 50583에 대해 폐기된 구 IEC 63092와 구 IEC 62890을 정리하고 새로 제정되는 IEC 63092-1과 IEC 63092-2(Photovoltaics in buildings, part 1 BIPVmodules, Part 2 BIPV systems)에서 표준안의 제시 영역과 타 표준의 관련성에 대하여 나타내었다. 현재 BIPV로서의 성립 요구사항을 잘 포함시키면서 IEC TC82의 PT 63092를 어떻게 수정시킬 것인가에 대한 검토가 진행되고 있다.

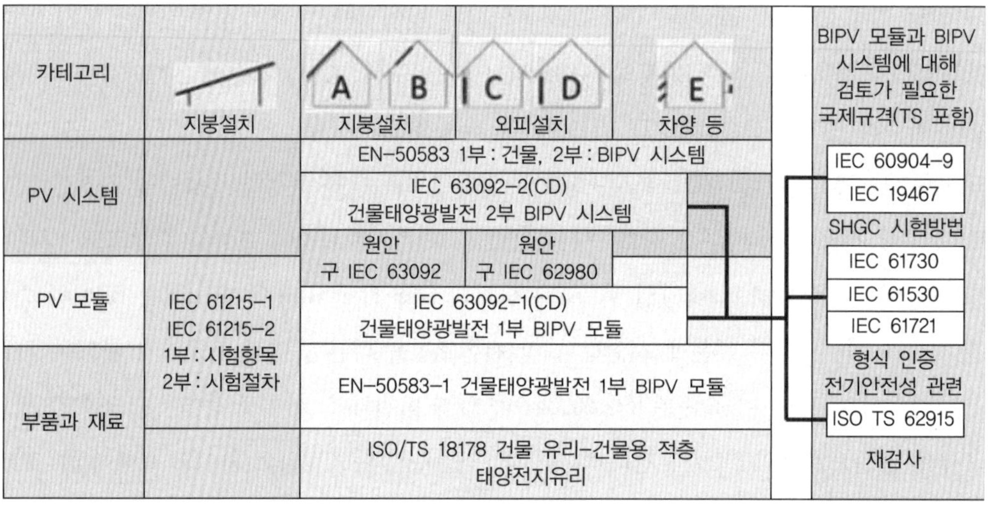

그림 4-1 BIPV 국제규격화를 향한 각종 규격 및 규격안 요약

4. 규격 정비를 위한 건축적 기술적 과제

BIPV 국제표준화를 위한 기술적 과제는 [표 4-3]의 회색 배경부에 있다. 표의 흰 배경부는 현 국제표준과는 무관하지만 우려되는 사항을 건축적 관점에서 표시했다.

표 4-3 BIPV 모듈 규격화를 향한 과제와 건축적 과제

성능 / 항목	개요
단열성능 / U値	현시점에서 종래의 계측방법을 사용하면 충분함. U値는 셀 배치나 매수에 관계되며 종래의 유리와 동일한 성능을 가짐
일사열취득률 / G値	BIPV에 있어서 G値는 발전상태에서 계측이 현실적임. 기왕의 연구에서는 성능이 향상하는 것이 명확하지 않아서 BIPV의 새로운 시험방법으로 제안할 필요가 있음
광원 스펙트럼에 의한 차이	IEC의 발전성능에 있어서 광원 스펙트럼의 적용 영역은 400~1,000nm인데 일사열취득률은 300~2,500nm로서 이 차이를 기술적으로 취급하기 용이하게 조정해나가는 것이 필요함
대표 샘플의 사이즈	다양한 BIPV 모듈에 대응하여 시험항목의 한계성이 있는 부분을 추출하여 최적인 대표적 샘플 사이즈를 규정할 필요가 있음
Retesting	대표 샘플 사이즈와 같은 프로잭트에서도 다른 모듈이 있어 건축자유도를 손상시킬 우려가 있으므로 계산과 시험을 병용해서 재시험하는 방안에 대한 검토가 필요함
방화 및 내화성능	전기적 에러나 근린 및 내부로부터의 화재에 대하여 화염진행속도 평가가 필요. 기존 연구에서는 종래의 유리와 같은 영향을 받는지가 명확하게 되지 않음
수직면에 있어서 발전성능	BIPV는 연직면에 설치하면 주변환경의 영향으로 반사광 등이 발생되는데 발전성능이나 주변에의 영향 등에 대한 배려가 필요함
내구성능	BIPV는 종래 PV 모듈보다도 건재로서 장기간 사용되어야 하기 때문에 장기간이 지나도 전기안전성이 유지되는지를 점검하는 시험항목이 필요함

여기에서 BIPV 모듈 및 시스템 국제표준화위원회 건축 분과 회의 및 IEC TC82의 PT 63092 내에서 검토가 진행되고 있는 내용에 대해 건축적 시각에서 고려하고 있는 대표적인 항목에 설명하면 다음과 같다.

단열성능(U値)

단열성능은 유리창으로서의 규정과 유리로써의 규정의 두 종류가 있으며, 계산법과 측정법이 제시되어 있다. 대표적인 것은 유리창의 성능으로서의 ISO 10077과 ISO 12567이며 유리로서는 ISO 12567이다. 단열 성능 테스트는 활성 상태(발전 상태)에서 측정하기가 어려워 현재로서는 기존의 측정 방법을 적용하여 충분하다고 생각한다. BIPV는 PV 셀의 배치가 [그림 4-2]와 같이 복잡할 수도 있기 때문에 단열 성능에 대해 우려하는 사람도 있지만, 현실적으로 PV 모듈과 기존 유리의 판 두께, 구성, 인터레이어의 종류와 두께 등이 같으면 큰 차이가 없는 것으로 보고되고 있다. 참고로 기존의 연구를 설명한다. [그림 4-3]은 시험조건, [그림 4-4]는 결과를 나타낸다. 투명유리(개구율 100% : 셀 없음)와 PV 모듈의 개구율이 서로 다른 20, 30, 40% 및 PV 셀 간 거리가 넓은 개구율 30%인 유형을 유리구성, 종류별로 비교하였

으나 큰 차이가 없는 것으로 나타났다. 즉, BIPV 모듈은 보통 유리와 동일한 U값을 채택할 수 있어 외피 성능인 PAL의 산정 등에 큰 도움이 된다.

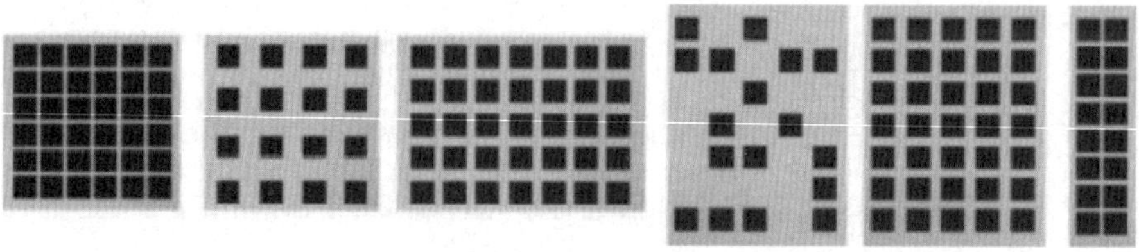

그림 4-2 다양한 태양광모듈의 예

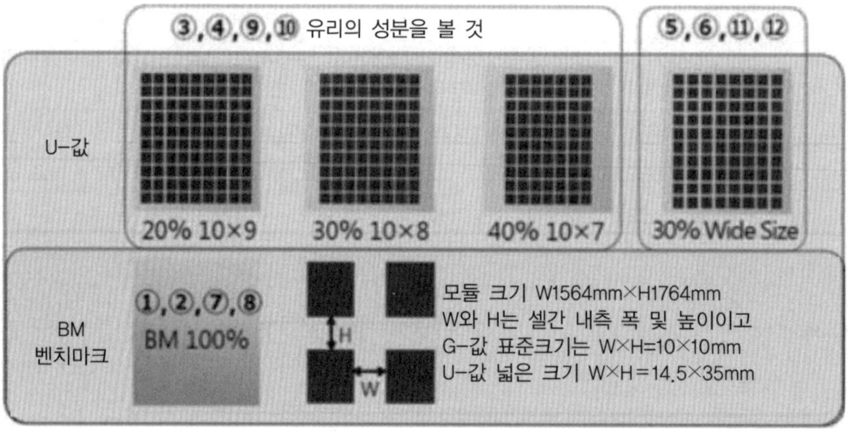

그림 4-3 일반유리와 BIPV 모듈의 U-값 시험조건

Glass Types		Laminated		IGU		Low-E coated IGU			
Aperture Ratio (%)		Not Low-E (W/m²·K)		Not Low-E (W/m²·K)		Summer ver. (W/m²·K)		Winter ver. (W/m²·K)	
100	BM	①	5.12	②	3.11	⑦	2.26	⑧	2.37
20	BIPV	③	5.09	④	3.15	⑨	2.28	⑩	2.31
30	BIPV	③	5.08	④	2.96	⑨	2.30	⑩	2.31
40	BIPV	③	5.14	④	2.99	⑨	2.33	⑩	2.33
30 Wide	BIPV	⑤	5.08	⑥	3.06	⑪	2.29	⑫	2.27

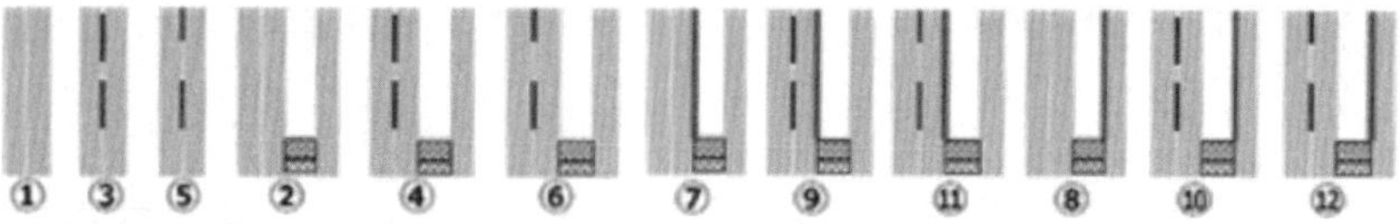

그림 4-4 일반 유리와 BIPV 모듈의 U-값 시험결과

일사열 취득률(G値)

태양열 취득률(SHGC) 측정은 BIPV 모듈에서도 창문과 마찬가지로 개방식으로 측정하고 있지만 현실적으로는 폐쇄식으로 측정하는 것이 실제 상태를 재현할 수 있기 때문에 추천할 수 있는 시험방법이다. BIPV 모듈의 G 값은 폐쇄 회로에 전기 부하 장치를 연결한 상태에서 측정할 때 기존의 G값(개방 상태) 측정값보다 향상되는 것으로 입증되었다.

광원 스펙트럼에 의한 차이

발전 출력 측정에 사용되는 IEC, 60904-9의 광원 스펙트럼은 적용 영역이 400～1,100nm인 반면, ISO19467의 일사열 획득률에 의한 스펙트럼 적용 영역이 300～2,500nm로 적용범위를 벗어나 있다. PV 모듈의 측정은 단파장 적외선 영역에 민감한 PV 셀이 없기 때문에 1,100nm 이후의 측정이 필요하지 않으며 건축 측면에서는 단파장 적외선 영역인 2,500nm까지가 열적 성능에 영향을 미칠 수 있는 것이 그 이유이다. 그러나 최근에는 기존보다 장파장 측에 감도 있는 PV 셀이 개발되었고 앞으로 더 개발될 가능성이 있기 때문에 1,200nm 범위까지 검토되고 있다. 또한 ISO에서는 파장범위 300～2,500nm인 상대 스펙트럼 강도는 1,100～1,700nm에서 14.1%, 1,700～2,500nm가 4.8%이기 때문에 BIPV에 있어서 광원의 실현성이나 일반화 및 범용성에도 근거하여 BIPV의 일사 열 획득률 테스트를 위한 파장 범위 조정이 과제 중 하나이다.

대표 표본 크기

대표 샘플은 형식 인증 획득에 필요한 평가 시험에서 시험설비에 시험체 크기가 제한되는 경우나 WH 크기에 변형이 있는 경우 등 적용되는 전 종류의 제품에 대해 실제품과 동등하거나 조건이 엄격해지는 사양이나 크기를 대표 샘플로 사용함으로써 실제품보다 작은 시험체에서도 인증평가 시험 샘플로 인가하는 것을 말한다. 즉, 실제 크기 시험체나 모든 종류에서 시험 실시를 생략할 수 있는 대표된 샘플 크기이다. 여기서의 도전은 주로 IEC 61215와 ISO/TS 18178과 함께 대표 샘플 크기가 다른 점에 해당 IEC에서는 원칙적으로 실제 크기와 같은 모듈을 채택하고 있지만 유사한 구성 요소를 가지면서 평가에 미치는 영향이 적은 대표 샘플 크기도 규정되어 있다.

한편 ISO에서는 각 시험항목에 대하여 시험체 크기가 정해져 있으며 그 종류는 다양하다.

또한 작은 샘플 크기로 좋은 항목과 실제 크기와 같은 샘플을 요구하는 항목이 ISO에는 혼재하지만 시험 장비에서는 수용할 수 없는 큰 시험체에 대한 설명이 규정되어 있지 않으므로 보완하는 것이 필요하다. BIPV 모듈은 기존의 인증 획득 PV 모듈과 달리 프로젝트에 적용되는 WH 크기와 유리 두께 및 유리 구성이 다르기 때문에 시험 장비에 적용되며 부합하지 않는 경우가 많다. 또한 프로젝트 내에서도 크기 차이나 구성 차이가 생기는 일도 빈번하다. 따라서 다양한 BIPV 모듈을 수용하기 위해서는 진기 긴축 시험 항목의 중요한 부분을 추출하여 최적의 대표 샘플 크기를 규정할 필요가 있다. 예를 들어 별도 계산 등도 포함한 기법도 조합해 공통항목을 구축해나갈 필요가 있다.

Retesting

리테스팅은 형식승인 인증을 획득한 BIPV 모듈에 있어서 인증취득 후에 WH 크기나 판의 두께, 재료 등 사양 변경이 발생하면 변경 정도에 따라 필요한 항목에 대한 평가시험을 다시 실시해야 하는 것을 말한다. 일정 조건하에 리테스팅이 면제되는 시험항목은 사양 변경에 있어 일부는 재시험이 필요하지 않다.

BIPV 모듈은 전술한 바와 같이 종래의 인증을 취득한 PV 모듈과 달리, 각 프로젝트 혹은 프로젝트 내에서도 BIPV 모듈의 크기, 판의 두께, 셀의 배열 및 유리 구성이 다르게 되는 것이 많다. 이러한 이유 때문에 형식승인된 BIPV 모듈도 리테스팅이 필요하고 다양한 부담이 예상된다. 그래서 최소한도 확인을 통해 대체할 수 있는 항목을 좁히거나 계산(시뮬레이션)에 의한 확인 등도 하나의 방안일 것이다. 그러나 전기 및 건축 자재에 대한 리테스팅에 의한 시험 항목이 동일하더라도 각각의 평가점수가 다르기 때문에 판단기준이 부합하지 않는 경우도 있다. 이때 세심한 주의가 필요하며 이것들을 근거로 BIPV 특유의 자유도를 저해하지 않는 방향으로 BIPV 모듈의 리테스팅에 대한 필요한 사항과 불필요한 사항에 대한 논의가 필요하다.

방화 및 내화성능

BIPV의 우려 중 하나인 방화 내화성능에 대해서는 각국 또는 각 지역별로 건축 외피의 방화성능에 있어서 자체 기준을 마련하고 있는 경우가 많다고 한다. 그렇기 때문에 국제적 차원에서의 규격화에는 부적절하다는 의견도 있다. 그렇지만 방화 및 내화 성능요구사항은 각국에서 거의 동일하며 공통된 관심사이다. 따라서 표준화를 위한 검증이 필요하지 않나 생각한다. 특히 최근에는 주택 지붕에 설치하는 기존 PV 모듈로 인한 화재 문제가 지적되고 있어 방화 및 내화 문제에 한해서 모듈로서 형식 인증을 받고 있기 때문에 성능시험 없이 안심하라는 것만으로는 근원적인 문제를 해결하지 못하고 있다. 이는 BIPV가 건축과 융합되어 시스템으로서 최종 성능 평가가 정해지는 데 기인하기 때문에 방화에 대해 건축적 관점에서 주의해야 할 과제이다.

BIPV의 화재 시 성상에 대해서는 기존 연구에 의해 보고되고 있는데, 여기서는 그 한 예가 소개된다. IPV에서의 화재 위험으로는 주로 다음 세 가지가 있다.

① BIPV 모듈 또는 관련 주변 기기의 전기적 오류로 인한 화재 발생
② 인근 건물에서 BIPV 모듈이 화염에 노출돼 건축 외피로 화재가 확장 또는 모듈을 관통
③ 내부 화재로 인해 BIPV 모듈을 관통해 상층 연소 등을 일으킬 우려

이를 검증하기 위해 BIPV 모듈을 전기 부하 장치에 연결한 상태에서 방화 테스트를 수행했다. 시험결과, 결정계 실리콘을 이용한 BIPV 모듈에서는 가정한 바와 같이 보통 유리와 같은 사양(유리판 두께, 중간막 종류나 막 두께 등)이라면 대체로 동등한 성능이 유지된다는 것이 확인되었다. 시험장면은 [그림 4-5]와 같다. 시험에서는 결합된 유리의 일부가 박리되어 낙하하고, 비가열면 측으로의 분출 화염은 약간 생겼지만 기존 유리와 비슷한 결과였다.

그림 4-5 BIPV 모듈의 발전 상태에서의 방화 및 내화시험

수직면에서의 발전성능

BIPV는 주로 수직면에 설치되기 때문에 주변 환경의 영향으로 그림자와 반사가 발생하고 발전성능 및 주변 환경에 대한 음영의 영향에 대한 분석이 필요하다. 특히 발전성능 평가에 관해서는 IEC 60904, IEC 61853을 활용하여 BIPV 모듈과 시스템에서 성능 평가를 구축해야 하며 수직 설치 PV 모듈의 발전량은 기존의 야외 설치 PV 모듈과는 다른 평가가 필요하다. 예를 들어, 낮은 입사각에서의 표면 반사 효과에 대한 평가 방법 및 반사광에 의한 그레어 평가 및 주변 환경으로부터의 증가되는 반사광 등이다.

내구성능

BIPV는 건축 자재로 사용되기 때문에 요구되는 내구성은 기존의 PV 모듈과 비교하여 훨씬 더 긴 수명기간 동안 유지되는 것이 필요하다. 그러나 현재 내구성에 관련된 항목의 대부분은 IEC 61215와 같은 지상 설치 PV 모듈에서 인용되어 BIPV에 부합한다고 말하기가 어렵다. 따라서 BIPV의 요구 성능에 부합하는 시험조건 및 새로운 시험 항목이 필요하다. 또한 원칙적으로 건축 자재와 동등한 내구성을 PV의 전기 부품에 적용하기가 어렵기 때문에 발전 부분이나 그 주변에 오류나 결함이 생기면 신속하게 그 부위를 회피하거나 차단하는 등 전기적 안전성이 확보되어야 한다고 생각하며 그러한 항목도 시스템으로 필요할 것이다.

BIPV는 건축 자재와 전기설비라는 두 가지 측면이 있기 때문에 그 내구성이나 오류 빈도에 관해서는 아무래도 서로 맞지 않는 부분이 있다. 또한 BIPV는 건축 외피에 설치되기 때문에 일단 오류가 생기면 유지보수나 수리교체를 위해 발판을 짜는 등 특별한 대응이 필요해진다. 이와 같은 과제를 해결하려면 예를 들어 실내 측에 설치하는 등의 방법이 있다. 구체적으로는 투명한 밀봉재로 덮인 PV 모듈을 기존의 외피를 구성하는 유리면에 실내부로부터 부착하고 이중 유리 모듈을 실내면에 설치하는 걸이식 PV 모듈(그림 4-6)과 블라인드형 PV 모듈(그림 4-7) 등을 들 수 있다. 이들은 BIPV 모듈의 유지보수성에 대한 문제를 고려하면 효과적인 수단이다. 그러나 발전성능이나 실내 설치에 따른 누전 및 감전에 대한 우려, 전기적 오류에 의한 발화 및 유리열 균열 등의 우려사항도 앞으로는 정비해나가야 할 필요가 있으며 현재 검토를 진행하고 있는 항목 중 하나이다.

그림 4-6 실내에 거는 방식의 BIPV

그림 4-7 블라인드형 BIPV

5. 규격 제정 문제

현재 BIPV 모듈 및 시스템에 대한 국제표준은 존재하지 않지만 지상 설치형 PV 모듈을 대상으로 하는 IEC 61215 인증 시스템 및 IEC 61730의 전기안전과 관련된 시험 등에 부합하는 항목을 활용하면서 과거에 제안된 규격안을 잘 활용하고 국제적 차원에서 요구되는 기초적 평가항목 구축을 현재 진행하고 있다. 한편 BIPV의 특장점이라고 할 수 있는 디자인을 살리는 유연한 설계를 위해 어떻게 대처하느냐는 건축에 있어서 매우 중요한 부분이다. 따라서 대표 샘플 및 리테스팅에 관한 항목은 BIPV의 표준화를 위해 필요한 것인지 불필요한 것인지 여부에 대한 판단 근거로 제대로 된 조정이 필요할 것이다. 또한 평가방법으로는 수직면의 발전량 및 일사열 취득률에 따른 새로운 시험방법 제안 등을 통해 BIPV 적용을 용이하게 하는 것을 목표로 하고 있어 제로에너지건물의 구현에 기여할 수 있도록 하는 것이 중요하다.

제3절 우리나라의 BIPV 관련 규정

1. BIPV 정의에 대한 규정

BIPV의 정의에 관한 규정은 「신·재생에너지설비의 지원 등에 관한 지침(신재생에너지 센터공고 2020-5호)」의 별표 1 신·재생에너지 설비 원별 시공기준(제7조 제1항 관련)의 '2-가'

항에서 태양광설비의 설치유형을 지상형과 건물형으로 분류한 후 건물형은 3가지로 나누어서 ① 건물설치형, ② 건물부착형, ③ 건물일체형으로 분류했는데 BIPV는 이 분류 중 3번째 분류에 해당하는 것으로서 원문은 다음과 같다.

2) 건물형 : 건축물에 태양광설비를 설치하는 형태

가) 건물설치형 : 건축물 옥상 등에 설치하는 태양광설비의 유형

나) 건물부착형(이하 "BAPV형 : Building Attached PhotoVoltaic") : 건축물 경사 지붕 또는 외벽 등에 밀착하여 설치하는 태양광설비의 유형

다) 건물일체형(이하 "BIPV형 : Building Integrated PhotoVoltaic") : 태양광모듈을 건축물에 설치하여 건축 부자재의 역할 및 기능과 전력생산을 동시에 할 수 있는 태양광설비로 창호, 스팬드럴, 커튼월, 이중파사드, 외벽, 지붕재 등 건축물을 일부 또는 완전히 둘러싸는 벽, 창, 지붕 형태로 모듈이 제거될 경우 건물외피의 핵심기능이 상실 또는 훼손될 수 있어 다른 건축자재로 대체되어야 하는 구조

2. BIPV 설치 시 준수사항

BIPV설치 시 준수사항은 「신·재생에너지설비의 지원 등에 관한 지침(신재생에너지 센터 공고 2020-5호)」의 별표 1 신·재생에너지 설비 원별 시공기준(제7조 제1항 관련)의 '2-나-2)' 항에서 태양광발전모듈에 대한 준수사항을 제품별, 설치상태별로 규정했는데 원문은 다음과 같다.

나. 공통 준수사항

2) 태양광발전모듈

가) 제품

② **BIPV형 모듈**은 센터장이 별도로 정하는 품질기준(**KS C 8561 또는 8562 일부준용**)에 따라 '발전성능' 및 '내구성' 등을 만족하는 시험결과가 포함된 시험성적서를 설비(설치)확인 신청 시 신재생에너지센터(이하 "센터")에 제출할 경우에는 사용할 수 있다.

다) 설치상태

① 모듈의 일조면은 원칙적으로 정남향 방향으로 설치하여야 한다. 정남향으로 설치가 불가능할 경우에 한하여 정남향을 기준으로 동쪽 또는 서쪽 방향으로 45도 이내(RPS의 경우 60도 이내)로 설치하여야 한다. **다만, BIPV, 방음벽 태양광 등의 경우에는 정남향을 기준으로 동쪽 또는 서쪽 방향으로 90도 이내에 설치할 수 있다.**

② 모듈의 일조시간은 장애물로 인한 음영에도 불구하고 1일 5시간[춘계(3~5월)·추계(9~11월)기준] 이상이어야 하며 전선, 피뢰침, 안테나 등 경미한 음영은 장애물로 보지 않는다.
③ 모듈 설치 열이 2열 이상일 경우 앞 열은 뒷 열에 음영이지지 않도록 설치하여야 한다.

3. 설치 유형별 준수사항

설치 유형별 준수사항은 「신·재생에너지설비의 지원 등에 관한 지침(신재생에너지 센터 공고 2020-5호)」의 별표 1 신·재생에너지 설비 원별 시공기준(제7조 제1항 관련)의 '2-다)'항에서 BAPV와 BIPV로 구분하여 규정했는데 원문은 다음과 같다.

다. 설치 유형별 준수 사항

4) BAPV형 준수사항

가) 모듈 배면의 배선이 배수 또는 이물질에 노출될 수 있으므로 경사지붕 및 외벽 표면에 전선이 닿지 않도록 견고하게 고정하여야 하며 태양광설비 부착 시 경사지붕 및 외벽 표면에 크랙이 생기지 않도록 하고 방수 등에 문제가 없도록 설치하여야 한다.

나) 배면환기를 위해 모듈의 프레임 밑면(프레임 없는 방식은 모듈의 가장 밑면)부터 가장 가까운 지붕면 및 외벽의 이격거리는 10cm 이상이어야 하며 배선처리는 바닥에 닿지 않도록 단단하게 고정해야 한다.

5) BIPV형 준수사항

신청자(소유자, 발주처 등을 포함), 설계자 및 시공자는 모듈 온도 상승에 따른 건축물 부자재 파괴방지, 발전량 저감 최소화 방안 및 방수계획을 수립하여 설계하고 시공하여야 하며 감리원은 이를 확인하여야 한다.

6) 건물설치형 및 BAPV형 준수사항

가) 3kW를 초과하는 태양광설비의 경우 건축구조기준에 따른 안전성과 적정성이 확보되었음을 관계전문기술자로부터 확인받아야 하며 확인받은 바에 따라 시공하여야 한다.

나) 3kW 이하의 태양광설비를 주택 및 건물 등 구조물에 설치하고자 할 경우(RPS 사업은 제외)에는 하중을 지지할 수 있는 콘크리트 및 철제 구조물 등에 직접 고정하여야 한다. 태양광설비의 하중을 지지할 수 있는 구조물에 직접 고정이 불가능한 경우에는 해당 태양광설비(건축물 등에 고정되는 지지대 등을 포함한 전체 설비)가 현행 건축구조기준에 따라 안전성과 적정성이 확보되었음을 관계전문기술자로부터 확인받아야 하며 확인받은 바에 따라 시공하여야 한다.

다) 태양광설비를 주택 및 건물 등의 상부에 설치할 경우 태양광설비의 눈·얼음이 보행자에게 낙하하는 것을 방지하기 위하여 모든 모듈 끝선이 건물의 외벽 마감선을 벗어나지 않도록 설치하여야 한다.

4. 태양광설비 시공 가이드라인

BIPV에 대한 태양광설비시공가이드라인은 「신·재생에너지설비의 지원 등에 관한 지침(신재생에너지 센터공고 2020-5호)」의 별표 1-1 신·재생에너지 설비 원별 시공 가이드라인(제7조 제2항 관련)의 '1-마-1)'항에 규정되어 있는데 원문은 다음과 같다.

1. 태양광설비 시공 가이드라인

마. 기타

1) BIPV

신청자(소유자, 발주처 등을 포함), 설계자 및 시공자는 다음에 따라 설계·시공하도록 한다.

가) **「건축물의 에너지절약설계기준」**(국토교통부고시)에 **따라 BIPV와 연결된 건축물 부위에는 단열을 위한 열손실 방지 대책을 설계·시공시 반영하도록 한다.**

나) **모듈 배면으로의** 태양 **일사 유입을 최소화**하거나 모듈 배면에 **통풍이 가능한 방안**을 설계·시공 시 반영하도록 한다. 특히 내부 공기량이 적은 **스팬드럴 등의 부위에 설치되는 경우**, 백시트 방식을 적용하거나 G to G(Glass to Glass) 방식의 경우 모듈의 셀 대비 유리 면적 비율 축소, 일사획득계수가 낮은 BIPV 창호 적용 등 **실내로의 태양 일사 유입을 최소화하기 위한 적절한 방안**을 설계 시 반영하도록 한다.

다) **방수 기능**은 외부의 비 또는 눈을 차단하는 것으로 모듈은 물론 **모듈외의 건축외피와 모듈 사이의 접합부위 및 모듈간의 접합부위를 밀실하게** 하여야 한다.

5. BIPV에 대한 단위 에너지생산량 및 원별 보정계수 부여 규정

BIPV는 지상설치형 태양광발전설비에 비해 건물에 설치를 해야 하기 때문에 시공 비용이 상대적으로 높아서 보급 환경이 불리하다. 따라서 BIPV의 보급을 촉진하기 위해서는 산업통상자원부 고시에서 정하는 바에 따라 BIPV에 대해서는 예상 에너지사용량을 산정 시 단위 에너지사용량 계상을 위한 가중치를 높게 부여하고 있다.

이 규정은 공공건물 등을 대상으로 규정한 신재생에너지공급의무비율을 산정, 평가하기 위한 기준이 되는데 1kW의 신재생에너지 설비를 설치하는 경우 생산할 것으로 예상이 되는 에너지생산량을 산출할 때 모든 종류의 신재생에너지 설비에 대하여 '원별 보정계수'라는 개념을 도입하여 가중치를 다르게 부여하고 있다.

'원별 보정계수'가 고정식 태양광발전인 경우 1.56이고 추적식 태양광발전인 경우 1.68인데 비해 BIPV의 경우 5.48을 부여함으로써 BIPV에 대한 보급 촉진을 유도하는 정책수단으로 하고 있는 것이 특징이다. 이와 관련된 사항에 대한 법규를 요약하여 소개하면 다음과 같다.

1. 산업통상자원부 고시 제2019-66호

[별표 2] **신·재생에너지 공급의무 비율의 산정기준 및 방법(제48조 관련)**

1. 신·재생에너지 공급의무 비율(%)은 다음의 식으로 산정한다.

$$\text{신·재생에너지 공급의무 비율} = \frac{\text{신·재생에너지 생산량}}{\text{예상 에너지사용량}} \times 100$$

비고)

(1) 신·재생에너지 공급의무 비율이란 건축물에서 연간 사용이 예측되는 총에너지량 중 그 일부를 의무적으로 신·재생에너지설비를 이용하여 생산한 에너지로 공급해야 하는 비율이다.

(2) 신·재생에너지 생산량이란 신·재생에너지를 이용하여 공급되는 에너지를 의미하며, 신·재생에너지설비를 이용하여 연간 생산하는 에너지의 양을 보정한 값이다.

(3) 예상 에너지사용량이란 건축물에서 연간 사용이 예측되는 총에너지의 양이다.

* 신·재생에너지 생산량 및 예상 에너지사용량은 법 제12조 제2항 및 영 제15조 제3항에 의함

2. **예상 에너지사용량**은 다음의 식으로 산정한다.

$$\text{예상 에너지사용량} = \text{건축 연면적} \times \text{단위 에너지사용량} \times \text{지역계수}$$

비고)

(1) 연면적이란 영 제15조 제2항에 따른 연면적을 말한다. 단, 주차장 면적은 연면적에서 제외한다.

(2) 단위 에너지사용량이란 용도별 건축물의 단위면적당 연간 사용이 예측되는 에너지의 양이다.

(3) 지역계수란 지역별 기상조건을 고려한 계수이다.

(4) 단위 에너지사용량 및 지역계수는 다음과 같다.

3. **신·재생에너지 생산량**은 다음의 식으로 산정한다.

$$\text{신·재생에너지 생산량} = \text{원별 설치규모} \times \text{단위 에너지생산량} \times \text{원별 보정계수}$$

비고)

(1) 원별 설치규모란 설치계획을 수립한 신·재생에너지원의 규모를 말한다.

(2) 단위 에너지생산량이란 신·재생에너지원별 단위 설치규모에서 연간 생산되는 에너지의 양이다.

(3) 원별 보정계수란 신·재생에너지원별 연간 에너지생산량을 보정하기 위한 계수이다.

(4) 단위 에너지생산량, 원별 보정계수는 센터의 장이 정한다. 다만, 단위 에너지생산량이 현저히 낮은 신·재생에너지원의 보정계수는 다른 신·재생에너지원 보정계수의 최대치를 초과할 수 없다.

2. 단위 에너지생산량 및 원별 보정계수(산업통상자원부 고시 제2019-66호 별표 10)

단위 에너지생산량 및 원별 보정계수

신·재생에너지원		단위 에너지생산량		원별 보정계수
태양광	고정식	1,358	kWh/kW·yr	1.56
	추적식	1,765		1.68
	BIPV	923		5.48
태양열	평판형	596	$kWh/m^2 \cdot yr$	1.42
	단일진공관형	745	$kWh/m^2 \cdot yr$	1.14
	이중진공관형	745	$kWh/m^2 \cdot yr$	1.14
지열에너지	수직밀폐형	864	kWh/kW·yr	1.09
	개방형	864		1.00
집광채광	프리즘	132	$kWh/m^2 \cdot yr$	7.74
	광덕트	73		7.74
연료전지	PEMFC	7,415	kWh/kW·yr	2.84
수열에너지		864	kWh/kW·yr	1.12
목재펠릿		322	kWh/kg·yr	0.52

주) 여기서 정해지지 않은 신·재생에너지원에 대한 단위 에너지생산량과 원별 보정계수는 지침 제55조의 분야별위원회의 심의를 거쳐 센터의 장이 정한다.

제5장

BIPV 시스템 설계 및 성능평가

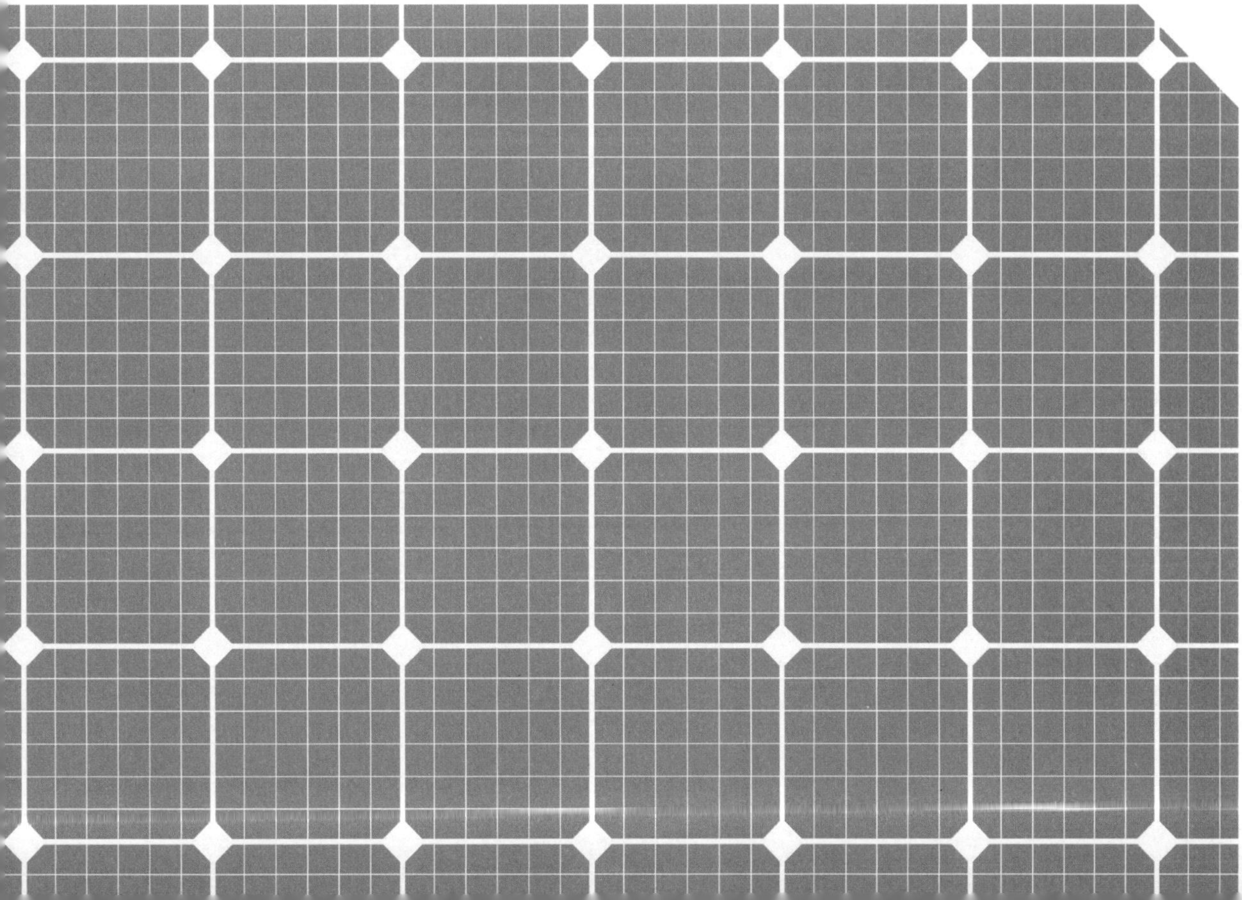

제5장

BIPV 시스템 설계 및 성능평가

제1절 BIPV 성능평가 방법 및 도구

1. 국제에너지기구 IEA PVPS Task 15

국제에너지기구 IEA PVPS Task 15 Subtask E에서 "BIPV Design and Performance Modelling : Tools and Method" 보고서를 2019년에 발간하였다. 상기 보고서에서는 건물통합형 태양광시스템, 즉 BIPV 시스템의 최적설계와 성능평가 및 운영과 경제성 평가와 관련된 27개의 소프트웨어, 9개의 온라인 도구와 4개의 애플리케이션과 관련된 상세 프로그램들을 소개하였다.

[표 5-1]에서와 같이 27개의 소프트웨어는 22 단독형 프로그램(standalone software package)과 5개의 CADD/BIM 플러그인(plugins)형으로 세분화하여 분류하였으며 4개 애플리케이션형은 스마트폰과 테블릿버전으로 구분된다.

표 5-1 BIPV Design and Performance Modelling : Tools and Method 프로그램

NO	형식	프로그램명	개수
1	단독형 (standalone)	System Advisor Model(SAM) 2017.1.17; RETScreen; Expert Homer Pro; PV *SOL Expert; PV Scout; Solar F-Chart; Sunulator Pvsyst; Helios; 3D solarparkplanung; Polysun; INSEL; Aurora; ArcGIS; SolarPro; BIMsolar; SolarBIM PV; Helioscope; PV-DesignPro; PVComplete; Solar Pro; Solergo; BLUESOL	22
2	CADD/BIM형 (plugin)	Solarius-PV, Skellion for Google Sketchup, INSIGHT(Solar analysis tool) for Revit, Ladybug Tools for Grasshopper / Rhinoceros 3D, DDS-CAD PV(Polysun)	5
3	온라인형 (online)	Construct PV' ArcheliosPro, PVwatts, PVGIS, CalculationSolar.com, PV*SOL Online, EasyPV; Solar Estimate, SOLARGIS - PVPLANNER	9
4	애플리케이션형 (application)	EasySolar, Onyx Solar, PVOutput, SMA Sunny Portal	4

1) BIPV 시스템 설계 및 운영 관련 주요 인자

[그림 5-1]은 IEA PVPS Task 15 Subtask E에서 "BIPV Design and Performance Modelling :Tools and Method" 보고서 내용 중 BIPV 시스템의 최적설계 및 운영계획 시 사전 고려되어야 할 요소항목들을 나타내고 있다. 사전 요소 항목으로 1) 기술적 요소, 2) 지구물리학적 요소, 3) 환경요소 및 4) 경제성 요소 등이다. 요소별로 세분화하자면, 기술적 요소로 1) BIPV 시스템 구성 설비, 2) 스마트그리드, 3) 건축물과의 통합, 4) 운전과 유지관리, 5) 발전량손실 및 6) 시공 및 커미셔닝 계획. 지구물리학인자로 1) 지형, 2) 기상데이터 선정 계획. 지구온난화 관련 환경인자로 1) CO_2 배출, 2) 실공기질 및 열섬효과와 마지막 경제성 인자로 1) 초기투자비용, 2) 수익성, 3) 정부지원금 및 4) 사업성 선정계획에 대한 세부 사항들을 나타내고 있다.

[표 5-2]는 IEA PVPS Task 15 Subtask E "BIPV Design and Performance Modelling:Tools and Method" 보고서에서 소개된 BIPV 시스템 설계 및 운영 관련 프로그램 종류와 프로그램의 개괄적인 기능을 나타내고 있다.

[표 5-2]의 내용을 풀어서 정리하면,

- BIPV 시스템의 예비조사 및 사업적 실행 가능성 평가 관련 프로그램으로 RETScreen, Home Pro, Sunnulator
- BIPV 시스템의 발전량 산정과 균등배분 비용 해석 프로그램으로 SAM
- BIPV 시스템 설계 및 성능평가 해석 프로그램으로 Polysun, PVSol
- BIPV 시스템 설치 방위별, 경사면별 일사량 평가와 고정식과 추적식 PV면 방위별, 경사면별 일사량 산정용 프로그램으로 Polysun, PV-GIS
- BIPV 시스템 음영손실(shading loss) 분석 프로그램으로 SAM, Skelion, Labybug
- BIPV 발전량, 유용에너지 분석 프로그램으로 PVsyst, PVwatts, Autodesk Revit, PV-GIS
- BIPV 셀 및 모듈 배열 최적화 분석 프로그램으로 PVsyst
- BIPV와 재생에너지 하이브리드 설비 최적화 프로그램으로 Homer Pro
- BIPV 시스템 음영, 일조 3차원 해석용 프로그램 Skelion, Rhinocerous 3D, Grasshopper 등의 내용을 소개하고 있다.

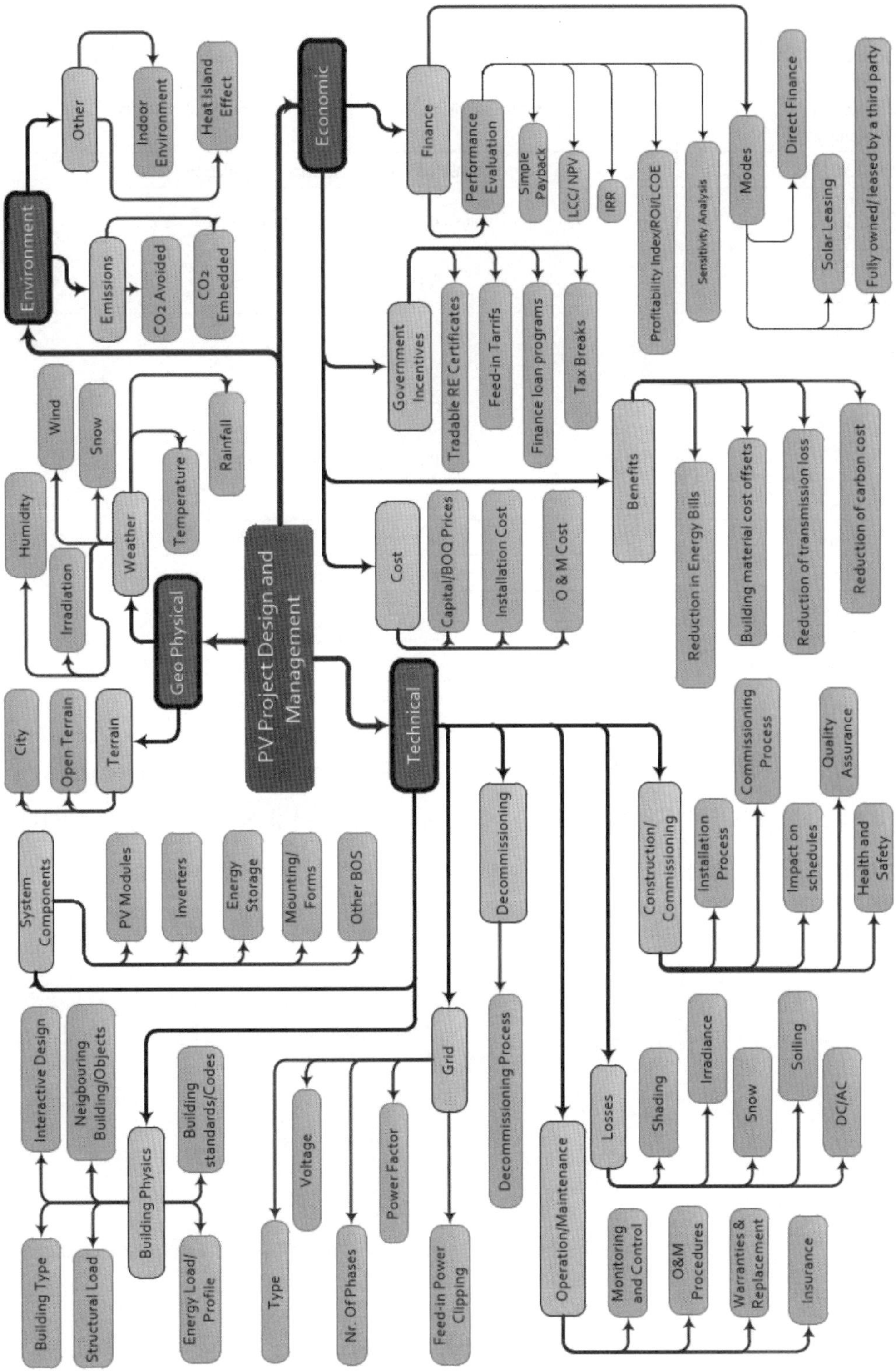

그림 5-1 BIPV 시스템 설계 및 운영관리 주요 인자

표 5-2 BIPV 시스템 설계, 운영 및 성능평가용 프로그램과 기능

프로그램	기능
1. RETScreen 2. Home Pro 3. Sunnulator	Evaluation of technical feasibility and financial viability
4. SAM	Levelized cost of electricity calculation
5. Polysun 6. PVSol	PV system design and performance analysis
7. Polysun 8. PV-GIS	Solar irradiation calculation
9. SAM 10. Skelion 11. Ladybug	Shading loss analysis
12. PVsyst 13. PVwatts 14. Autodesk Revit 15. PV-GIS	PV Energy output analysis
16. PVsyst	Cell arrays layout optimization
17. Homer Pro	Optimize hybrid renewable technology
18. Skelion 19. Rhinocerous 3D 20. Grasshopper	3D design

[표 5-3]과 [표 5-4]는 IEA PVPS Task 15 Subtask E "BIPV Design and Performance Modelling : Tools and Method" 보고서에서 소개된 BIPV 시스템 해석 도구와 특징 및 관련 기관 및 개발자의 정보를 설명하고 있다.

표 5-3 BIPV 해석 도구의 주요 특징과 관련 기관 및 개발자

주저자	프로그램 기능 및 해당 해당프로그램
Klise and Stein	**PV Models Developed and Used by Sandia National Laboratories :** PVSS, SOLCEL, Evans and Facinelli Model, PVForm, PVSIM, Sandia Photovoltaic Array Performance Model, Sandia Inverter Performance Model, PVDesignPro, Solar Advisor Model
	Other PV Performance Models : Parameter Array Performance Model, PVWatts, PVSYST, PV F-Chart, RETScreen Photovoltaic Project Model, PVSol, Polysun, INSEL, SolarPro
	Simplified PV Performance Models : Clean Power Estimator, PVOptimize, OnGrid, CPF Tools Solar Estimate
	Hybrid System Models Developed and Used by Sandia National Laboratories : SOLSTOR, HybSim, Hysim
Lalwani et al.	**Other Hybrid System Models :** HOMER, Hybrid2, **UW-Hybrid(TRNSYS)**, RETScreen, PVToolbox, RAPSIM, SOMES, IPSYS, HySys, Dymola / Modelica
	RETScreen, **TRNSYS**, HOMER, INSEL, PV F-Chart, SAM, PVsyst, SolarDesignTool, ESP-r 11.5, SolarPro, PV DesignPro-G, PV*SOL Expert
	CAAD tools : Allplan, ArchiCAD, AutoCAD, Blender, Bricscad, Caddie, CATIA, CINEMA 4D, DDS-CAD, Digital Project, form · Z, Google SketchUp, Houdini, IntelliPlus Architecturals, Lightworks, Maya, MicroStation, Revit Architecture, Rhinoceros 3D, SolidWorks, Spirit, Vectorworks, 3DS Max
	Visualization tools : Artlantis, Flamingo, Kerkythea, LightWave, LuxRender, Maxwell Render, Mental Ray, POV-Ray, RenderMan, RenderWorks, RenderZone, V-Ray and YafaRay
Horvat and Dubois; Kanters et al.	**Simulation tools :** bSol, DAYSIM, DesignBuilder, Design Performance Viewer(DPV), Ecotect, Energy Design Guide II(EDG II), EliteCAD, BKI ENERGIEplaner, eQUEST, Green Building Studio, IDA ICE, IES VE, LESOSAI, Polysun, PVsyst, PV*SOL, Radiance, RETScreen, T*Sol and VisualDOE
	Simulation tools : INSEL and **TRNSYS**
	Economic evaluation tools : HOMER, Solar Advisor Model(SAM), RETScreen, SOLinvest and EnergyPeriscope
	Photovoltaic industry related tools : APOS photovoltaic StatLab, Organic Photovoltaics Analysis Platform and PV Cost Simulation Tool

표 5-4 BIPV 해석 도구의 주요 특징과 관련 기관 및 개발자(계속)

주저자	프로그램 기능 및 해당 해당프로그램
Sharma et al.	**Analysis and planning tools :** pvPlanner, Archelios, String Design Tool, PV*SOL, BlueSol, PV F-CHART, Solmetric PV Designer, DDS-CAD PV, Polysun, REA System Sizing Tool, PVSYST, Solar Pro, PV Professional, Solarius-PV and Matel Grid;
	Monitoring and Control Tools : Meteocontrols, SPYCE, pvspot, Autodesk ECOTECT Analysis, METEONORM, Shadow Analyser, Shadows, Amethyst ShadowFX, Sombrero, Panorama master, Horizon, GOSOL and Skelion
	Solar radiation maps : Focus Solar, SolarGIS, 3TIER and PVGIS
Nebojsa Jakica 2017	**Online softwares :** PV-Phil, SolarDesignTool, oTilt, PVwizard, Logiciel CalSol, Environmental System Performance-renewable(ESP-r), PhotoVoltaic Design Program-Grid connected system(PV DesignPro-G)
	PV and BIPV : SAM, PV syst, PV*SOL,Skelion, Solarius PV, PolySun, CECPV Calculator, PVwatts, DDS-CAD PV, INSEL, PV Designer, PV F-CHART, SMA Off-Grid Configurator, Solar-Pro, Archelios, PV-DesignPro, RETScreenPlus, Homer Pro, PV scout, HELIOS3D
	Optical design and Multiphysics : TracePro, Photopia, OpticsStudio, ASAP, FRED, LightTools, SPEOS, THEIA RT, Integra Lumicept, LucidShape, OSLO, OpTalik, COMSOL
Kumar	**Daylighting and whole building energy :** OpenStudio, Design Builder, IES-VE, Honeybee, Mr. Comfy, ArchiWizard
	Urban : ARCHSIM
	Daylighting / lighting / Solar : Diva, Rayfront, Lighting analysis tool for Revit, Ocean, BIM IQ
S. Freitas et al.	**Visualisation(images) :** Iray, Lightworks Iray+
	PV Watts, PVGIS, PV-Online, PV*SOL, PVsyst, RETScreen, and SAM
	GOSOL, SHADOWPACK, ATM, Sky view factor, Solei-32, SolarFlux, Kumar et al., RADIANCE, Daysim, ArcGIS Solar Analyst, SRAD, Solar Envelopes, r.sun, RayMan, Solar3DBR, SORAM
http://photovoltaic-software.com	**Professional tools :** SAM, RETScreen, PVComplete, PVscout 2.0 Premium, PVSYST, SOLARPRO, PLAN4SOLAR PV, PV F-CHART, INSEL, PV SOL Premium, POLYSUN, HOMER, SOLARIUS PV, PV-Design-PRO, PV Designer Solmetric, Archelios PRO, Solarmapper, HELIOS 3D Solarparkplanung, SOLERGO, SKELION, Hybrid2
	Online Tools : SOLARPLUS, FOCUS SOLAR, SISIFO, PV-GIS, PVWATTS, Calculation solar for off-grid PV systems, PV*SOL online, DIAFEM, EASY-PV, EASYSOLAR, SOLARDESIGNTOOL, PVANALYTICS. SOLARGIS－PVPLANNER, HELIOSCOPE, POLYSUN Online, SOLARMODEL i-Pals WEB, AURORASOLAR
	Apps : SOLAR SHADING, SOLAR SYSTEM CALCULATOR, EASYSOLAR, ONYX SOLAR, SOLMETRIC iSV, PV OUTPUT, PV Optimize, SMA SUNNYPORTAL, AHA SOLAR,

가) Klise and Stein

• 산디아 국제 연구소에서의 PV모델 개발과 활용(PV Models Developed and Used by Sandia National Laboratories)

– PVSS, SOLCEL, Evans and Facinelli Model, PVForm, PVSIM, Sandia Photovoltaic Array Performance Model, Sandia Inverter Performance Model, PVDesignPro, Solar Advisor Model

• PV 성능 모델 개발(PV Performance Models)

– Parameter Array Performance Model, PVWatts, PVSYST, PV F-Chart, RETScreen Photovoltaic Project Model, PVSol, Polysun, INSEL, SolarPro

• 간이 PV 성능 모델 개발(Simplified PV Performance Models)

– Clean Power Estimator, PVOptimize, OnGrid, CPF Tools Solar Estimate

• 산디아 국제 연구소에서의 하이브리드 BIPV 모델 개발과 활용(Hybrid System Models Developed and Used by Sandia National Laboratories)

– SOLSTOR, HybSim, Hysim

나) Lalwani et al.

• 하이브리드 BIPV 모델(Hybrid System Models)

– HOMER, Hybrid2, UW-Hybrid(TRNSYS), RETScreen, PVToolbox, RAPSIM, SOMES, IPSYS, HySys, Dymola / Modelica, RETScreen, **TRNSYS**, HOMER, INSEL, PV F-Chart, SAM, PVsyst, SolarDesignTool, ESP-r 11.5, SolarPro, PV DesignPro-G, PV*SOL Expert

• BIPV 음영 분석 캐드 도구(CAD tools)

– Allplan, ArchiCAD, AutoCAD, Blender, Bricscad, Caddie, CATIA, CINEMA 4D, DDS-CAD, Digital Project, form-Z, Google SketchUp, Houdini, IntelliPlus Architecturals, Lightworks, Maya, MicroStation, Revit Architecture, Rhinoceros 3D, SolidWorks, Spirit, Vectorworks, 3DS Max

• BIPV 음영 결과 가시화 도구(Visualization tools)

– Artlantis, Flamingo, Kerkythea, LightWave, LuxRender, Maxwell Render, Mental Ray, POV-Ray, RenderMan, RenderWorks, RenderZone, V-Ray and YafaRay

다) Horvat and Dubois; Kanters et al.

• BIPV 해석 시뮬레이션 도구(BIPV Simulation tools)

− BSol, DAYSIM, DesignBuilder, Design Performance Viewer(DPV), Ecotect, Energy Design Guide II(EDG II), EliteCAD, BKI ENERGIEplaner, eQUEST, Green Building Studio, IDA ICE, IES VE, LESOSAI, Polysun, PVsyst, PV*SOL, Radiance, RETScreen, T*Sol and VisualDOE, INSEL and TRNSYS

• BIPV 시스템 경제성 평가 도구(Economic evaluation tools)

− HOMER, Solar Advisor Model(SAM), RETScreen, SOLinvest and Energy Periscope

• PV 연관 산업 도구(Photovoltaic industry related tools)

− APOS photovoltaic StatLab, Organic Photovoltaics Analysis Platform and PV Cost Simulation Tool

라) Sharma et al.

• BIPV 해석 및 기획 도구(Analysis and planning tools)

− PVPlanner, Archelios, String Design Tool, PV*SOL, BlueSol, PV F-CHART, Solmetric PV Designer, DDS-CAD PV, Polysun, REA System Sizing Tool, PVSYST, Solar Pro, PV Professional, Solarius-PV and Matel Grid;

• BIPV 시스템 관리 및 제어 도구(Monitoring and Control Tools)

− Meteocontrols, SPYCE, pvspot, Autodesk ECOTECT Analysis, METEONORM, Shadow Analyser, Shadows, Amethyst ShadowFX, Sombrero, Panorama master, Horizon, GOSOL and Skelion

• 일사 분포 지도(Solar radiation maps)

− Focus Solar, SolarGIS, 3TIER and PVGIS

• 온라인 소프트웨어(Online softwares)

− PV-Phil, SolarDesignTool, oTilt, PVwizard, Logiciel CalSol, Environmental System Performance-renewable(ESP-r), PhotoVoltaic Design Program-Grid connected system(PV DesignPro-G)

마) Nebojsa Jakica 2017

• 태양광 및 건물통합형 태양광(PV and BIPV)

– SAM, PV syst, PV*SOL,Skelion, Solarius PV, PolySun, CECPV Calculator, PVwatts, DDS-CAD PV, INSEL, PV Designer, PV F-CHART, SMA Off-Grid Configurator, Solar-Pro, Archelios, PV-DesignPro, RETScreenPlus, Homer Pro, PV scout, HELIOS3D

• 광설계 및 다중물리학(Optical design and Multiphysics)

– TracePro, Photopia, OpticsStudio, ASAP, FRED, LightTools, SPEOS, THEIA RT, Integra Lumicept, LucidShape, OSLO, OpTalik, COMSOL

• 주광 및 BIPV 통합 건물에너지(Daylighting and whole building energy)

– OpenStudio, Design Builder, IES-VE, Honeybee, Mr. Comfy, ArchiWizard

• 도회지(Urban)

– ARCHSIM

• 주광 / 일사광 / 태양광(Daylighting / lighting / Solar)

– Diva, Rayfront, Lighting analysis tool for Revit, Ocean, BIM IQ

• 태양광 이미지화(Visualization images)

– Iray, Lightworks Iray+

바) Kumar

PV Watts, PVGIS, PV-Online, PV*SOL, PVsyst, RETScreen, and SAM

사) Freitas et al.

• GOSOL, SHADOWPACK, ATM, Sky view factor, Solei-32, SolarFlux, Kumar et al., RADIANCE, Daysim, ArcGIS Solar Analyst, SRAD, Solar Envelopes, r.sun, RayMan, Solar3DBR, SORAM

– http://photovoltaic-software.com

• 전문 도구(Professional tools)

– SAM, RETScreen, PVComplete, PVscout 2.0 Premium, PVSYST, SOLARPRO, PLAN4SOLAR PV, PV F-CHART, INSEL, PV SOL Premium, POLYSUN, HOMER, SOLARIUS PV, PV-Design-PRO, PV Designer Solmetric, Archelios PRO, Solarmapper, HELIOS 3D Solarparkplanung,

SOLERGO, SKELION, Hybrid2

• 온라인 도구(Online Tools)

–SOLARPLUS, FOCUS SOLAR, SISIFO, PV-GIS, PVWATTS, Calculation solar for off-grid PV systems, PV*SOL online, DIAFEM, EASY-PV, EASYSOLAR, SOLARDESIGNTOOL, PVANALYTICS. SOLARGIS–PVPLANNER, HELIOSCOPE, POLYSUN Online, SOLARMODEL i-Pals WEB, AURORASOLAR

• 애플리케이션 도구(Application tools)

–SOLAR SHADING, SOLAR SYSTEM CALCULATOR, EASYSOLAR, ONYX SOLAR, SOLMETRIC iSV, PV OUTPUT, PV Optimize, SMA SUNNYPORTAL, AHA SOLAR

2) BIPV 시스템 설계 및 성능평가 프로그램 비교 분석

[그림 5-2], [그림 5-3] 및 [그림 5-4]에서는 [표 5-3]에서 분류된 BIPV 시스템 설계와 BIPV 시스템 설치환경 및 BIPV 성능평가와 관련된 CAD/BIM 2가지가 포함된 27개의 소프트웨어(software)와 9개의 온라인 도구(online tools)와 4개의 애플리케이션(application) 프로그램을 도시하고 있다.

가) 27개 소프트웨어 프로그램

27개의 소프트웨어 프로그램은 22개의 단독형 standalone형과 5개의 온라인 도구(online tools)로 분류된다.

22개의 단독형 프로그램으로 System Advisor Model(SAM) 2017. 1. 17.; RETScreen; Expert Homer Pro; PV *SOL Expert; PV Scout; Solar F-Chart; Sunulator Pvsyst; Helios; 3D solarparkplanung; Polysun; INSEL; Aurora; ArcGIS; SolarPro; BIMsolar; SolarBIM PV; Helioscope; PV-DesignPro; PVComplete; Solar Pro; Solergo; BLUESOL 등이 제시되고 있다.

5개의 온라인 도구로 Solarius-PV, Skellion for Google Sketchup, INSIGHT(Solar analysis tool) for Revit, Ladybug Tools for Grasshopper / Rhinoceros 3D, DDS-CAD PV(Polysun) 등을 제시하고 있다.

			Stand Alone																					
			System Advisor Model (SAM) 2017.1.17	RETScreen Expert	Homer Pro	PV *SOL Expert	PV Scout	Solar F-Chart	Sunulator	Pvsyst	Helios 3D solarparkplanung	Polysun	INSEL	Aurora	ArcGIS	SolarPro	BIMsolar	SolarBIM PV	Helioscope	PV-DesignPro	PVComplete	Solar Pro	Solergo	BLUESOL
BIPV design	BIPV Planning	Conceptual/early phase (LOD 100)				●	●	●	●	●	●	●	●	●	●	●	●	●	●	●	●	●	●	●
		Schematic (LOD 200)	●	●	●	●	●	●	●	●	●	●	●	●	●	●	●	●	●	●	●	●	●	●
		Design development (LOD 300-500)	●	●	●	●	●			●	●			●			●		●	●	●	●	●	
	Building Type	Residential	●	●	●	●						●		●	●		●		●		●	●		
		Commercial	●	●	●	●						●		●	●		●					●		
		Industrial		●	●												●							
		Other (community, heritage, etc.)		●	●																			
	Interactive design	Building 3D modelling				●				●	●			●	●	●	●		●			●		●
		Building 2D modelling					●					●				●		●			●		●	●
		Visualisation/geo maps	●			●					●			●	●	●	●		●			●		
	Building Standards																●							
	Building integration	Simple (BIPV Category A-B Roof)	●	●	●	●	●	●	●	●	●	●	●	●	●	●	●	●	●	●	●	●	●	●
		Complex (BIPV Category C-E		●						●		●	●		●	●	●					●		
Environment	Terrain/ Surroundings	Simple - GIS LOD 0-2/Terrain 1-2	●	●	●	●	●		●	●	●	●		●	●		●		●		●	●	●	●
		Complex - GIS LOD 2-4/Terrain 3-4				●	●				●				●		●		●		●	●		
		GIS Database/Maps				●					●												●	
		Import external data				●				●	●						●		●				●	
	Weather Data	Meteorological/Statistical data	●	●	●	●	●	●		●	●	●		●	●	●	●	●	●	●	●	●	●	●
		Satellite-based data (Hybrid)		●						●		●		●	●	●					●	●		●
		Import external data	●	●	●	●		●		●						●	●					●	●	●
BIPV Performance Modelling	Irradiance on PV	Simple 2D - POA		●				●	●															
		Simple 2D - POA with shading	●	●	●	●	●			●	●	●		●	●	●		●	●	●	●	●	●	●
		Complex 3D - Raytracing															●							
		Complex 3D - Other																						
		Import external data		●																				
	Loss	DC/AC	●	●	●	●				●	●		●	●	●	●	●	●	●	●	●	●	●	
		Snow/Soiling	●	●	●	●				●	●		●				●	●	●	●	●	●	●	
		Temperature	●	●	●					●	●	●					●	●	●	●	●	●	●	
		Wind	●	●						●		●												
		Other	●	●	●	●				●	●		●	●			●		●			●	●	
	PV Performance Models	Equivalent circuit 1 or 2 diode								●						●	●		●				●	
		Empirical fitting (point-value)	●		●			●	●		●			●	●					●				
		Proprietary		●		●	●					●	●									●		
	Spatial Resolution	System	●	●	●	●	●	●	●	●	●	●	●	●	●	●	●	●	●	●	●	●	●	
		Module	●	●	●	●	●	●	●	●	●	●	●	●		●	●		●	●	●	●	●	
		Cell																						
	Temporal Resolution	Monthly	●	●	●			●	●			●				●		●						
		Hourly	●	●	●	●				●	●	●	●		●	●	●	●	●	●	●	●	●	
	PV Cell Technologies	1st generation PV Cells	●	●	●	●	●	●	●	●	●	●	●			●	●	●	●	●	●	●	●	
		2nd and 3rd gen. PV Cells	●	●	●	●					●	●	●			●	●	●	●	●	●	●	●	
	Databases	BIPV modules	●	●	●	●	●	●		●	●	●	●	●		●	●	●	●	●	●	●	●	●
		Inverters	●	●	●	●	●	●		●	●	●	●	●		●	●	●	●	●	●	●	●	●
		Batteries	●	●	●	●	●	●		●		●					●			●			●	●
		Other - BOS					●				●	●		●					●					●
		Import external data	●		●	●																		
	Grid Type	Stand-alone off grid		●	●	●	●	●	●	●	●	●	●			●	●			●			●	●
		Grid-tie	●	●	●	●	●	●	●	●	●	●	●	●		●	●	●	●	●		●	●	●
	Grid Specifications	Voltage		●	●	●	●			●		●						●					●	
		Number of phases			●	●	●			●		●						●					●	
		Power factor			●	●	●			●		●						●					●	

그림 5-2 BIPV 설계, 환경, 성능평가 관련 단독형 Stand alone형 프로그램

			CAD/BIM					Online									Apps			
			Solarius-PV	Skelion	INSIGHT (Solar analysis tool) for Revit	Ladybug Tools	DDS-CAD PV (Polysun)	Construct PV	Archelios	PV watts	PV GIS	CalculationSolar.com	PV*SOL Online	EasyPV	Solar Estimate	SOLARGIS – PVPLANNER	EasySolar	Onyx Solar	PVOutput	SMA Sunny Portal
BIPV design	BIPV Planning	Conceptual/early phase (LOD 100)	●	●	●	●	●	●	●	●	●	●	●	●	●	●	●	●	●	●
		Schematic (LOD 200)	●	●	●	●	●	●	●	●		●	●	●			●			●
		Design development (LOD 300-500)	●		●	●		●	●											
	Building Type	Residential		●	●	●	●	●		●			●		●					
		Commercial			●	●	●	●		●			●		●					
		Industrial			●	●		●												
		Other (community, heritage, etc.)			●	●														
	Interactive design	Building 3D modelling	●	●	●	●	●	●	●											
		Building 2D modelling	●		●	●								●			●			
		Visualisation/geo maps	●	●	●	●			●	●							●			
	Building Standards													●						
	Building integration	Simple (BIPV Category A-B Roof)	●	●	●	●	●	●	●	●	●	●	●	●	●		●	●	●	●
		Complex (BIPV Category C-E			●	●	●	●	●		●			●						
Environment	Terrain/ Surroundings	Simple - GIS LOD 0-2/Terrain 1-2	●	●	●	●	●	●	●		●									
		Complex - GIS LOD 2-4/Terrain 3-4	●	●	●	●	●	●	●											
		GIS Database/Maps		●	●	●			●											
		Import external data	●	●	●	●	●		●		●									
	Weather Data	Meteorological/Statistical data	●	●	●	●	●	●	●		●					●				
		Satellite-based data (Hybrid)	●			●	●				●					●				
		Import external data	●			●			●		●					●				
BIPV Performance Modelling	Irradiance on PV	Simple 2D - POA				●					●	●	●					●	●	
		Simple 2D - POA with shading	●	●		●	●	●	●	●	●			●	●	●	●			●
		Complex 3D - Raytracing			●	●			●											
		Complex 3D - Other																		
		Import external data	●			●					●									
	Loss	DC/AC	●			●			●	●	●		●			●				
		Snow/Soiling	●			●			●	●	●		●							
		Temperature	●	●		●	●			●	●									
		Wind				●	●													
		Other	●			●			●	●	●		●			●				
	PV Performance Models	Equivalent circuit 1 or 2 diode				●			●											
		Empirical fitting (point-value)	●	●		●		●		●	●	●	●	●	●	●	●	●	●	●
		Proprietary			●		●													
	Spatial Resolution	System	●	●	●	●	●	●	●	●		●			●	●	●	●	●	●
		Module	●	●	●	●	●	●	●	●	●		●	●			●			●
		Cell				●														
	Temporal Resolution	Monthly					●					●	●	●		●	●	●	●	
		Hourly	●	●	●	●	●	●	●	●	●									●
	PV Cell Technologies	1st generation PV Cells	●	●	●	●	●	●	●	●	●	●	●	●	●	●	●	●	●	●
		2nd and 3rd gen. PV Cells	●	●	●	●	●	●	●	●	●			●		●				
	Databases	BIPV modules	●			●	●	●	●	●		●	●	●			●		●	
		Inverters	●			●	●	●	●	●		●	●	●			●		●	
		Batteries	●				●		●			●		●						
		Other - BOS					●					●		●						
		Import external data																		
	Grid Type	Stand-alone off grid	●				●		●	●	●	●								
		Grid-tie	●				●		●	●	●	●	●			●	●	●	●	●
	Grid Specifications	Voltage	●				●					●								
		Number of phases	●				●													
		Power factor					●													

그림 5-3 BIPV 설계, 환경, 성능평가 관련 CAD/BIM, Online, Applications형 프로그램

			Stand Alone																					
			System Advisor Model (SAM) 2017.1.17	RETScreen Expert	Homer Pro	PV *SOL Expert	PV Scout	Solar F-Chart	Sunulator	Pvsyst	Helios 3D solarparkplanung	Polysun	INSEL	Aurora	ArcGIS	SolarPro	BIMsolar	SolarBIM PV	Helioscope	PV-DesignPro	PVComplete	Solar Pro	Solergo	BLUESOL
Building Simulation	Structural	Load Simulation																						
	Energy demand	Data Simulation	●		●	●										●							●	
		Data Import/Load profile	●	●	●				●			●		●			●						●	
	Energy Price		●	●	●			●	●	●		●	●			●							●	●
	Emissions	CO2 reduced		●	●	●			●							●							●	
		CO2 embedded																						
	Other	Heat Island Effect																				●		
		Indoor Environment																						
	Optioneering	Multiple solutions		●	●													●	●		●			
		Integrated optimization			●	●													●					
Economics	Costs	Capital cost / BOQ prices	●	●	●	●	●	●	●	●	●	●	●	●		●	●	●	●		●	●	●	●
		O&M cost	●	●	●	●	●	●	●	●	●	●	●			●		●					●	
	Benefits	Reduction of Energy Bills	●	●	●	●		●	●	●		●				●							●	
		Building Material Cost Offsets																						
		Reduction of Transmission Loss																						
		Reduction of Carbon Cost		●													●						●	
	Finance Modes	Direct Finance	●	●		●		●	●	●		●				●		●					●	
		Loan/Lease/Mortgage	●	●		●	●	●	●	●		●				●		●						
		PPA	●															●						
	Financial Analyses	LCC/NPV	●	●	●	●		●	●		●	●	●	●			●	●	●	●	●	●	●	●
		Simple payback	●	●					●		●	●	●	●		●	●	●	●	●	●	●	●	●
		IRR	●	●	●							●	●	●			●	●	●	●	●		●	●
		Profitability Index/ROI/LCOE	●	●	●								●	●			●	●	●	●	●	●	●	●
		Sensitivity Analysis		●	●							●												
		Cashflow	●	●	●	●		●						●			●	●	●	●			●	●
	Government Incentives	Incentive Database	●	●																			●	
		Feed in Tarrifs		●		●	●	●	●	●			●			●	●				●		●	●
		Other Incentives	●	●				●	●			●											●	●
		Regulations/Policies		●					●								●				●			

그림 5-4 BIPV 시스템 시뮬레이션 및 경제성 평가 Stand alone형 프로그램

나) 9개 온라인 프로그램

9개 온라인 도구로 Construct PV' ArcheliosPro, PVwatts, PVGIS, CalculationSolar.com, PV*SOL Online, EasyPV; Solar Estimate, SOLARGIS－PVPLANNER 등을 제시하고 있다.

다) 4개 애플리케이션 프로그램

4개 애플리케이션 프로그램으로 EasySolar, Onyx Solar, PVOutput, SMA Sunny Portal 등을 제시하고 있다.

라) BIPV 시스템 설계 및 성능평가 선택 및 활용

• BIPV 디자인 : BIPV 계획, BIPV 통합형 건물유형, BIPV 통합 건물 상호보완 설계, 건물통합
• BIPV 환경 : 지형 / 환경, 기상데이터
• BIPV 성능 모델링 : PV면 일사량, 발전손실, PV 성능 모델링, 공간해상도, 주기해상도, PV 셀 기술, 데이터베이스, 그리드 형태, 그리드 사양

제2절 BIPV 시스템 성능평가 사례

본 BIPV 시스템 성능평가는 급기구 자연급기와 배기구 강제배기 방식인 제3종 환기방식을 적용하여 기존 선행 4종 환기방식 BIPV 시스템 대비 건물 수직외피 BIPV 시스템의 셀온도 특성, 발전효율 향상 수준 및 BIPV 후면 통기구의 공기온도 분석과 중앙공조, 각층패키지 및 실터미널유닛에서 공기 난방으로 활용이 가능한 BIPV 배열 활용열량 평가에 목적을 둔다.

본 BIPV 시스템 성능평가에서 적용된 도구는 국제에너지기구 IEA PVPS Task 15 Subtask E에서 “BIPV Design and Performance Modelling : Tools and Method”에서 제시된 단독형 Stand alone형 프로그램인 동적시스템시뮬레이션도구인 TRNSYS(Transient System Simulation)를 활용하였다.

1. 배경 및 목적

국내 태양광 산업은 산자부 3020 신재생에너지 전력공급 확대정책과 재생에너지 의무공급할당제 RPS(Renewable Portfolio Standard)와 맞물려 대규모 노지형, 수상형, 공장지붕형의 형식이 주류를 이루어 왔다. 최근 건축물에너지 성능개선과 수요관리 정책의 일환으로 에너지절약계획서 의무사항과 에너지효율등급 인증, 녹색건축물 인증, 제로에너지건축물 인증 등의 녹색건축조성지원법에 따라 국가적 지원정책 등으로 건축물의 구조, 성능, 화재안전 관리 측면과 융복합 조화가 고려된 이중외피형, 스팬드럴형 및 건물외장재 대체형 BIPV의 설치로 기존 PV 설치 형태의 패러다임이 변하고 있다.

국내 BIPV 시스템의 설치 형태로 거치식, 건물 통합식 및 건물 외장재 대체식으로 시장이

형성되어왔다. 국내의 경우 거치식이 대다수를 차지하며 아파트 베란드형과 중대규모 상업용 및 마트 등에서 대표적 사례를 확인할 수 있다. 건물 통합식은 건물 수직 외피 일체식의 형태로 창호일체형, 스팬드럴일체형, 이중외피일체 형태로 건축물의 외관을 고려한 BIPV 시스템이 있으며 특히, 대리석, 사이딩, 샌드위치패널, 벽돌 등의 외장재와 유사한 색상과 질감을 구현할 수 있는 건물외장재 대체제의 PV 모듈이 일부 시장을 선도하고 있으며 최근 준공된 제2 롯데월드 등에서 설치 사례를 확인할 수 있다. 특히 통합식 수직외피 설치형의 경우 한국에너지관리공단에서 진행 중인 태양광보급사업, 신재생에너지 융복합사업에서 지원비 가점을 받을 수 있는 형식으로 BIPV 후면과 건물외피 사이 환기방식으로 제4종 자연환기 또는 제3종 배풍기 환기방식을 통한 발전효율을 높이려는 연구가 진행되어왔다.

BIPV 시스템 성능 관련 선행연구를 소개하면 다음과 같다.

- Song et al.(1)는 박막 태양전지를 이용한 PV 창호 시스템의 시뮬레이션 해석을 통해 경사각과 방위각별 연간 발전량 성능을 평가하였으며, 분석결과 남측 면을 기준으로 경사각 30°가 가장 우수한 발전성능을 나타내었고, 경사각 90°로 적용할 경우 경사각 30° 대비 37%의 발전성능에 미치는 것으로 도출하였다.
- Ju et al.(2)는 주요지역별 연간 일사수열 현황을 분석하고 일부 한정된 지역을 선정하여 시뮬레이션을 활용해 정남향을 기준으로 연간 발전량을 분석하여, 대구지역 경사각 45° 설치 조건이 가장 높은 발전량과 가장 빠른 투자회수 기간을 나타냄에 대한 결론을 도출하였다.
- An et al.(3)은 5kWp 규모의 박막 PV를 실제 건물에 적용시켜 박막 PV의 설치방법과 발전특성에 대해 기술하였다.
- Park et al.(4)은 그린플러스 건물에 적용된 BIPV 시스템의 적용방식과 설치 위치 등에 따른 발전특성과 모듈의 온도 상승에 효율 저하 등을 고찰하였다.
- Lee and Kim(5)은 일사량 직달과 산란 성분 분리 모델인 Perez 모델을 시뮬레이션에 이용하여 성분별 일사량을 예측하고 태양광 시스템의 효율을 가정하여 최적 설치 조건에 대한 발전량을 분석하였다. 분석 결과 고정식 태양광을 적용할 경우 남측 면을 기준으로 경사각 30°가 일평균 발전량 3.33 kWh/kWp로 나타내었고, 추적 방식을 적용할 경우 고정식에 비하여 11.8%의 발전량 증가를 보였다. 대표적인 사례연구를 통해 BIPV 보급에 효

과적인 적용 방안을 검토하였다.

- Yoon et al.(6)의 “스팬드럴용 투광형 결정계 PV 창호의 셀 간격 개구율에 따른 온도 및 발전성능 해석 연구”는 비통기형 스팬드럴 영역 외피 바깥 이중창 1G(Glazing+PV CELL+Glazing)−T(Air 12mm)−2G(Glazing) 기반으로 박막형(Thin film) PV 셀의 개구율에 따라 PV CELL 표면온도, 발전율, PV 효율을 해석적으로 분석하였다.
- Yoon and Kim(7)의 “후면 환기조건에 다른 건눌외피용 BIPV 모듈의 열직 영향에 괸힌 실험연구”는 수직 외벽 BIPV의 4종 환기(자연급기+자연배기) 채택 상부 및 하부 개폐율에 따른 PV 온도 및 발전성능 효과를 실험적으로 분석하였다. 본 연구에서 상부 배기 전량은 외기 배출 구조의 실험을 수행하였다.
- Yoon et al.(8) “주택 지붕일체형 PV 시스템 후면 4종 환기방식에 따른 발전성능 변화 실험연구”는 35° 경사 지붕면 BIPV의 4종 환기의 상부 배기구 및 하부 급기구 개폐율에 따른 PV 온도 및 발전성능 효과를 실험적으로 정량적으로 분석하였다.

외피로 전면 유리를 사용하는 커튼월 구조는 재실자의 점유공간과 다층구조 건물에서 임의 층의 창호 상단부터 상부층의 창호 하단부까지의 범위를 스팬드럴(Spandrel) 부위로 정의된다. 스팬드럴 부분의 외관은 통일성을 고려하여 상·하단부에 일체화를 위한 유리와 프레임으로 구성되며 급기구와 배기구가 없는 비환기형 구조이다. 스팬드럴 부분의 후면 마감구성은 외기에 간접 면하는 구조로 중부 지역의 경우 평균열관류율 0.24W/m^2·K(9) 이하가 되도록 단열재로 처리되어야 한다.

상기의 비환기형 스팬드럴 구조 BIPV 시스템의 경우 PV 셀온도를 낮추기 위해서는 굴뚝효과(stack or chimney effect)와 팬에 의한 공기유동량의 확보가 필요하다. 4종 환기방식의 BIPV 시스템에서 특히 외기온이 낮은 동계 대비 외기온도와 일사량이 상대적으로 큰 하계에서 PV 셀온도의 상승 가능성이 높은 것으로 보고되고 있다. 상기의 선행 연구 중 특히 4종 환기방식 BIPV 시스템에서와 같이 동계 BIPV 하부 급기구와 상부 배기구 설치 높이의 설계−설치 제약성과 하계 외기와 BIPV 후면 공기온도차의 한계로 BIPV 셀온도 강하와 발전효율 기대 효과가 미비한 시스템이라고 알려져 있다.

본 연구는 급기구 자연급기와 배기구 강제배기 방식인 제 3종 환기방식을 적용하여 기존 선행 4종 환기방식 BIPV 시스템 대비 건물 수직외피 BIPV 시스템의 PV 셀온도 특성, PV 발전효율 향상 수준 및 BIPV 후면 통기구의 공기온도 분석과 다양한 공조기 공기난방에 활용 가능한 유용열량 평가에 목적을 둔다.

2. 성능평가 방법

후면 환기형 BIPV 시스템의 연간 성능은 수치해석, 해석기반 시뮬레이션법, 실측치 기반 시험방법으로 평가할 수 있다. 수치해석 및 시험법 대비 사전 정밀도 고려가 선행되어야 하지만 시간과 비용 효과적 측면과 시스템 모델링과 다양한 변수의 민감도 분석 차원에서 에너지평형(Energy balance) 기반 시뮬레이션에 의한 평가 방법이 비교 우위에 있을 수 있다. 본 연구 수행 방법으로 과거 기상데이터 기반－PV 성능시험성적서 반영－미래 BIPV 시스템 성능 예측이 가능한 IPMVP(Internal Performance Measuring and Verification Protocol) OPTION "D" 동적 설비 및 시스템의 해석 프로그램인 단독형 프로그램 standalone형인 TRNSYS를 이용하였다. BIPV 성능평가용 해석 모델은 TRNSYS 개발그룹 TESS에서 add on Type 567 모듈을 사용하였다.

본 연구 성능평가 방법으로 [표 5-5]와 같이 BIPV 후면과 건물외피 사이 유동을 제4종 환기 자연대류와 제3종 환기 강제대류로 구분하였다. 강제대류는 레이놀즈수 2,300을 경계로 층류와 난류로 구분 각각 경우 BIPV의 셀온도, 발전효율, 발전율, 난방유용에너지에 대한 민감도 분석을 수행하였다.

표 5-5 BIPV 시스템 민감도 분석 Case

Case	Re NO	Heat transfer type	Flow regime	Note
1	0	Natural convection flow	N/A	Up-down open ventilating type
2	758	Forced convection flow	Laminar flow	Up-down open ventilating type
3	1,516	Forced convection flow	Laminar flow	Up-down open ventilating type
4	3,031	Forced convection flow	Turbulent flow	Up-down open ventilating type
5	4,547	Forced convection flow	Turbulent flow	Up-down open ventilating type
6	6,063	Forced convection flow	Turbulent flow	Up-down open ventilating type
7	7,579	Forced convection flow	Turbulent flow	Up-down open ventilating type
8	15,175	Forced convection flow	Turbulent flow	Up-down open ventilating type
9	30,314	Forced convection flow	Turbulent flow	Up-down open ventilating type

Type 567 모듈은 에너지평형식에 근거하며 적용된 대류(강제, 자연) 열전달계수는 실험을 통한 무차원상관식을 근거한 Sandia model(11)을 사용하고 있으므로 해석상의 정밀도를 보정할 수 있는 방법이라고 판단된다. TRNSYS 활용 시뮬레이션 해석 모델링 과정은 전처리과정, 처리과정 및 후처리과정으로 이루어진다. 전처리과정으로 1-단계) 대상 BIPV 적용 단위 PV 모듈의 표준테스트조건 STC(Standing Test Condition) 시험결과 전력등급과 온도계수 항목 입력-처리과정, 2-단계) BIPV 시스템의 PV의 설치 경사각, 방위각에 대한 일사량(산란, 직달, 지표면반사), 외기온, 풍속 등을 포함한 연간 기상데이터 입력과정, 처리과정으로 1-단계) 해석 모델 선정 및 적용 시뮬레이션 및 후처리 과정으로 1-단계) PV의 셀온도, 발전율, 발전량, 발전효율 평가 과정으로 이루어진다.

[그림 5-5]는 레이놀즈수에 따른 BIPV 시스템의 열 및 광성능 민감도 분석용 TRNSYS 프로젝트 파일 TPF(TRNSYS Project File)를 나타내고 있다. BIPV 시스템의 TRNSYS 프로젝트 구성은 전처리모듈(preprocess module), 처리모듈(process module)과 후처리모듈(postprocess module)로 구성하였으며 적용 모듈의 고유 type number와 기능은 [표 5-6]과 같다.

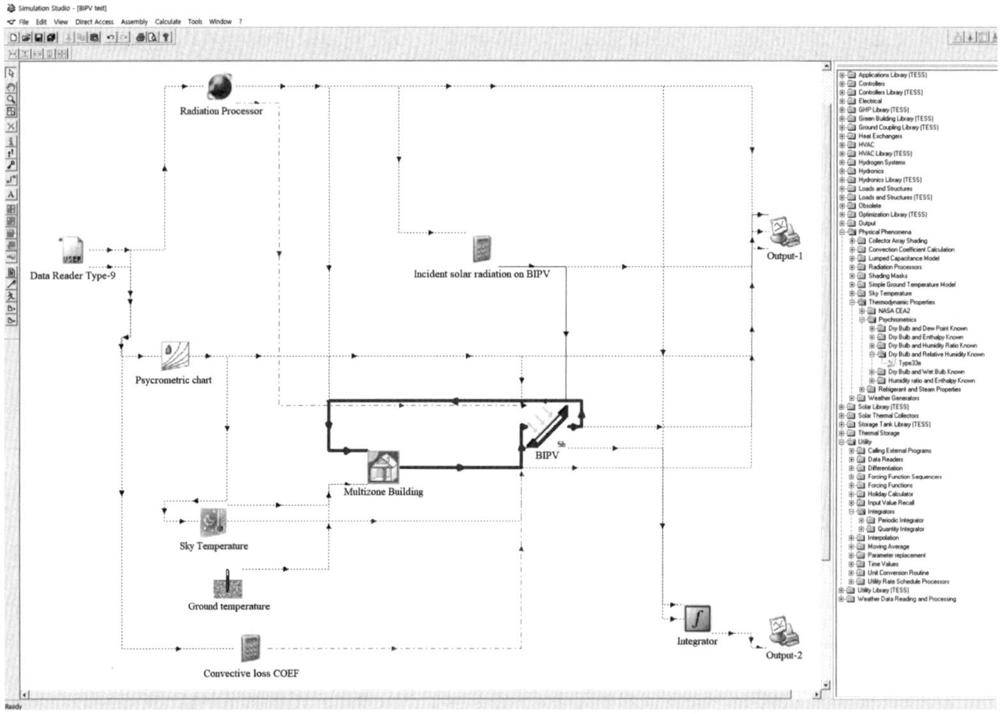

그림 5-5 TRNSYS Project for analysing BIPV systems with Reynolds Number

표 5-6 TRNSYS 시뮬레이션 적용 모듈

NO	Case	Module Name	Description	Type number
1	Preprocess module	Data reader	Reading external data file	9
		Psychrometric chart	Drybulb and relative humidity input value from data reader	33
		Radiation processor	Processing insolation data from data reader	16
		Sky temperature	Calculation Sky temperature from ambient and dewpoint temperature	69
		Ground temperature	Calculation 3m depth soil temperature	77
2	Processing module	Equation-1	Calculation Convective heat transfer coefficient	-
		Equation-2	Total incident radiation on PV glass cover	-
		Multizone building	PV integrated building	56
		BIPV	Integrated multizone building, which includes air channel	567
3	Postprocess module	Integrator	Monthly input value summation	24
		Output-1	Online printer-1 and produce external file	25
		Output-2	Online printer-2 and produce external file	25

1) 기상데이터(Data Reader)

IEA PVPS Task 15 Subtask E에서 "BIPV Design and Performance Modelling:Tools and Method"에서 환경(Environment) 분야 weather Data 중 외부기상데이터파일입력(import external data)에 활용되는 프로그램으로 System Adviser Model(SAM), RETScreen Expert, Homer Pro, PV*SOL Expert, Solar F-chart, Pvsyst, Solar Pro, BIMsolat, Solergo 등을 제시하고 있다. 본 장에서는 상기의 외부기상데이터 입력용 모듈로서 단독형 프로그램인 standalone형인 TRNSYS에서 표준 모델로 제공되는 외부기상데이터입력기(data reader Type-9)를 적용하였다.

BIPV 시스템 민감도 분석 대상 지역은 위도 북위 37° 경도 동경 126° 서울지역으로 활용가능한 기상데이터로 월일평형균 형식의 미국항공우주국 NASA(National Aeronautics and Space Administration) 발간데이터와 통계 처리된 TRY(Test Reference Year), TMY(Typical Meteorological Year), WYEC(Weather Years for Energy Calculation), TRY-2형 식의 시간별 데이터가 있다. 본 장에서는 국내 공조학회에서 제공하는 서울 기상데이터를 적용하였다.

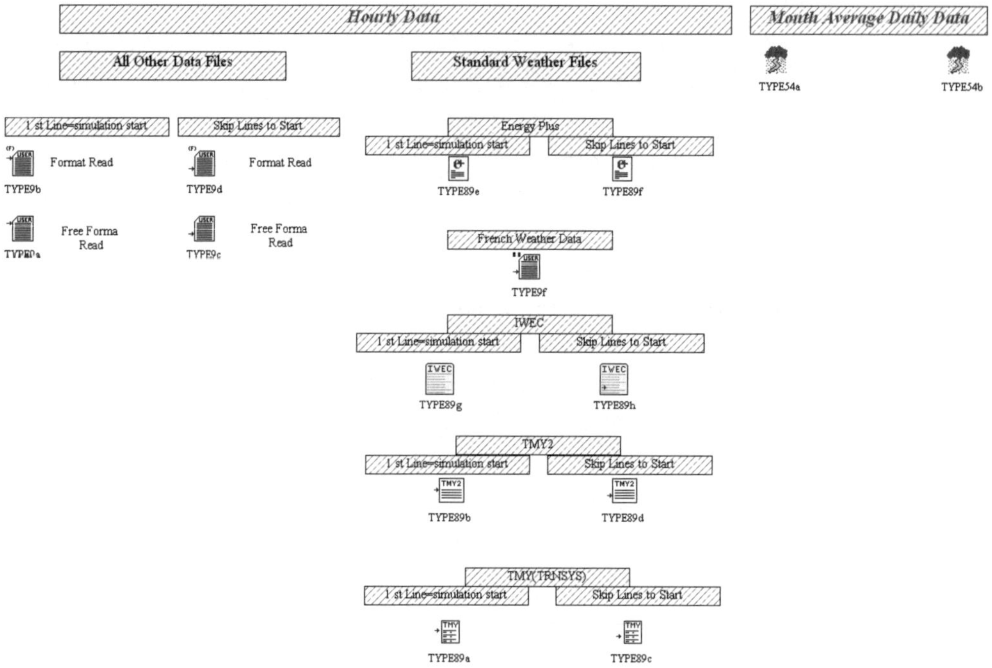

그림 5-6 TRNSYS 제공 기상데이터 입력 모듈

다년간 수집 및 통계처리된 외부기상데이터의 형태에는 시간별 데이터 형식의 TMY, TMY-2 및 TRY와 월일평균데이터형태의 MDA가 사용되고 있다. 이와 같은 형식의 데이터는 주로 *.DAT 및 *.TXT 형식의 파일로 존재한다.

ASSIGN 명령에 의한 문번호를 이용하여 외부 메모리에 저장된 기상데이터를 TRNSYS 메모리내로 상주시킬 수 있는 모듈이 필요하다. 이러한 용도로 TRNSYS의 표준모듈로서 제공되는 외부기상데이터입력기(data reader Type-9)는 월별 시스템의 열성능 민감도 분석을 위하여 특정 월부터 시뮬레이션을 수행할 수 있도록 하는 기능을 제공하며, 단위 시간별 제공되는 기상데이터를 근거로 분별 데이터를 생성하는 내보간(interpolate) 및 곱하기 및 더하기 연산자를 통하여 원데이터의 단위를 환산하는 특징을 제공한다. [표 5-7]은 외부기상데이터입력기 모듈의 파라미터, 외부파일 지정 및 출력항으로 구분되어 표현된다.

표 5-7 TRNSYS Type-9 기상데이터입력기 변수, 출력 및 기상데이터 파일 지정 항목

NO	Parameter Items	Unit
1	Number of header lines in data file to skip	-
2	Total number of columns to be read from data file	-
3	The time interval at which data is provided	-
4	Interpolate should be or not should be	+, -
5	The value of multiplication factor	-
6	The value of additional factor	-
7	Logical unit number of input weather data file	-
NO	**Output Items**	
1	The first value read from weather data file	
2	The second value read from weather data file	
3	The nth value read from weather data file	
NO	**External File**	
1	Raw weather data file name, for example Seoul.dat	

[표 5-8]은 서울지역 외부기상데이터 형식, 항목 및 단위를 나타내고 있으며, [표 5-9]는 서울지역 연간 데이터 중 1월 1일의 실제 데이터 값을 도시하고 있다.

표 5-8 TRNSYS Type-9 기상데이터입력기 데이터 형식 및 항목

	1	2	3	4	5	6	7	8
설명	산란일사	건구온도	법선면 직달일사	외기풍속	외기풍향	상대습도	총일사	지중온도 1m
영문 설명	Diffuse Radiation	Dry bulb Temp	Direct Normal Radiation	Wind Velocity	Wind Direction	Relative Humidity	Total Radiation	Ground temperature
기호	I_D.0	T_amb	I_D	W-V	W-D	R.H	I_0	Tg
단위	kJ/hr-m^2	K	kJ/hr-m^2	m/s	°	%	kJ/hr-m^2	K

표 5-9 서울 연간 기상데이터 예(1월 1일 데이터 발췌)

시간(hr)	ID	TDB	IDN	WS	WD	RH	IH	TGRD-1m
1	0	7.7	0	1.5	315	86	0.0	-6.0
2	0	6.8	0	0.8	180	91	0.0	-5.8
3	0	6.2	0	1.3	293	94	0.0	-5.6
4	0	5.8	0	1.3	180	95	0.0	-5.5
5	0	5.7	0	1	135	93	0.0	-5.4
6	0	5.4	0	1.3	338	94	0.0	-5.3
7	0	4.9	0	0.2	0	95	0.0	-5.3
8	0	5.2	0	1.3	360	93	0.0	-5.4
9	82.8	6	7.2	2	23	85	83.8	-5.6
10	187.2	6.5	10.8	3.7	23	65	190.3	-6.0
11	291.6	6.6	21.6	2.7	23	71	300.4	-6.4
12	288	6.8	10.8	2.7	45	67	293.2	-6.8
13	190.8	6.3	3.6	4.2	45	71	192.6	-7.2
14	104.4	5.2	0	4.5	360	86	104.4	-7.4
15	75.6	4.4	0	2.7	360	93	75.6	-7.5
16	28.8	4.1	0	3.5	45	89	28.8	-7.5
17	0	3.9	0	2.7	45	92	0.0	-7.4
18	0	3.2	0	4.3	360	88	0.0	-7.3
19	0	2.9	0	3	360	86	0.0	-7.2
20	0	2.9	0	2	360	77	0.0	-7.1
21	0	2.9	0	2.7	23	75	0.0	-6.9
22	0	2.2	0	2.5	360	77	0.0	-6.8
23	0	2.3	0	1.8	338	74	0.0	-6.6
24	0	1.8	0	2.7	360	79	0.0	-6.4

2) 일사량처리기(Solar Radiation Processor-Type-19)

가) 개요

IEA PVPS Task 15 Subtask E "BIPV Design and Performance Modelling : Tools and Method"에서 BIPV 성능 모델링(BIPV Performance Modeling) 분야 중 BIPV면 일사처리(Irradiance on BIPV)에 활용되는 프로그램으로 RETScreen Expert, Solar F-chart, Pvsyst, Solar Pro, BIMsolat, Solergo 등을 제시하고 있다.

본 장에서는 BIPV 설치방위각 및 경사각에 대한 BIPV면 일사량과 BIPV 단축 및 양축 추적식 트래킹 방식에 대한 BIPV면 일사량 평가를 위하여 단독형 프로그램인 standalone형인

TRNSYS 프로그램에서 모듈러 형식으로 제공되는 일사량처리기(solar radiation processor Type-19)를 적용하였다.

TRNSYS 제공 표준모듈로 일사량처리기는 시간별 누적 평균의 형태로 수집되는 수평면 총일사로부터 수평면과 경사면에서의 직달일사와 산란일사로 직산분리 방법에 따라 [표 5-10] 또는 [그림 5-7]과 같은 다양한 모델을 제공한다.

표 5-10 일사량처리기 모드 분류 및 출력 값

MODE	Radiation Smoothing	Known	Output
16e	without	• Bean radiation on horizontal • Diffuse radiation on horizontal	• Extraterrestrial on horizontal • Solar zenith angle • Solar azimuth angle • Total horizontal radiation • Beam radiation on horizontal
16f	with		
16a	without	Radiation on horizontal	
16b	with		
16c	without	• Radiation on horizontal • Ambient temperature • Relative humidity	
16d	with		
16g	without	• Total radiation on horizontal surface • Direct normal beam radiation	
16h	with		
16i	without	• Total radiation on horizontal • Direct normal beam radiation	
16j	with		

경사각이 0°인 수평면에 대한 직산분리는 Liu and Jordan model, Boes et al. model, Erbs model 및 Reindl model에 의하여 이루어지며, 경사면에 대한 직산분리는 수평면 총일사를 근거로 산란일사 성분의 처리방법에 따라 isotropic sky model, Hay and Davis model, Reindl model에 의하여 평가된다.

수평면에 대한 직산분리는 일차적으로 대기권 밖 총일사량 및 대기청명도[1]를 근거로 하여

1 대기권 밖 일사량에 대한 지표면 수평면 총일사량의 비로 정의된다.

수평면 총일사에 대한 산란일사량의 상대적 크기를 산정하여 직달일사와 산란일사량을 개별적으로 분리한다.

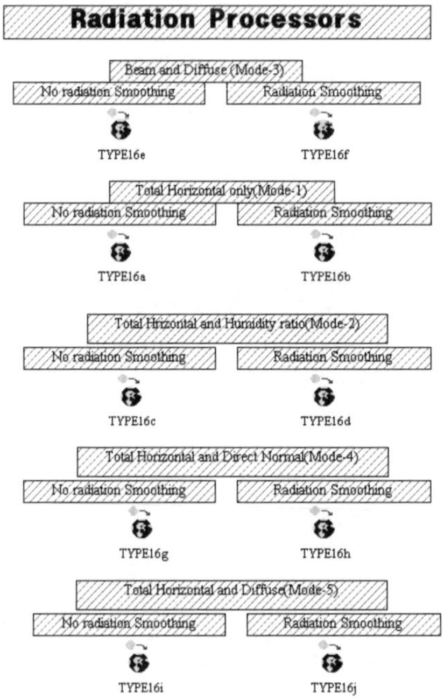

그림 5-7 TRNSYS 제공 일사량처리기 모듈

시각(hour angle) ω'와 ω'' 사이 **대기권 밖 총일사량**은 집열면의 설치 위도(latitude), 지구자전축기울기각(declination), 태양시각(solar time angle) 및 태양상수(solar constant)에 의하여 다음 식 (1)에 의하여 산정된다.

$$I_o = \int_{\omega'}^{\omega''} S_c E(\cos\phi\cos\delta\cos\omega + \sin\phi\sin\delta)d\omega \quad (1)$$

여기서,

I_o : 대기권 밖 총일사[W/m^2]

S_c : 태양상수, 1367[W/m^2]

ψ : BIPV 설치 위도[°]

δ : 지구자전축 기울기[°]

ω : 태양시각[°]을 나타낸다.

나) 수평면에서의 일사량 평가 모델

(1) Mode-1 : Liu and Jordan

Liu and Jordan 상관식은 대기청정도를 나타내는 계수 k_T 및 수평면 총일사량으로부터 다음 식 (2)에 의하여 직달일사 및 산란일사를 직산분리한다.

$$\frac{I_d}{I} = 1.0045 + 0.04349 k_T - 3.5227 k_T^2 + 2.6313 k_T^3$$
$$I_b = I - I_d \quad (2)$$

여기서,

I : 수평면 총일사

I_d : 수평면 산란일사

I_b : 수평면 직달일사

k_T : 대기청정도 I/I_o

(2) Mode-2 : Boes et al.

Mode-2 Boes et al. 식은 대기청정도 및 태양상수로부터 일차 법선면직달일사량 산정 후 식과 같이 태양천정각(solar zenith's angle)에 의하여 법선면 직달일사량으로부터 다음 식 (3)으로 직달일사량 및 확산일사량을 산정한다.

$$I_{dn} = (1.3304 k_T - 0.38423) S_c$$
$$I_{dn} = \max(0,\ \min(I_{dn},\ 0.739 S_c))$$
$$I_b = I_{dn} \cos(\theta_z)$$
$$I_d = I - I_b \quad (3)$$

여기서,

I_{dn} : 법선면 직달일사(direct normal irradiance)

k_T : 대기청정도 I/I_o

θ_z : 태양천청각(solar zenith's angle)을 나타낸다.

(3) Mode-3 : Erbs.

Erbs. 모델은 다음 식 (4)와 같이 대기청정도를 영역별로 구분하여 수평면 확산일사량을 산정 후 직달일사량을 산정하여 수평면 총일사량을 직산분리한다.

$$\frac{I_d}{I} = 1.0 - 0.9k_T \text{ for } k_T \le 0.22$$

$$\frac{I_d}{I} = 0.9511 - 0.1060k_T + 4.388k_T^2 - 16.638k_T^3 + 12.336k_T^4 \text{ for } 0.22 < k_T < 0.80 \tag{4}$$

$$\frac{I_d}{I} = 0.165 \text{ for } k_T \ge 0.80$$

(4) Mode-4 : Reindl-1(Reduced correlation).

Reindl-1 모델은 대기청정도와 수평면 총일사에 대한 산란일사를 영역별로 구분하여 대기청정도 및 태양 고도각의 함수로 수평면 총일사에 대한 산란일사비에 따라 다음 식 (5)에 의하여 산란일사를 산정 후 직달일사량을 산정한다.

$$\frac{I_d}{I} = 1.020 - 0.254k_T + 0.0123\sin(\alpha) \text{ for } 0 \le k_T \le 0.22. \ \frac{I_d}{I} \leqq 1.0$$

$$\frac{I_d}{I} = 1.400 - 1.749k_T + 0.177\sin(\alpha) \text{ for } 0.3 \le k_T \le 0.78. \ 0.1 \le \frac{I_d}{I} \le 0.97 \tag{5}$$

$$\frac{I_d}{I} = 0.486k_T + 0.182\sin(\alpha) \text{ for } 0.78 < k_T. \ 0.1 \le \frac{I_d}{I}$$

여기서,

α : 태양고도각

(5) Mode-5 : Reindl-2(Full correlation).

Reindl-2 모델은 대기 청정도와 수평면 총일사에 대한 산란일사를 영역별로 구분하여 대기 청정도, 태양고도각, 외기온도 및 상대습도의 함수로 수평면 총일사에 대한 산란일사비를 통하여 다음 식 (6)에 의하여 확산일사를 산정 후 직달일사량을 산정한다.

$$\begin{aligned}
&\frac{I_d}{I} = 1.000 - 0.232k_T + 0.0239\sin(\alpha) - 0.000682\,T_a + 0.0195(rh\ /\ 100) \\
&\qquad \text{for } 0 \le k_T \le 0.3.\ \frac{I_d}{I} \le 1.0 \\
&\frac{I_d}{I} = 1.329 - 1.716k_T + 0.267\sin(\alpha) - 0.00357\,T_a + 0.106(rh\ /\ 100) \\
&\qquad \text{for } 0.3 \le k_T \le 0.78.\ 0.1 \le \frac{I_d}{I} \le 0.97 \\
&\frac{I_d}{I} = 0.426k_T - 0.256\sin(\alpha) - 0.00349\,T_a + 0.0734(rh\ /\ 100) \\
&\qquad \text{for } 0.78 \le k_T.\ 0.1 \le \frac{I_d}{I}
\end{aligned} \tag{6}$$

상기의 상관식은 수평면 직달일사량 및 총일사량으로부터 다음 식 (7)에 의하여 수평면에서의 직달일사량을 계산한다.

$$I_b = I - I_d \tag{7}$$

(6) Mode-6

수평면 직달일사량 및 산란일사량으로부터 총일사량을 계산한다.

(7) Mode-7

수평면 총일사량 및 법선면 직달일사량으로부터 산란일사량을 계산한다.

(8) Mode-8

수평면 총일사량 및 산란일사량으로부터 직달일사량 계산한다.

다) 경사면에서의 일사량 평가 모델

Type-16 일사량처리기(Radiation Process)는 수평면 전일사량을 근거로 경사면 직달일사, 산란일사, 지표면 반사를 계산하기 위하여 4가지 모델을 제공하며, 특히 4가지 보넬의 기준은 산란일사의 산정 기준식에 의하여 구분되며 직달과 지표면 반사일사 산정방법은 4가지 모델 모두 동일하다. 각각의 모델은 경사면에서의 일사량을 산정하기 위하여 수평면에서의 일사량과 시간별 태양의 위치에 대한 정보를 필요로 한다.

경사면 총일사량 I_T은 직달일사, 등방성 산란, 태양주변 산란, 수평면 산란 및 지표면 반사 성분의 합으로 식 (8)의 형태로 구성된다.

$$\begin{aligned} I_T &= I_{Tb} + I_{T,d,iso} + I_{T,d,cs} + I_{T,d,hz} + I_{T,refl} \\ A_c I_T &= I_b R_b A_c + I_{d,iso} A_s F_{s-c} + I_{d,cs} R_b A_c + I_{d,hz} A_{hz} F_{hz-c} + \sum I_i \rho_i A_i F_{i-c} \end{aligned} \tag{8}$$

여기서,

A_c : BIPV 면적

A_s : 천공 면적

F_{s-c} : BIPV에서 천공으로의 형상계수(view factor)

ρ_i : 반사율(reflectance)

F_{i-c} : 형상계수(view factor)

R_b : 경사면 총일사(tilted total radiation) / 수평면 총일사에 대한 경사면 총일사비

$$I_T = I_b R_b + I_{d,iso} A_s F_{c-s} + I_{d,cs} R_b + I_{d,hz} A_{hz} F_{c-hz} + I \rho_g F_{c-g}$$

경사면 직달일사는 다음 식 (9)의 형태로 산정된다.

$$I_{bT} = I_b \times R_b$$

$$R_b = \frac{\cos\theta}{\cos\theta_z} \tag{9}$$

$$\cos\theta = \cos\theta_z \cos\beta + \sin\theta_z \cos(\gamma_s - \gamma)\sin\beta$$

여기서,

θ : 직달일사의 입사각(angle of incidence of beam radiation on surface)

θ_z : 태양천청각(solar zenith angle)

γ : 경사면 방위각(azimuth angle for surface)

γ_s : 태양방위각(azimuth angle for solar)

경사면 반사일사는 다음 식 (10)의 형태로 산정된다.

$$I_{gT} = I \times R_r$$

$$R_r = 0.5(1 - \cos\beta)\rho_g \tag{10}$$

여기서,

R_T : 수평면 총일사에 대한 경사면 반사일사량 비

ρ_g : 지표면 반사율

I : 수평면 총일사

경사면 산란일사량 평가 모델로 1. 등방성천공모델(isotropic sky model), 2. Hay and Davies, Reindl et al.과 Perez et al. 모델을 제공한다.

(1) Mode-1(Isotropic sky model)

등방성천공모델(isotropic sky model)은 산란일사가 천공돔에 균일하게 분포된다는 가정에 의하여 다음 식 (11)과 같이 경사면 산란일사량을 산정한다.

$$I_{dT} = I_d \times R_d \tag{11}$$

여기서,

R_d : 수평면 산란일사에 대한 경사면으로 산란의 비로 다음 식과 같이 표현된다.

$$R_d = 0.5(1 + \cos\beta) \tag{12}$$

따라서 R_d의 값이 산정되면 경사면에 수열되는 산란일사량을 산정할 수 있다.

(2) Mode-2(Hay and Davies)

태양주위 및 등방성천공의 산란일사량을 고려한 이방성 지수 A_I를 적용 태양둘레 산란일사량에 가중치를 두어 경사면 산란일사량을 다음 식 (13)과 같이 산정한다.

$$I_{dT} = I_d[0.5(1 - A_I)(1 + \cos\beta) + A_I R_b] \tag{13}$$

여기서,

$0.5(1 - A_I)(1 + \cos\beta)$: 등방성 산란일사량의 영향

$A_I R_b$: 태양둘레 산란일사량의 영향

(3) Mode-3(Reindl etal)

경사면 산란일사량 모드인 Reindl 모드는 Hay and Davies 모드에 지표면 밝기 정도에 따른 산란일사량을 고려하여 경사면 산란일사량을 산정한다. 밝기 정도는 f 변수에 의하여 결정되며 이 변수를 포함하는 경사면 산란일사량은 다음 식 (14)와 같이 산정된다.

$$I_{dT} = I_d[0.5(1 - A_I)(1 + \cos\beta)(1 + (f)\sin^3(\beta / 2)) + A_I R_b] \tag{14}$$

여기서,

$0.5(1-A_I)(1+\cos\beta)(1+(f)\sin^3(\beta/2))$: 등방성과 지표면 산란일사량의 영향

$A_I R_b$: 태양둘레 산란일사량의 영향

(4) Mode-4(Perez et.al)

Perez et.al 모드는 태양둘레, 지표면 밝기 및 등방성 산란일사량의 영향을 실험적으로 도출된 "reduced brightness coefficients"을 이용하여 경사면 산란일사량을 다음 식 (15)와 같이 산정한다.

$$I_{dT} = I_d[0.5(1-F'_1)(1+\cos\ \mathrm{beta}\ )+F'_1(a/c)+F'_2\sin\beta] \quad (15)$$

여기서, F'_1, F'_2는 다음 식 (16)으로 산정된다.

$$\begin{aligned} F'_1 &= F_{11}(\epsilon)+F_{12}(\epsilon)\nabla AT+F_{13}(\epsilon)\theta_Z \\ F'_2 &= F_{21}(\epsilon)+F_{22}(\epsilon)\nabla AT+F_{23}(\epsilon)\theta_Z \end{aligned} \quad (16)$$

여기서, ϵ는 대기청명도 Δ는 대기밝기를 나타내며 상호관계 식은 다음 식 (17)로 정의된다.

$$\epsilon = \frac{[(I_d+I_{dn})+1.041\theta_Z^3]}{[1+1.041\theta_Z^3]} \quad (17)$$

라) 트래킹모드(Tracking Mode)

TRNSYS 일사량처리기 모듈에서는 4가지 입사면 트래킹모드를 제공한다. 이러한 트래킹모드를 활용하여 다양한 BIPV 입사면의 일사량을 산정한다.

트래킹모드-1은 고정모드로서 일사면의 경사각과 방위각으로 일사수열면의 위치를 변수가 아닌 입력값으로 정의한다. 트래킹모드 2-4는 다양한 종류의 트래킹 방법에 따라 트래킹면에서의 일사량을 판단한다.

트래킹모드-2는 태양방위각 γ_s을 추적하는 방식으로 고정된 경사각 β를 가지고 수직축을

중심으로 방위각 γ에 따라 경사면에서의 직달, 산란, 반사 및 총일사량을 평가한다. 특히, 경사면 방위각과 γ와 태양방위각 γ_s이 일치할 때 경사면에서의 직달일사량이 최대가 된다.

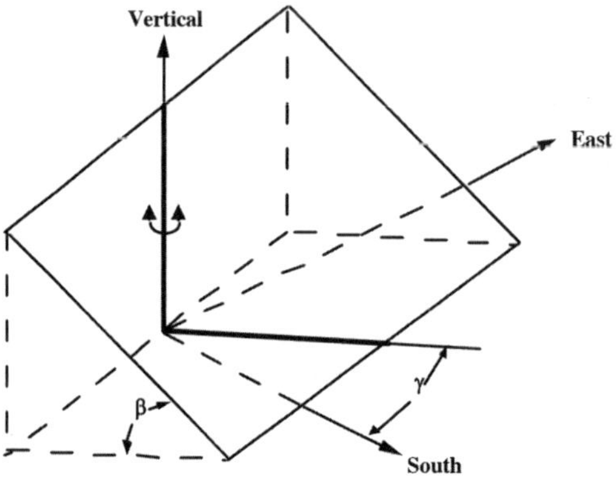

그림 5-8 트래킹모드-2 경사면, 경사각, 중심축과의 관계

트래킹모드-3는 태양고도각 α 또는 태양천정각 θ_z을 추적하는 방식이다. 이 방식은 경사면에 항상 평행한 단축을 중심으로 경사각 β에 따라 경사면에서의 직달, 산란, 반사 및 총일사량을 평가한다.

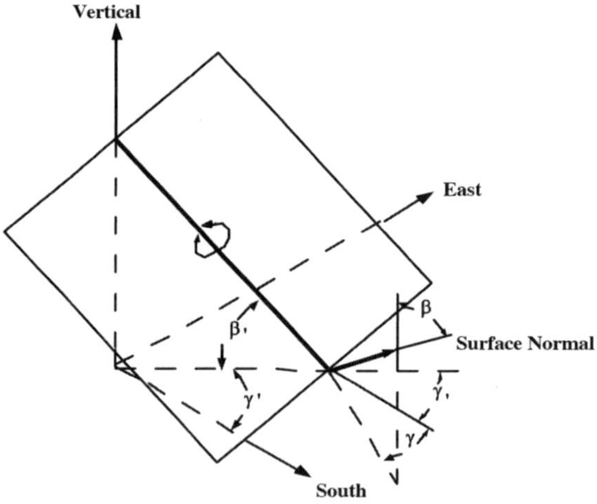

그림 5-9 트래킹모드-3 경사면, 경사각, 중심축과의 관계

회전축이 수평일 경우, 일사수열면의 경사각은 다음 식 (18)과 같이 평가한다.

$$\beta = \tan^{-1}(\tan\theta_z \cos(\gamma_{s-}\gamma)) \quad (18)$$

여기서, 수열면 방위각은 회전축 방위각은 다음과 같다.

$$\gamma = \gamma' + 90° \quad \text{if } (\gamma_s - \gamma) > 0$$
$$\gamma = \gamma' - 90° \quad \text{if } (\gamma_s - \gamma) < 0 \quad (18)$$

대개 임야지 태양광발전사업에서 흔히 볼 수 있는 경우로 분양사업 시 시공사의 토지수평 공사비용 절감을 위하여 경사면 비탈지에 트래킹 회전축을 평행하게 설치하는 경우에 자주 발생하는 경우로 회전축이 수직 또는 수평이 아닌 경사각을 가진 경우, 이 경우 시간별 일사 수열면의 방위각과 경사각은 다음 식 (19)로 평가된다.

$$\gamma = \gamma' + \tan^{-1}\left(\frac{\sin\theta_z \sin(\gamma_{s-}\gamma')}{\sin\beta' \cos\theta'}\right)$$
$$\beta = \tan^{-1}\left(\frac{\tan\beta'}{\cos(\gamma - \gamma')}\right) \quad (19)$$

트래킹모드-4는 태양고도각 α과 태양천청각 θ_z 또는 태양방위각을 추적하는 방식이다. [표 5-11], [표 5-12] 및 [표 5-13]은 일사량처리기 모듈의 파라미터, 입력 및 출력항을 나타내고 있다.

표 5-11 Type-16 일사량처리기(Radiation Processor) 변수항목

NO	Parameter items	Description	Value	Unit
1	Horiz. radiation mode	Horizontal Radiation Mode: This proforma corresponds to Mode 5(Total Horizontal and Diffuse Horizontal Radiation Known)	5	-
2	The Tracking mode	The Surface Tracking Mode: 1=Fixed surface 2=Single axis tracking; vertical axis, fixed slope, variable azimuth 3=Single axis tracking; axis parallel to surface 4=Two-axis tracking	1	-

표 5-11 Type-16 일사량처리기(Radiation Processor) 변수항목(계속)

NO	Parameter items	Description	Value	Unit
1	Horiz. radiation mode	Horizontal Radiation Mode : This proforma corresponds to Mode 5(Total Horizontal and Diffuse Horizontal Radiation Known)	5	-
2	The Tracking mode	The Surface Tracking Mode: 1=Fixed surface 2=Single axis tracking; vertical axis, fixed slope, variable azimuth 3=Single axis tracking; axis parallel to surface 4=Two-axis tracking	1	-

표 5-12 Type-16 일사량처리기(Radiation Processor) 입력항목

NO	Parameter items	Description	Value	Unit
1	Total Radiation on horizontal	The total radiation on a horizontal surface.	0	$kJ/hr\text{-}m^2$
2	Diffuse radiation on horizontal	The diffusion radiation on a horizontal surface.	0	$kJ/hr\text{-}m^2$
3	Time of last data read	The time of the last reading of the external file containing the weather data. Typically from the 19th Output of the data reader component.	0	hr
4	Time of next data read	The time that the next weather information will be read from the external data file. This input is typically hooked up the the 20th Output of the data reader component.	1	hr
5	Ground reflectance	The reflectance of the ground above which the surface is located. Typical values are 0.2 for ground not covered by snow and 0.7 for ground covered by snow.	0.2	Degrees
6	Slope of surface	The slope of the surface or tracking axis. The slope is positive when tilted in the direction of the azimuth. 0=Horizontal; 90=Vertical facing toward azimuth	90	Degrees
7	Azimuth of surface	The solar azimuth angle is the angle between the local meridian and the projection of the line of sight of the sun onto the horizontal plane. The reference is as follows: 0=Facing equator 90=Facing West 180(or -180)=Facing away from the equator 90(or 270)=Facing East	0	Degrees
8	How many surfaces are to be evaluated by the radiation processor			

표 5-13 Type-16 일사량처리기(Radiation Processor) 출력항목

NO	Parameter items	Description	Unit
1	Extraterrestrial on horizontal	The extraterrestrial radiation on a horizontal surface.	kJ/hr-m^2
2	Solar zenith angle	The zenith angle is the angle between the vertical and the line of sight of the sun.	Degrees
3	Solar azimuth angle	The solar azimuth angle is defined as being the angle between the local meridian and the projection of the line of sight of the sun onto the horizontal plane.	Degrees
4	Total horizontal radiation	The total radiation incident on a horizontal surface. The total radiation is equal to the beam radiation+sky diffuse radiation+ ground reflected diffuse radiation.	kJ/hr-m^2
5	Beam radiation on horizontal	The slope of the surfacc or tracking axis. The slope is positive when tilted in the direction of the azimuth. 0=Horizontal; 90=Vertical facing toward azimuth Refer to the abstract for details on slope specification for tracking surfaces.	kJ/hr-m^2
6	Horizontal diffuse radiation	The diffuse radiation (sky only) on a horizontal surface.	kJ/hr-m^2
7	Total radiation on surface 1	The total radiation on the tilted surface(beam+sky diffuse+ground reflected diffuse).	kJ/hr-m^2
8	Beam radiation on surface 1	The beam radiation on the first surface specified.	kJ/hr-m^2
9	Sky diffuse on surface 1	The sky diffuse radiation incident on the first surface specified.	kJ/hr-m^2
10	Incidence angle for surface 1	The angle of incidence of the beam radiation on the first surface specified.	Degrees
11	Slope of surface 1	The slope of the first surface specified.	Degrees

3) 습공기선도(Psychrometrics model) Type-33

가) 습공기 성질

공기조화에서 다루는 대기는 혼합기체로서, 그 속에는 질량 조성비로 75.53%의 질소(N_2), 23.14%의 산소(O_2), 1.28%의 아르곤(Ar), 0.05% He 및 0.000524%의 이산화탄소(CO_2)로 구성되는 건공기와 질량으로 1~3%의 수증기(습도비, 비습도 및 절대습도 x)가 포함되어 있다.

지상 6,000m 이상에서는 건공기만으로 구성되며, 공기 중에 포함될 수 있는 수증기량은 온도와 압력에 따라 어느 한도가 있고, 이 한도까지 수증기를 포함한 상태의 공기를 포화공기(포화습공기, Saturated Air)라 한다. 포화공기에 계속해서 수증기를 가하면 그 여분의 수증기는 미세한 물방울(안개)로 존재하는데 이를 무입공기(fogged air)라 한다.

또, 혼합기체를 구성하는 각 성분 기체의 압력을 분압이라 하고, 수증기를 포함한 습공기

의 경우 포함된 수증기의 압력을 수증기분압(vapor pressure)이라 부른다. 이때 “혼합기체의 전 압력은 각 성분 기체의 분압의 합과 같다”라는 달톤의 분압법칙이 적용된다.

습공기는 이상기체로 가정이 가능한 건공기와 수증기의 혼합물로서 습공기 전압은 건공기의 부분압과 수증기의 부분압으로 다음 식 (20)으로 산정된다.

$$P_t = P_a + P_w \tag{20}$$

여기서,

P_a : 건공기 분압

P_w : 수증기 분압

습공기 체적은 건공기, 수증기가 동일 체적을 이룬다.

건공기 V=수증기 V=습공기 V

습공기 질량은 건공기 단위 1kg에 대한 수증기의 질량인 습도비 W의 합으로 정의한다.

건공기 1kg+W(습도비)[수증기 질량 / 건공기 1kg]=(1+W)kg

나) 포화습공기(Saturated air) & 불포화습공기(Unsaturated air)

습공기 중에 포함되어 있는 수증기량은 습공기의 압력, 온도에 따라 최댓값이 있으며, 최대량의 수증기를 포함하고 있는 공기를 포화습공기라 한다. 포화습공기 상태에서 온도를 내리거나 또는 추가의 수증기를 공급할 시 습공기 중 수분은 응축되며, 상기 현상의 일례로 단열이 상대적으로 미흡한 건축물 벽체, 창호 등에서 내외부 결로가 종종 발생한다. 최대량의 수증기를 포함하고 있지 않은 공기를 불포화공기라 하며, 상대습도가 100% 이하인 공기이다.

다) 수증기분압

습공기 중의 수증기의 분압을 말하며, P_w(mmHg, atm, kgf/cm^2 등)로 표시한다.

포화습공기의 수증기 분압은 P_{ws}로 표시한다.

$P_w = P_{ws}$ 포화습공기

$P_w < P_{ws}$ 불포화습공기

$P_w = 0$ 건공기

$P = P_a + P_w$ 여기서 P는 습공기 전압이다.

공기는 수증기를 무한대 함유할 수 있는 것이 아니다. 즉 습공기 건구온도가 높을수록 함유할 수 있는 수증기량이 많아지며, 일정 습도비에서 습공기 건구온도가 낮아지다가 노점온도보다 낮은 표면과 접할 시 습공기 중 수증기의 일부는 응축에 의한 결로로 인하여 수분함유율이 떨어진다. 이와 같은 습공기의 수증기 함유율은 내외부 결로 및 노점온도에 의하여 평가된다. 습공기의 임의 온도에서 습공기가 함유할 수 있는 최대의 수증기를 포함하고 있는 공기를 포화습공기라 하며, 수증기의 함유상태 및 형태에 따라 다음과 같이 구분한다.

- 타원방향 : 건공기(습도비가 "0"인 공기) → 습공기 → 포화습공기 → 무입공기 → 설입공기
- 가로방향 : 불포화공기 → 포화공기(포화증기) → 과포화공기(응축)

수분은 공기 속으로 들어가기도 하고(가습) 또는 공기 속에서 빠져나오기도 하는데(제습) 공기에 포함되어 있는 수증기량은 무게로 1~2%에 불과하지만 수증기의 증발, 응축, 결로 현상에 관련되는 잠열은 그 양이 크기 때문에 열적으로 무시하기 어렵다.

습공기에서 취급되는 수증기는 상시 과열증기인 불포화증기, 즉 건증기로 열량은 엔탈피로 정의한다. 습공기 중 수증기의 엔탈피 기준은 포화온도 0℃보다 정확한 온도 기준은 0.01℃ 포화수증기이다. 습공기 중 수증기의 엔탈피는 건도가 "1"인 포화증기가 지니는 엔탈피로 정의되며 포화수증기 테이블에서 확인하면, 이 값은 598kcal/kg=2,501kJ/kg이다.

만약 포화수증기의 포화온도가 T℃일 경우 1.82T+2.501KJ/kg로 건포화수증기의 엔탈피를

정의한다. 이 식은 포화수증기의 포화온도 0℃(보다 정밀한 값은 0.01℃)에서의 건포화수증기의 엔탈피는 2,501KJ/kg이며, 포화온도 T℃에서의 건포화수증기의 엔탈피는 T℃에서의 포화액 엔탈피에 증발잠열을 더하여 산정한다. 여기서, 대부분의 일정 포화온도에 대한 건포화수증기의 엔탈피는 수증기표에서 값을 읽어오나, 1.82T+2,501KJ/kg로 건포화수증기의 엔탈피 간략식을 사용한다.

포화공기에 추가적으로 가습 메커니즘에 의하여 수분을 공급하면 그 여분의 수증기는 미세한 물방울(안개)이나 눈방울로 존재하는데 이때의 상태 습공기를 무입공기(fogged air)라 한다.

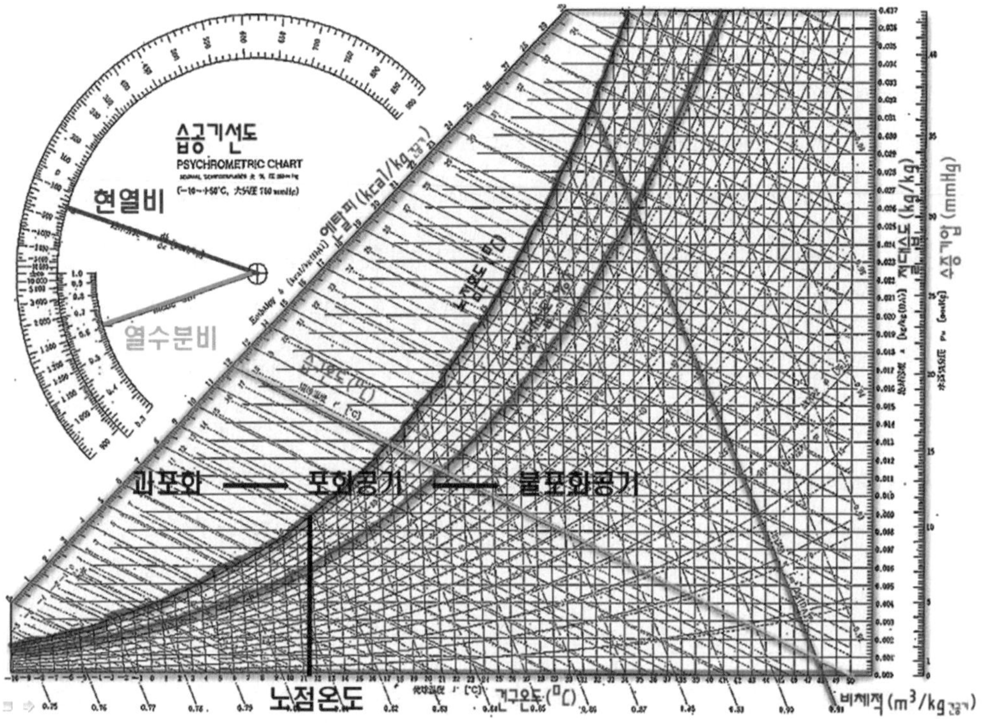

그림 5-10 대기압 기준, 습공기선도

테이블 형식으로 제공되는 습공기의 물성치를 이상기체로 가정하여 정리된 다양한 관계식으로부터 기지의 2개 물성치로부터 나머지 물성치를 산정한다.

습공기선도는 기상데이터에서 제공되는 기지의 습공기상태 항에 따라 [표 5-14]와 같이 모드별로 구분되며 출력값은 습공기의 나머지 물성치를 산정한다.

표 5-14 습공기 상태 용어

용어	정의	ASHRAE 표시	식
습도비	• 불포화습공기 중의 수증기 질량을 표현 • 건공기 1kg에 포함되어 있는 습공기 중의 수증기 질량	Humidity ratio	$W = \frac{M_w}{M_{da}} = 0.62198 \frac{x_w}{x_d}$
비습도	• 불포화습공기 중의 수증기 질량을 표현 • 습공기 총질량에 대한 습공기 중의 수증기 질량	Specific humidity	$\gamma = \frac{M_w}{(M_{da} + M_w)} = \frac{W}{(1+W)}$
절대습도	• 불포화습공기 중의 수증기 질량을 표현 • 습공기 총부피에 대한 습공기 중의 수증기 질량	Absolute humidity	$D_v = \frac{M_w}{V}$
포화도	포화상태 포화습공기의 습도비에 대한 동일온도, 동일압력에서의 불포화습공기 습도비	Degree of saturation	$\mu = \frac{W}{W_s}$
상대습도	• 습공기 중의 수분 정도를 표현 • 포화수증기압에 대한 동일온도에서의 불포화수증기분압 비	Relative humidity	$\phi = \frac{x_w}{x_{ws}}$
노점온도	일정수증기압하에 습공기를 냉각시켜 상대습도 100%인 포화상태로 될 때의 온도. 결로해석 시 주요 변수	Dew point temperature	$W_s(p, t_d) = W$
습구온도	• 습구온도계로 표시한 온도 • 단열가습메커니즘에서 단열포화온도 • 냉각탑에서 외기 주요 설계 변수	Wet bulb temperature	
수증기분압	습공기 중의 수증기의 분압으로 포화온도에 대응하는 포화수증기의 포화압력과 동일	Partial pressure of vapor in moist air	

IEA PVPS Task 15 Subtask E에서 “BIPV Design and Performance Modelling : Tools and Method”에서 환경(environment) 분야 weather Data 중 외부기상데이터파일입력(import external data)에 활용되는 프로그램으로 System Adviser Model(SAM), RETScreen Expert, Homer Pro, PV*SOL Expert, Solar F-chart, Pvsyst, Solar Pro, BIMsolat, Solergo 등을 제시하고 있다. 본 장에서는 상기의 외부기상데이터 입력용 모듈로서 단독형 프로그램인 standalone형인 TRNSYS에서 모듈로서 습공기선도모듈(psychrometrics chart Type-33)을 적용하였다.

습공기선도모듈은 대기압 1기압 기준으로 외부기상데이터입력기(data reader Type-9)로부터 받은 외기건구온도와 상대습도를 입력으로 습공기 습도와 관련된 습도비, 상대습도와 온도와 관련된 습구온도, 노점온도와 그 외 냉각탑, 에어워셔, 코일류 설계 및 평가와 관련된 엔탈피와 밀도를 산정한다.

본 장에서 적용된 습공기선도모듈의 변수항목, 입력항목 및 출력항목에 대한 설명은 [표 5-15], [표 5-16] 및 [표 5-17]과 같다.

표 5-15 일사량처리기 모드 분류 및 출력 값

Type	Input	Output
33d	• Dry bulb temperature • Dew point temperature	• Humidity ratio(kg/kg) • Wet bulb temperature(°C) • Enthalpy(KJ/kg) • Density of mixture(kg/m^3) • Density of dry air(kg/m^3) • Percent relative humidity(%) • Dry bulb temperature(°C) • Dewpoint temperature(°C)
33b	• Dry bulb temperature • Enthalpy of air	
33c	• Dry bulb temperature • Absolute humidity ratio	
33e	• Dry bulb temperature • Percent relative humidity	
33f	• Dry bulb temperature • Wet bulb temperature	
33a	• Absolute humidity ratio • Enthalpy of air	

표 5-16 Type-33 습공기선도(Psychrometrics Chart) 변수, 입력, 출력항목

NO	Parameter items	Default Value	Unit
1	**Psychrometrics mode** This mode indicates to the general psychrometrics routine that the dry bulb temperature and the percent realtive humidity will be used to calculate the remaining moist air properties.	2	-
2	**Wet bulb mode** 0 : Do not calculate the wet bulb temperature 1 : Calculate the wet bulb temperature	0	-

표 5-17 Type-33 습공기선도(Psychrometrics Chart) 변수, 입력, 출력항목

NO	Input items		
1	Dry bulb temp	22	°C
2	Percent relative humidity	60	-
3	Pressure	1	atm

표 5-18 Type-33 습공기선도(Psychrometrics Chart) 변수, 입력, 출력항목

NO	Output items		
1	Humidity ratio	0	-
2	Wet bulb temperature		℃
3	Enthalpy		kJ/kg
4	Density of mixture		kg/m^3
5	Density of dry air		kg/m^3
6	Relative humidity		%
7	Dry bulb temperature		℃
8	Dew point temperature.		℃

4) 천공온도모델(Sky temperature model) Type-69

가) 개요

IEA PVPS Task 15 Subtask E에서 "BIPV Design and Performance Modelling:Tools and Method"에서 환경(environment) 분야 weather Data중 외부기상데이터파일입력(import external data)에 활용되는 프로그램으로 System Adviser Model(SAM), RETScreen Expert, Homer Pro, PV*SOL Expert, Solar F-chart, Pvsyst, Solar Pro, BIMsolat, Solergo 등을 제시하고 있다.

본 장에서는 상기의 외부기상데이터 입력용 모듈로서 단독형 프로그램인 standalone형인 TRNSYS에서 모듈로서 천공온도모델(sky temperature model Type-69)을 적용하였다.

이 모델은 BIPV 시스템 성능평가에서 BIPV 모듈 유리면에서 대기천공으로의 장파복사 열전달 손실률 식 (21)을 산정하는 데 사용된다.

$$Q = F\sigma\epsilon A\left(T_{wall}^4 - T_{sur}^4\right) \tag{21}$$

여기서,

F : 형상계수(view factor), 두 면이 마주보는 형상에 따라 달라진다[−].

σ : 스테판−볼쯔만 상수, 5.67×10^{-8}[W/m^2-K^4]

ϵ : 상대적 고온 측 표면의 방사율[−]

A : 고온 측 표면적[m^2]

T_{wall} : 고온 측 표면온도[K]

T_{sur} : 주위 온도[K]

수직 외벽체의 경우 형상계수(view factor)는 "1", 주위온도는 외기온도로 장파복사 열전달 손실률은 다음 식으로 산정된다.

$$T_{sur} = \frac{T_{amb} + T_{sky}}{2} = \frac{T_{amb} + T_{amb}}{2} = T_{amb} \tag{22}$$

$$Q = F\sigma\epsilon A(T_{wall}^4 - T_{sur}^4) = \sigma\epsilon A(T_{wall}^4 - T_{amb}^4) \tag{23}$$

수평 지붕의 경우 주위온도는 천공온도와 외기온도의 산술평균으로 장파복사 열전달 손실률은 다음 식으로 산정된다.

$$T_{sur} = \frac{T_{amb} + T_{sky}}{2} \tag{24}$$

$$Q = F\sigma\epsilon A(T_{wall}^4 - T_{sur}^4) = \sigma\epsilon A(T_{wall}^4 - T_{sur}^4) \tag{25}$$

수평과 수직 사이 임의의 경사각을 이루는 면에 대해서 형상계수는 "0.75"로 주위온도와 장파복사 열전달 손실률은 다음 식으로 산정된다.

$$T_{sur} = \frac{T_{amb} + T_{sky}}{2} \quad \text{for } 0° < \beta < 90° \tag{26}$$

$$Q = F\sigma\epsilon A(T_{wall}^4 - T_{sur}^4) = 0.75\sigma\epsilon A(T_{wall}^4 - T_{sur}^4) \tag{27}$$

천공이 흑체라고 가정할 때 천공온도는 다음과 같은 변수에 대한 함수로 표현된다.

- 외기온(ambient temperature)
- 절대습도(air humidity)
- 운량계수(cloudiness factor of the sky)

• 대기압(local air pressure)

천공온도는 다음 식에 의하여 산정된다.

$$T_{sky} = T_{amb}[\epsilon_o + (1 - \epsilon_0)C_{cover}0.8]^{0.25} \tag{28}$$

운량계수 C_{cover}의 조건에 따라 모드는 두 가지로 분류된다. 즉, 운량계수가 입력항으로 주어진 모드-1과 내부적으로 산정되는 모드-2가 있다. 운량계수가 내부적으로 계산되는 경우 다음 식에 의하여 산정된다.

$$C_{cover} = \left[1.4286\frac{E_{dif}}{E_{glob.H}} - 0.3\right] \tag{29}$$

특정지역의 대기압은 액주계의 높이에 의하여 다음 식에 의하여 산정된다.

$$P_{atm} = P_0 e^{\frac{g\rho_0 h}{P_o}} \tag{30}$$

천공의 방사율 ϵ_o은 외기온과 절대습도에 의하여 산정되는 노점온도 T_{sat} 및 시각, 압력차에 의하여 다음 식에 의하여 산정된다.

$$\begin{aligned}\epsilon_o &= 0.711 + 0.005T_{sat} + 7.3\times10^{-5}T_{sat}^2 + 0.013\cos(2\pi \mathrm{time}/24) \\ &\quad + 12\times10^{-5}(P_{atm} - P_o)\end{aligned} \tag{31}$$

본 장에서 적용된 습공기선도모듈의 변수항목, 입력항목 및 출력항목에 대한 설명은 [표 5-19], [표 5-20] 및 [표 5-21]과 같다.

표 5-19 Type-69 천공온도산정기(Sky temperature) 변수항목

NO	Parameter items	Default Value	Unit
1	Mode for cloudiness factor	0	-
2	Height over sea level	0	m

표 5-20 Type-69 천공온도산정기(Sky temperature) 입력항목

NO	Input items	Default Value	Unit
1	Ambient temperature	0.9	℃
2	Dew point temperature at ambient conditions	20	℃
3	Beam radiation on the horizontal	0	W/m^2
4	Diffuse radiation on the horizontal	0	W/m^2

표 5-21 Type-69 천공온도산정기(Sky temperature) 출력항목

NO	Output items	Default Value	Unit
1	Fictive sky temperature	0	℃
2	Cloudiness factor of the sky	0	-

나) 기호

- C_{cover} : 운량계수(cloudiness factor of the sky)
- E_{Dif} : 수평면산란일사(diffuse radiation on the horizontal)
- E_{Dir} : 수평면직달일사(beam radiation on the horizontal)
- $E_{glo,H}$: 수평면초일사(total radiation on the horizontal)
- g : 중력가속도(gravitational acceleration)
- h : 고도(elevation above sea level)
- P_{atm} : 대기압(atmospheric pressure)
- P_o : 임의 고도에서의 대기압(atmospheric pressure at the height)
- ρ_o : 임의 고도에서의 공기 밀도(air density at the height)
- ϵ_o : 방사율(emittance of the clear sky)
- T_{amb} : 외기온도(ambient temperature)
- T_{sat} : 노점온도(dew point temperature at ambient conditions)

- T_{sky} : 천공온도(sky temperature)

5) 건물 모듈

IEA PVPS Task 15 Subtask E “BIPV Design and Performance Modelling : Tools and Method”에서 BIPV design > Building Integration > Complex(BIPV Category C-E)에 활용되는 프로그램으로 RETScreen Expert, Pvsyst, Polysun, INSEL, ArcGIS, Solar Pro, BIMsolat 등을 제시하고 있다.

TRNSYS에서 BIPV와의 통합 가능한 건물 모델로 단일존(single zone) 모델과 다중존(multi zone) 모델을 기본적으로 제공하며 단일존 모델에서는 detailed single zone, energy space 및 lumped capacitance building을 지원한다. 본 장에서는 BIPV 통합 건축물 모델로 다중존 건물(multi-zone building Type-56)를 적용하였다.

[그림 5-11]은 TRNSYS에서 제공되는 건물 해석 모듈과 건물구조체 해석 모듈을 나타내고 있다.

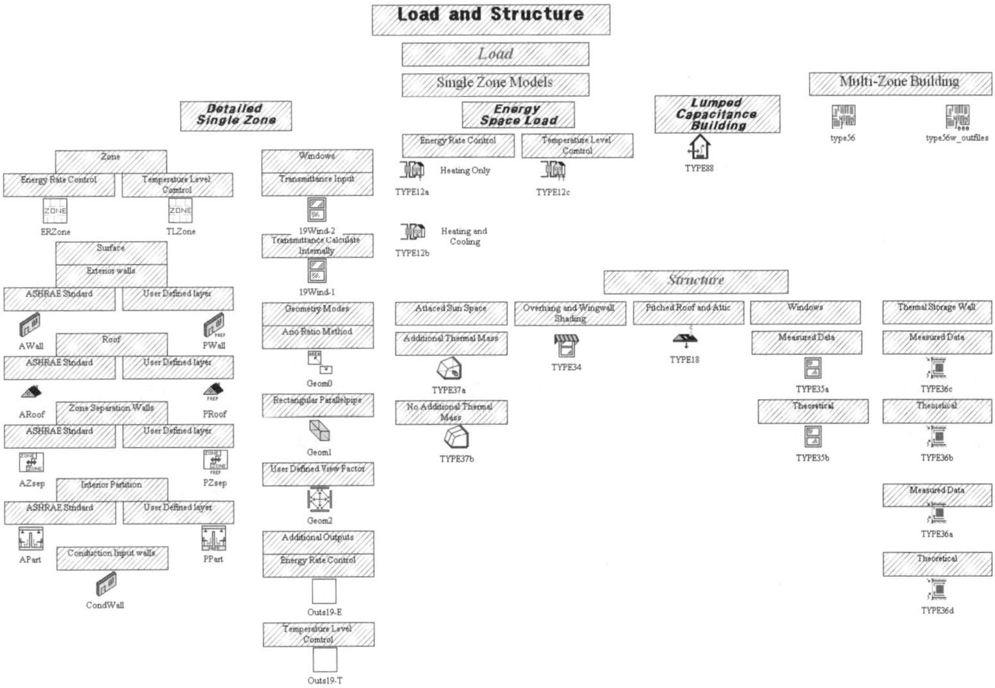

그림 5-11 TRNSYS 제공 건축물 및 구성 패시브 설비 모듈

가) 건물 해석 모듈

- TYPE-12 : Energy / (Degree Day) Space Heating or Cooling Load
- TYPE-19 : Detailed zone
- TYPE-56 : Multi-Zone Building and BID
- TYPE-88 : Lumped Capacitance Model, which model is only used at TRNSYS

나) 건물구조체 해석 모듈

- TYPE-18 : Pitched Roof and Attic
- TYPE-34 : Overhang and Wingwall Shading
- TYPE-35 : Window with Variable Insulation
- TYPE-36 : Thermal Storage Wall
- TYPE-37 : Attached Sunspace

다) TYPE-12

TYPE-12는 건물의 에너지 흐름 평가 모델로서 3가지 모델을 제공한다.

- TYPE-12a / Energy Rate Control : Space Heating Only
- TYPE-12b / Energy Rate Control : Space Heating and Cooling
- TYPE-12c / Temperature Level Control : Space Heating and Cooling

TYPE-12a 모델에서의 건물 부하는 정적해석 모델로써 건물의 열매스나 태양복사의 영향을 고려하지 못한다. 건물을 중심으로 환기, 침기, 내부발생열(태양광, 전구, 전기기기, 거주자) 등을 내부발생열을 하나로 취급하여 쾌적온도(fixed room temperature)를 유지하기 위한 온도와 벽체 UA 및 외기온의 함수로 표현된다. 이 모델을 통한 냉난방 부하의 산정은 내부발생열의 정확한 묘사 특히 태양광에 의한 태양열취득계수 SHGC(Solar Heat Gain Coefficient) 영향을 묘사할 수 없으므로 TYPE-19, TYPE-56 상세 모델에 비하여 상대적으로 큰 오차를 발생시킬 수 있는 모델이므로 구체적인 건물 모델에서의 사용을 재고하는 것이 바람직하다.

라) TYPE-19

TYPE-19는 건물의 동적 열 현상을 상세하게 해석하는 모델로써 외피(walls, ceiling or floors)는 ASHRAE transfer function approach에 의하여 모델링되며 건물외피 및 내피에서의 태양단파 및 장파복사의 영향을 평가할 수 있다. TYPE-56 Multi-zone buildings 모델은 TYPE-19모델이 다중으로 사용된 경우라 생각하면 된다.

- TYPE-19 ELZONE / Energy Rate Control : Space Heating Only
- TYPE-12b TLZONE / Temperature Level Control

마) TYPE-56

TYPE-56 Multi-Zone Building 모델은 건물의 열흐름을 산정하기 위하여 TYPE-19 및 TYPE-12와 같이 Energy 및 Temperature로 구분되는 각각의 모델을 개별적으로 제공하지 않고 Energy Rate Control 모델만을 제공한다. TYPE-56을 사용하여 Temperature Level Control을 수행하기 위해서는 냉난방 설정온도(heating and cooling set temperature)를 상대적으로 매우 커지게 설정함으로써 구현할 수 있다.

Type-56 Multi-zone Building model은 건물 구획별 용도 차이에 의하여 대표 온도가 서로 상이한 다중 죠조닝에서의 열흐름을 TRNSYS / KERNAL 루틴에서 제공되는 INVERT를 통하여 행렬의 역행렬을 구하여 모델링한다. 건물외피 및 내피에서의 태양단파 및 장파복사의 영향은 an area ratios approach를 통하여 산정된다. 다중존 건물의 묘사는 전처리 유틸리티인 BID 및 BIDWIN을 통하여 수행된다.

상기에서와 같이 TYPE-12, TYPE-19 및 TYPE-56모델에서 구현하는 “energy rate”, “temperature level” control은 다음과 같이 구분 정의할 수 있다. 건물에서의 부하는 건물 쾌적온도(18~23℃)를 유지하기 위하여 공급(난방기) 및 제거(냉방기)되어야 하는 에너지의 개념으로써 Energy rate control에서는 난방 18℃ 및 냉방 23℃ 설정 온도로 지정 후 이 온도를 외기조건에 상관 없이 유지하기 위하여 소요되는 에너지를 산정한다. 이러한 모델에서 부하는 냉난방 설비와는 무관하다. 반면 “Temperature level control” 모델에서는 외부 냉난방 설비를 설정하여 이러한 설비에 의하여 건물로 제공되는 에너지에 따라 건물 실온도가 변화하는 모델이다. 외부 냉난방 설비의 제어는 건물 실온도를 기준으로 이루어진다.

본 연구에서는 수직형 BIPV 시스템의 열적 연동성을 고려하여 Type-56 다중존(multi-zone building) 모델을 적용하였다.

6) 적분모듈(Integrator Module) Type-24

가) 개요

Type-24는 시뮬레이션 기간 중 **특정 변수의 특정 시간 적분량**을 계산하는 모듈로서 하나의 모듈에 10개까지의 입력변수를 지정할 수 있다. 그리고 하나의 시뮬레이션에 8개까지 사용할 수 있다.

나) 모델 수식

적분모듈 Type-24는 다음 수식에 의하여 적분대상 변수와 적분 시간

$$Y_i = \int_{time} X_i dt \tag{32}$$

여기서,

X_i : 적분될 변수

Y_i : 특정 시간 동안 적분된 변수 값

본 장에서 적용된 적분모듈의 변수항목, 입력항목 및 출력항목에 대한 설명은 [표 5-22], [표 5-23] 및 [표 5-24]과 같다.

표 5-22 Type-24 적분모듈(Integrator Module) 변수항목

NO	Parameter items	Description	Value	Unit
1	Integration period	The time interval over which the inputs are to be investigated. The outputs are reset to zero after each reset time interval. If there set time is set to a negative value, then units of months are assumed (if the reset time is set to -2, then the reset time will be two months...)	-1	-
2	Relative or absolute start time	This parameter controls whether the integration intervals are relative or absolute 0 : integrate at time intervals relative to the simulation start time 1 : integrate at absolute time intervals	0	-

표 5-23 Type-24 적분모듈(Integrator Module) 입력 항목

NO	Parameter items	Description	Symbol	Value	Unit
1	Input to be integrated-1	BIPV Absorbed radiation	$Q_{absorbed}$	0	W
2	Input to be integrated-2	BIPV Useful energy gain	Q_u	0	W
3	Input to be integrated-3	BIPV Power production	$Power_{PV}$	0	W
4	Input to be integrated-4	BIPV Convective top losses	$Q_{loss,top,conv}$	0	W
5	Input to be integrated-5	BIPV Radiative top losses	$Q_{loss,top,rad}$	0	W
6	Input to be integrated-6	BIPV Convective back losses	$Q_{loss,back,conv}$	0	W
7	Input to be integrated-7	BIPV Radiative Back losses	$Q_{loss,back,rad}$	0	W

표 5-24 Type-24 적분모듈(Integrator Module) 출력항목

NO	Parameter items	Description	Symbol	Value	Unit
1	Result of integration-1	BIPV Absorbed radiation	$Q_{absorbed}$	0	W
2	Result of integration-2	BIPV Useful energy gain	Q_u	0	W
3	Result of integration-3	BIPV Power production	$Power_{PV}$	0	W
4	Result of integration-4	BIPV Convective top losses	$Q_{loss,top,conv}$	0	W
5	Result of integration-5	BIPV Radiative top losses	$Q_{loss,top,rad}$	0	W
6	Result of integration-6	BIPV Convective back losses	$Q_{loss,back,conv}$	0	W
7	Result of integration-7	BIPV Radiative Back losses	$Q_{loss,back,rad}$	0	W

7) 온라인플롯모듈(Online Plot Module) Type-65

가) 개요

Type-65는 시뮬레이션 기간 중 입력변수의 상태와 입력변수의 결과치를 확장자 dat, out 등으로 데이터 파일화하는 모듈이다. 시뮬레이션 기간 중 온라인플롯은 기본적으로 좌측과 우측 이중축을 기본적으로 제공하며 좌우 측에 입력 가능 변수는 최대 각각 10개로 시뮬레이션에 8개까지 사용할 수 있다.

본 장에서 적용된 습공기선도모듈의 변수항목, 입력항목 및 출력항목에 대한 설명은 [표 5-25], [표 5-26] 및 [표 5-27]과 같다.

표 5-25 Type-65 온라인플롯모듈(Integrator Module) 변수항목

NO	Parameter items	Value	Unit
1	Nb. of left-axis variables	10	-
2	Nb. of right-axis variables	8	-
3	Left axis minimum	0	-
4	Left axis maximum	0.3	-
5	Right axis minimum	0	-
6	Right axis maximum	100000	-
7	Number of plots per simulation	12	-
8	X-axis gridpoints	24	-
9	Logical Unit for output file	34	-
11	Output file delimiter	0	-

표 5-26 Type-65 온라인플롯모듈(Integrator Module) 입력항목

NO	Parameter items	Description	Unit
1	Left axis variable-1	Tbipvcover	℃
2	Left axis variable-2	Tbipvcell	℃
3	Left axis variable-3	Tbipvuc	℃
4	Left axis variable-4	Tbipvlc	℃
5	Left axis variable-5	Tbipfluid	℃
6	Left axis variable-6	Tamb	℃
7	Left axis variable-7	Tzone	℃
8	Left axis variable-8	Tszone	℃
9	Left axis variable-9	Tlcb	℃
10	Left axis variable-10	BIPVeff	-
11	Right axis variable-1	Qabs	W
12	Right axis variable-2	Qltc	W
13	Right axis variable-3	Qltr	W
14	Right axis variable-4	Qlb	W
15	Right axis variable-5	Qpv	W
16	Right axis variable-6	Quse	W
17	Right axis variable-7	IT	W
18	Right axis variable-8	Ibd	W

표 5-27 Type-65 온라인플롯모듈(Integrator Module) 데이터 파일 항목

NO	Parameter items	Description	Unit
1	What files should the online print to?	Tbipvcover	℃
2	Left axis variable-2	Tbipvcell	℃
3	Left axis variable-3	Tbipvuc	℃
4	Left axis variable-4	Tbipvlc	℃
5	Left axis variable-5	Tbipfluid	℃
6	Left axis variable-6	Tamb	℃
7	Left axis variable-7	Tzone	℃
8	Left axis variable-8	Tszone	℃
9	Left axis variable-9	Tlcb	℃
10	Left axis variable-10	BIPVeff	-
11	Right axis variable-1	Qabs	W
12	Right axis variable-2	Qltc	W
13	Right axis variable-3	Qltr	W
14	Right axis variable-4	Qlb	W
15	Right axis variable-5	Qpv	W
16	Right axis variable-6	Quse	W
17	Right axis variable-7	IT	W
18	Right axis variable-8	Ibd	W

8) BIPV 모듈

IEA PVPS Task 15 Subtask E에서 "BIPV Design and Performance Modelling :Tools and Method"에서 BIPV design>Building Integration>Complex(BIPV Category C-E)에 활용되는 프로그램으로 RETScreen Expert, Pvsyst, Polysun, INSEL, ArcGIS, Solar Pro, BIMsolat 등을 제시하고 있다.

태양광 PV 모듈의 KS 인증은 PV형과 BIPV로 구분 적용되며 PV의 경우 KSC 8561/KSC 8562, BIPV의 경우 KSC 8577 인증 규정에 의한다. KS 성능시험 규정은 IEC 60904-3 근거 대기질량 AM(Air Mass) 1.5, 일사강도 1,000W/m^2, 태양광셀온도 25℃인 표준테스트조건 STC(Standing Test Condition)와 일사강도 800W/m^2, 외기온도 20℃, 풍속 1m/s인 NOCT(Nominal Operating Cell Temperature)으로 구분 수행된다. 성능시험 결과 중 전력등급항목은 개방전압 Voc, 단락전류 Isc, 최대전압 Vm, 최대전류 Im, 최대전력 Pm과 발전효율과 온도계수 항목은 단락전류온도계수 α, 최대전력온도계수 γ, 개방전압온도계수 β, 작동모듈셀온도 NOCT값이 공인시험기관에서 발급된다. Type 567 BIPV 모듈 입력항목과 항목 해당 값은 [표 5-28]과 같다.

표 5-28 STC 조건 및 BIPV 적용 PV 모듈 성능결과치

NO		Parameter items	Symbol	Value	Unit
1	STC test conditions	Reference PV cell temperature	T_{ref}	25	℃
2		Reference radiation	G_{ref}	1,000	W/m^2
3		Air mass	AM	1.5	-
4	STC test results	PV efficiency	η_{ref}	0.14	-
5		Efficiency modifier-temperature	Eff_T	-0.025	-
6		Efficiency modifier-radiation	Eff_G	0.000025	-

TRNSYS 적용 BIPV 해석 모델은 Type 567 BIPV 모듈을 사용하였다. Type 567 모듈은 에너지평형식에 근거하며 적용된 대류(강제, 자연) 열전달계수는 실험을 통한 무차원상관식을 근거한 Sandia model(11)을 사용하고 있다. Sandia model에 근거한 BIPV 해석 모듈 Type 567의 변수(parameters), 입력(inputs) 및 출력(output) 항목은 각각 [표 5-29], [표 5-30] 및 [표 5-31]과 같다.

표 5-29 Type 567 변수항목(Parameter items)

NO		Parameter items	Symbol	Value	Unit
1		BIPV Collector length	H	10	m
2		BIPV Collector width	L	4	m
3		BIPV Transparent Cover emissivity	ϵ_{cover}	0.9	-
4		BIPV Transparent Cover conductivity	k_{cover}	1.4	W/m-℃
5		BIPV Transparent Cover thickness	TH_{cover}	0.00635	m
6		BIPV Channel emissivity - top	ϵ_1	0.9	-
7		BIPV Channel emissivity - bottom	ϵ_2	0.9	-
8		BIPV Back resistance, Building external wall thermal resistance	R_3	5.26	m^2-℃/W
9		BIPV Channel height	$Spacing$	0.1	m
10		IAM mode 1 : Linear incidence angle modifier approach from ASHRAE		1	-
11		PV efficiency calculation mode 1		1	-
12		Normal transmittance-absorptance	$(\tau\alpha)_n$	0.85	-
13		1st Order IAM	b_0	0.1	-
14	STC test conditions	Reference PV cell temperature	T_{ref}	25	℃
15		Reference radiation	G_{ref}	1000	W/m^2
17	STC test results	PV efficiency	η_{ref}	0.14	-
18		Efficiency modifier - temperature	Eff_T	-0.025	-
19		Efficiency modifier - radiation	Eff_G	0.000025	-

표 5-30 Type 567 입력항목(Input items)

NO	Inputs items	Symbol	Default Value	Unit
1	Inlet temperature	$T_{fluid.in}$	20	℃
2	Inlet flowrate	$\dot{m}$	100	kg/hr
3	Ambient temperature	T_{amb}	10	℃
4	Sky temperature	T_{sky}	10	℃
5	Zone Temperature	T_{zone}	20	℃
6	Back radiant(Surface) temperature	T_{zone}	20	℃
7	Incident solar radiation	G_T	0	W/m^2
8	Total horizontal radiation	G_h	00.0	W/m^2
9	Horizontal diffuse radiation	G_d	00.0	W/m^2
10	Ground reflectance	G_{ref}	00.2	-
11	Incidence angle	θ	45.0	°
12	BIPV Collector slope	$slope$	90	°
13	BIPV Top heat loss coefficient	$h_{conv,top}$	6.9	W/℃
14	BIPV Bottom heat loss coefficient	$h_{conv,back}$	3.0	W/℃
15	Atmospheric pressure	atm	1	atm
16	BIPV efficiency	η_{PV}	0.12	-

표 5-31 Type 567 출력항목(Output items)

NO	Inputs items	Symbol	Unit
1	BIPV air fluid temperature	$T_{fluid.out}$	℃
2	BIPV air fluid flow rate	$\dot{m}$	kg/hr
3	BIPV Useful energy gain	Q_u	W
4	BIPV Thermal efficiency	$\eta_{thermal}$	%
5	BIPV Power production	$Power_{PV}$	W
6	BIPV efficiency	η_{PV}	%
7	BIPV Cover temperature	T_{cover}	℃
8	BIPV cell temperature	$\overline{T}_{cell}$	℃
9	BIPV Upper channel temperature	T_1	℃
10	Mean air fluid temperature	$\overline{T}_{fluid}$	℃
11	BIPV Lower channel temperature	T_2	℃
12	BIPV Back surface temperature	T_3	℃
13	BIPV Incidence angle modifier	IAM	-
14	BIPV Convective top losses	$Q_{loss,top,conv}$	W
15	BIPV Radiative top losses	$Q_{loss,top,rad}$	W
16	BIPV Convective back losses	$Q_{loss,back,conv}$	W
17	BIPV Radiative Back losses	$Q_{loss,back,rad}$	W
18	BIPV Absorbed radiation	$Q_{absorbed}$	W

3. 성능평가 대상

1) 대상 BIPV 시스템

BIPV 시스템의 해석 대상 모델은 [그림 5-12]와 같다. 유리 6mm, 백쉬트 3mm의 PV 단위 면적 2m^2 20매를 BIPV 시스템에 적용하였다. BIPV의 설치 방위(azimuth angle)는 정남, 경사각(Slope)은 90°로 수직외피와 통합될 수 있도록 설치하였으며 PV 설치 총면적은 40m^{2}를 적용하였다.

대상건축물 외피는 무창형으로 폭(width) 5m, 길이(length) 4m, 높이(height) 10m의 건축물을 대상으로 하였으며 건축법상의 단열규정 이상을 준수하여 U=0.19W/m^2-K을 적용하였다.

환기방식은 아래쪽 급기는 자연급기, 위쪽 배기는 자연배기인 4종 환기방식과 아래쪽 급기구는 자연급기, 위쪽 배기는 팬을 통한 강제 배기 제3종 환기방식을 각각 적용하였다. BIPV 후면 통기구의 폭인 스페이싱은 0.1m로 구성하였다.

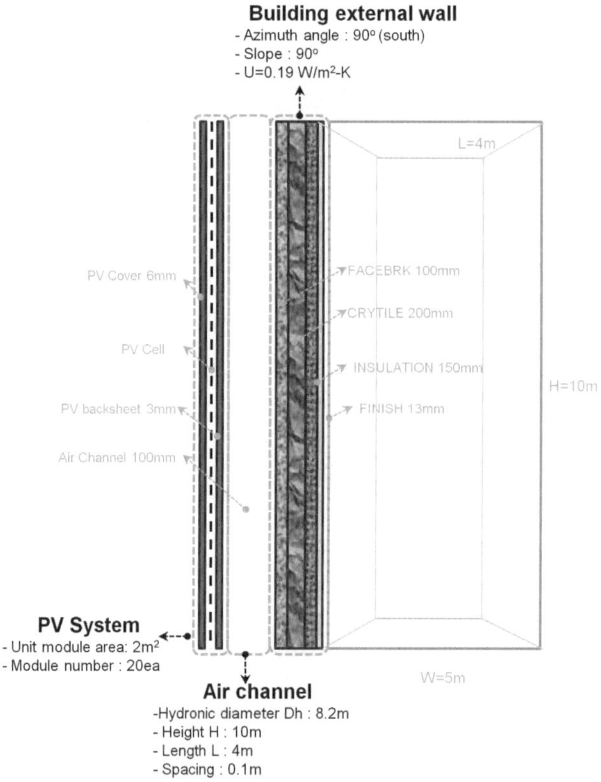

그림 5-12 환기형 BIPV 시스템 단면 구조(Section view of ventilating type BIPV system)

4. 성능평가 해석 모델(TRNSYS Type 567)

1) Type 567 BIPV 시스템 해석 모델

[그림 5-13]에서와 같이 Type 567 BIPV 모듈은 1) BIPV 유리면(BIPV glass cover), 2) BIPV 셀(BIPV cell), 3) BIPV 유로 채널 상단면(BIPV upper channel surface), 4) BIPV 유로 채널(BIPV flow channel), 5) BIPV 유로 채널 하단면(BIPV lower channel surface)과 6) 실내존에 대한 에너지 평형식을 기본으로 한다.

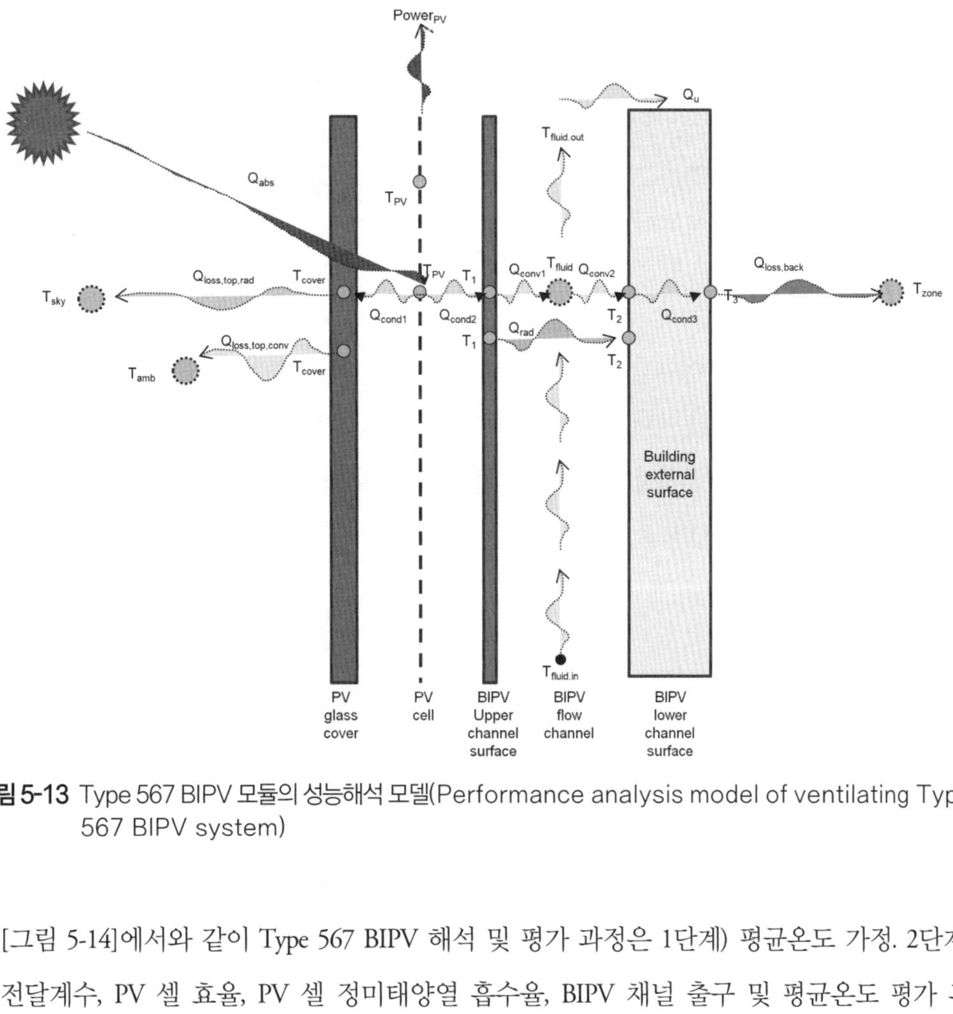

그림 5-13 Type 567 BIPV 모듈의 성능해석 모델(Performance analysis model of ventilating Type 567 BIPV system)

[그림 5-14]에서와 같이 Type 567 BIPV 해석 및 평가 과정은 1단계) 평균온도 가정. 2단계) 열전달계수, PV 셀 효율, PV 셀 정미태양열 흡수율, BIPV 채널 출구 및 평균온도 평가 후 3단계) 1-2단계 평균온도 수렴 확인 후 4단계) 열전달율 및 BIPV 발전율을 평가하도록 구성되어 있다.

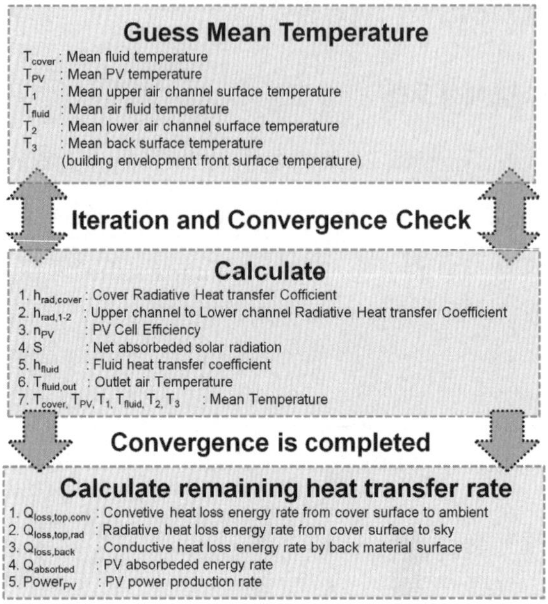

그림 5-14 Type 567 BIPV 모듈의 성능해석 절차(Performance analysis procedure for Type 567 module)

가) BIPV 유리면(Glass cover)

BIPV 모듈 유리면에서의 에너지흐름은 PV 셀온도, PV 유리면온도, 외기 건구온도 및 외기 천공온도의 상대적 차이에 의하여 유지된다. 관련 열전달 방식은 전도, 대류, 장파복사 형식으로 에너지평형은 식 (33)으로 정의된다.

$$\frac{(T_{PV} - T_{cover})}{R_1} = h_{conv,top}(T_{cover} - T_{amb}) + h_{rad,top}(T_{cover} - T_{sky}) \tag{33}$$

여기서, R_1은 BIPV 유리면 전도열저항으로 $R_1 = TH_{cover}/k_{cover}$로 정의된다. BIPV 유리면에서 외기로의 대류열전달계수 $h_{conv,top}$는 식 (34)로 정의된다.

$$h_{conv,top} = 3.6 \times (5.7 + 3.8 \times ws) \tag{34}$$

BIPV 유리면에서 외기 천공온도로의 장파복사열전달계수 $h_{rad,top}$는 식 (35)로 정의된다.

$$h_{rad,top} = \epsilon_{cover}\sigma(T_{cover} + T_{sky})(T_{cover}^2 + T_{sky}^2) \quad (35)$$

나) BIPV 셀(Cell)

BIPV 셀에서의 에너지흐름은 PV 셀의 흡수에너지와 PV 셀온도, PV 유리면온도, 유로 상단면 온도차에 의하여 유지된다. 관련 열전달은 단파복사와 전도에 의한 것으로 에너지평형은 식 (36)으로 정의된다.

$$S = \frac{T_{PV} - T_{cover}}{R_1} + \frac{T_{PV} - T_1}{R_2} \quad (36)$$

여기서, R_2는 BIPV 후면쉬트(Back sheet)면 전도열저항으로 $R_2 = TH_{backsheet}/k_{backsheet}$로 정의됨. PV 셀 단위면적당 흡수에너지율은 $S = (\tau\alpha)_n \times IAM \times G_T \times (1 - \eta_{PV})$와 같다.

입사각수정 IAM(Incident Angle Modifier)은 식 (5)를 근거로 BIPV 모듈 유리의 광특성으로 단일유리의 경우 일반적으로 성능시험 결과에서 제공되는 입사각수정계수 $b_0 = 0.1$값을 적용 식 (37) 및 (38)로 평가된다.

$$IAM = \frac{(\tau\alpha)}{(\tau\alpha)_n} = \frac{G_{bt}\frac{(\tau\alpha)_b}{(\tau\alpha)_n} + G_d\frac{(1+\cos\beta)}{2}\frac{(\tau\alpha)_d}{(\tau\alpha)_n} + G_h\rho_g\frac{(1-\cos\beta)}{2}\frac{(\tau\alpha)_g}{(\tau\alpha)_n}}{G_T} \quad (37)$$

$$IAM = \frac{(\tau\alpha)}{(\tau\alpha)_n} = 1 - b_0\left(\frac{1}{\cos\theta} - 1\right) \quad (38)$$

대기산란성분과 지표면반사성분에 대한 입사각은 PV 설치 경사각 β의 함수로 식 (39) 및 식 (40)으로 평가된다.

$$\theta_{sky} = 59.68 - 0.1388\beta + 0.001497\beta^2 \quad (39)$$

$$\theta_{ground} = 90.0 - 0.5788\beta + 0.002693\beta^2 \quad (40)$$

BIPV 모듈의 발전량과 발전효율은 PV 셀온도 및 PV면 흡수에너지에 따라 달라지는 것으로 보고되고 있다. 외기온과 일사량에 대한 PV 모듈의 발전효율은 표준성능시험조건 STC(AM=1.5, Tcell=25°C, IT=1,000W/m^2)에서 평가된 성능을 근거로 PV 셀온도 수정계수 식 (42) 및 PV면 일사량 수정계수 식 (43)을 근거로 다양한 일사와 PV 셀온도변화를 반영한 발전효율은 식 (41)로 평가된다.

$$\eta_{PV} = \eta_{ref} X_{celltemp} X_{radiation} \tag{41}$$

$$X_{celltemp} = 1 + Eff_T (T_{PV} - T_{ref}) \tag{42}$$

$$X_{radiation} = 1 + Eff_G (G_T - G_{ref}) \tag{43}$$

다) BIPV 유로 채널 상단면

BIPV 유로 채널 상단면 에너지 유입 및 유출은 셀온도, 유로 상단면 온도, 유로 내 공기온도, 유로 하단면 온도차에 의하여 유지되며 열전달은 복사, 대류 및 전도에 의한 것으로 해당 에너지평형은 식 (44)와 같다.

$$\frac{(T_{PV} - T_1)}{R_2} = h_{fluid}(T_1 - T_{fluid}) + h_{rad,1-2}(T_1 - T_2) \tag{44}$$

라) BIPV 유로

BIPV 유로 내 에너지흐름은 유로 상단면 온도, 유로 내 공기온도, 유로 하단면 온도차에 의하여 유지되며 열전달은 대류에 의한 것으로 해당 에너지평형은 식 (45)와 같다.

$$q_u'' = h_{fluid}(T_1 - T_{fluid}) - h_{fluid}(T_{fluid} - T_2) \tag{45}$$

여기서, h_{fluid}는 대류열전달계수로 4종 환기 자연대류와 3종 환기 강제대류 방식에 따라 해당 Nu 상관식(correlation equation)을 적용하였다. 자연대류는 식 (55), 강제대류 층류는 식 (58), 강제대류 난류는 식 (59)를 적용하였다.

마) BIPV 유로 채널 하단면

BIPV 유로 채널 하단면을 경계로 에너지흐름은 유로 상단면 온도, 유로 내 공기온도, 유로 하단면 온도 및 건물외피 실내면 온도에 의하여 유지되며 열전달은 대류, 복사, 전도에 의한 것으로 BIPV 유로 채널 하단면 에너지평형은 식 (46)과 같다.

$$h_{fluid}(T_{fluid} - T_2) - h_{rad,1-2}(T_1 - T_2) = \frac{(T_2 - T_3)}{R_3} \tag{46}$$

BIPV 유로 채널 상단면과 하단면 장파복사열전달율은 식 (47)로 평가된다.

$$h_{rad,1-2} = \frac{\sigma(T_1^2 + T_2^2)(T_1 + T_2)}{\frac{1}{\epsilon_1} + \frac{1}{\epsilon_2} - 1} \tag{47}$$

바) BIPV 유용에너지

유로 단위면적당 BIPV 유용에너지는 식 (33), 식 (36), 식 (44), 식 (45) 및 식 (46)을 정리하여 식 (48)의 형태로 정의하였다.

$$\begin{aligned} q_{u''} = T_{fluid}\Bigg(& -2h_{fluid} + \frac{R_2 h_{fluid}^2}{m} + \frac{h_{fluid}^2}{j} \\ & + 2R_2 h_{fluid}^2 \frac{h_{rad,1-2}}{mj} + R_2 h_{fluid}^2 h_{rad,1-2}^2\Bigg) + \frac{h_{fluid} S}{G' m} \\ & + \frac{h_{fluid} h_{conv,top} T_{amb}}{F' G' m} + \frac{h_{fluid} h_{rad,top} T_{sky}}{F' G' m} + \frac{h_{fluid} R_2 h_{rad,1-2} T_3}{F' G' m} \\ & + \frac{h_{fluid} h_{rad,1-2} S}{G' jm} + \frac{h_{fluid} h_{rad,1-2} h_{conv,top} T_{amb}}{G' j^2 m} \\ & + \frac{h_{fluid} h_{rad,1-2} h_{rad,top} T_{sky}}{R_3 j^2 m} + \frac{h_{fluid} T_3}{R_3 j} \end{aligned} \tag{48}$$

상기 식 (48)의 상수는 식 (49), 식 (50), 식 (51), 식 (52)로 정의하였다.

$$F' = h_{rad,top}R_1 + h_{conv,top}R_1 + 1 \tag{49}$$

$$G' = \frac{1}{R_1} + \frac{1}{R_2} + \frac{1}{R_1 F'} \tag{50}$$

$$j = h_{fluid} + h_{rad,1-2} + \frac{1}{R_3} \tag{51}$$

$$m = 1 - \frac{1}{R_2 G'} + R_{2h_{fluid}} + R_2 h_{rad,1-2} - \frac{R_2 h^2_{rad,1-2}}{j} \tag{52}$$

BIPV 시스템 후면 유동은 자연대류($ReNO = 0$)와 강제대류로($ReNO > 0$)로 구분하였으며, 강제대류는 레이놀즈수 2,300을 경계로 층류와 난류로 구분하였다. 사각 덕트 형상에 대한 레이놀즈수는 식 (53)으로 정의하였다.

$$Re = 4\frac{\dot{m}}{\pi D_h \mu} \tag{53}$$

유로 채널 상단과 하단에서 공기로의 대류열전달계수는 식 (54)와 같다.

$$h_{fluid} = Nu\frac{k_{fluid}}{D_h} \tag{54}$$

$ReNO = 0$, 즉 자연대류의 경우 Nu수는 Gr와 Pr 무차원수의 함수로 표현되며 상관식의 형태로 식 (55)를 적용하였다.

$$\begin{aligned} Nu = 1 + 1.44\left[1 - \frac{1708(\sin^{1.6}(1-8\beta))}{Ra \times \cos(\beta)} Max\left[0, \left(1 - \frac{1708}{Ra \times \cos(\beta)}\right)\right]\right] \\ + Max\left[0, \frac{(Ra \times \cos(\beta)^{1/3}}{5830} - 1\right] \end{aligned} \tag{55}$$

여기서, Ra수는 식 (56)으로 정의하였다.

$$Ra = Max\left[1, \frac{g\triangle T_{plates}Spacing^3}{\overline{T}_{plates}\nu_{fluid}\alpha_{fluid}}\right] \tag{56}$$

$$\alpha_{fluid} = \frac{k_{fluid}}{\rho_{fluid}C_{p,fluid}} \tag{57}$$

강제대류의 경우 Nu수는 Re와 Pr 무차원수의 상관식으로 정의되며 $ReNO \le 23,000$ 층류의 경우 눗셀수는 식 (58)을 적용하였다.

$$Nu = 3.66 \tag{58}$$

$ReNO > 2,3000$ 난류 시 N는 식 (59)를 적용하였다.

$$Nu = 0.023Re^{0.8}Pr^n (n = 0.4 \text{ for heating, } n = 0.3 \text{ for cooling}) \tag{59}$$

여기서, 유체의 열확산에 대한 운동량 확산비인 프란틀 수는 $Pr = \nu_{fluid}/\alpha_{fluid}$로 정의된다. BIPV 채널 유로 내 급기구에서 배기구 y-방향으로의 에너지평형은 식 (60)으로 표현된다.

$$\dot{m}C_p\frac{dT_{fluid}}{dy} - Lq_u'' = 0 \tag{60}$$

BIPV 유로 내 y-유동방향으로의 유체의 온도는 미분방정식 (61)로 정의하였다.

$$\frac{T_{fluid}}{dy} = \left(\frac{L}{\dot{m}C_p}\right)aT_{fluid} + \left(\frac{L}{\dot{m}C_p}\right)b \tag{61}$$

식 (61)의 계수 a는 식 (62), b는 식 (63)과 같다.

$$a = -2h_{fluid} + \frac{R_2h_{fluid}^2}{m} + \frac{h_{fluid}^2}{j} + \frac{2R_2h_{fluid}^2h_{rad,1-2}}{mj} + \frac{R_2h_{fluid}^2h_{rad,1-2}^2}{mj^2} \tag{62}$$

$$b = \frac{h_{fluid}S}{G'm} + \frac{h_{fluid}h_{conv,top}T_{amb}}{F'G'm} + \frac{h_{fluid}h_{rad,top}T_{sky}}{F'G'm} + \frac{h_{fluid}R_2 h_{rad,1-2}T_3}{F'G'm}$$
$$+ \frac{h_{fluid}h_{rad,1-2}S}{G'jm} + \frac{h_{fluid}h_{rad,1-2}h_{conv,top}T_{amb}}{G'F'jm} \quad (63)$$
$$+ \frac{h_{fluid}h_{rad,1-2}h_{rad,top}T_{sky}}{G'F'jm} + \frac{h_{fluid}R_2 h^2_{rad,1-2}T_3}{G'F'jm} + \frac{h_{fluid}T_3}{R_3 j}$$

BIPV 채널 y-방향 임의 지점에서의 공기의 온도 $T_{fluid}(y)$는 식 (64)와 같다.

$$T_{fluid}(y) = \left(T_{fluid,in} + \frac{b}{a}\right)\exp\left(\frac{L}{\dot{m}C_p}ay\right) - \frac{b}{a} \quad (64)$$

특히, BIPV 채널 내 평균공기온도 $\overline{T}_{fluid}$를 정의한 식 (66)과 식 (67)을 근거로 BIPV 유로 출구 $y=H$에서의 공기온도 $T_{fluid,out}$는 식 (65)로 평가하였다.

$$T_{fluid,out} = \left(T_{fluid,in} + \frac{b}{a}\right)\exp\left(-\frac{Area \times a}{\dot{m}C_p}\right) - \frac{b}{a} \quad (65)$$

$$\overline{T}_{fluid} = \frac{1}{H}\int_0^H T_{fluid}(y) \quad (66)$$

$$\overline{T}_{fluid} = \left[\frac{T_{fluid,in} + \frac{b}{a}}{\frac{Area \times a}{\dot{m}C_p}}\right]\exp\left(Area \times \frac{a}{\dot{m}C_P}\right) - \left[\frac{T_{fluid,in} + \frac{b}{a}}{\frac{Area \times a}{\dot{m}C_p}}\right]\exp\left(Area \times \frac{a}{\dot{m}C_P}\right) - \frac{b}{a} \quad (67)$$

BIPV 채널 유로를 통한 유용에너지 Q_u는 식 (68)로 평가하였다.

$$Q_u = \dot{m}C_p(T_{fluid,out} - T_{fluid,in}) \quad (68)$$

사) BIPV 온도 및 에너지

BIPV 유로 채널 상단면 평균온도는 식 (69)로 평가하였다.

$$\overline{T}_1 = \frac{S}{mG'} + \frac{h_{conv,top}T_{amb}}{F'G'm} + \frac{h_{rad,top}T_{sky}}{F'G'm} + \frac{R_2 h_{fluid}\overline{T}_{fluid}}{m} + \frac{R_2 h_{conv,1-2}h_{fluid}\overline{T}_{fluid}}{jm} + \frac{R_2 h_{rad,1-2}T_3}{R_2 j' m} \tag{69}$$

BIPV 유로 채널 하단면 평균온도는 식 (70)으로 평가하였다.

$$\overline{T}_2 = \frac{h_{rad,1-2}\overline{T}_1}{j} + \frac{h_{fuid}\overline{T}_{fluid}}{j} + \frac{T_3}{jR_3} \tag{70}$$

BIPV 셀 평균온도는 식 (71)로 평가하였다.

$$\overline{T}_{PV} = \frac{S}{G'} + \frac{h_{conv,top}T_{amb}}{F'G'} + \frac{h_{rad,top}T_{sky}}{F'G'} + \frac{\overline{T}_1}{G'R_2} \tag{71}$$

BIPV 유리덮개면 평균온도는 식 (72)로 평가하였다.

$$\overline{T}_{cover} = \frac{\overline{T}_{PV}}{F'} + \frac{R_1 h_{conv,top}T_{amb}}{F'} + \frac{R_1 h_{rad,top}T_{sky}}{F'} \tag{72}$$

건물외피를 포함한 BIPV 시스템의 에너지평형은 식 (73)으로 정의된다.

$$Q_{absorbed} + Power_{PV} = Q_u + Q_{loss,top,conv} + Q_{loss,top,rad} + Q_{loss,back} \tag{73}$$

BIPV 셀 흡수에너지율은 식 (74)로 평가하였다.

$$Q_{absorbed} = Area \times (\tau\alpha)_n \times IAM \times G_T \times (1 - \eta_{pv}) \tag{74}$$

BIPV 유리덮개면에서 외기로의 대류에너지손실률은 식 (75)로 평가하였다.

$$Q_{loss,top,conv} = h_{conv,top} \times Area \times (\overline{T}_{cover} - T_{amb}) \tag{75}$$

BIPV 유리덮개면에서 천공온도와의 장파복사에너지손실률은 식 (76)으로 평가하였다.

$$Q_{loss,top,rad} = h_{rad,top} \times Area \times (\overline{T}_{cover} - T_{sky}) \tag{76}$$

BIPV 채널 하단면 즉 건물외피로의 에너지손실률은 식 (77)로 평가하였다.

$$Q_{loss,back} = U \times Area \times (\overline{T}_2 - \overline{T}_3) \tag{77}$$

BIPV 전력생산율은 식 (78)로 평가하였다.

$$Power_{PV} = Area \times (\tau\alpha)_n \times IAM \times G_T \times \eta_{PV} \tag{78}$$

5. 성능평가 결과

서울지역 기상데이터와 STC 조건하에 평가된 PV 모듈 설치면적 40m^{2}을 대상으로 9가지 case에 대하여 1) 최대 BIPV 셀온도 발생 시간과 BIPV 발전효율, 2) 연간 BIPV 셀온도와 BIPV 발전효율, 3) 연간 일사흡수율, 손실에너지, 발전량과 공조기 예열원으로 활용 가치가 있는 유용에너지량을 분석하였다.

[표 5-32]에 도시된 BIPV 시스템의 연간 시간별 상태를 case별로 [그림 5-15]~[그림 5-32]에 도시하고 있다.

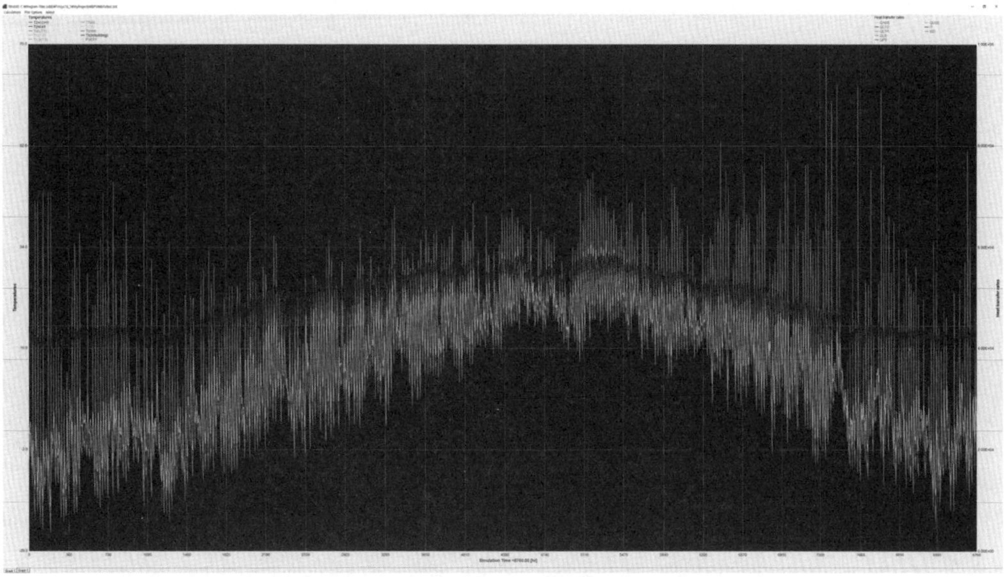

그림 5-15 BIPV 시스템의 연간 시간별 온도변화(Case-1)

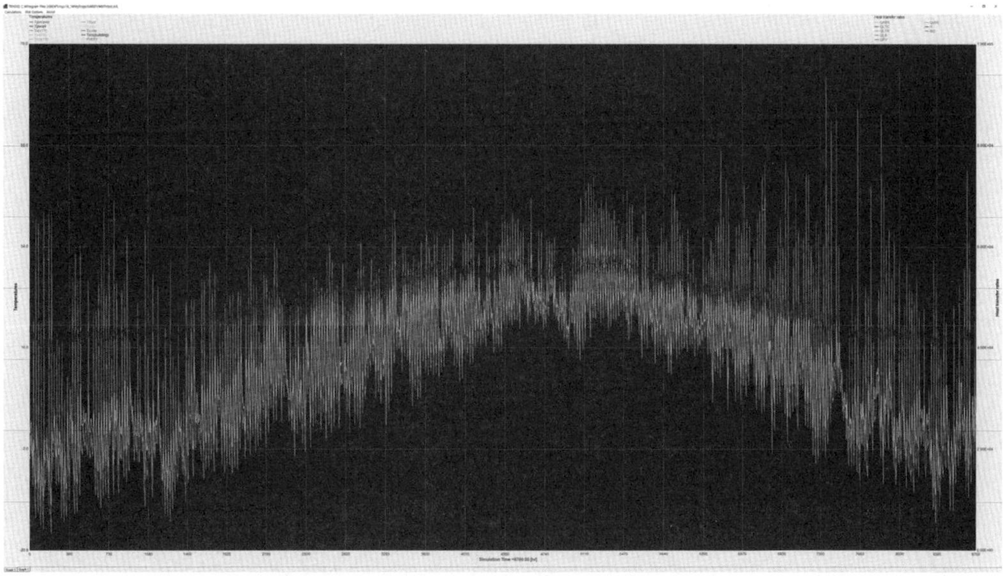

그림 5-16 BIPV 시스템의 연간 시간별 온도변화(Case-2)

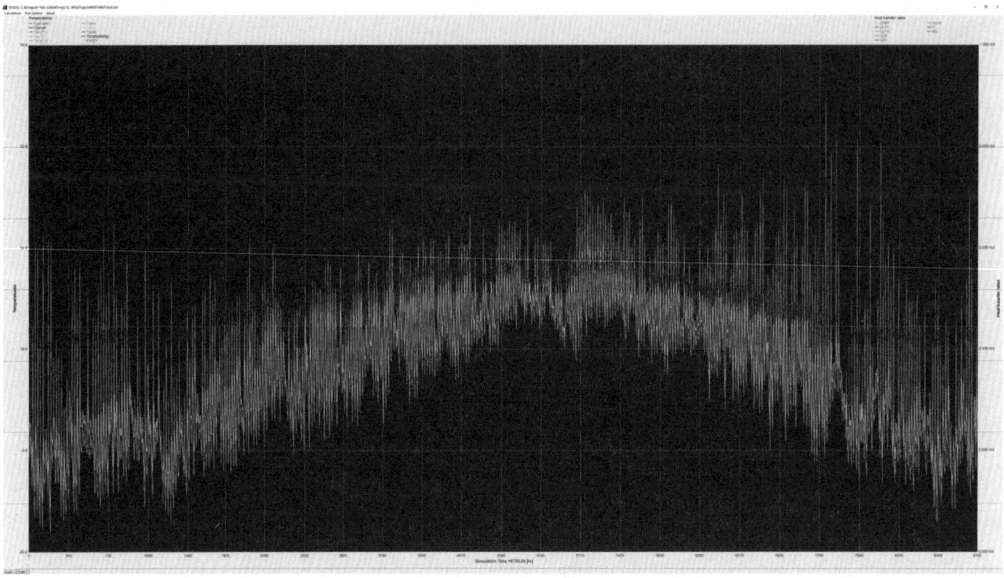

그림 5-17 BIPV 시스템의 연간 시간별 온도변화(Case-3)

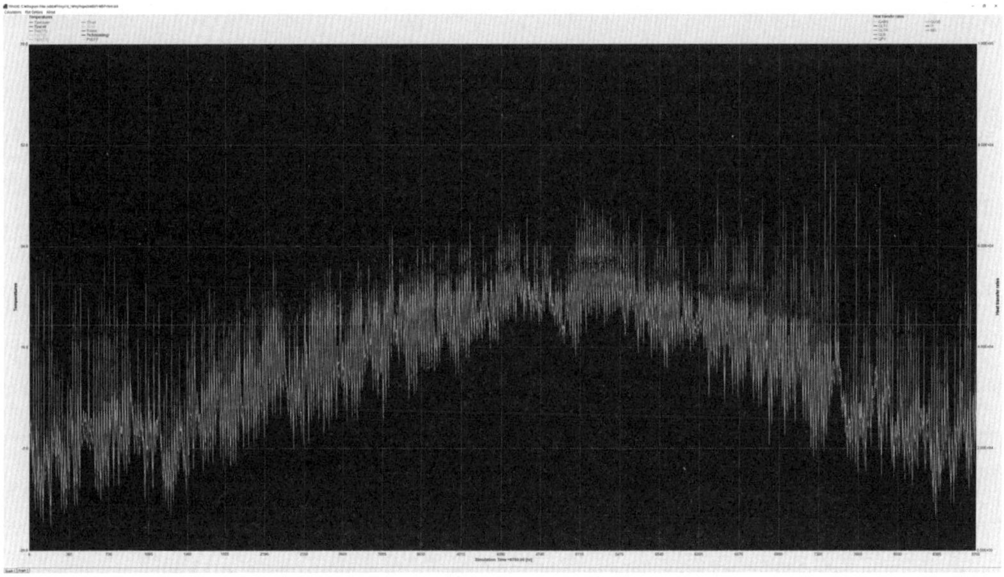

그림 5-18 BIPV 시스템의 연간 시간별 온도변화(Case-4)

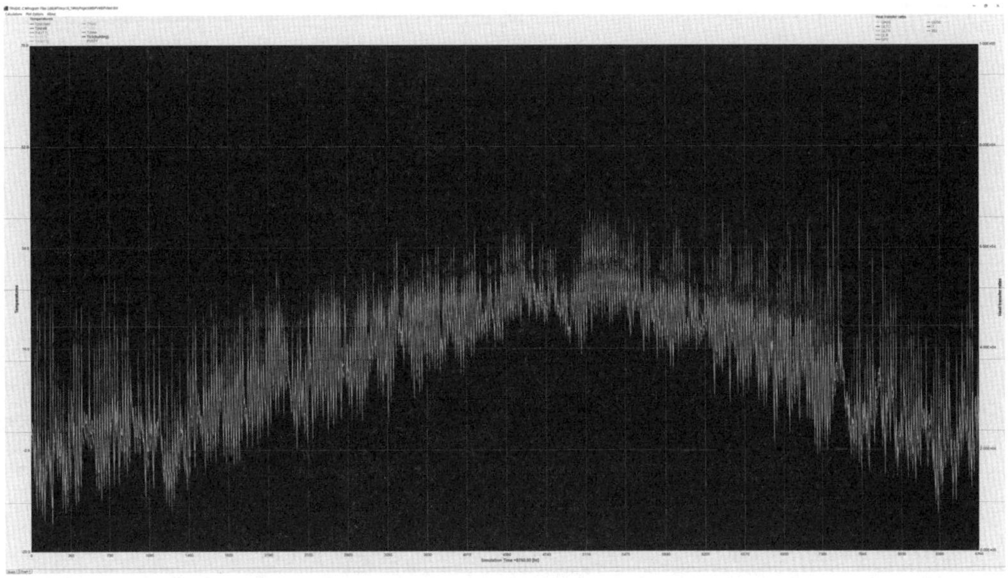

그림 5-19 BIPV 시스템의 연간 시간별 온도변화(Case-5)

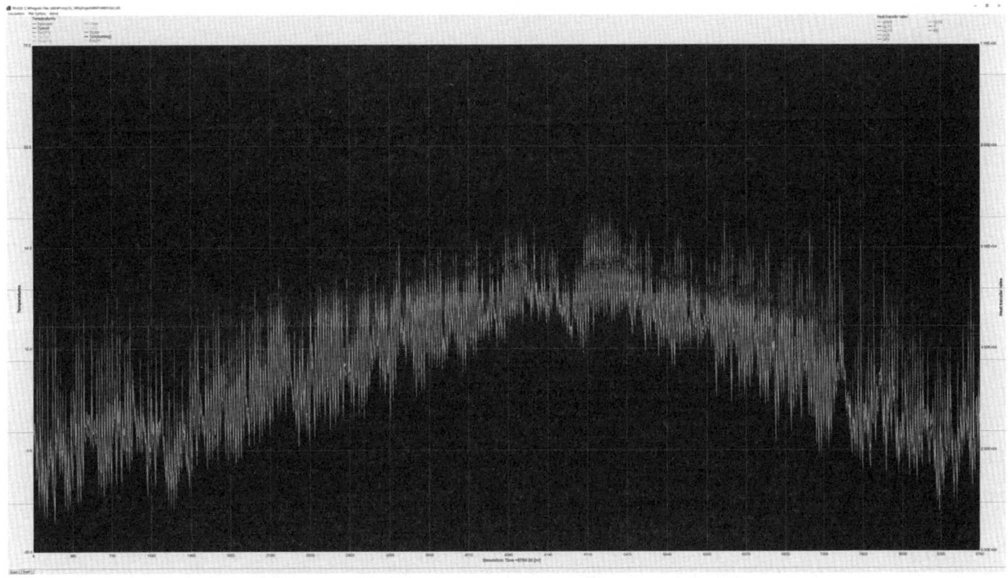

그림 5-20 BIPV 시스템의 연간 시간별 온도변화(Case-6)

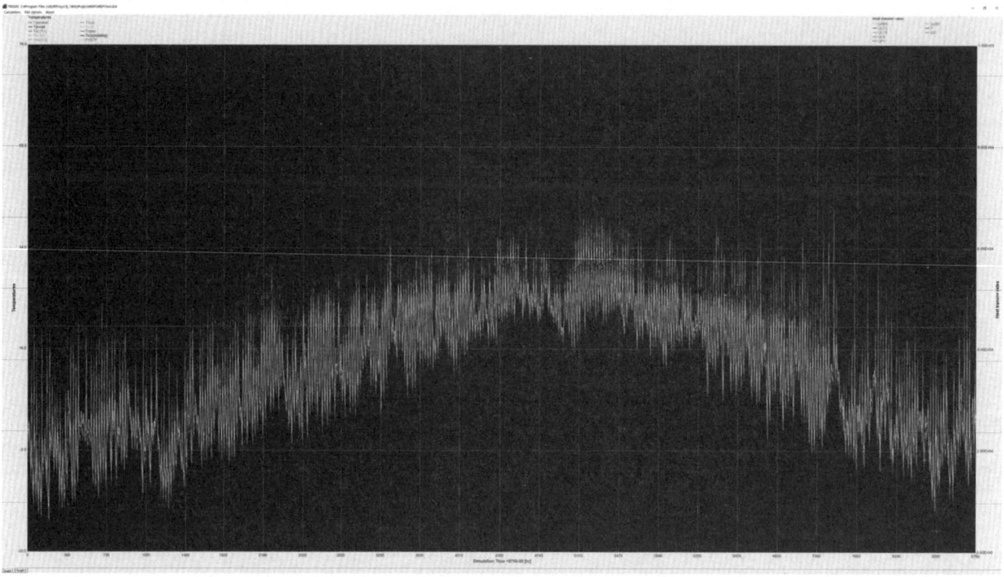

그림 5-21 BIPV 시스템의 연간 시간별 온도변화(Case-7)

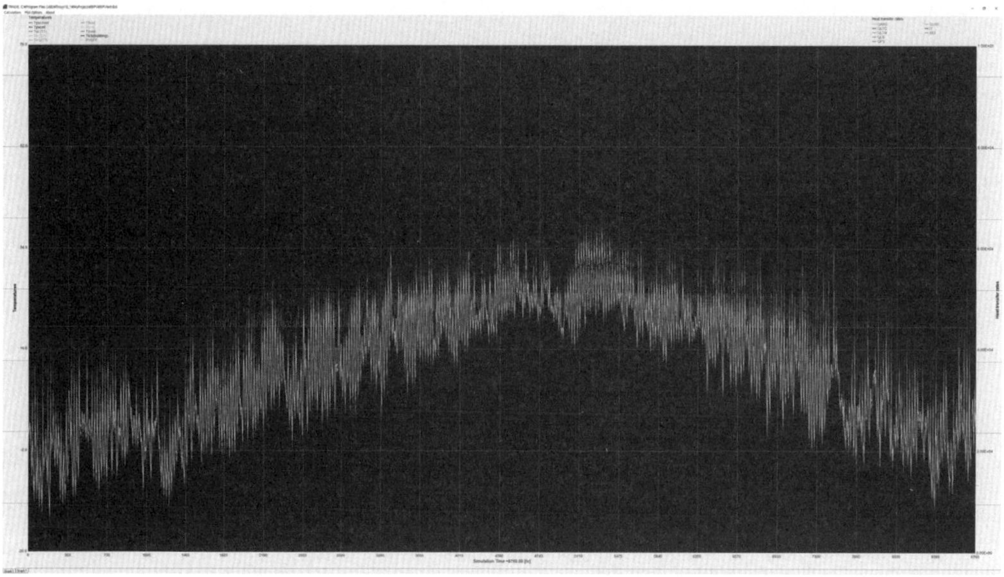

그림 5-22 BIPV 시스템의 연간 시간별 온도변화(Case-8)

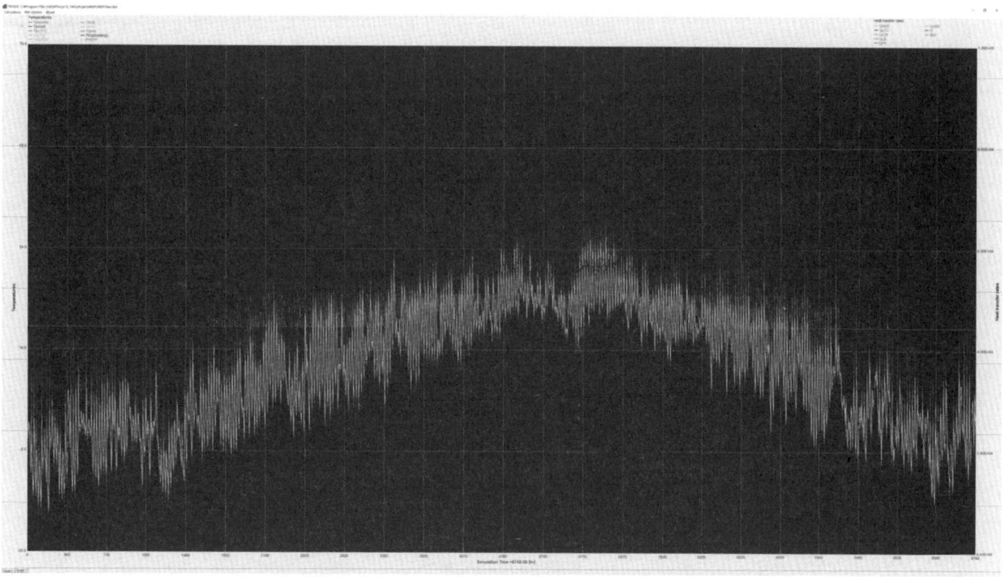

그림 5-23 BIPV 시스템의 연간 시간별 온도변화(Case-9)

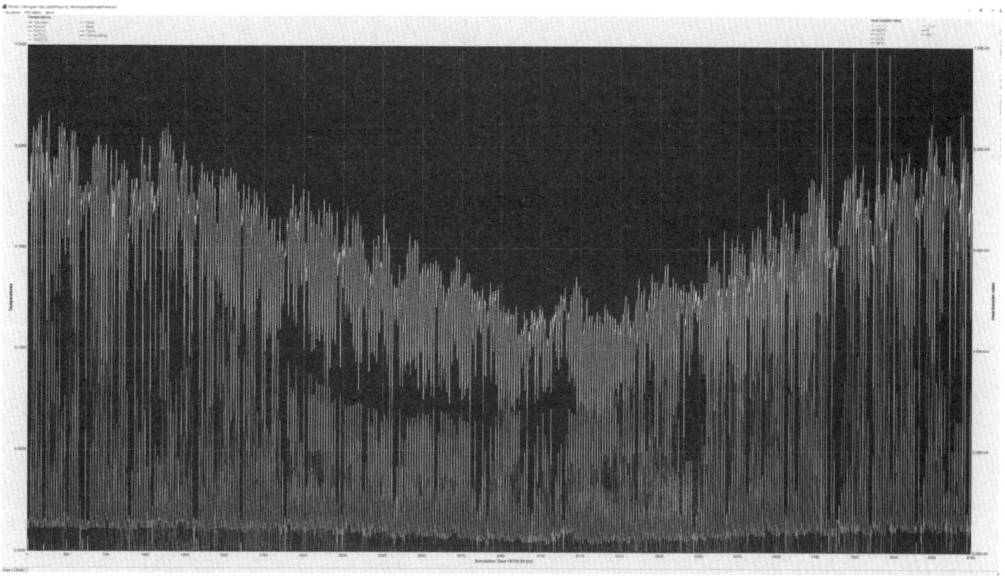

그림 5-24 BIPV 시스템의 연간 시간별 에너지율, 발전율, 발전효율 변화(Case-1)

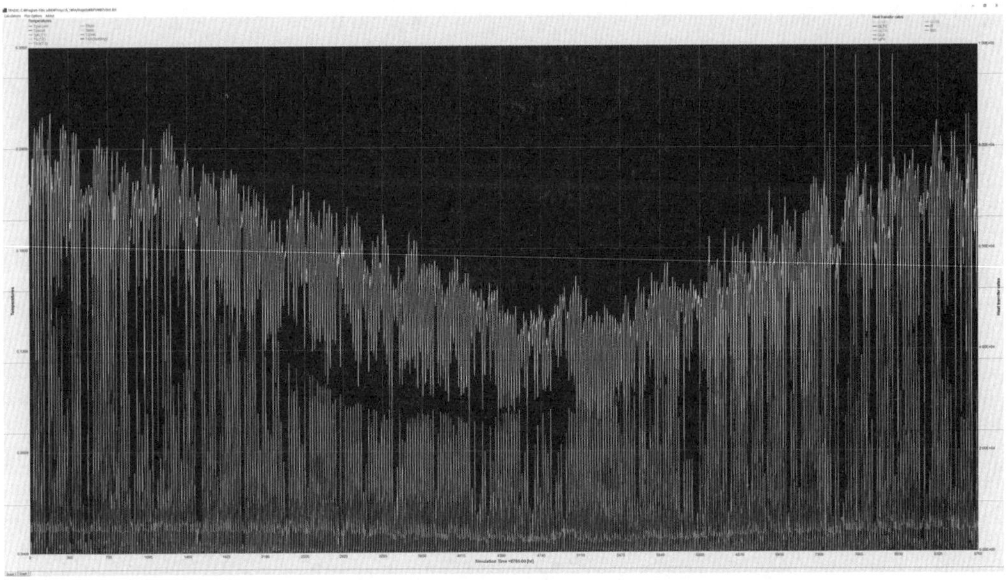

그림 5-25 BIPV 시스템의 연간 시간별 에너지율, 발전율, 발전효율 변화(Case-2)

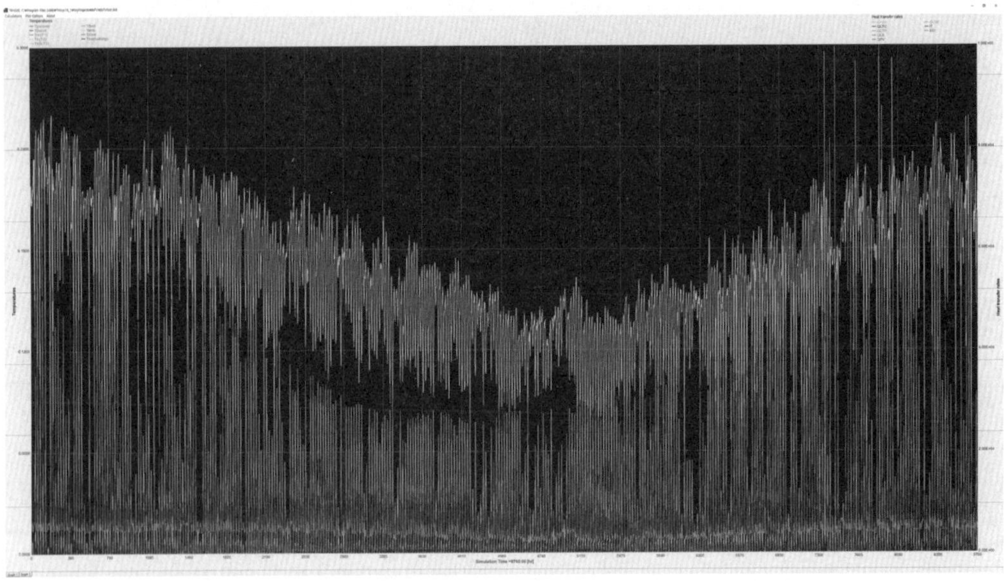

그림 5-26 BIPV 시스템의 연간 시간별 에너지율, 발전율, 발전효율 변화(Case-3)

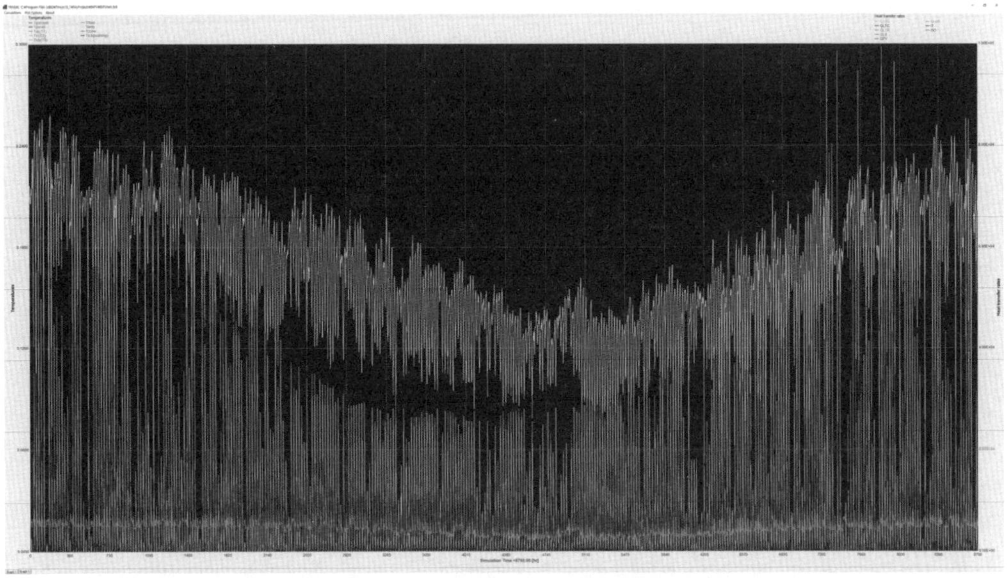

그림 5-27 BIPV 시스템의 연간 시간별 에너지율, 발전율, 발전효율 변화(Case-4)

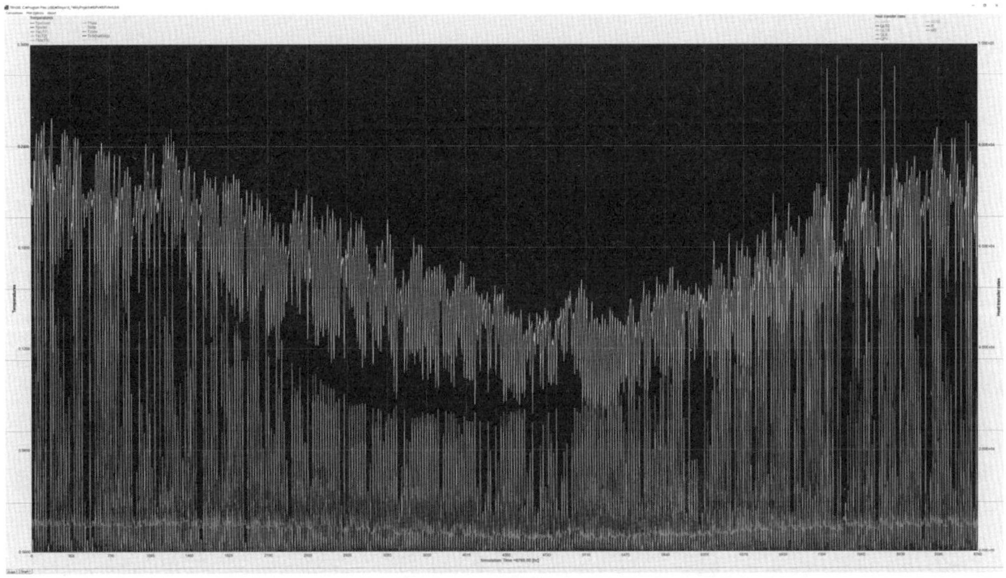

그림 5-28 BIPV 시스템의 연간 시간별 에너지율, 발전율, 발전효율 변화(Case-5)

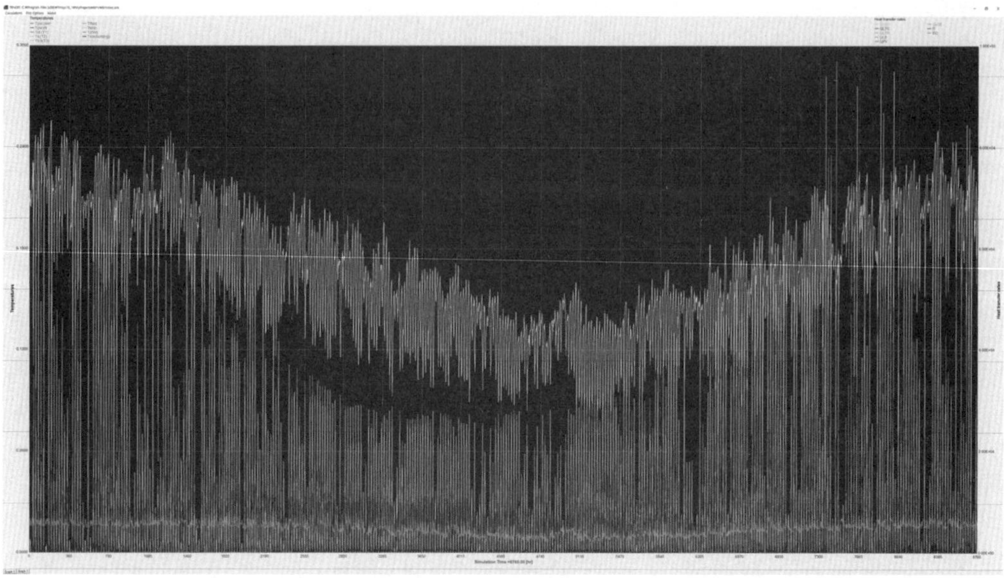

그림 5-29 BIPV 시스템의 연간 시간별 에너지율, 발전율, 발전효율 변화(Case-6)

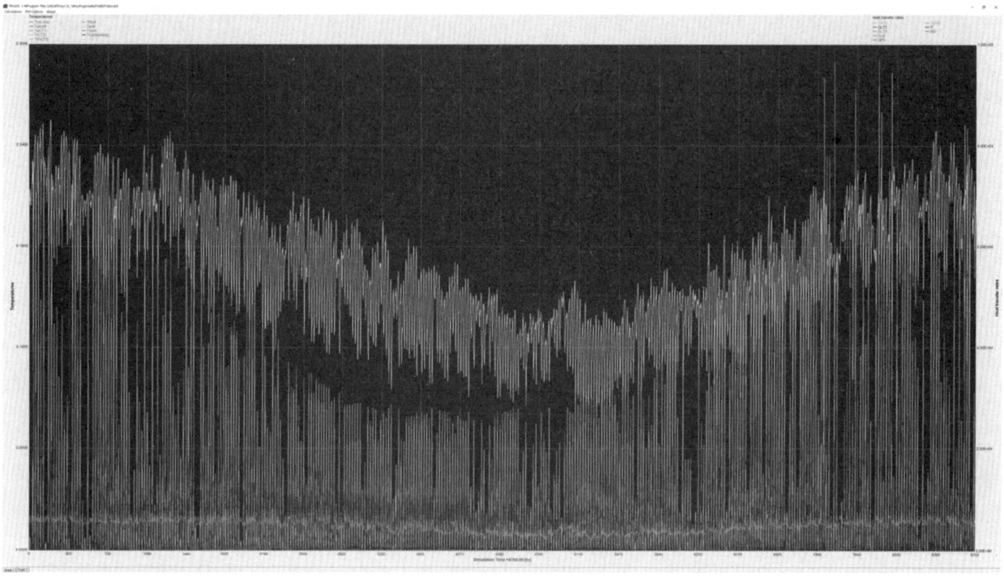

그림 5-30 BIPV 시스템의 연간 시간별 에너지율, 발전율, 발전효율 변화(Case-7)

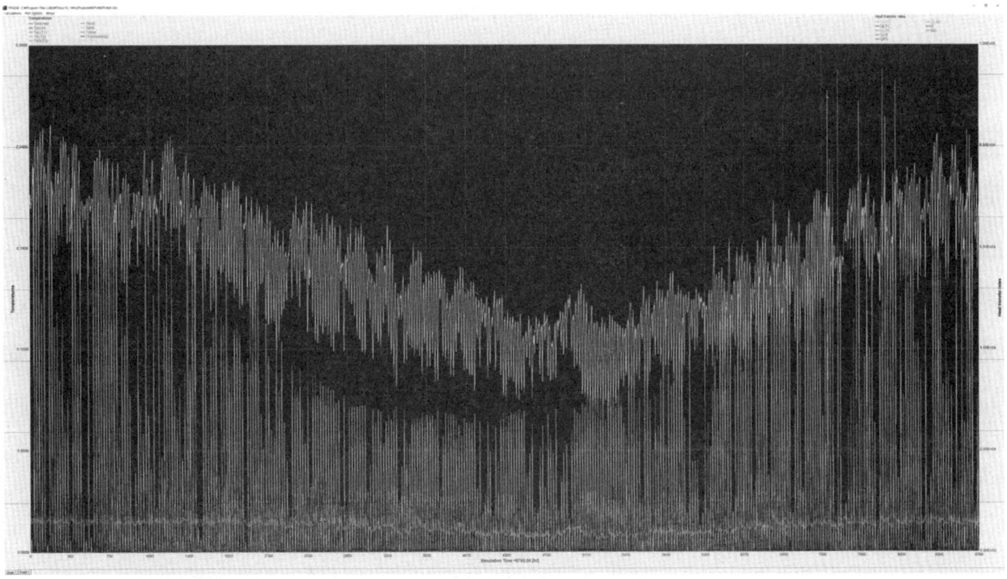

그림 5-31 BIPV 시스템의 연간 시간별 에너지율, 발전율, 발전효율 변화(Case-8)

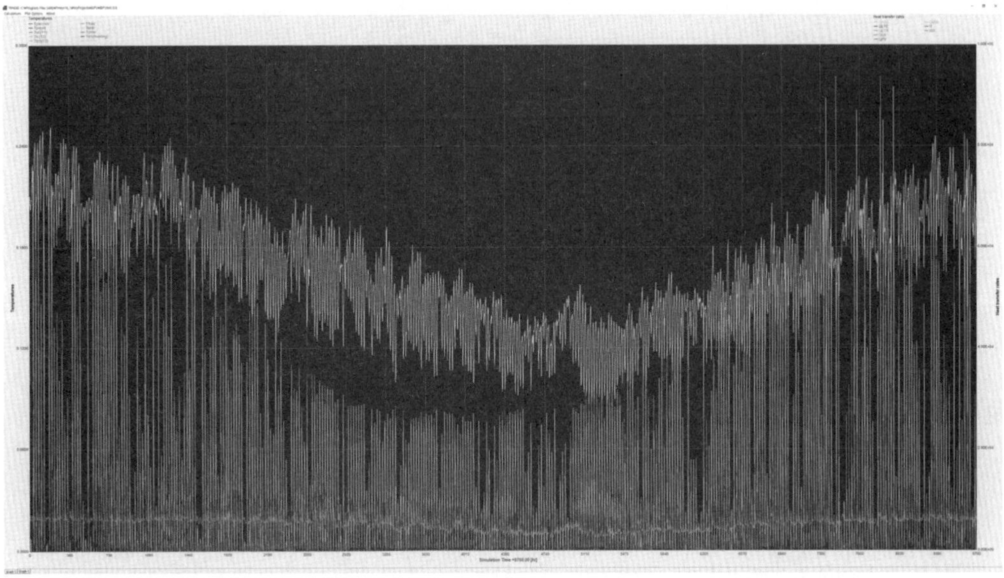

그림 5-32 BIPV 시스템의 연간 시간별 에너지율, 발전율, 발전효율 변화(Case-9)

1) 최대 BIPV 셀온도 특성

서울지역 시간별 기상데이터 기준 BIPV 시스템의 연간 시뮬레이션 결과 BIPV 셀 최대온도 발생 시점은 10월 3일 오전 12시로 이때 외기온도는 13℃, BIPV면 총일사량은 910W/m^{2}으로 확인되었다. [그림 5-33]은 case별 BIPV 셀온도변화를 나타내고 있다. Re NO 증가에 따른 BIPV 셀 최대온도가 낮아짐을 확인하였다.

[그림 5-34]는 10월 3일 오전 12시에서의 case별 BIPV 셀 최대온도와 최대온도 감소율 변화를 나타내고 있다. case-1 BIPV 셀 최대온도 67.6℃ 대비 case-9 BIPV 셀 최대온도는 36.3℃로 상대적 최대 BIPV 셀온도 감소율은 46.2%로 확인하였다.

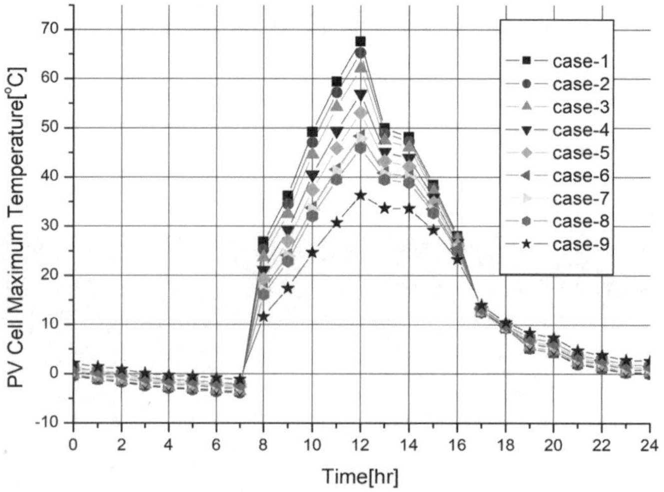

그림 5-33 BIPV cell temperature variation on 03 October

표 5-32 Case별 BIPV 셀최대온도 및 case별 최대온도 감소율(10월 3일 12시)

Case	Re NO	Maximum BIPV cell (°C)	Maximum BIPV cell temperature decreasing rate(%)	12 AM on 03 October	
				Ambient dry bulb temperature(°C)	Insolation on BIPV surface(W/m^2)
1	0	67.6	-	13	910
2	758	65.2	3.5	13	910
3	1,516	62.1	8.1	13	910
4	3,031	56.9	15.8	13	910
5	4,547	53.1	21.5	13	910
6	6,063	48.4	28.4	13	910
7	7,579	47.9	29.2	13	910
8	15,175	46.0	31.9	13	910
9	30,314	36.3	46.2	13	910

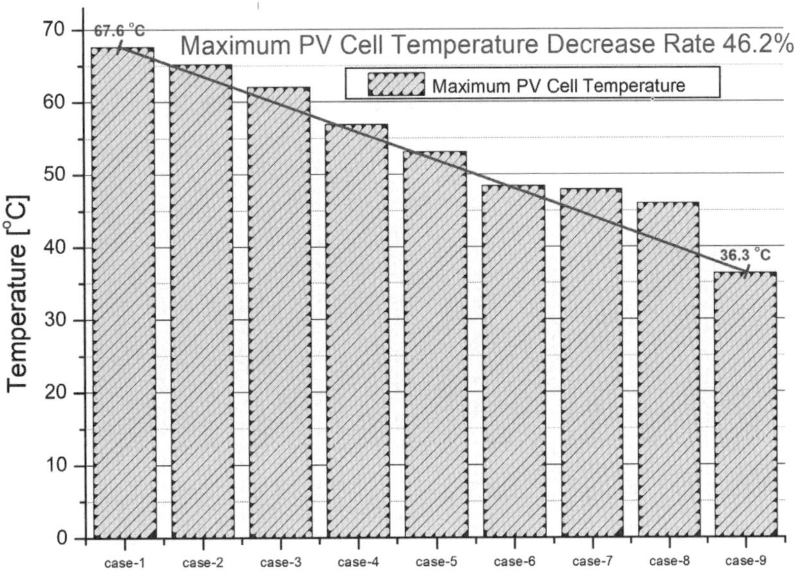

그림 5-34 case별 BIPV 셀최대온도 및 case별 최대온도 감소율(10월 3일 12시)

2) BIPV 발전효율 변화 특성

[표 5-33]과 [그림 5-35]는 10월 3일 오전 12시에서의 case별 BIPV 효율과 효율 증가율 변화를 나타내고 있다. case-1 BIPV 발전효율 8.0% 대비 case-9 BIPV 발전효율 11.8로 상대적 최대 BIPV 발전효율 증가은 48.0%로 확인하였다.

표 5-33 Case별 BIPV 발전효율 및 발전효율 상승율(10월 3일 12시)

Case	Re NO	BIPV efficiency (%)	BIPV efficiency increasing rate (%)	12 AM on 03 October	
				Ambient dry bulb temperature(°C)	Insolation on BIPV surface(W/m^2)
1	0	8.0	-	13	910
2	758	8.3	4.1	13	910
3	1,516	8.7	9.6	13	910
4	3,031	9.5	18.6	13	910
5	4,547	10.0	25.3	13	910
6	6,063	10.6	33.4	13	910
7	7,579	10.7	34.3	13	910
8	15,175	11.0	37.5	13	910
9	30,314	11.8	48.0	13	910

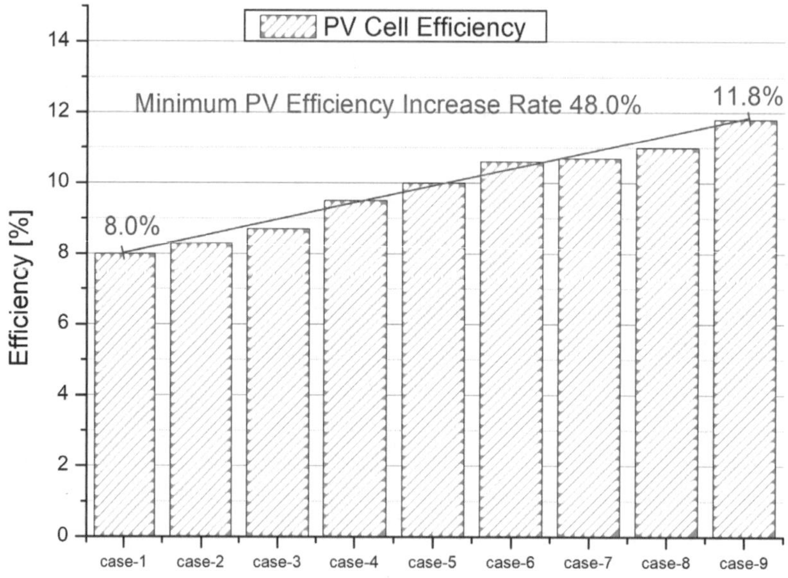

그림 5-35 case별 BIPV 발전효율 및 빌잔효율 상승율(10월 3일 12시)

3) BIPV 발전율 변화 특성

[표 5-34] 및 [그림 5-36]은 BIPV 셀 최대온도 발생일 10월 3일 12시 case별 BIPV 발전율 및 상대적 발전 증가율을 나타내고 있다. case.1 발전율 59.5kW 대비 case.9 발전율은 91.9kW로 상대적 발전 증가율은 54.42%로 확인되었다.

표 5-34 Case별 BIPV 발전율 및 발전율 상승율(10월 3일 12시)

Case	Re NO	BIPV power (kW)	BIPV power increasing rate (%)	12 AM on 03 October	
				Ambient dry bulb temperature(°C)	Insolation on BIPV surface(W/m^2)
1	0	59.5	-	13	910
2	758	61.9	4.1	13	910
3	1,516	65.2	9.6	13	910
4	3,031	70.6	18.6	13	910
5	4,547	74.6	25.3	13	910
6	6,063	79.4	33.4	13	910
7	7,579	79.8	34.3	13	910
8	15,175	81.8	37.5	13	910
9	30,314	91.9	54.4	13	910

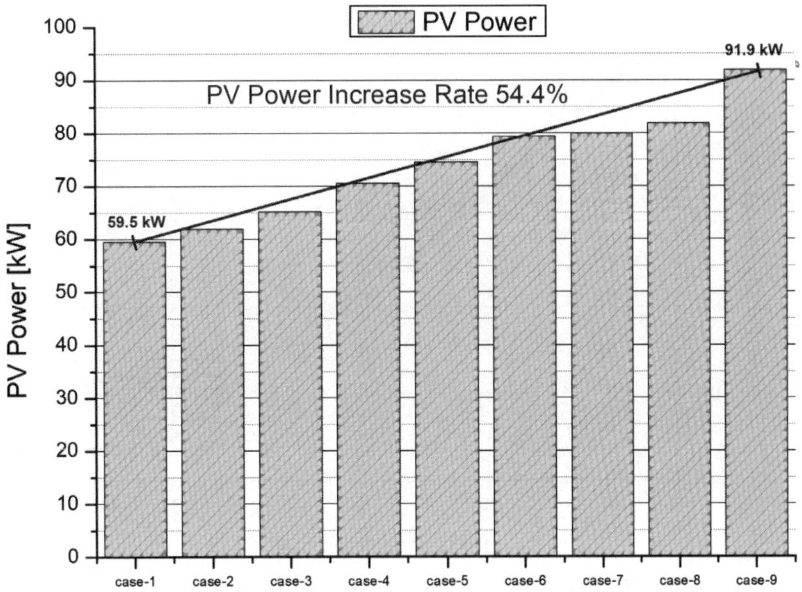

그림 5-36 case별 BIPV 발전율 및 발전율 상승율(10월 3일 12시)

4) 연간 BIPV 셀온도 및 BIPV 발전효율

[그림 5-37]에서 [그림 5-46]은 case별 연간 BIPV 셀온도와 BIPV 발전효율을 도시하고 있다.

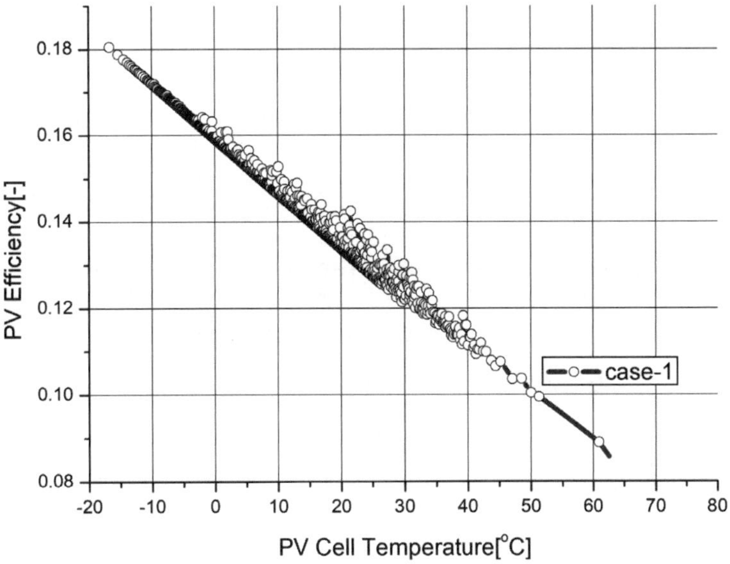

그림 5-37 연간 BIPV 셀온도 및 BIPV 발전효율(case.1)

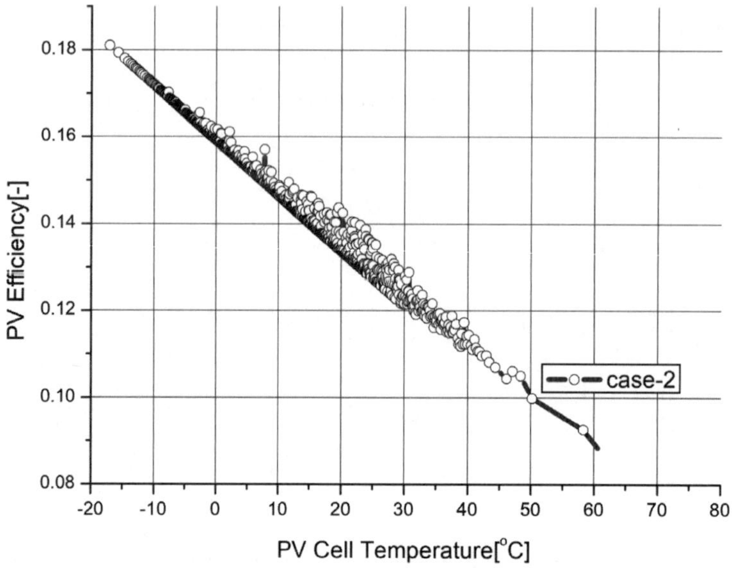

그림 5-38 연간 BIPV 셀온도 및 BIPV 발전효율(case.2)

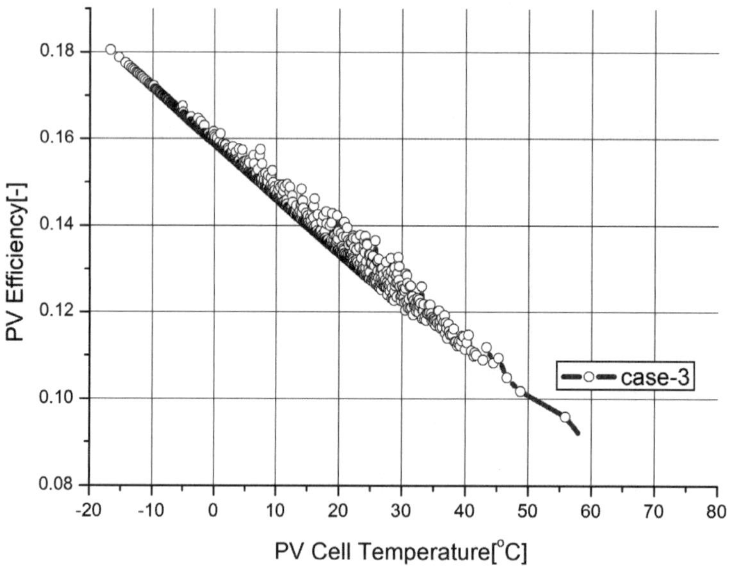

그림 5-39 연간 BIPV 셀온도 및 BIPV 발전효율(case.3)

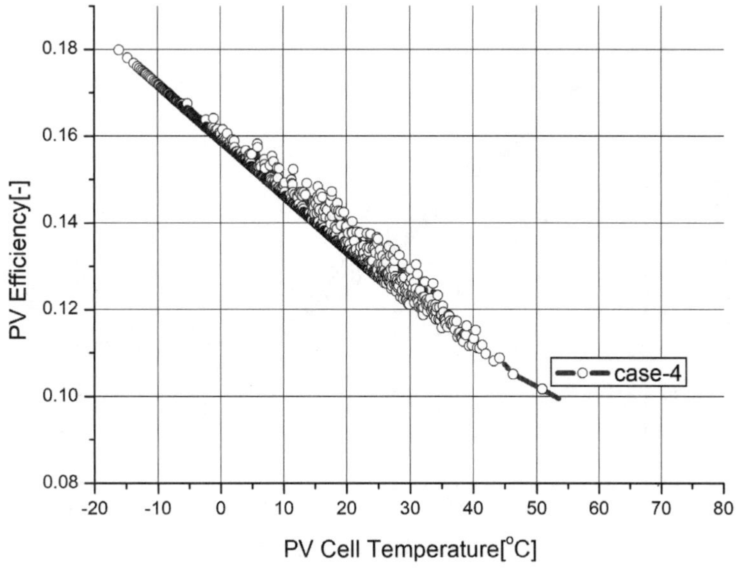

그림 5-40 연간 BIPV 셀온도 및 BIPV 발전효율(case.4)

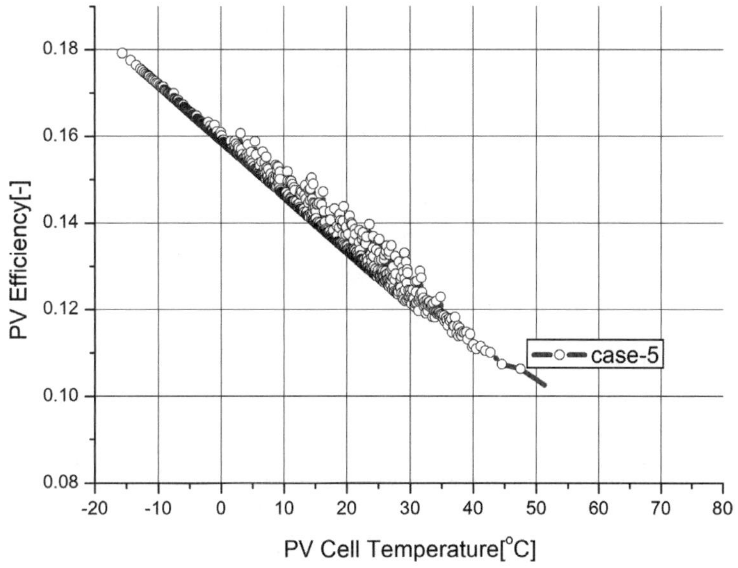

그림 5-41 연간 BIPV 셀온도 및 BIPV 발전효율(case.5)

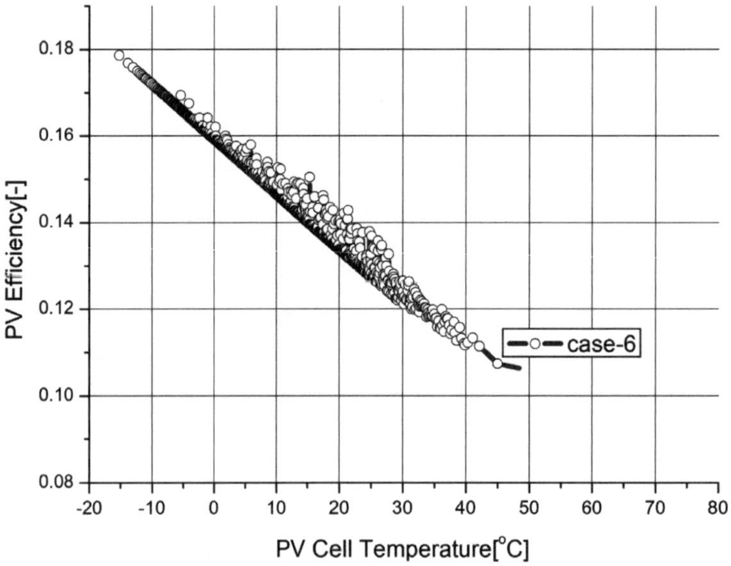

그림 5-42 연간 BIPV 셀온도 및 BIPV 발전효율(case.6)

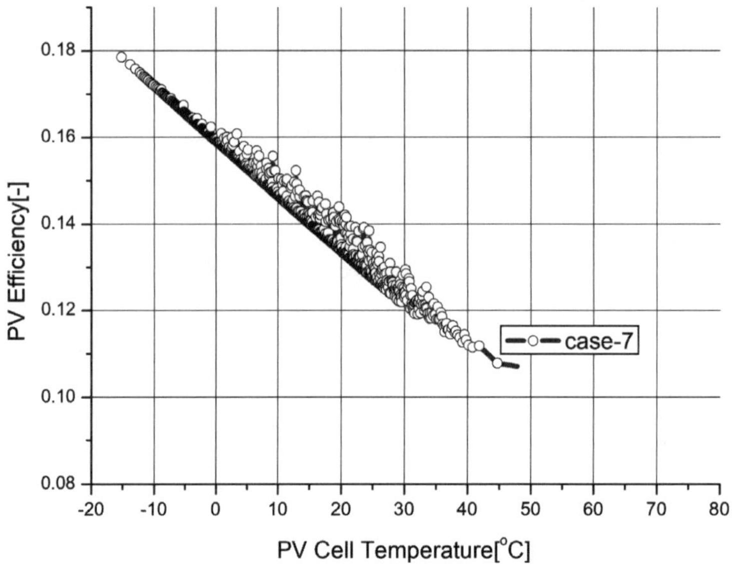

그림 5-43 연간 BIPV 셀온도 및 BIPV 발전효율(case.7)

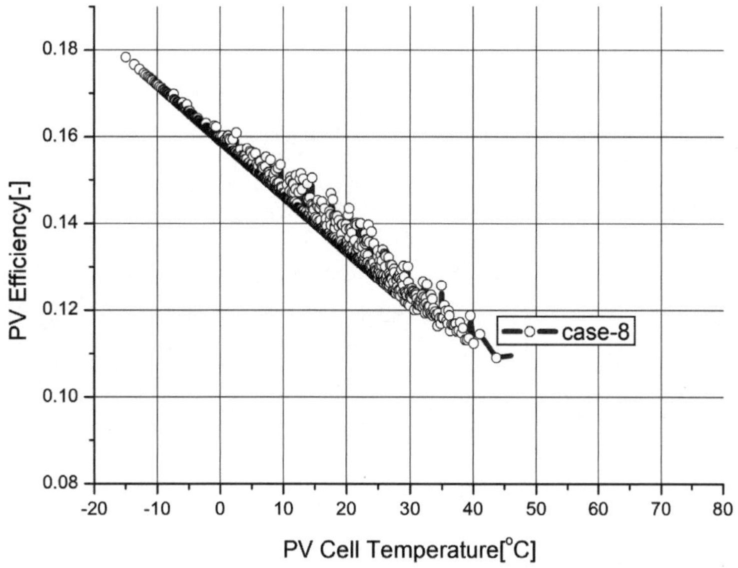

그림 5-44 연간 BIPV 셀온도 및 BIPV 발전효율(case.8)

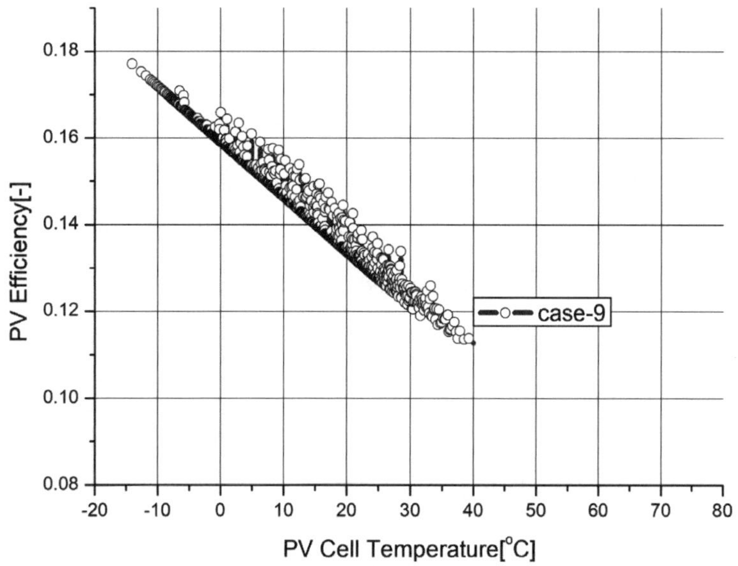

그림 5-45 연간 BIPV 셀온도 및 BIPV 발전효율(case.9)

[그림 5-46]은 case별 연간 BIPV 셀온도와 BIPV 발전효율 산점도 결과를 나타내고 있다.

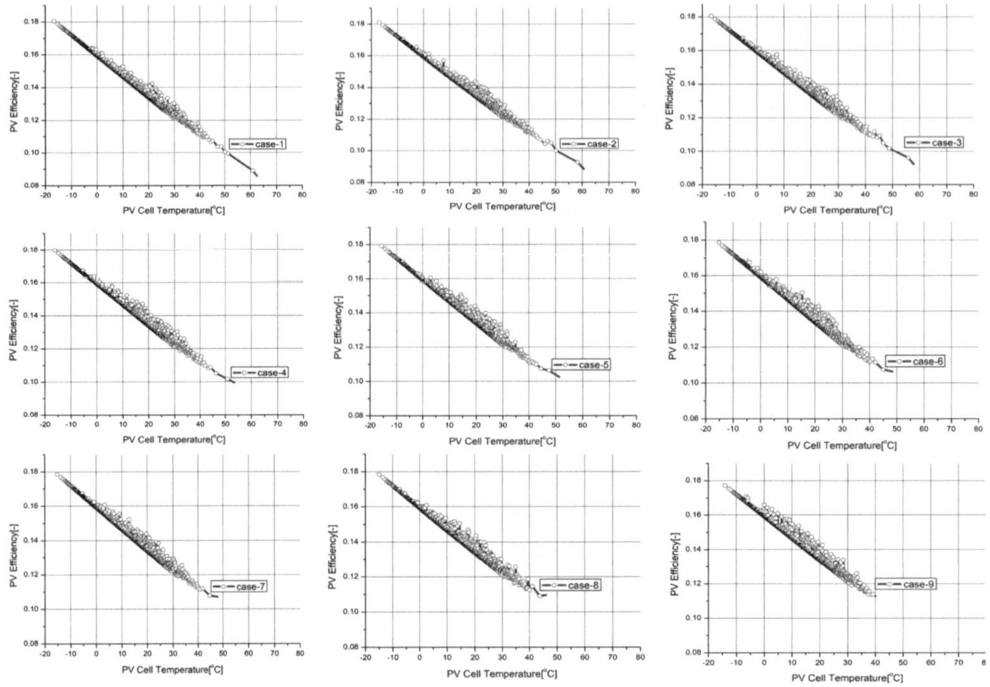

그림 5-46 연간 BIPV 셀온도 및 BIPV 발전효율(case.1~case.9)

Re NO 증가에 따라 case별 셀온도 감소와 발전효율 증가 영역이 상대적으로 큰 것으로 확인되었다. 특히, case.1 대비 case.9에서 BIPV 발전효율 12% 이상대의 산점도 분포 영역이 넓게 분포되어 있음을 확인하였다. case.1 자연대류의 경우 최대 셀온도가 67.6°C까지 상승하며 이때의 최저 발전효율은 8.0%까지 낮아짐을 확인하였다. Re NO가 가장 큰 case.9 강제대류의 경우 case.1 자연대류 대비 최대 셀온도는 36.3°C까지 떨어지며 이때의 최소 발전효율은 11.8%로 높아짐을 확인하였다.

5) Re NO에 따른 연간 에너지성능평가

BIPV 시스템의 연간 에너지성능평가는 BIPV 셀온도가 외기와 공기층 온도보다 높은 조건에서 고온에서 상대적 저온영역으로 정상적 에너지흐름이 유지되며 case별 상대적 외기로의 손실에너지, 발전량, 유용에너지의 열정산 평가가 가능하다. 따라서 BIPV면 총일사량 100W/m^2 이하를 제외한 100W/m^2 이상인 경우에 대해서만 수행하였다.

[표 5-35]는 case별 Re NO에 따른 BIPV 흡수에너지, BIPV 손실에너지, BIPV 발전량과 공기층 유용에너지의 연간 상대적 값을 나타내고 있다.

표 5-35 Case별 연간 BIPV 시스템 에너지

Case NO	Re NO	$\sum Q_{absorbed}$	$\sum Q_{loss}$					$\sum power_{PV}$		$\sum Q_u$	
			$\sum Q_{loss,top,conv}$		$\sum Q_{loss,top,rad}$		$\sum Q_{loss,back}$				
		Energy [kWh/yr]	Energy [kWh/yr]	DR [%]	Energy [kWh/yr]	DR [%]	Energy [kWh/yr]	Energy [kWh/yr]	IR [%]	Energy [kWh/yr]	IR [%]
1	0	20,665	10,664	-	9,951	0	49.9	76.2	0	-	0
2	758	20,645	10,229	4.3	9,714	2.4	-5.8	76.7	0.7	707	17.6
3	1,516	20,623	9,787	9.0	9,469	5.1	-9.5	77.2	1.4	1,376	39.1
4	3,031	20,586	9,034	18.0	9,064	9.8	-13.4	78.2	2.5	2,500	46.3
5	4,547	20,558	8,448	26.2	8,761	13.6	-14.9	78.9	3.4	3,363	55.2
6	6,063	20,536	7,986	33.5	8,529	16.7	-15.4	79.4	4.1	4,036	66.7
7	7,579	20,519	7,613	40.1	8,346	19.2	-15.5	79.8	4.6	4,574	81.7
8	15,175	20,467	6,479	64.6	7,809	27.4	-13.6	81.1	6.1	6,192	90.6
9	30,314	20,426	5,537	92.6	7,384	34.8	-10.3	82.2	7.3	7,514	100

DR : Decreasing Rate, IR : Increasing Rate

가) BIPV 연간 흡수열량

BIPV면 연간 흡수에너지량 $\sum Q_{absorbed}$은 식 (74)에 근거하여 평가하였다. [그림 5-47]은 case별 BIPV면 연간 흡수에너지량을 나타내고 있다. Case별 연간 흡수에너지량은 Re NO 증가에 따라 case.1에서 20,665kWh 대비 case.9에서 20,426kWh로 소폭의 감소 경향을 보임을 확인하였다.

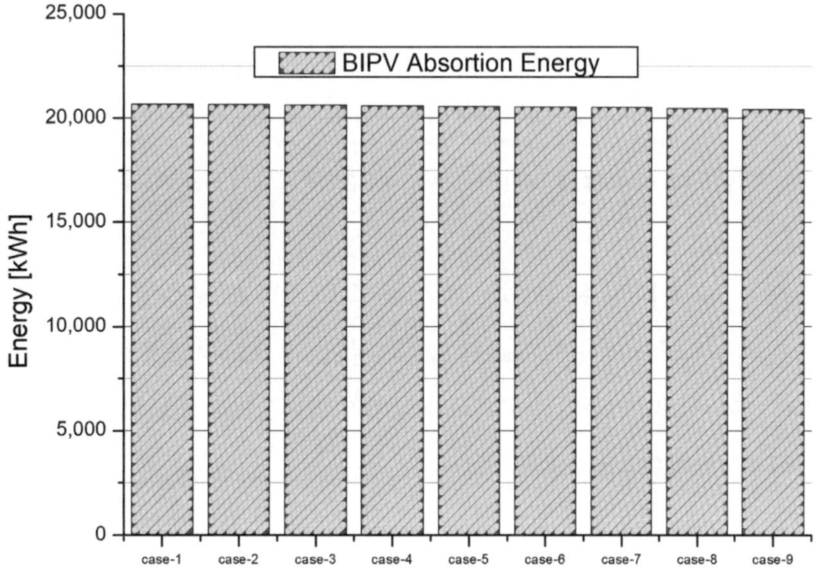

그림 5-47 Case별 연간 누적 BIPV면 일사 흡수에너지

나) BIPV 연간 손실열량

BIPV 연간 에너지손실량 $\sum Q_{loss}$는 1) 유리면에서 외기건구온도로의 손실량 $\sum Q_{loss,top,conv}$, 2) 유리면에서 외기천공으로의 손실량 $\sum Q_{loss,top,rad}$과 3) 건물외피로의 손실량 $\sum Q_{loss,back}$으로 구성되며, 각각 식 (75), 식 (76) 및 식 (77)에 근거하여 적산을 통하여 산정하였다.

[그림 5-47]은 case별 BIPV 1)유리면에서 외기건구온도로의 손실량 $\sum Q_{loss,top,conv}$을 나타내고 있다. 유리면에서 외기건구온도로의 연간 손실량은 case별 Re NO 증가 시 감소 경향을 보임을 확인하였다. 식 (75)에서와 같이 Re NO 증가 시 BIPV 유리면의 온도가 낮아지기 때문이라 판단된다. 특히, case.1 대비 case.9에서 92.6% 감소율을 확인하였다.

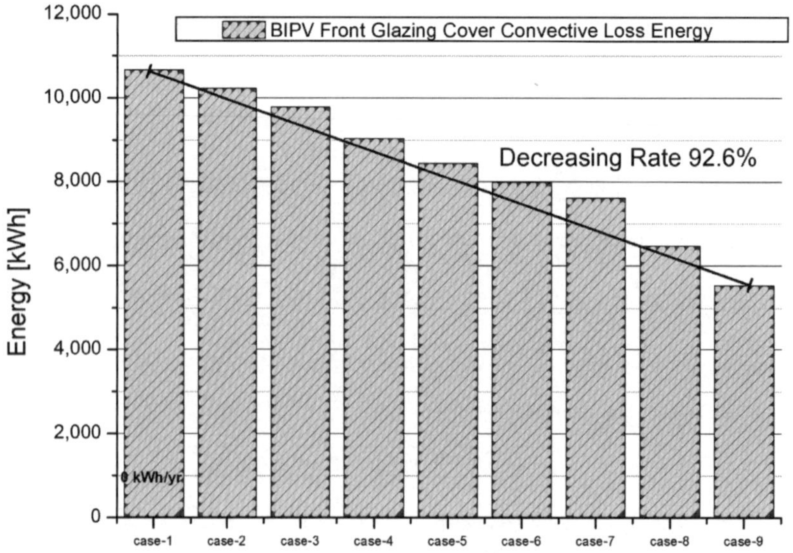

그림 5-48 Case별 BIPV면 연간 누적 대류 손실에너지 및 손실에너지 감소율

[그림 5-49]는 case별 BIPV 유리면에서 외기천공으로 장파복사손실량 $\sum Q_{loss,top,rad}$을 나타내고 있다. 장파복사 연간 손실량은 case별 Re NO 증가 시 감소 경향을 보인다. 식 (76)에서와 같이 Re NO 증가 시 BIPV 유리면의 온도가 낮아지기 때문이라 판단되며, 특히 case.1 대비 case.9에서 34.8% 손실감소율을 확인하였다.

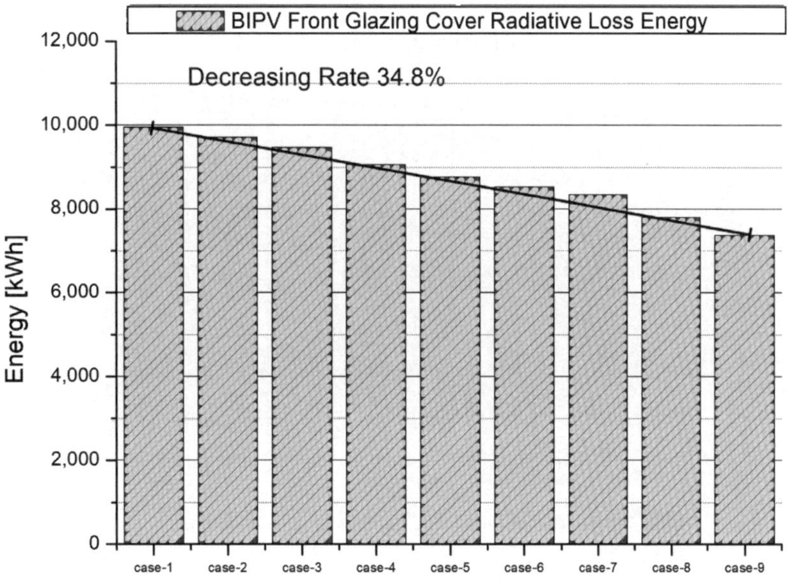

그림 5-49 Case별 BIPV면 연간 누적 장파복사 손실에너지 및 손실에너지 감소율

BIPV 하단 채널면, 즉 건물외피로의 연간 손실량은 CASE별 Re NO 증가 시 감소 경향을 보였다. 총괄열전달계수 U=0.19W/m^2-K 전열면적 Area=40m^2 적용식 (77)에서와 같이 Re NO 증가 시 BIPV 채널 공기층의 온도가 낮아지기 때문이라 판단된다. 특히 case.1의 경우 공기층의 온도가 건물외피 실내면의 온도보다 높으므로 열전달이 공기층에서 실내면으로 이루어지나 case.2~case.9의 경우 공기층 온도가 건물외피 실내면 온도보다 낮으므로 열전달의 흐름이 반대방향으로 나타남을 확인할 수 있었다.

다) BIPV 연간 발전량

BIPV 연간 발전량 $\sum power_{PV}$은 식 (78)에 근거하여 평가하였다. [그림 5-50]은 case별 연간 Re NO 증가에 따라 연간 발전량은 상대적 큰 차이를 확인할 수 있었다. 특히, case.1에서 76.2kWh 대비 case.9에서 82.2kWh를 나타내고 있음을 확인하였다. 특히, case.1 대비 case-9에서 연간 발전량 7.3% 증가율을 확인할 수 있었다.

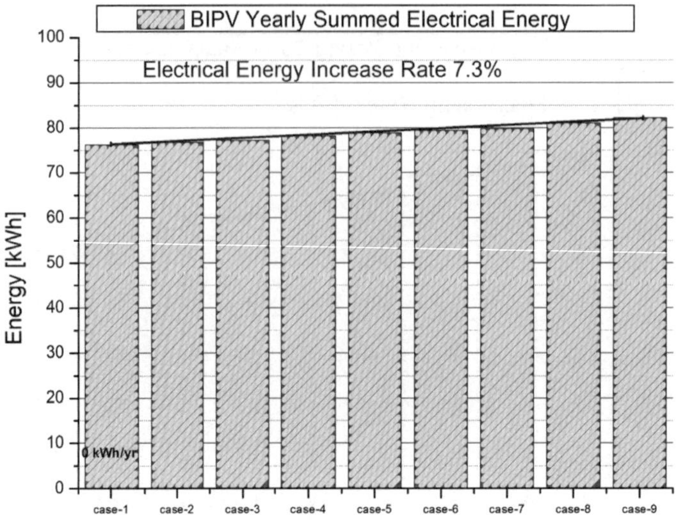

그림 5-50 Case별 BIPV면 연간 누적 발전량 및 발전량 증가율

라) Re NO에 따른 BIPV 중공층 유용열량

BIPV 중공층 연간 유용열량 $\sum Q_u$는 식 (78)에 근거하여 평가하였다. [그림 5-50]은 case별 Re NO 증가에 따라 연간 유용에너지 $\sum Q_u$은 상대적 큰 차이를 확인할 수 있었다. 특히, case.1에서 0kWh 대비 case.9에서 7,514kWh를 나타내고 있음을 확인하였다. case.1 대비 case.9에서 연간 유용열량 100% 증가율을 확인할 수 있었다.

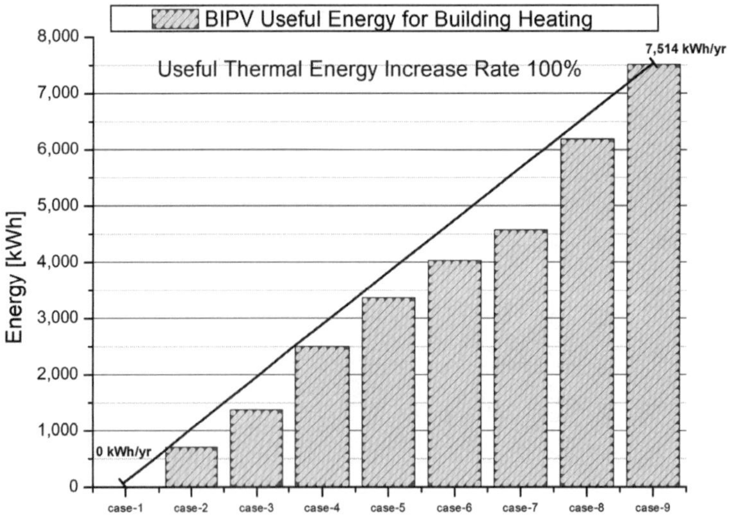

그림 5-51 Case별 BIPV 유용에너지 및 유용에너지 증가율

마) Re NO에 따른 연간 에너지평형

BIPV 시스템의 연간 흡수열량 기준 손실열량과 발전량 및 유용열량의 상대적 값은 식 (73)에 근거하여 평가하였다. [표 5-36]은 연간 흡수에너지 100% 기준 시, case별 외기로의 연간 손실열량, 연간 발전량과 연간 유용열량의 상대적 비율을 나타내고 있다.

- 제4종 환기 case.1의 경우 연간 흡수열량 기준 손실열량 99.63%, 발전열량 0.37%, 유용열량 0로 흡수열량 대부분이 손실열량임을 확인하였다.
- 3종 환기 강제대류 case.2의 경우 연간 흡수열량 기준 손실열량 96.57%, 발전열량 0.37%, 유용열량 3.42%를 나타내고 있음을 확인하였다.

표 5-36 Case별 BIPV 시스템 에너지 평형

Case NO	Re NO	$\sum Q_{absorbed}$	$\sum Q_{loss} = \sum Q_{loss,top,conv} + \sum Q_{loss,top,rad} + \sum Q_{loss,back}$				$\sum power_{PV}$	$\sum Q_u$
			$\sum Q_{loss,top,conv}$	$\sum Q_{loss,top,rad}$	$\sum Q_{loss,back}$	$\sum Q_{loss}$		
		Energy ratio [%]	Energy ratio [%]	Energy ratio [%]	Energy ratio [%]	Energy ratio [%]	Energy ratio [%]	Energy ratio [%]
1	0	100.00	51.60	48.15	0.24	99.63	0.37	-
2	758	100.00	49.55	47.05	-0.03	96.57	0.37	3.42
3	1,516	100.00	47.46	45.91	-0.05	93.33	0.37	6.67
4	3,031	100.00	43.88	44.03	-0.07	87.85	0.38	12.14
5	4,547	100.00	41.09	42.62	-0.07	83.64	0.38	16.36
6	6,063	100.00	38.89	41.53	-0.07	80.34	0.39	19.65
7	7,579	100.00	37.10	40.67	-0.08	77.70	0.39	22.29
8	15,175	100.00	31.66	38.15	-0.07	69.74	0.40	30.25
9	30,314	100.00	27.11	36.15	-0.05	63.21	0.40	36.79

- 3종 환기 강제대류 case.3의 경우 연간 흡수열량 기준 손실열량 93.33%, 발전열량 0.37%, 유용열량 6.67%를 나타내고 있음을 확인하였다.
- 3종 환기 강제대류 case.4의 경우 연간 흡수열량 기준 손실열량 87.85%, 발전열량 0.38%, 유용열량 12.14%를 나타내고 있음을 확인하였다.
- 3종 환기 강제대류 case.5의 경우 연간 흡수열량 기준 손실열량 83.64%, 발전열량 0.38%, 유용열량 16.36%를 나타내고 있음을 확인하였다.

- 3종 환기 강제대류 case.6의 경우 연간 흡수열량 기준 손실열량 80.34%, 발전열량 0.39%, 유용열량 19.65%를 나타내고 있음을 확인하였다.
- 3종 환기 강제대류 case.7의 경우 연간 흡수열량 기준 손실열량 77.70%, 발전열량 0.39%, 유용열량 22.29%를 나타내고 있음을 확인하였다.
- 3종 환기 강제대류 case.8의 경우 연간 흡수열량 기준 손실열량 69.74%, 발전열량 0.40%, 유용열량 30.25%를 나타내고 있음을 확인하였다.
- 3종 환기 강제대류 case.9의 경우 연간 흡수열량 기준 손실열량 63.21%, 발전열량 0.40%, 유용열량 36.79%를 나타내고 있음을 확인하였다.
- 제4종 환기 자연대류의 경우 흡수열량 대비 발전량 일부를 제외한 대부분의 열량은 손실에너지로 버려짐을 확인하였다. 반면 3종 환기 강제대류의 경우 흡수열량 대비 Re NO 증가에 따라 손실에너지량 비율은 감소하며 발전량비율과 유용열량 비율은 증가함을 확인할 수 있었다.

6. 결론

본 BIPV 시스템 성능평가 사례 연구에서는 표준성능시험 STC(AM=1.5, Tcell=25°C, IT=1,000W/m^{2}에서 평가된 발전효율 14%, 온도 보정계수 -0.025 및 일사량보정계수 0.000025 값의 PV 모듈을 적용하였다. 모듈 설치면적 40m^2, 설치 방위각 0°, 설치 경사각 90°인 BIPV 시스템에 제4종 자연환기방식과 제3종 강제환기방식을 무차원수인 레이놀즈수에 따라 총 9가지 Case에 대하여 BIPV 셀온도, BIPV 발전량, BIPV 발전효율, BIPV 손실에너지, BIPV 유용에너지에 대한 민감도 분석을 수행하였다.

Case.1 제4종 환기 자연대류 방식의 경우 BIPV 흡수열량 대비 발전량 일부를 제외한 대부분의 열량은 손실에너지임을 확인하였으며 난방기 공조기 외기 도입 시 economize 기능인 외기예열코일(Preheating Coil)에 활용 가능한 유용열량이 없음을 확인하였다. 반면 3종 환기방식의 경우 Re NO 증가에 따라 손실에너지량 비율이 감소하며 발전량비율과 유용열량 비율은 증가함을 확인할 수 있었다.

3종 환기방식 case.2에서 case.9의 경우 Re NO 증가에 따라 아래 특성을 확인하였다.

- 1. BIPV 셀온도가 낮아짐
- 2. BIPV 발전량과 BIPV 발전효율 증가를 확인함
- 3. BIPV 손실열량이 감소함
- 4. BIPV 유용열량이 증가함

BIPV 흡수열량을 BIPV 셀온도 상승 방지와 이에 따른 발전효율 증가와 공조기 예열 유용열량 유효성 측면에서 4종 환기방식 대비 3종 환기방식의 필요성을 확인할 수 있었다. 하지만 Re NO 증가 시 BIPV 발전량, BIPV 발전효율, 공조기 유용열량 대비 배풍기 추가 팬 소비전력의 상대치 에너지 분석과 관련된 후속 연구가 필요할 것으로 판단된다.

기호설명

AM	: 대기질량지수[−]
θ	: PV면 직달일사 입사각[°]
T_{ref}	: PV 표준성능시험 적용 셀온도[°C]
$Area$	: BIPV 모듈설치 면적[m^2]
b_0	: 선형 입사각수정계수[−]
Cp_{fluid}	: 공기 정압비열[kJ/kg·K]
D_h	: BIPV 채널 수력직경[m]
Eff_T	: 온도효율 수정계수[−]
Eff_G	: 일사량효율 수정계수[−]
g	: 중력가속도[m/s^2]
G_T	: BIPV면 총일사량[W/m^2]
G_{b+d}	: BIPV면 직달 및 산란일사량[W/m^2]
G_h	: 수평면 총일사량[W/m^2]
G_{ref}	: BIPV STC 적용 일사량[W/m^2]
$h_{conv,back}$	: BIPV 하단부 대류열전달계수[$W/m^2 \cdot K$]
$h_{conv,top}$	: BIPV 외기 대류열전달계수[$W/m^2 \cdot K$]

h_{fluid} : BIPV 채널 내 대류열전달계수[$W/m^2 \cdot K$]

$h_{rad,1-2}$: BIPV 채널면 복사열전달계수[$W/m^2 \cdot K$]

$h_{rad,back}$: BIPV 채널 후면 복사열전달계수[$W/m^2 \cdot K$]

$h_{rad,top}$: BIPV 유리면 복사열전달계수[$W/m^2 \cdot K$]

IAM : BIPV면 입사각수정계수[−]

k_{cover} : BIPV 모듈 유리덮개 열전도도[$W/m \cdot K$]

k_{fluid} : BIPV 채널 내 공기 열전도도[$W/m \cdot K$]

H : BIPV 설치 높이, 채널 공기 유동길이[m]

$\dot{m}$: BIPV 채널 공기 유량[kg/hr]

Nu : Nusselt 수[−]

Pr : Prandtl 수[−]

$Power_{PV}$: BIPV 발전율[W]

q_u'' : BIPV 채널 단위면적당 유용에너지[W/m^2]

$Q_{absorbed}$: BIPV 셀 일사에너지[W]

$Q_{loss,top,conv}$: BIPV 유리면 대류손실률[W]

$Q_{loss,top,rad}$: BIPV 유리면 복사손실률[W]

$Q_{loss,back,conv}$: BIPV 하단부 대류손실률[W]

$Q_{loss,back,rad}$: BIPV 하단부 복사손실률[W]

Q_u : BIPV 유용에너지[W]

Ra : Rayleigh 수[−]

Re : Reynolds 수[−]

R_1 : BIPV 유리면의 전도저항[$m^2 \cdot K/W$]

R_2 : BIPV 채널상단부 전도저항[$m^2 \cdot K/W$]

R_3 : BIPV 채널하단부 전도열저항[$m^2 \cdot K/W$]

S : BIPV 셀 일사에너지흡수율[W]

$Slope$: BIPV 경사각[°]

$Spacing$: BIPV 채널 상단면과 하단면 길이[m]

$\overline{T}_1$: BIPV 상단부 유로 채널면 평균온도[℃]

$\overline{T}_2$: BIPV 하단부 유로 채널면 평균온도[℃]

$\overline{T}_3$: 건축물 외피 실내면 평균온도[℃]

T_{amb} : 외기온도[℃]

$\overline{T}_{cover}$: BIPV 모듈 유리덮개 평균온도[℃]

$T_{fluid,in}$: BIPV 채널 입구 공기온도[℃]

$T_{fluid,out}$: BIPV 채널 출구 공기온도[℃]

T_{sky} : 천공온도[℃]

T_{ref} : BIPV 모듈 STC 외기온도[℃]

TH_{cover} : BIPV 모듈 유리덮개 두께[m]

$\overline{T}_{cell}$: BIPV 셀 평균온도[℃]

$\overline{T}_{fluid}$: BIPV 채널 공기 평균온도[℃]

$\overline{T}_{plate}$: BIPV 채널면 평균온도[℃]

$X_{cell\ temp}$: BIPV 셀온도 PV 효율 인자[−]

$X_{radiation}$: BIPV 셀면 일사량 PV 효율 인자[−]

T_{sky} : 천공온도[℃]

ws : 외기 풍속[m/s]

그리스 문자

β : BIPV 모듈 설치 경사각[°]

ρ_g : 지표면 일사반사율[−]

ρ_{fluid} : BIPV 채널 공기 평균밀도[kg/m^3]

$(\tau\alpha)_n$: BIPV 입사각 0° 유리면 흡수율×투과율[−]

ϵ_1 : BIPV 상단부 유로 채널면 방사율[−]

ϵ_2 : BIPV 하단부 유로 채널면 방사율[−]

ϵ_{cover} : BIPV 모듈 유리덮개 방사율[−]

σ : Stefan－Boltzmann 상수[W/m^2·K]

η_{ref} : STC에서의 PV 발전효율[－]

η_{PV} : 외기 조건에서의 PV 발전효율[－]

ν_{fluid} : BIPV 채널 공기 점성계수[kg/m·hr]

제6장

에너지 믹스 전망과 전원별 특성 비교

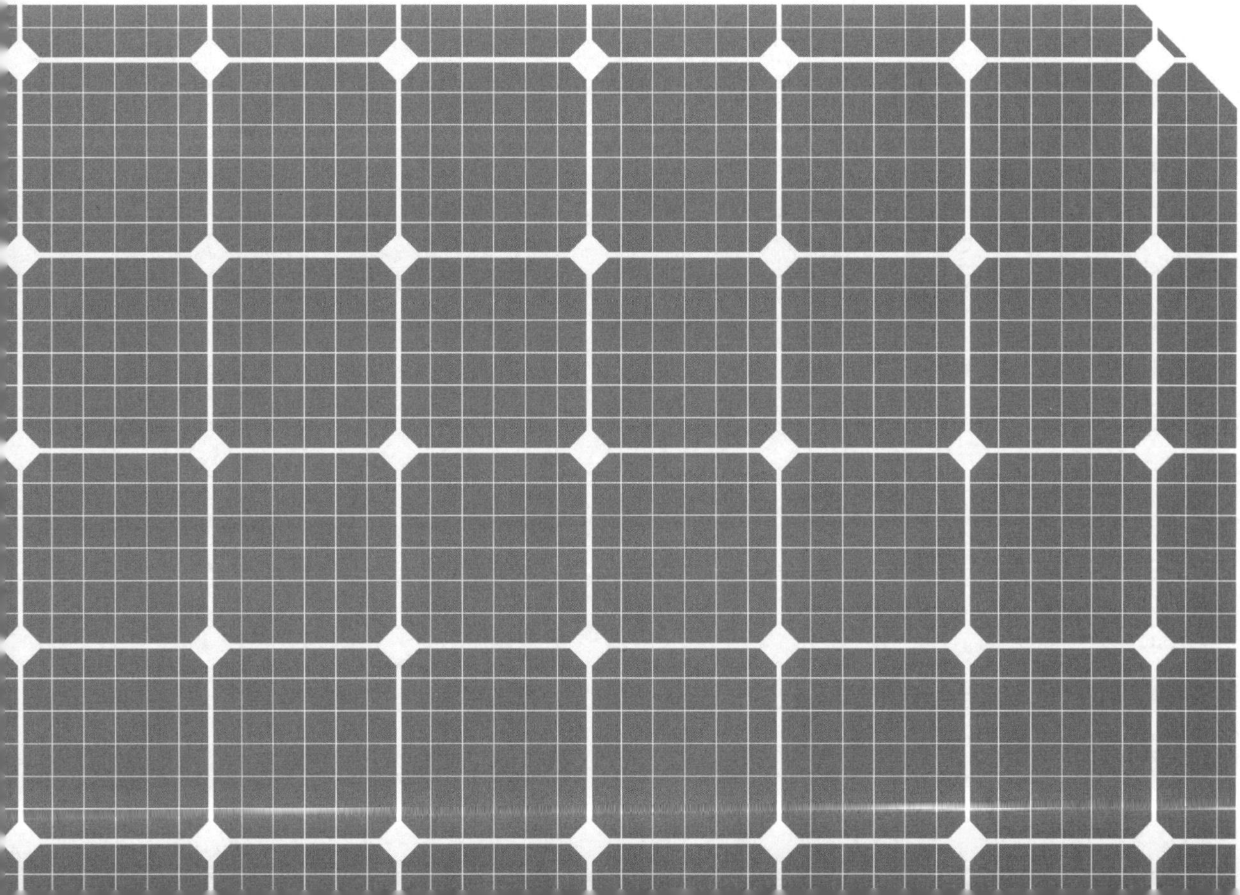

제6장

에너지 믹스 전망과 전원별 특성 비교

제1절 세계 에너지 수급 현황과 전망

1. 세계 에너지 공급과 수요 추이

세계 에너지 총 생산량과 전력생산량에 관하여 IEA가 발간한 "WORLD ENERGY BALANCES : AN OVERVIEW 2019"의 내용을 중심으로 살펴본다.

가. 세계 에너지 생산

1) 총 에너지 생산과 국가 간 분포

2017년 세계 에너지 총 생산량은 [그림 6-1]에서 보는 바와 같이 14,035 Mtoe이었으며, 이를 지역별로 나누어보면 OECD가 30%로서 가장 컸고, OECD가 아닌 아시아 국가가 28%로 그 다음이고, 그 뒤로 중동과 OECD가 아닌 유럽 국가 및 유라시아, 아프리카 순이었다.

한편 에너지자원별 주요 생산국가는 [그림 6-2]에서 보는 바와 같은데 모든 에너지원에 있어서 절반 이상을 5개국 미만(일부 경우에는 2개국만 해당)에서 생산하여, 에너지자원 편중 현상이 크다는 것을 알 수 있다.

중국은 2017년 세계 석탄의 반을 생산하고, 수력을 29% 생산하였으며, 미국과 프랑스는 원자력의 50% 가까이 생산했다. 사우디아라비아, 러시아, 미국이 전 세계 원유의 40% 가까이 생산했으며, 미국과 러시아는 세계 천연가스의 약 40%를 생산했다.

이러한 분포는 과거 상당 기간 동안 비슷하게 지속되어 왔으며, 2017년에 눈에 띄는 변화는 천연가스 생산량에 있어서 캐나다가 카타르를 제치고 4위를 차지한 것이다.

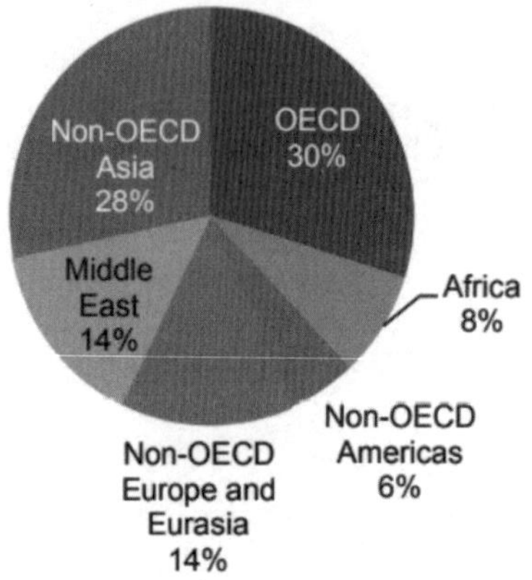

그림 6-1 2017년 세계 지역별 에너지 생산량

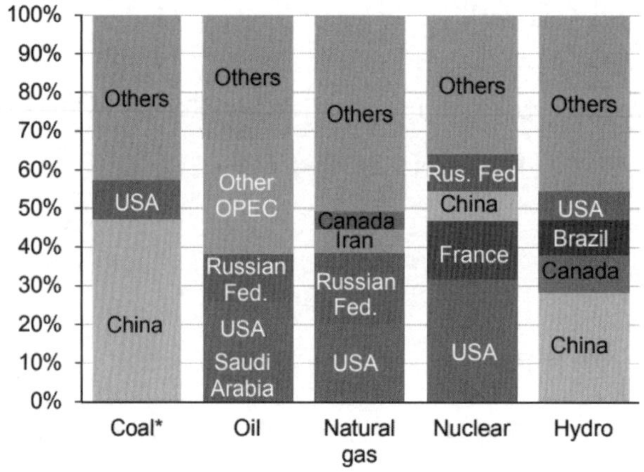

그림 6-2 에너지원별 최대 생산국가(2017년)

위와 같은 지역별, 국가별 에너지 편중현상은 에너지 자원이 빈약한 국가는 자원확보 등 에너지 안보가 국가 발전의 핵심요소가 되고, 에너지 확보 경쟁은 심할 경우 국가 간 분쟁의 발단이 되기도 한다.

2) 연료별 1차 에너지 공급량과 국가 간 분포

한편 총 1차 에너지 공급량(TPES)은 [그림 6-3]에서 보는 바와 같이 1971년과 2017년 사이에 2.5배 이상 증가하였으며(5,519 Mtoe에서 13,972 Mtoe로), 원별 구성 면에서도 큰 변화가 있었다.

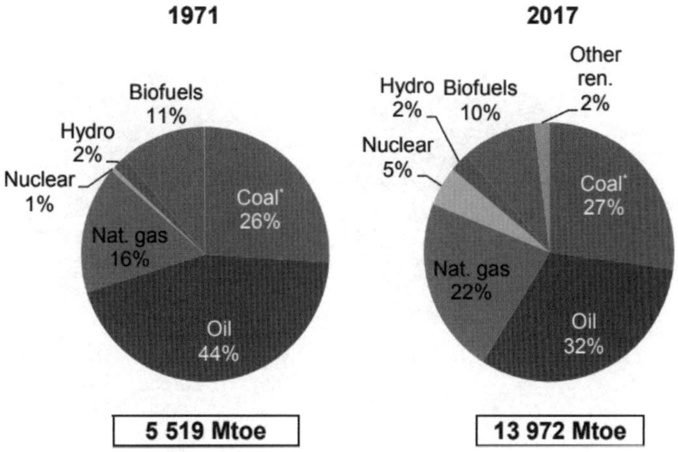

그림 6-3 연료별 세계 1차 에너지 공급량

가장 두드러진 변화는 석유와 가스의 상대적 비중의 변화이다. 석유는 2017년에도 여전히 가장 큰 비중을 차지하고 있지만 TPES 비중에서 동 기간 중 44%에서 32%로 떨어졌다. 반면, 천연 가스의 경우, 16%에서 22%로 증가하였다.

한편, 석탄의 점유율은 1971년과 비교하여 2017년에도 거의 비슷한 26~27% 수준이나, 내용 면에서는 변화가 컸다. 주되 요인은 중국의 에너지 소비 증가에 기인했으며, 특히 1999년과 2011년 사이 석탄 소비는 중국의 소비 증가에 영향을 크게 받았다. 2011년에는 중국의 석탄 소비가 자국 TPES의 71%까지 되면서 세계 TPES의 29%(최고 수준)를 석탄이 차지하는 수준에 이르렀다.

2011년 이후로 석탄 소비 추세가 감소하여 2017년에는 세계 TPES의 27%를 차지하였다.

에너지 원별 공급에 있어서 다른 주목할 부분은 원자력 비중으로 1971년의 비중이 0.5%인데 비해 2017년에는 4.9%까지 크게 증가하였다.

지역별 1차 에너지 공급량은 [그림 6-4]와 같은 변화를 보여준다. 그림에서 볼 때 1971년과 2017년 기간 중 총 에너지 수요는 지역마다 약간씩 다르게 증가되었음을 알 수 있다.

OECD의 전 세계 TPES 점유율은 1971년 61%에서 2017년 38%로 떨어졌으며, 반면 같은 기간 중 OECD 국가가 아닌 아시아 국가는 1971년 13%에서 2017년 36%로 동 기간 중 비중이 거의 3배 가까이 증가하여 OECD 국가 비중과 거의 같아진 점이 특기할 만하며 같은 기간 중 에너지 수요는 7배 증가하여 2017년에 4955 Mtoe에 달하고 있어서 에너지소비 산업의 비중이 증가되었음을 알 수 있다.

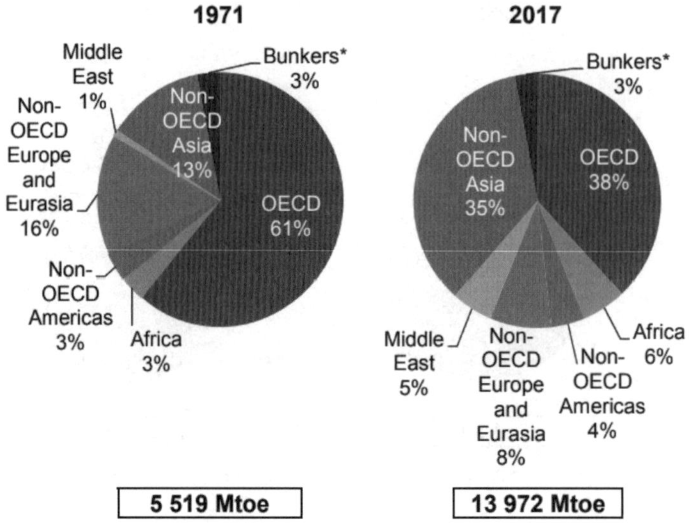

그림 6-4 지역별 1차 에너지 공급량

OECD가 아닌 유럽 및 유라시아 지역의 비중은 1971년과 2017년 사이 15.5%에서 8.0%로 거의 절반으로 줄었지만, 1,100Mtoe를 넘은 TPES 수요로 세계에서 세 번째로 많은 지역으로 남아 있다. 그 뒤를 이어 아프리카가 그 기간 동안 에너지 수요를 4배 이상 증가시켜 2017년 812Mtoe 수준이 되었다.

[표 6-1]은 세계 10대 에너지 소비 국가를 보여준다. 표에서 보는 두드러진 변화는 Non-OECD 국가 점유율의 지속적인 증가로서 2017년 총 1차 에너지의 72%를 차지하였다. 중국이 전 세계 TPES의 22%를 차지하는 반면, 미국의 점유율은 16%이었다. 인도와 러시아가 3위와 4위를 차지하고, OECD 국가 중 두 번째의 소비국인 일본이 5위를 차지하였다. 이상의 5개 국가가 전 세계 TPES의 반 이상을 소비하는 것으로 나타났다.

2017년의 상위 10개 소비국의 총 에너지 수요는 전 세계 에너지 수요의 62%를 차지하고 있으며, 이는 1971년의 56%보다 크게 늘어난 수치이다. 국가별로 볼 때 중국과 인도의 증가율이 대폭 증가한 반면, 미국, 독일이 큰 폭으로 감소하였고, 일본, 한국도 상당히 감소하였다.

[그림 6-5]는 주요 에너지 소비국가의 최근 총 1차 에너지 소비량의 변화를 보여준다.

2017~2018 기간 중 미국의 TPES는 70Mtoe 이상(OECD TPES의 1% 이상) 증가하였으며, 천연가스가 이러한 성장의 2/3 이상을 차지하고, 용도별로는 주로 발전 및 주거용 소비가 주도하였다.

표 6-1 2017년 10대 1차 에너지(TPES) 소비 국가

국이	1차 에너지소비량 TPES(Mtoe)	세계 총 소비량 중 점유 비율(%)	
		2017년	1971년
중국	3,063	22	7
미국	2,155	16	29
인도	882	6	3
러시아	732	5	통계 없음
일본	432	3	5
독일	311	2	6
브라질	290	2	1
캐나다	289	2	0.3
한국	282	2	3
이란	262	2	3
나머지 국가	5,274	38	44
전 세계 총계	13,972	100	100

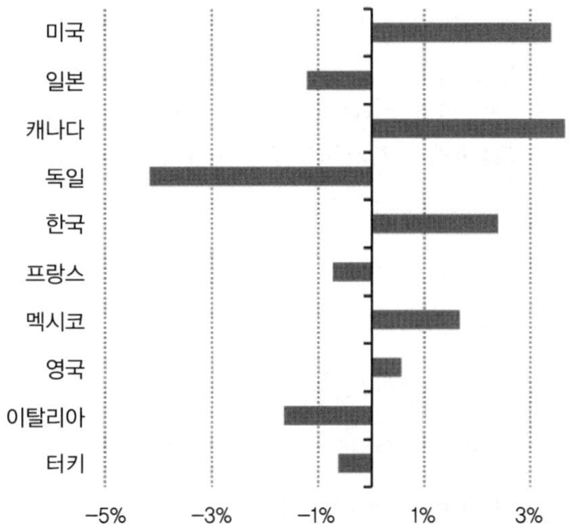

그림 6-5 2017~2018 기간 중 주요 에너지소비 국가별 TPES 변화

캐나다도 거의 4% 증가하여 사상 최고치인 300Mtoe에 도달하였으며, 멕시코, 한국, 호주, 폴란드도 1, 2% 정도 증가하였다.

반면 몇몇 국가에서는 TPES가 감소한 것으로 나타났으며, 독일은 4% 정도 감소하여 1970년대 이후 가장 낮은 소비 수준에 도달하였다. 그 외 벨기에(−5%), 포르투갈(−4%), 그리스,

네덜란드 및 스웨덴(-3%), 이탈리아 및 노르웨이(-2%), 일본, 프랑스, 터키, 뉴질랜드 등의 OECD 국가도 감소세를 보였다.

나. 세계 전력 생산량 구성

[그림 6-6]은 세계 전력 생산량에 있어서 에너지원별 비중의 변화를 보여준다.

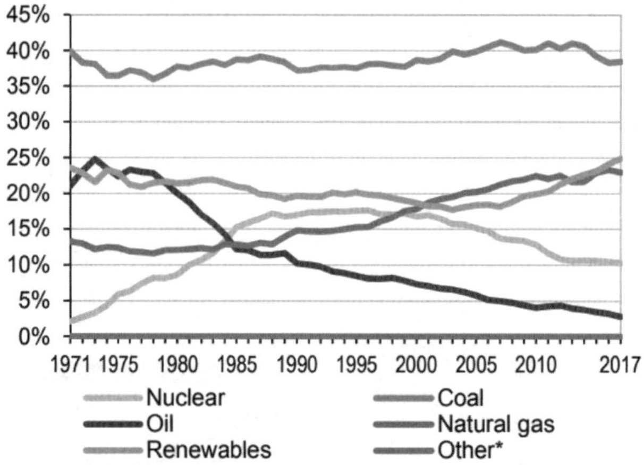

그림 6-6 1971~2017 기간 중 세계 전력생산 Mix

석탄 발전은 2017년까지 가장 큰 비중을 차지하고 있으며, 최근 3년간 약간 감소세를 보이고 있으나 전 세계 전력 생산량의 38.5%를 담당하고 있다.

재생에너지는 2013년 이후 발전량 믹스에서 2위를 차지하고 있으며, 2017년 비중은 약 25%에 달한다. 재생에너지 중에는 수력이 여전히 큰 비중이지만 1970년대 이후 감소하고 있고, 대신 풍력 및 태양광발전이 크게 증가하고 있다.

가스 발전은 1990년에 15%까지 서서히 증가하다가 이후 꾸준한 증가로 2016년에는 23.3%가 되었다가 2017년에는 23.0%로 소폭 감소하였다.

원자력 비중은 1970년대와 1980년대에 꾸준히 증가하여 전력생산의 약 17%를 차지하다가 2000년대 이후에는 지속적으로 감소하여 2017년에는 약 10%까지 하락하였다.

석유 발전 비중은 오일쇼크 이전인 1973년에 전력생산의 거의 25%로 정점을 찍고 그 이후로 지속적으로 감소하여 2017년에는 전 세계 발전량의 3%에도 못 미치고 있다.

전 세계적인 석유발전 비중은 크게 감소되었지만 레바논, 키프로스, 남수단 등에서는 여전이 석유 중심의 발전을 하고 있고, 바레인, 브루나이, 오만, 카타르, 트리니다드 토바고와 같은 국가에서도 석유와 가스 발전이 대부분이다.

[그림 6-7]은 OECD 국가의 발전용 에너지 Mix를 보여준다. 주요 특징은 가스와 재생에너지 부분의 급격한 상승이다. 특히 가스는 OECD 국가의 발전량 증가의 약 절반을 차지하여 3,000TWh 이상의 전력을 생산했다. 재생에너지 발전도 꾸준히 증가하고 있으며 2018년 OECD 국가의 발전량 비중으로 석탄과 가스와 재생에너지가 비슷한 수준을 보이고 있다.

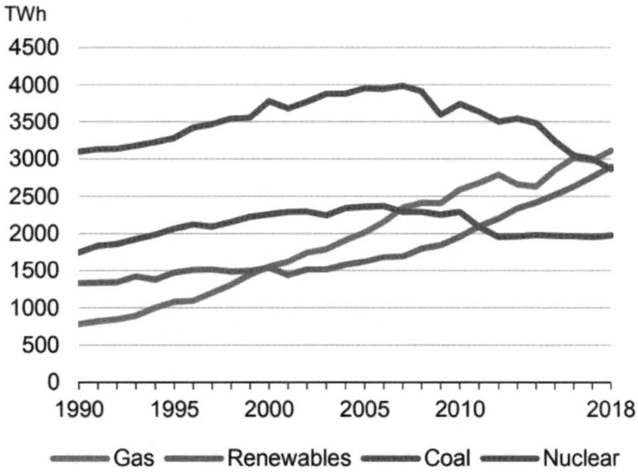

그림 6-7 OECD 국가의 기간 중 세계 전력생산 Mix

다. 세계 최종에너지 수요

1) 용도별 총에너지 구성

[그림 6-8]은 1971년과 2017년의 총 최종에너지 소비량(TFC)의 구성을 보여주며, 총량에 있어서 해당 기간 중 2.3배로 증가하였다.

부문별로 볼 때, 상업 및 서비스와 산업용 부문은 비중에 있어서 큰 변화가 없다.

반면, 수송 부문에 있어서 에너지사용량은 1971년 TFC의 23%에서 2017년 29%로 크게 증가하였다. 2017년 산업용 비중은 37%로 여전히 가장 비중을 차지하고 주거용은 21%를 차지하고 있다.

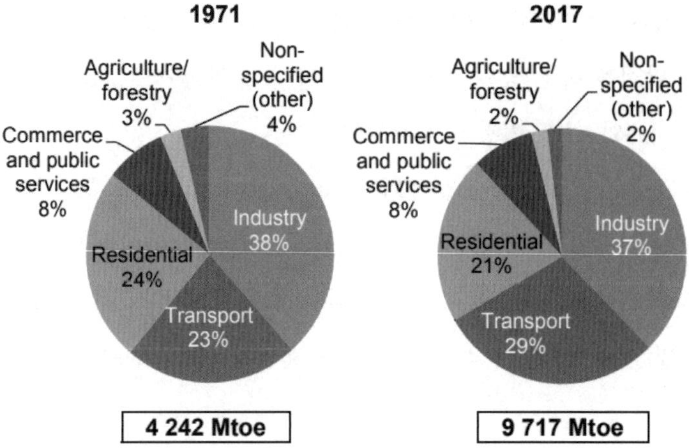

그림 6-8 전 세계 최종에너지 수요의 구성

2) 지역별 총에너지 수요 분포

총 최종에너지 소비량은 2000년대 초부터 중국 등 Non-OECD Asia에서 급증하여 2017년 전 세계 TFC의 34%를 차지하여 총 소비량 3,317Mtoe 수준이 되었다. OECD의 소비량 증가 추세는 2008년 글로벌 경제위기로 끝나고, 총 최종소비량은 수년 동안 3,600Mtoe(전 세계 TFC의 38%)에 머물다가 2017년에는 약간 증가하여 3,711Mtoe를 보이고 있다.

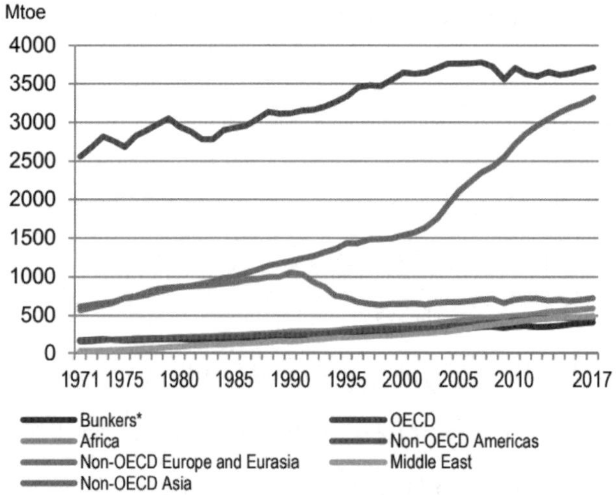

그림 6-9 지역별 최종에너지 소비량

라. 에너지 자립도

[그림 6-10]은 세계 주요국의 에너지 자립도를 나타낸다.

2018년 기준 OECD 국가 전체의 에너지 자립도는 82%에 달하나, 100%를 넘는 국가는 캐나다밖에 없으며, 미국과 멕시코가 80% 이상이 되는 반면, 독일, 이탈리아, 한국, 일본은 50% 미만이며, 특히 일본과 한국의 에너지 자립도 수준이 최하위권이다.

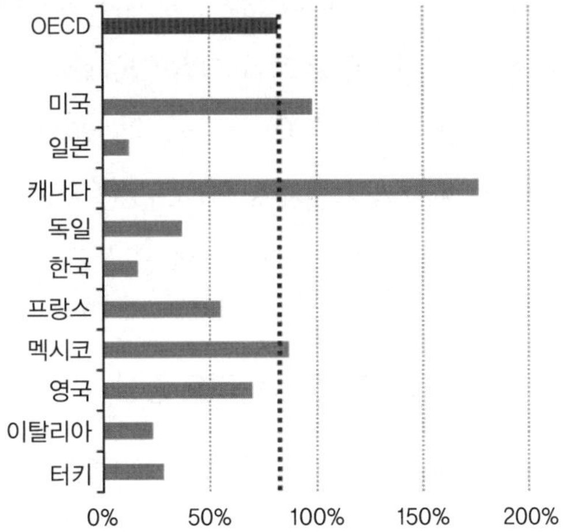

그림 6-10 세계 주요국의 에너지 자립도(2018년)

2. 향후 에너지 수요 전망

여기서는 IEA가 World Energy Outlook 2020(WEO 2020)에서 최근 발표한 자료를 중심으로 세계 에너지 수요를 전망해본다.

가. 전망 시나리오 설정

IEA의 WEO 2020에서는 COVID 19 영향을 감안하여 2040년까지의 에너지 수요 전망을 위해 시나리오별 분석을 실시하였으며, 시나리오는 주요 요인에 대한 가정, 최신 에너지시장 데이터, 에너지 기술 등을 종합적으로 고려하여 다음의 4가지로 설정하였다.

- '현 정책유지' 시나리오(STEPS, Stated Policy Scenario)

- 기존에 공표된 정책적 수단과 목표를 반영하며, 세계 경제가 2021년 내에 COVID 19 이전 수준으로 회복하는 것을 가정
- '회복지연' 시나리오(DRS, Delayed Recovery Scenario)
- '현 정책유지' 가정이 동일하게 적용되나, 세계 경제는 2023년이 되어서야 COVID 19 이전 수준으로 회복하는 것을 가정
- '지속가능개발' 시나리오(SDS, Sustainable Development Scenario)
- 공공의료 및 경제는 '현 정책유지' 시나리오를 유지하나, 청정에너지 정책 및 투자로 파리협정 목표, 에너지 접근성, 대기질 목표가 달성 가능한 경로
- '2050넷제로' 시나리오(NZE2050, Net Zero Emissions by 2050)
- '지속가능개발' 시나리오가 확장되어 넷제로(Net Zero)를 목표로 하는 국가 및 기업들이 증가하는 경우로서, 전 세계가 2070년까지의 탄소중립 목표 달성 가정

나. 전망 결과 : '현 정책유지' 및 '회복지연' 시나리오 중심

현실적인 추세를 비교적 중시하는 '현쟁책유지'와 '회복지연' 시나리오에서의 전망을 요약하면 다음과 같다.

1) COVID 19 영향과 총에너지 수요전망

먼저, 전 세계 에너지 수요는 '현 정책유지' 시나리오에서는 2023년 초에 COVID 19 이전 수준으로 회복될 것으로 전망되나, '회복지연'의 경우는 2025년에 회복 가능할 것으로 예상된다.

COVID 19 이전에는 에너지 수요가 2019~2030년 기간 동안 12% 성장할 것으로 전망되었으나, COVID 19 이후에는 동 기간 에너지 수요 증가세가 하향 조정되었으며, '현 정책유지' 시나리오에서는 9% 성장, '회복지연' 시나리오에서는 4%에 그칠 것으로 예상된다.

국가별로는 에너지 수요가 감소하는 선진국을 대신하여 신흥국 및 개발도상국에서 에너지 수요증가를 견인할 것으로 예상된다.

[그림 6-11]은 COVID 19 이전과 이후의 시나리오별 GDP 성장률 전망이며, [그림 6-12]는 시나리오별 1차 에너지 수요증가율이다.

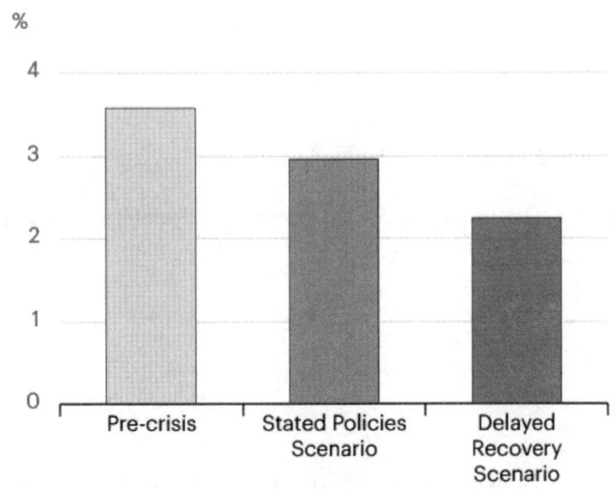

자료 : https://www.iea.org/reports/world-energy-outlook-2020

그림 6-11 시나리오별 연평균 GDP 성장률(2019~2030년)(%)

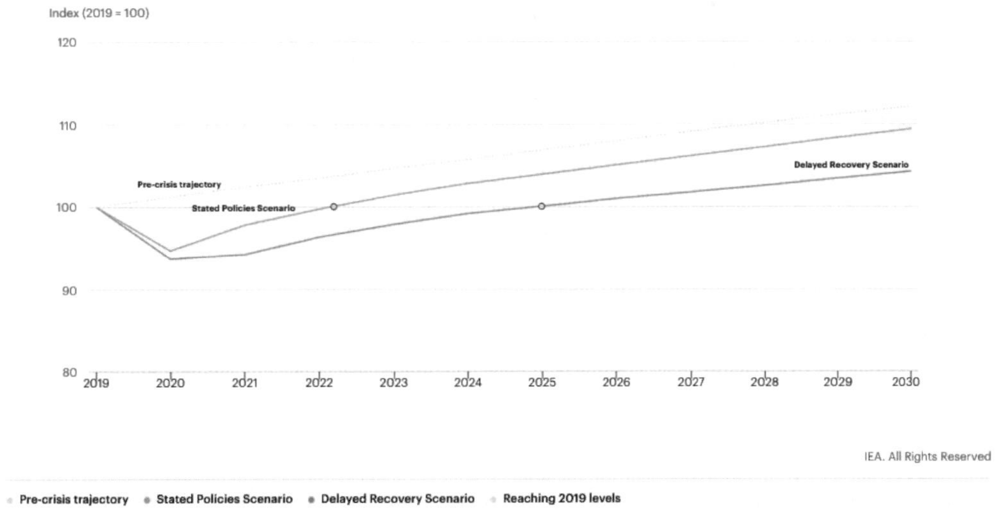

자료 : 상동

그림 6-12 시나리오별 1차 에너지 수요 변화율(2019~2030년, 2019년=100)

2) 부문별 전망

가) 석탄

석탄 수요는 COVID 19 이전 수준을 회복하지 못하며, 2040년에 에너지 믹스에서 차지하는 비중이 20% 미만까지 감소할 것으로 전망된다.

발전설비에 있어서도 탈석탄 추이, 재생에너지 확대, 가스와의 경쟁 등으로 2025년까지

275GW 규모의 석탄발전설비용량이 감소할 것으로 예상된다(미국에서 100GW, EU에서 75GW 규모).

그 결과, 2019년 총 발전량 중 석탄의 비중은 37%를 차지하였으나, '현 정책유지' 시나리오에서는 이 비중이 2030년까지 28%로 감소하고, '지속가능개발' 시나리오에서는 15%로 감소할 것으로 전망되고 있다.

나) 석유

세계 석유 수요 증가는 10년 안에 막을 내릴 것이나, 경제회복 속도에 따라 변동성이 있를 것으로 전망된다. 한편, 에너지정책의 급격한 변화가 없는 한 석유 수요의 급격한 감소를 예상하는 것은 다소 성급해 보이는 면도 있다.

'현 정책유지'와 '회복지연' 시나리오에서 석유 수요는 2030년대에 정체될 것으로 전망되나, 단기적으로는 공공운송수단, SUV 차량, 비효율·노후 차량에 의한 석유 수요는 증가할 것으로 보인다.

승용차 석유 수요는 '현 정책유지' 및 '회복지연' 시나리오에서 최고점을 기록한 후 연료효율 개선 및 전기차 보급 영향으로 감소할 것으로 예상된다.

다) 가스

가스 수요는 단기적으로 과잉공급을 보일 정도로 다른 화석연료에 비해 수급이 활발할 것이나, 정책적 상황에 따라 변동성이 크다.

'현 정책유지' 시나리오에서는 가스 수요가 2040년까지 약 30% 상승할 전망이며, 증가분은 주로 동아시아, 남아시아에 집중되는 반면 선진국에서의 수요는 2040년까지 감소세로 돌아설 것으로 전망된다.

라) 전력

전력 공급 측면에 있어서, 모든 시나리오에서 재생에너지 수요가 급격히 증가하며, 그중에서도 태양광이 가장 각광받는 에너지원으로서 부상할 전망이다.

이는 청정에너지 정책 및 관련 기술의 성숙단계 진입으로 자본시장의 접근성이 개선되며, 최근의 급격한 비용감소로 대부분 지역에서 태양광이 석탄·가스발전에 비해 더 저렴한 에너지원이 되고 있음에 기인한다.

'현 정책유지' 시나리오에서는 재생에너지가 2030년까지의 전 세계 전력 수요 증가분의 80%를 차지할 것으로 전망되며, 수력은 재생에너지 자원 중 여전히 가장 큰 비중을 차지하나, 성장세에 있어서는 세계 전역에서 태양광이 가장 빠를 것으로 예상된다.

전력 시스템에 있어서의 변화로 스마트그리드 등 전력망 혁신의 중요성이 부각되고 있으며, 에너지 저장장치는 전력시스템의 유연한 운영을 확보하는 데 역할이 커질 것으로 전망된다.

[그림 6-13]은 2000~2040년 기간 중 전원별, 시나리오별 세계 전력생산량의 변화를 보여준다.

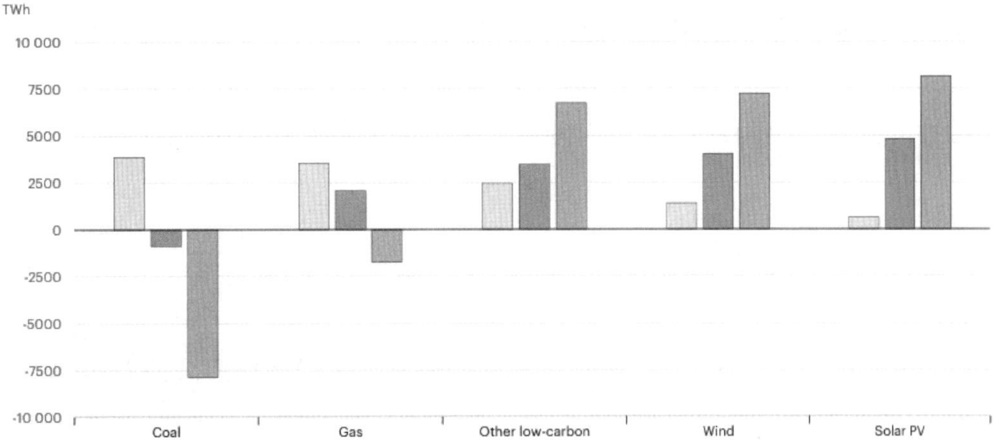

그림 6-13 2000~2040년 기간 중, 전원별, 시나리오별 세계 전력생산량의 변화

마) 온실가스 배출

전 세계 온실가스 배출량은 일시적으로 줄었다가 다시 증가할 것으로 전망된다.

'현 정책유지' 시나리오에서는 2030년 CO_2 배출량은 2019년 수준을 넘어선 36Gt에 달할 것으로 예상되며, 경기 회복이 늦어질 경우 CO_2 배출량은 감소할 것이나, 낮은 연료가격으로 효율성 관련 투자회수기간이 길어져 에너지전환 모멘텀을 상실할 것으로 분석된다.

경제성장 속도 저하는 CO_2 배출량을 줄이는 전략이 아니며, 에너지 생산·소비의 구조적 변화만이 CO_2 배출을 감축할 수 있을 것이다.

[그림 6-14]는 각 시나리오별 에너지 부문과 산업공정 부문에서의 CO_2 배출량 전망을 보여준다.

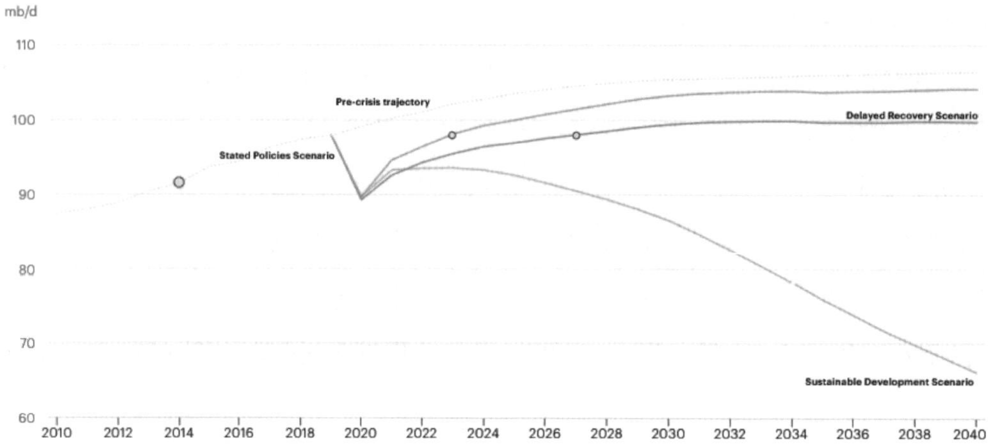

그림 6-14 시나리오별 에너지 부문과 산업공정 부문에서의 CO_2 배출량 추이·전망

[그림 6-15]는 각 시나리오별 CO_2 배출량 감축 수단별 효과를 나타낸다.

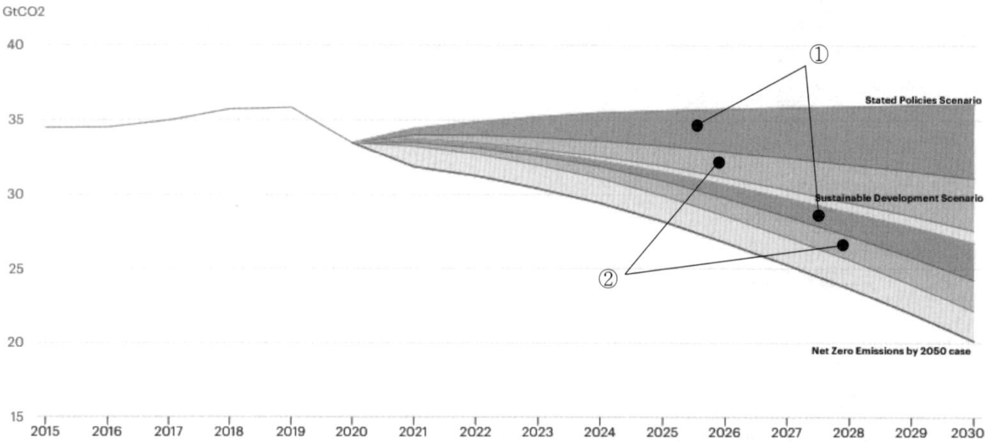

그림 6-15 2015~2030년 기간 중 에너지 및 산업공정 부문 CO_2 배출량과 감축 수단

그림에서 제일 위의 선은 현 정책 시나리오에서의 배출량 전망이며, 제일 아래의 선은 '2050넷제로' 시나리오(NZE2050)의 경우 배출량전망이다. 그 사이에 '지속가능개발 시나리오(SDS; Sustainable Development Senario)'의 전망선이 있다. 선과 선 사이 ② 부분은 End-use(수요) 측에서의 탄속감축 수단의 역할이며, ① 부분은 전력 공급 측면에서의 탄소감축수단의 역할이다.

바) 전력망

향후, 전력 공급의 신뢰성 및 안정성 확보를 위해 스마트전력망 구축이 에너지 시스템 전환에 있어서 중요한 역할을 할 것으로 전망된다. '현 정책유지' 시나리오에서 2030년까지 세계 신규 송·배전망 구축 수요는 지난 10년간 보였던 증가분보다 80% 이상 확대될 것으로 전망된다. 그러나 COVID 19 확산으로 개도국 전력업체들의 금융건전성이 악화되어 스마트·디지털전력망 구축 재원 마련에 어려움이 있을 것으로 예견되고 있다.

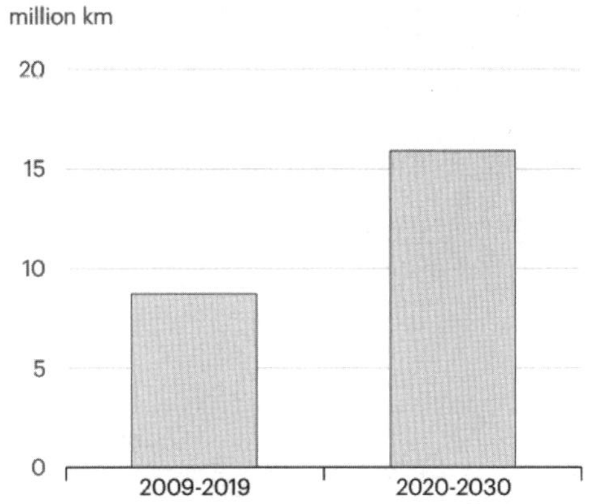

그림 6-16 전 세계 전력망 확장 실적(2009~2019년) 및 전망(2020~2030년)

다. 전망 결과 : '지속가능개발'과 '2050넷제로' 시나리오

1) '지속가능개발' 시나리오

'지속가능개발' 시나리오에서는 IEA가 제시한 '지속가능한 회복계획(Sustainable Recovery Plan)'에 따른 청정에너지 투자의 단계적 변화를 통해 경기회복 촉진, 일자리 창출 및 온실가스 감축이 가능할 것으로 전망되고 있다.

우선, IEA 제시안의 완전한 실현을 통해 COVID 19 이후 에너지전환 및 CO_2 배출량의 급격한 감축 달성이 가능할 것이며, 2021~2023년 기간 동안 연간 1조 달러의 투자를 통해 효율성, 저배출 전력 및 전력망, 지속가능한 연료 개선이 가능할 것으로 보인다.

2019년 전 세계 CO_2 배출량은 정점에 도달하였으며, 2030년까지 배출량은 '현 정책유지' 시나리오보다 약 10Gt 낮을 것으로 전망된다.

기존 및 건설 중인 발전소, 산업플랜트, 건물·수송 부문에서 수명기간 동안 기존 방식으로

운영된다면 2050년에도 여전히 약 10Gt의 CO_2가 배출될 것이다.

'지속가능개발' 시나리오에서는 청정에너지 기술 확대 및 기존 탄소집약적 자산의 운영 방식을 고려하였는데, 예를 들어 기존 석탄화력 발전소는 2030년까지 CO_2 배출량 절반 감축을 위해 발전소를 개조, 용도 변경 또는 폐기하는 것으로 상정되었다.

온실가스 배출을 위해 가장 큰 비중을 차지하는 전력 부문을 넘어 에너지 부문 전반에 광범위한 전략과 기술이 필요한 것으로 분석되었다.

전원별로는 태양광이 현재 수준의 3배로 매년 증가하며, '지속가능개발' 시나리오에서 2030년까지 전력 부문 CO_2 배출량이 40% 이상 감소할 것으로 전망된다.

재생에너지 및 원자력에 의한 전력생산 증가로 수송 부문의 CO_2 배출 감축을 가능하게 하는 등, 전력의 기여도가 점증할 것이며, 에너지효율, 전력화, 저탄소 연료 사용 확대와 함께 저탄소 수소 및 CCUS의 확장이 필요하다.

(단위 : Mtoe)

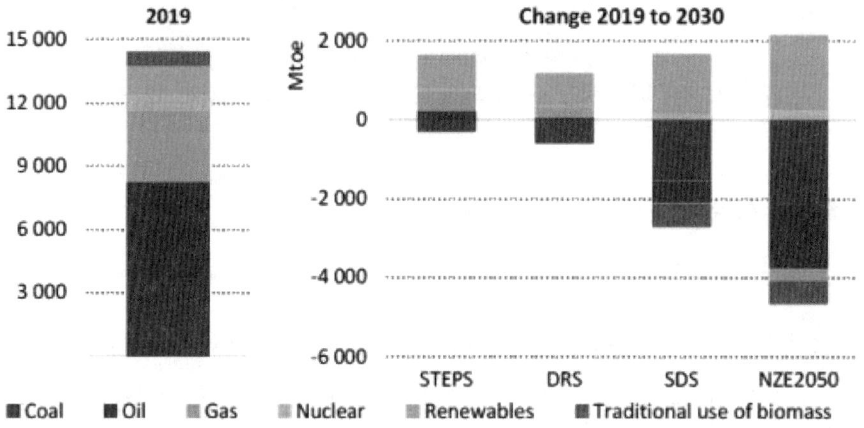

자료 : IEA(2020), World Energy Outlook 2020

그림 6-17 2019년 세계 1차 에너지 수요(좌) 및 2019년 대비 2030년 시나리오별 변화량(우)

2) '2050넷제로' 시나리오

탄소중립 목표를 수립한 대부분의 국가들이 2050년을 기준으로 설정하고 있으며, 가장 최근에 중국은 2060년까지 탄소중립 목표를 달성하겠다고 발표한 바 있다.

넷제로 목표 달성을 통해 기술 비용을 줄이고 저배출 제품·서비스에 대한 제도와 시장을 개발하여 관련 국가 및 기업뿐만 아니라 다른 지역에서의 탄소배출 감축을 가속화할 필요가 있으며, 2050년까지 전 세계적으로 탄소중립을 달성하기 위해 향후 10년 동안 일련의 극적인 추가 조치가 필요할 것으로 보인다.

2030년까지 CO_2 배출량을 약 40% 줄이기 위해, 전 세계 발전량의 75%(2019년 40% 수준) 및 수송 부문(승용차)의 50% 이상을 저배출 에너지원이 담당해야 한다(2019년 2.5% 수준).

아울러 기술 측면에서 수소 전해조에서 소형 모듈형 원자로에 이르기까지 기술 전반에 걸친 가속화된 혁신과 함께 전력화, 효율향상 및 행동변화도 필요하다. 결국 이러한 탄소중립을 달성하기 위해 각국 정부, 에너지기업, 투자자 및 시민 모두의 참여가 필요할 것이며, 특히, 제시된 일련의 조치들을 COVID 19 회복 기간에 추진하는 것이 바람직하다.

부문별로는 기업은 투자 약속과 측정 가능한 명확한 장기 전략이 필요하며, 금융 부문은 청정기술 확대 촉진, 화석연료 회사 및 에너지 집약적 사업 부문의 전환 지원, 국가 및 지역사회에 대한 저비용 자본을 제공하고, 시민들은 냉난방, 장·단거리 이동 등 에너지사용 전 분야에 있어서 적극적인 참여와 기술 선택이 중요하다.

이를 위해 COVID 19 이후 정부는 즉각적인 조치를 통해 사람들의 행동을 변화시킬 수 있는 결정적인 역할을 해야 하며, 여기에는 전략적 비전, 혁신의 자극, 소비자 인센티브, 민간의 행동을 촉진하는 정책신호와 공공재정, 급속한 변화의 영향을 받는 지역사회에 대한 지원 등을 제공해야 하며 안정적인 에너지공급과 합리적 가격 유지를 위해, 이상에서 제안된 안전하고 지속가능한 에너지 미래를 선택할 필요가 있다.

제2절 각종 전력공급기술의 비교

1. 전력공급 포트폴리오의 구성과 발전기술 특성

가. 전력공급 포트폴리오의 구성

국가나 대규모의 전력시스템은 몇 가지의 전력공급 기술로 구성할 수 없으며, 각종 사회적·경제적·기술적 여건에 맞추어 다양한 기술로 포트폴리오를 구성해야 한다. 이러한 기술의 유형과 규모를 선택하는 데는 발전연료 등 에너지자원 확보용이성, 건설비 및 운전유지비용과 연료비용을 포함하는 발전원가, 안전성, 환경친화성이 주로 고려된다.

우선, 필요한 에너지자원의 소요량을 충분히 확보할 수 있는가의 문제로 부존자원의 양이나 외국으로부터 수입 용이성이 고려된다. 그리고 발전원가와 안전성의 문제도 주요 요소이다. 예로서 원자력의 경우는 사고위험에 대한 정책입안자나 국민의 선호도가 중요 고려요소이다. 그리고 환경에 대한 영향도 중요하다. 이산화탄소 등 온실가스의 배출을 어느 정도로 심각하게 다룰 것이냐도 중요한 판단요소이다.

현재 한국에서 이루어지는 전력공급 포트폴리오 구성절차를 요약하면 다음과 같으며, 2년마다 이루어지는 전력수급기본계획의 일부이다.

향후 15년간의 전력수요 예측

연도별 적정 전원 구성(포트폴리오) 및 설비계획수립

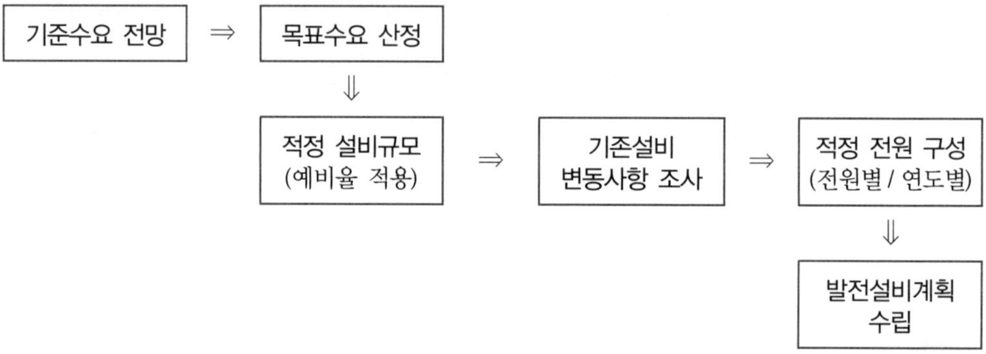

연도별 필요용량 산정방식

신규필요용량 = {목표수요×(1+적정 설비예비율)} − 확정 설비용량
↳ 적정 설비용량

나. 발전 유형별 주요 기술적 특성

[표 6-2]는 주요 발전 방식별 기술적 특성을 요약한 것이다.

표 6-2 발전기술 유형별 특성 비교

발전유형	자원량(수요 대비)	안전성	환경관련	출력특성	기술수준
석유화력	세계 : 약 50년 지역적 편재	큰 문제없음	CO_2 배출 多	조정 가능	실용화 완료
석탄화력	세계 : 약 100년 지역적 편재	큰 문제없음	CO_2, 미세먼지 배출 多	조정 가능	실용화 완료
가스화력	세계 : 약 50년 지역적 편재	큰 문제없음	CO_2 배출석탄보다 少	조정 가능	실용화 완료
원자력 (핵분열)	세계 : 약 100년분 자원문제 작음	사고 시 피해막대	CO_2 배출 無 핵폐기물 발생	일정출력 발전	실용화 완료
핵융합	자원문제 없음 (기술 개발 시)	큰 문제없음	큰 문제없음	기술적 난관 큼	연구개발 초기단계
수력(일반)	지역적 편재	큰 문제없음	댐 건설 시 환경훼손	대체로 안정적	실용화 완료
소수력	지역적 편재 규모 작음	큰 문제없음	큰 문제없음	계절적 수량변동	실용화 완료
바이오 (藻類)	미세조류 해양에 다량 존재	큰 문제없음	큰 문제없음	조정 가능	실험실 수준 개발 중
태양광	전 세계 광범위 존재	큰 문제없음	큰 문제없음	일사량 영향 큼	실용화 완료
풍력	육상 및 해상에 개발 여지 큼	큰 문제없음, 소음,저주파 일부 문제	큰 문제없음, 조류와 충돌 가능성	바람영향 변동 큼	육상 실용화, 해상부유식 실증단계
지열	지역적 편재 화산지형 등	큰 문제없음 심부 지진 우려	큰 문제없음, 온천수 고갈	거의 일정 출력 가능	실용화 완료
파력	해상 개발 여지 큼 에너지 밀도 작음	큰 문제없음	큰 문제없음, 유압펌프 기름유출 가능	파도에 따라 변동	실증시험 단계
해류, 조류	해상조건에 따름	큰 문제없음	규모가 크면 해류에 영향	해류변동 영향	2020년경 실증시험
해양온도차	해상에 개발 여지 큼	큰 문제없음	큰 문제없음	거의 일정 출력 발전	소규모 실증시험단계
연료전지	화석연료, 물 등을 통해 수소생산, 화석연료 사용 시 자원제약	수소는 쉽게 연소되므로 안전기술 중요	화석연료 사용 시 CO_2 배출	수소공급 가능 시 안정발전	실용화 완료

세부적인 전력포트폴리오 구성 절차에 있어서는 보다 정밀한 기술적 분석과 최적화 과정을 거치는데, 여기서는 개략적으로 고려해야 할 기술적 특성을 요약한다.

2. 발전기술별 경제성 비교

가. 경제성 비교 기준

1) 발전원가

발전소 유형이나 발전기술을 선택하는 데 있어서 가장 중요한 기준이 되는 것 중의 하나인 경제성은 주로 전원유형별 발전원가로 비교된다. 그런데 이 발전원가는 국가마다 에너지 자원의 보유량이나 공급 안전성, 가격에 있어서 차이가 크고, 안전성이나 환경 관련 비용, 사회적·정책적 유무형의 비용을 어떻게 반영할 것인가는 국가마다 차이가 크므로 국제적으로 일반화된 기준이 없다. 또한 발전원가의 개념 또한 정의하기에 따라 여러 가지가 존재한다. 어떠한 기준으로 경제성을 평가하거나 전원 포트폴리오 결정에 반영할 것인가는 분석의 목적과 정책입안자의 판단 그리고 사회적 합의에 따른다. 현재 흔히 인용되는 발전원가와 관련된 정의는 다음과 같다.

가) 발전원가

발전원가(원/kWh)는 발전소에서 전력을 생산하기 위해 소요된 비용으로, 통상 단위(kWh)당 전력생산 비용을 말하며, 발전에 소요된 총비용(총원가)을 발전량으로 나눈 값이다. 실적발전원가는 운전 중인 발전소의 연간 발전소 운영을 위해 들어간 총비용(연료비, 운전유지비, 감가상각비 등)을 연간 총 발전량으로 나눈 값이다.

실적발전원가(원/kWh) = (연료비 + 운전유지비 + 감가상각비 + 세금 + 보험료등) / 발전량

그런데 실적발전원가는 연료비가 동일한 발전기라도 감가상각비와 발전량에 따라 변하게 되는데, 감가상각비는 회계기준(정률법, 정액법 등) 또는 수명기간에 많은 영향을 받는다. 따라서 발전기술 또는 발전소 간 원가의 단순한 비교는 의사결정에 많은 오류를 일으킬 수 있으므로, 발전기술 간 경제성 비교를 위해서는 균등화발전원가(LCOE)를 사용할 때가 많다.

나) 균등화발전원가(LCOE, Levelized Cost Of Electricity)

균등화발전원가는 연도별로 불규칙하게 발생하는 발전량과 비용(건설비, 연료비, 운전유

지비 등)을 연도별로 균일하게 등가화(화폐의 시간적 가치를 고려하여 발전량과 비용을 일정 시점으로 할인)하여 산정하는 개념이다.

$$균등화발전원가=\left(\sum_{t=1}^{n}\frac{투자비_t+운전유지비_t+연료비_t}{(1+할인율)^t}\right)\div\left(\sum_{t=1}^{n}\frac{발전량_t}{(1+할인율)^t}\right)$$

발전원가는 고정비(건설비 및 내용연수인 할인기간)와 변동비(연료가격)에 많은 영향을 받으며, 경제성 평가를 위해서는 전제조건인 건설비, 할인기간, 연료가격 등을 사전에 정해야 한다. 따라서 균등화발전원가는 발전소 건설사업의 경제성 평가 등 발전원 간 비교 분석을 위해 제한적으로 사용하고 있다. 또한 균등화발전원가는 기본전제인 건설투자비, 내용연수, 할인율, 연료비 등은 통계자료로 확정될 수 없고, 조사시점, 기술발전 및 의사결정 방향에 따라 변하게 되며, 공식적으로 조사 발표되는 자료가 없는 문제가 있다.

나. 재생에너지 발전비용의 세계적 추이

1) 재생에너지 발전설비 설치비용 추이

가) 풍력

2019년 육상풍력의 가중평균 설치비용은 전년 대비 5% 하락해 $1,473/kW를 기록하였으며, 평균이용률은 전년 대비 5%p 상승해 35.6%에 달하고 있다.

해상풍력의 설치비용은 풍력터빈에서의 규모의 경제 달성 및 운영·유지비용(O&M) 감소 등으로 2010~2019년 기간 동안 18% 하락해 $3,800/kW에 그치고 있으며, 동 기간 해상풍력의 평균이용률은 터빈 크기 증대와 기술 향상 및 프로젝트 개발경험 축적으로 2010년 36.8%에서 2019년 43.5%로 상승하였다. 향후 가동 예정인 재생에너지설비의 평균 PPA 및 입찰가격이 지속 하락함에 따라, 신규 태양광·육상풍력설비의 비용이 석탄화력설비의 한계운영비용보다 낮아져 좌초자산이 늘어날 가능성이 있다.

2021년 가동개시 예정인 대규모 태양광과 육상풍력의 평균 PPA·입찰가격은 $0.039/kWh와 $0.043/kWh로, 가장 저렴한 화석연료설비의 발전비용보다 낮다. 해상풍력의 경우 2023년 PPA 및 입찰가격은 $0.082/KWh까지 하락해 화석연료의 발전비용 범위 내에 있다.

나) 태양광

2021년 기준 신규 태양광설비의 평균 입찰가격은 1,200GW 규모의 기존 석탄화력설비의 한계운영비용보다 낮을 것이며, 신규 육상풍력설비의 경우에는 현재 가동 중인 850GW 규모의 석탄화력설비의 한계운영비용보다 낮을 것으로 예상된다.

중국, 인도, 우크라이나 및 폴란드 등에서 경쟁력이 가장 낮은 500GW 규모의 석탄화력설비를 태양광과 육상풍력으로 대체할 경우 연간 최대 230억 달러를 절감할 수 있고, 2019년 총 탄소배출의 5% 수준인 1.8GtCO_2를 감축할 수 있을 것으로 예상된다.

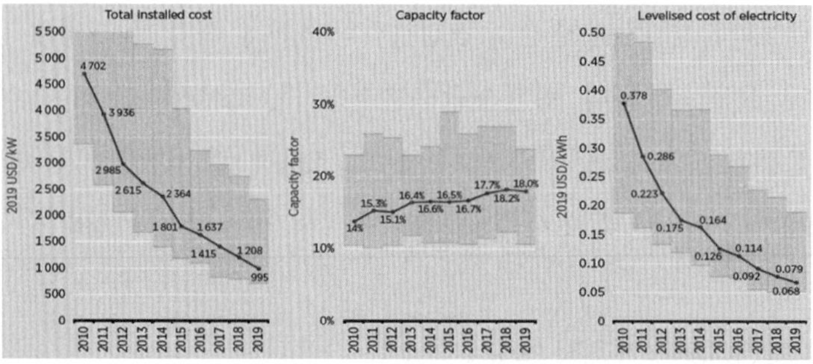

태양광

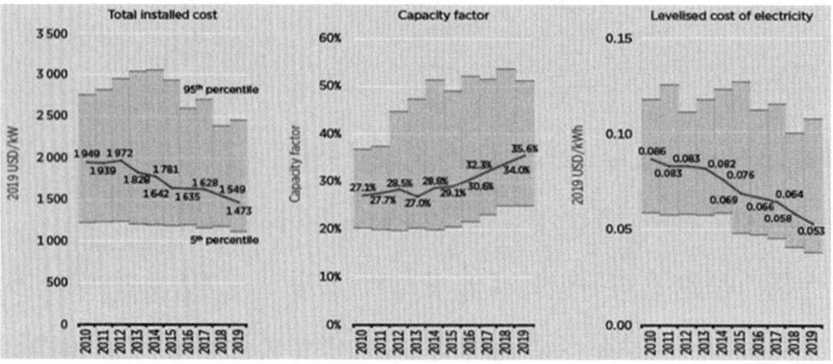

육상풍력

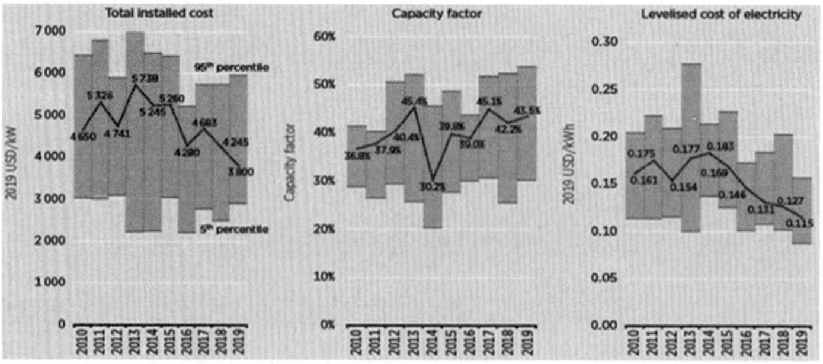

해상풍력

그림 6-18 원별 가중평균 설치비용·이용률·LCOE 추이(2010~2019년)

2) 재생에너지 발전비용

국제재생에너지기구(IRENA; International Renewable Energy Agency)에 따르면, 기술진보, 규모의 경제 달성 및 시장경쟁 심화 등으로 2019년 신규 재생에너지의 56%가 가장 저렴한 신규화석연료의 균등화발전비용(LCOE; Levelized Cost of Electricity)보다 낮게 나타났다고 보고하고 있다.

- 2019년 총 신규 발전설비 중 재생에너지의 비중은 72%(176GW)로, 원별로는 태양광 97GW, 육상풍력 54GW, 수력 12GW, 바이오에너지 6GW, 해상풍력 5GW 순서임
- 동 기간 신규 대규모 태양광설비의 40%(28GW 규모), 육상풍력설비의 75%(41GW 규모) 및 수력발전설비의 89%(10.7GW 규모)에서 가장 저렴한 화석연료설비보다도 낮은 발전비용을 시현함
- 화석연료의 발전비용은 $0.05~0.177/kWh로, 중국 내 석탄광입지(mine-mouth) 화력발전소의 발전비용이 가장 낮음
- 태양광은 설치비용이 지속 하락함에 따라, 2019년 가동개시한 대규모 태양광의 가중평균 LCOE는 전년 대비 13% 하락하여 $0.068/kWh를 기록함
- 또한 2010~2019년 기간 전체 태양광의 LCOE는 79% 하락하였는데, 특히 신규 대규모 태양광설비의 LCOE는 82% 하락하였음
- 가정용 태양광의 LCOE는 2010~2019년 기간 동안 42~79% 하락하여 $0.063~0.265/kWh를 기록함
- 풍력은 설치비용의 지속 하락과 평균 설비이용률 향상으로, 육상과 해상풍력의 가중평균 LCOE는 각각 전년 대비 9% 하락하여 $0.053/kWh와 $0.115/kWh를 기록함. 특히, 육상풍력의 LCOE는 2010~2019년 기간 동안 39% 하락하여 2019년에는 화석연료의 최저 발전비용보다 6% 높은 수준에 그쳤음
- 2010~2019년 기간 동안 해상풍력의 LCOE는 29% 하락하였음
- 태양열 발전은 2019년 가동개시한 태양열의 LCOE는 전년 대비 1% 하락한 $0.182/KWh, 지열은 $0.073/kWh(1% 상승)
- 바이오에너지는 $0.066/kWh(16% 상승)를 기록함
- 재생에너지 발전비용 감소로 화석연료보다 가격경쟁에서 우위를 점하게 됨에 따라, 저

탄소 에너지로의 전환이 가속화하고 COVID 19 사태 이후 경기부양에도 도움이 될 것으로 전망되고 있다.

표 6-3 2019년 재생에너지 가중평균 LCOE

	세계 가중평균 LCOE($/kWh)	2010~2019년 변화율	전년 대비 변화율
태양광(대규모)	0.068	-82%	-13%
태양열	0.182	-47%	-1%
육상풍력	0.053	-39%	-9%
해상풍력	0.115	-29%	-9%
수력	0.047	27%	4%
바이오에너지	0.066	-13%	16%
지열	0.073	49%	1%

자료 : IRENA(2020년 6월), *Renewable Power Generation Costs* 2019를 토대로 재구성

다. 원자력발전과 비원자력발전의 비교

여기서는 최근 유엔에서 지구기후변화 억제를 위해 제안한 '유엔 지속가능개발목표지수(SDG)' 관점에서 본 전원별 비교자료를 중심으로 검토하기로 한다.[1]

유엔 지속가능개발목표(SDG; Sustainable Development Goal)는 2015년 9월 유엔에서 '지속가능한 개발을 위한 2030 어젠다'에서 채택된 것으로 2030년까지 지속가능한 세계를 실현하기 위하여 목표(Goal)와 세부사항(Taget)을 정한 바 있다. 이 과정에서 원자력발전을 비롯한 각종 발전방식에 대한 경제적·경제외적 특성을 비교한 바 있다.

1) 전원별 이산화탄소 배출량 비교

[그림 6-19]는 각종 전원별 1kWh당 수명기간 중 이산화탄소배출량을 나타낸다. 여기서 발전연료의 연소는 물론 원료의 채굴부터 발전설비 등의 건설, 연료수송, 정제, 운영, 보수를 위하여 소비되는 모든 에너지를 대상으로 CO_2 배출량을 산출한 것이다.

그리고 원자력에 관해서는 사용 후 핵연료 재처리, 고준위방사성폐기물 처리, 원자력발전

1 출처 : 유엔 지속가능개발목표지수(SDG) 관점으로 본 원자력발전과 비원자력발전, 谷 和樹玉川大学教職大学院教授, TOSS 代表代行.

소 폐로 등을 포함하여 산출한 BWM(19g CO_2/KWh)와 PWR(20g CO_2/KWh)의 결과를 설비용량을 기준으로 평균한 것이다.

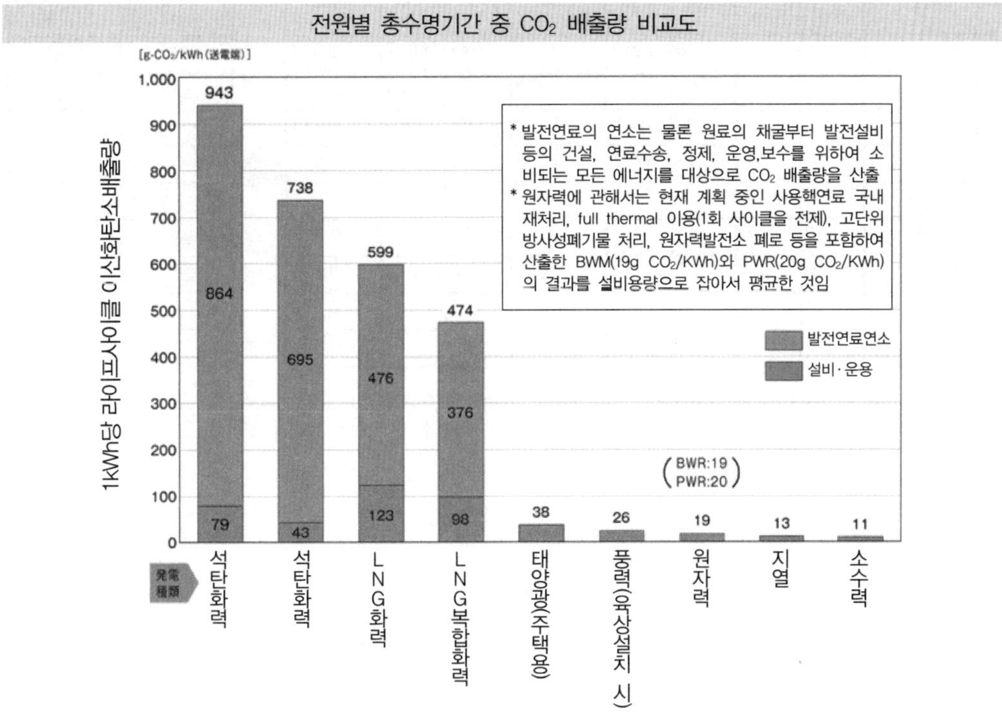

자료 : 일본 전력중안연구소, "일본에 있어서 발전기술별 라이프사이클 CO_2 배출량 종합평가", 2016. 7.

그림 6-19 태양광발전과 타 전력원의 총수명기간 중 탄소배출량 비교[2]

2) 전원별 위험도

원자력발전은 친환경 에너지로서 기후변화 대책으로 장점이 있지만 안전성에 있어서는 단점이 될 수 있다. 즉, 체르노빌이나 후쿠시마 같은 것이 일어나면 많은 사람들의 건강이 위험에 노출된다.

다음 표는 전원별 리스크를 통계적으로 요약한 것이다. 표에서 보면 발전량(TWh)당 사망자 수를 보면 화력 발전, 특히 석탄화력은 대기 오염으로 인한 사망률이 높은 반면 원자력은 별로 높지 않다.

---

2 https://www.ene100.jp/zumen/2-1-9 참조.

표 6-4 전원별 위험도

에너지 체인	日本*3 電気火災件数	日本*3 感電死傷件数	OECD加盟国 事故件数	OECD加盟国 死亡者数	OECD加盟国 死亡者数／年間発電量(GWey)	OECD非加盟国 事故件数	OECD非加盟国 死亡者数	OECD非加盟国 死亡者数／年間発電量(GWey)
석탄[1]	0.2	0.8	75	2259	0.157	1044	18017	0.597
석유			165	3713	0.132	232	16505	0.897
LNG			90	1043	0.085	45	1000	0.111
LPG			59	1905	1.957	46	2016	14.896
태양광발전[4]	0	0.2	–	–	–	–	–	–
풍력발전	0	0	–	–	–	–	–	–
수력발전	0	0.4	1	14	0.003	10	29924	10.285
원자력발전[4]	0	0	0	0	–	1	31 *2	0.048
送配電網設備	12.6	78						

(出典) OECD2010 NEA No.6861 "Comparing Nuclear Accident Risks with Those from Other Energy Sources"

발전에너지원	사망률
석탄	0.157
석유	0.132
LNG	0.085
LPG	1.957
태양광발전	0.052
풍력발전	0.000
수력발전	0.003
원자력발전	0.005

주1) 중국에 대해서는 석탄 데이터는 중국석탄산업연감에서 입수 가능한 1994~1999 기간에만 해석했다. 또, 2002~2009년 기간 중 중국의 채탄작업 시 사망자수는 연평균 약 5,000명임. 출처 : (독일)신에너지산업기술종합개발기구 위탁조사자료, "세계 석탄 현황보사 - 2010년 이후"

주2) 사고 직후 사망자만 통계를 잡음

주3) 2009~2013년도의 평균치임. 전기보안통계의 일반전기사업자, 어전사업자(전기, 발전), 특정전기사업자, 특정규모전기사업자, 자가소비용 전기공작물 설치자를 합계한 것임

주4) 태양전지는 감전사망자수와 설비이용을, 원자력발전 사고수는 요코하마발전소 3호기 사고(2004년, 5명 사망, 6명 중경상), JCO 우라늄가공공장 사고(1999년, 2명 사망, 1명 중상)로 설비이용률을 70%로 가정하여 산출했음. 사망률=연간 평균 사망자수 / 연간 발전량(GWey)

자료 : http://tech.edu.nagasaki-u.ac.jp/tech/energy/home/data/risk/GP-risk.ppt

3) 토지의 효율적 사용 측면

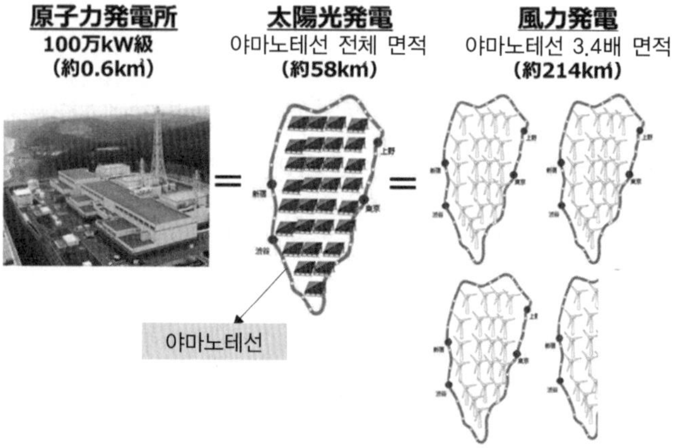

그림 6-20 1GW를 발전하기 위해 필요한 토지면적 비교3

3 자료 : https://www.enecho.meti.go.jp/about/special/tokushu/nuclear/nuclearcost.html

토지의 효율적인 사용이라는 측면에서는 원자력발전이 유리할 수밖에 없다. 연간 100만 kW급의 발전량을 생산하기 위해 원자력발전은 토지면적이 약 0.6km^2 필요하지만 태양광발전과 풍력발전은 각각 약 58km^{2}와 214km^{2}가 필요하다. 그러나 본 서에서 취급하고 있는 건물일체형 태양광발전(BIPV)인 경우 이미 건립된 건물이나 신축하는 건물과 일체형으로 시공하기 때문에 건물이 필요한 토지를 이용하므로 토지 사용을 생략할 수 있다는 장점이 있다.

4) 경제성 관점

경제성 면에서는 발전원가가 싼 편이 유리하다. 일본 원자력 문화재단의 자료에 의하면 원자력발전은 발전 사고 위험 대책 비용을 포함하여 1kWh당 약 10엔이며, 다른 발전 방식에 비해 싸며 사용 연료도 비교적 적게 소모한다.

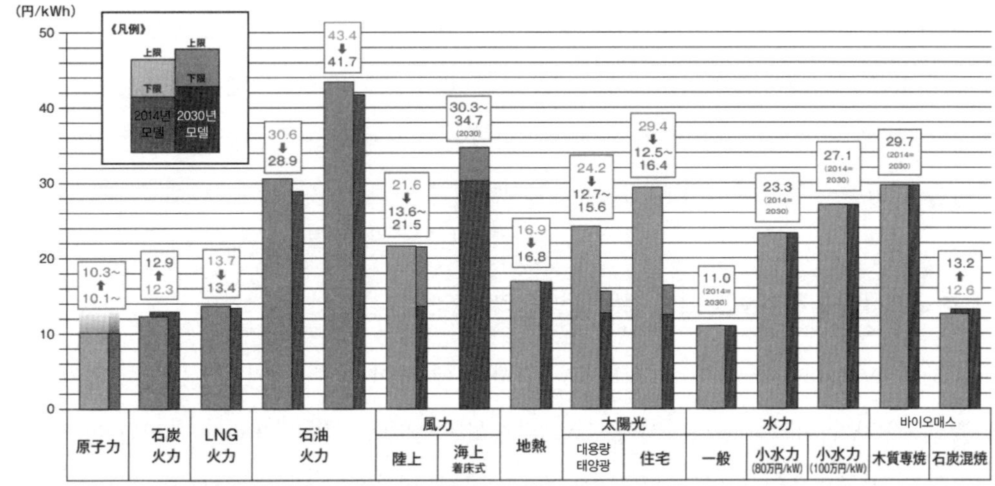

設備利用率	70%	70%	70%	30%	10%	20%	30%	83%	12%	12%	45%	60%	60%	87%	70%
가동율 2030년 모델	40年	40年	40年	40年	40年	20年	20年	40年	20年 (30年)	20年 (30年)	40年	40年	40年	40年	40年

그림 6-21 1kWh당 발전 비용4

https://www.enecho.meti.go.jp/about/special/shared/img/qde3-26kjil2i.jpg

4 자료 : 日本原子力文化財団 https://www.ene100.jp/zumen/9-4-6

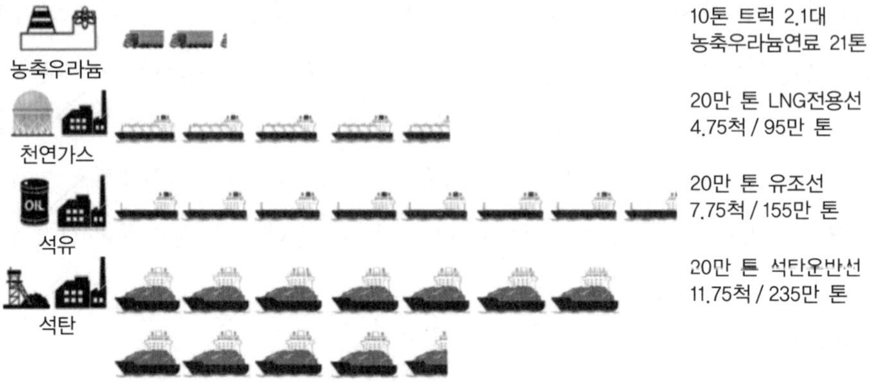

그림 6-22 1GW급 발전설비를 1년간 운전하기 위한 연료의 분량[5]

5) 종합

이상과 같이 실적 데이터에 의존할 경우 원자력발전은 수치적으로 유리한 발전 방법으로 볼 수 있다. 그러나 고준위 방사성 폐기물 등의 문제는 아직 해결되지 않고 있으며, 안전성에 있어서 여러 나라에서 부정적인 측면이 많다. 그러한 국가적 에너지 믹스를 결정하는 데 있어서는 국민들의 여론도 중요하지만 보다 과학적인 근거에 의하여, 그리고 기술특성, 에너지 수급을 고려한 장기적인 관점에 의하여 결정되어야 한다.

라. 한국에서의 발전기술 유형별 균등화 발전원가 전망

중장기전력정책이나 전력수급계획을 수립하는 데 있어서 활용할 수 있는 발전원가는 균등화발전원가가 비교적 합리적이다. 이는 발전설비의 대부분의 내용연수가 20년 이상의 장기간이고, 자본비용이나 연료비용도 수명기간 중에 변동성이 다르기 때문이다.

한국에서의 주요 발전기술별 균등화 발전원가를 전망한 결과를 보면 [표 6-5]와 같다.

2017년 기준으로 볼 때는 발전원가의 순위는 원자력<석탄<가스복합<육상풍력<태양광 순으로 나타난다. 그러나 2030년을 기준으로 전망해보면, 설비규모에 따라 차이가 나나 3MW 이상의 태양광의 경우 원자력과 대등한 수준이 되고, 이 이하의 태양광과 타 발전기술과의 순위는 대체로 원자력<태양광<육상풍력<가스복합<석탄의 순서가 될 것으로 보인다.

---

5 자료 : 資源エネルギー庁 https://www.enecho.meti.go.jp/about/special/tokushu/nuclear/nuclearcost.html)

표에서와 같이 원자력, 석탄, 가스복합발전의 균등화 발전비용은 건설비와 외부비용의 증가로 인해 지속적으로 상승할 전망이다. 즉, 원자력의 안전과 폐기물 처리관련 비용이 상승하고 석탄의 경우 온실가스 배출이나 미세먼지 감축 관련 환경설비 투자가 증가하기 때문이다.

반면, 재생에너지는 기술발전으로 인한 설비가격 하락과 효율상승 등의 효과로 균등화 발전비용은 지속적으로 하락할 전망이다.

표 6-5 한국의 전원별 균등화 발전원가 전망

구분		2017년	2030년	
원자력		61.17~69.58	68.84~78.27	• APR1,400(1,400MW) 기준 • 수명 : 60년, 이용률(75~85%) • 전국 / 지역, 이용률에 따라 편차
유연탄		81.22	100.06	• USC1,000(1,000MW) 기준 • 설비이용률 : 80%, 수명 30년
태양광	100kW이하	132.97~147.60	80.25~94.88	• 설비이용률 : 15%, 수명 20년 • 유휴지 / 표준지에 따라 편차
	100kW~3MW	127.07~141.70	72.55~87.18	
	3MW 이상	118.65~133.26	66.03~80.67	
육상풍력		124.25	93.24	• 이용률 23%, 수명 20년
LNG 복합		92.00	98.71	• 900kW 가스복합 기준 • 설비이용률 : 80%, 수명 30년

(주)기술별 발전원가 포함 내용
• 원전 : 건설비, 연료비, 송전접속비용, 운전유지비, 원전해체비용, 방사성폐기물처리비용, 사고위험대응비용, 주변지원비용, 정책비용 등
• 석탄, 가스 : 설비비, 연료비, 송전접속비용, 운전유지비, 환경비용, 정책비용 등
• 태양광, 풍력 : 토지, 설비비, 운전유지비, 폐지비용 등
자료 : 발전원별 균등화 발전원가 산정에 관한 연구, 에너지경제연구원

제7장

BIPV 시공사례

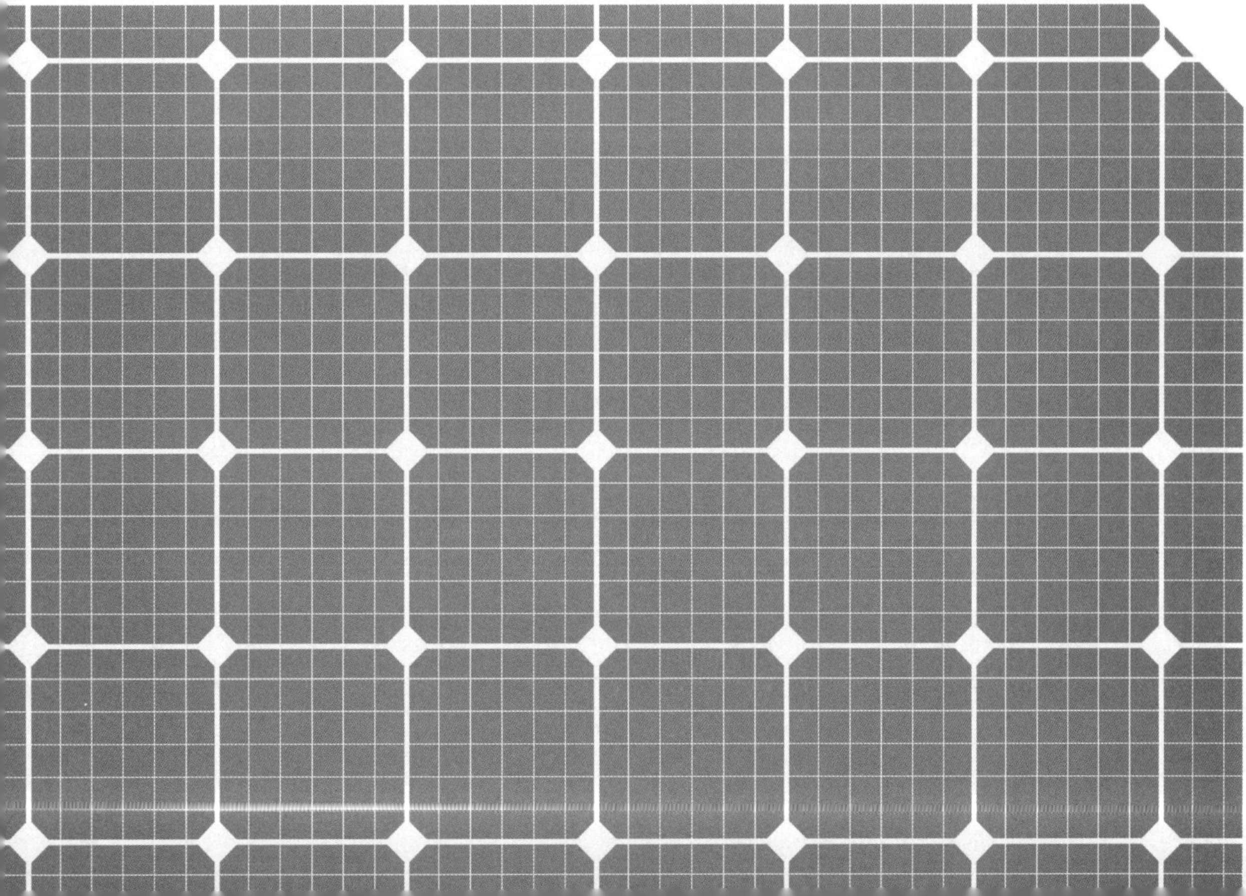

제7장

BIPV 시공사례

최근 BIPV 시스템은 다양한 형태로 적용되고 있는데 건물 외관에 적용되는 위치에 따라 지붕통합형과 입면통합형으로 구분할 수 있으며 건물용도에 따라 주거용 건물, 사무실 건물, 산업체 건물, 역사적 건물, 농업용 건물, 스포츠센터 및 도시구조물 등 다양한 분야에 적용되는 사례를 들 수 있을 것이다. 그러나 최근 지붕과 외벽 및 창호 등에 적용되는 사례는 적용이 가능한 부위에 모두 적용하는 형태로 시공되고 있다.

본 장에서는 이러한 BIPV의 시공사례에 대하여 살펴보고자 하는데 먼저 현재 시공된 사례 중 가장 대표적인 사례라고 할 수 있는 미국의 애플사가 애플사 연구본부로 사용하는 애플 캠퍼스에 시공한 사례와 테슬라가 야심차게 준비한 솔라 루프를 먼저 소개하고 건물의 용도별로 시공된 사례를 소개하고자 한다.

제1절 BIPV 대표적 시공사례

1. 애플 파크

애플 파크는 애플사가 **2013년부터 50억 달러(5조 원)를 투입하여 본사 건물을 거대한 비행접시 형상의 건물로 설계하여 건립**하는 것으로서 2017년 4월에 준공되었다. 이 건물은 4층으로 된 둘레가 1마일 정도 되는 것으로서 비행접시 모양의 건물 옥상을 태양전지모듈로 덮고 전체 **건물에너지소비량의 75%를 태양광발전으로 충당**하고 나머지는 연료전지 등으로 공급하는 **제로에너지건물**이다. 이 건물은 애플 캠퍼스2라는 명칭으로도 알려져 있으며 이 건물에는 애플사 소속 직원 중 16,000명이 근무할 예정이며 주요 특징을 나열하면 다음과 같다.

그림 7-1 애플 파크 전경

- **부지면적** : 약 78,000평(176에이커)
- **건물 내 근무 직원수** : 13,000명
- **건물의 둘레 길이** : 1마일 이상
- **연구시설 총 건평(지하주차장 포함)** : 8,300평
- 이 건물 바로 인근에 2014년 5월 약 8,000평을 임대하였고 **7개의 건물을 더 건설하여 종업원 1,450명을 추가로 입주시킬 계획**임
- 애플 캠퍼스2는 원형이라는 특징 때문에 **무한루프(infinite loop) 캠퍼스**라고도 함
- 이 **건물은 4층**이며 **건물 외벽이 모두 유리**로 되어 있어서 안팎에서 다보이는 구조임
- 이 건물에 사용된 **유리 길이만 6km**에 달함
- 포스터 & 파트너스가 이 건물을 설계
- Forster+Partners 창립자 겸 회장 Norman Foster는 Architectural Record와의 인터뷰에서는 주택이 공원을 둘러싸고 있는 **런던 광장에서 영감**을 받아서 초기 단계의 설계를 했음
- 처음에는 원형이 아니었으나 **설계가 진행되면서 비행접시 모양의 원형으로** 발전했다고 함
- 이 건물은 건물의 틈새를 비롯한 아주 작은 부분까지도 **친환경적인 것을 강조**하기 위하여 철저하게 단풍나무 등 친환경자재를 사용했으며 잘 연마하고 페인트칠을 한 브러시

흔적이 잘 보이지 않도록 하여 자연적이고 부드러운 느낌이 들도록 처리했음

- 이 건물은 규모가 크기 때문에 **카페, 로비, 입구 부분을 잘 구획**함
- 이 건물 설계자인 포스터는 건물 내 근무하는 각 부서간의 업무 관련성을 고려하여 **수직-수평 모든 방향에서 상호 이동과 접근이 편리한 공간배치를 계획**했음
- **주차장은 지하에 계획**하여 **자연 경관을 살렸음**
- 애플사는 **건설 초기 단계부터 주요 건설과정을 동영상으로 제작**하였으며 준공을 앞둔 시점에서 비행접시 우주선 모양의 본관 건물과 주변의 부속 건물 및 녹지를 포함한 애플 캠퍼스2에 대한 홍보 동영상을 만들어서 홈페이지를 통해 공개
- 토목 및 골조와 건물 시공은 Skanska & DPR이라는 회사가 수행했고 2015년 초부터 Rudolph and Sletten이라는 회사가 건물 내부공사를 Holder Construction이 전기, 기계, 배관설비 공사를 담당했음
- 애플의 **스티브 잡스**는 이 건물에 대한 기본적인 설계 개념으로 자신이 어린 시설 느낀 캘리포니아 풍경을 계획에 반영하기를 원했으며 건축주라는 입장보다 **건설팀의 일원이 된다는 생각으로 건설을 진행**했음
- **준공예정시기** : 당초에는 2015년 중반으로 계획했으나 늦어져서 **2017년 4월** 중 준공 및 입주
- **에너지자급률 : 태양광발전 및 바이오연료로 100% 해결**
- **조경 및 공원** : 우주선 비행접시 본관 건물 내부 측 토지에 **수목을 7000주 식재하고 멋진 조깅 및 산책 코스가 있는 공원으로 조성**하여 건물 내부에서 자연경관을 즐길 수 있도록 계획
- **에플 캠퍼스2의 녹피율은 80%**까지 계획했고 본관 건물의 **냉난방은 연중 75%에 해당되는 기간을 자연통풍형 냉난방**이 되도록 운영할 계획
- **물이용** : **중수**를 이용하여 수자원을 **재활용**함
- **추정건설비** : 당초 계획 시에는 5억 달러 정도로 생각했으나 2011년경에는 30억 달러로 늘어났고 2013년경에는 50억 달러로 예상되었는데 2017년 4월 현재 준공 시점에서 건설비에 대한 공식적인 발표는 없으나 **50억 달러(약 5조 원)을 상회할 것으로 추정**됨. 이 금액은 2016년 애플사가 보유한 유동성자산 총액인 2,150억 달러(약 215조 원)의 2.3% 수준임
- **본관 건물 내 주요 시설**로는 7,500만 달러가 투입된 **피트니스센터**가 있어서 실리콘 밸리

에 근무하는 **애플 직원 20,000명이 이용**할 수 있으며 건물 **지하에**는 **정원 1,000명을 수용할 수 있는 공연장**이 있어 각종 문화행사를 할 수 있음

- **지하 주차장 주차대수**: **10,500~14,200대**로서 **지상의 조경 면적의 약 3배** 면적을 차지
- 과거의 업적을 기념하는 목적보다 **미래지향형 아이디어를 도출하는 데 목적을 둔 박물관**도 갖추고 있고 **1,000대의 자전거를 건물 곳곳에 거치**하여 **직원들이 자전거로 건물을 돌 수 있도록 함**
- **조깅 및 자전거 트레킹용 코스**를 **1마일 길이**로 조성

그림 7-2 애플 본관 건물-비행접시 형상 설계개념도

그림 7-3 애플링(apple ring) 모양 설계 개념도

그림 7-4 2016년 11월 공사 사진

그림 7-5 우주선 비행접시 애플 본관 조감도

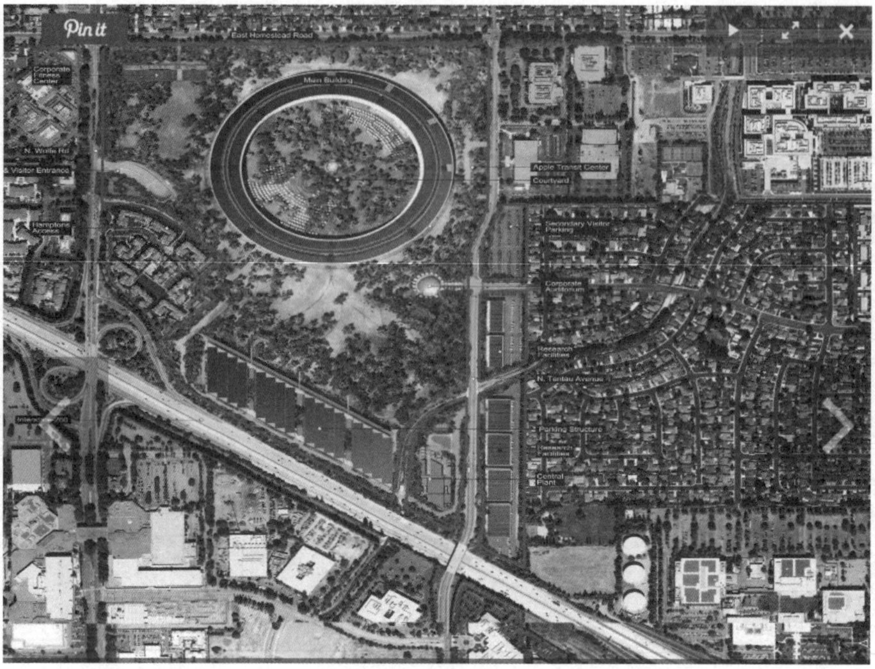

그림 7-6 전체 배치도

그림 7-7 2016년 6월 건설장면

그림 7-8 옥상 태양광 패널 공사 장면

2. 테슬라 솔라 루프와 파워월

[그림 7-9]에서 보는 바와 같이 2016년 10월 28일에 공개된 파나소닉의 **태양광발전 패널을 내장한 지붕 외장용 타일**이다. 기존 태양광 패널의 투박한 외관이 건물 미관을 해쳐 주택 보급에 장해물로 작용했던 것과 달리 솔라 루프는 태양광 패널이라고 생각하기 힘든 세련된 디자인으로 건물의 외관에 자연스럽게 녹아들 수 있다는 것이 특징이다. 타일들은 정면에서 바라보면 태양광 패널의 실루엣이 드러나 빛을 받아들일 수 있지만 비스듬한 각도에서 보게 되는 보행자 시점에서는 평범한 타일처럼 보인다. **강화유리로 덮여 있기 때문에 일반적인 지붕 타일보다 내구도가 높아**서 일론 머스크는 **건물보다 오래갈 것**이라고 말하기도 했다. 4가지 디자인 중에 두 가지가 먼저 출시되었고, **2017년 여름부터 미국 내에서 출시**했고 미국 외 국가에 대해서는 2018년부터 출시되었는데 사전 주문을 받은 것이 특징이다.

한편 Powerwall**과** Powerpack은 테슬라가 만든 **리튬이온 배터리**로 된 **에너지 저장장치**이다. Powerwall은 가정에서 발전된 **태양광발전 전력을 저장하여 자체적으로 소비하거나 상업용 전력망에 연결하여 충전된 전력을 역송전**할 수 있으며 상업용 전원이 없는 곳의 독립 전원으로 사용할 수 있도록 개발되었다. 더 큰 용량의 파워팩은 상업용 전력망과 연계되어 있으며 **첨두전력부하절감, 수요평준화, 비상시 전원, 수요반응자원으로 이용, 주파수조정 및 전압조정을 통한 발전소 증설 억제 등 다양한 목적**으로 사용할 수 있도록 개발되었다.

그림 7-9 솔라 루프의 4가지 모델

그림 7-10 솔라 루프로 건설한 모델하우스

2015년 테슬라사가 개발을 발표하면서 **2015년에만 500개**에 달하는 시범 실증 시설이 설치되었는데 최초에는 테슬라의 Fremont 공장에서 생산되었으나 그 후 **네바다주**에 있는 테슬라의 Gigafactory**에서 2016년 10월부터 생산**되고 있는데 테슬라 파워월2는 제2세대 파워월인 셈이다.

그림 7-11 테슬라의 파워월용 리튬이온 배터리와 기가팩토리 공장 전경

테슬라는 2012년 선택된 일부 산업체에서 사용할 목적으로 파워월을 개발하였다. 이렇게 개발된 파워월은 20% 정도의 전기요를 절약하였다고 한다.

파워월은 2015년 4월 30일 2kW급으로 연속적인 전력 공급이 가능하고 최대 3.3kW를 공급할 수 있는 것을 개발하는 것으로 발표했는데 2015년 6월 테슬라사 회장인 일론 머스크가 당초 계획에서 가격을 올리지 않으면서 용량을 5~7kW급으로 개발한다고 목표를 수정 발표하였다. 그는 파워월을 설치비 500달러 정도로 최종 수요처에 가장 싼 가격으로 공급할 수 있는 업체에게 공급 우선권을 주겠다고 했다. 파워월은 **2015년에는 10kWh 및 7kWh 2개 모델을 출시**했는데 2016년 3월에는 부품 중 불필요한 것을 제거한 개량형 모델을 내놓았으며 **축전지의 총 가동 사이클은 1000~1500회 정도로서 수명은 3~4년 정도이다.**

테슬라는 **2016년 9월부터 12월** 사이에 남부 **캘리포니아 에디슨에 발전용량이 20MW**이고 발전량이 80MWh인 상업용 전력 연계 설비를 설치했는데 이것은 2017년 1월 현재 시장에서 가장 큰 규모 중 하나이다. 테슬라는 파워팩-2 모델 400개를 캘리포니아주 Mira Loma 변전소에 설치하여 **상업용 전력과 연결하여 첨두 부하 발생 시 전력을 공급**하고 있다.

테슬라의 제1세대 파워월은 하루 발전용량이 6.4kWh인데 보다 많은 전력수요가 있는 가정을 위해 10kWh 용량으로 확장시킬 수 있도록 개발되었다. 제1세대 파워월은 총용량이 100kWh까지 가능했고 제2세대 파워월은 210kWh까지 가능하며 상업용 건물에도 사용이 가능하다. 테슬라 회장인 일론 머스크에 의하면 산업체에 필요한 에너지를 공급하기 위해 파워팩 용량을 무한으로 확장 가능하다고 하는데 테슬라의 궁극적인 목적은 전 세계의 에너지사용 패턴을 친환경 에너지로 변화시켜서 화석연료 사용이 없는 세상을 만드는 데 두고 있다. **파워팩-2 모델은 축전용량이 200kWh로서 2,170개의 태양전지셀을 사용**하였는데 2016년 말

개발이 완료되었다.

파워월은 하루 중 전력을 저장했다가 부하가 클 때 사용할 수 있도록 하는 것이 특징이다. 테슬라는 **냉매가 있어서 태양전지를 냉각시키는 독점적인 기술을 채택**했다. 테슬라의 일론 머스크 회장은 테슬라의 전기자동차와 함께 테슬라의 **특허기술을 파워월에 사용한 사람에 대해서는 특허침해소송을 제기하지 않겠다**고 하면서 파워월의 보급을 확산시키고 있다. 하루 7kWh 용량인 파워월-1인 경우 축진지를 Ni-Mn-Co 화합물을 사용해서 만들었으며 5,000 사이클을 보증하고 있는데 25℃, 2kW, 400～450V의 조건에서 충전 및 방전을 하는 경우 효율이 92.5%이나 외기온이 상승하면 효율이 약간 낮아진다.

2015년 4월 30일 출시된 7kWh 파워월 모델은 3,000$였고 10kWh 모델은 3,500$였는데 2015년 늦여름까지 500개 정도가 나갔다고 한다. 2015년 5월 2016년 중반까지 납품하는 조건으로 수 주일에 걸쳐서 주문을 받은 결과 파워월은 50,000개(가격 1.79억$), 파워팩은 25,000개(가격 6.25억$)로 총 8억$의 매출이 이루어졌으며 2016년 1 / 4분기에만 북미, 아시아, 유럽 및 아프리카에 파워월이 2,500개 파워팩이 100개 수출되었다. **2016년 10월 테슬라 배터리는 300MWh 용량이 전 세계로 판매**되었다.

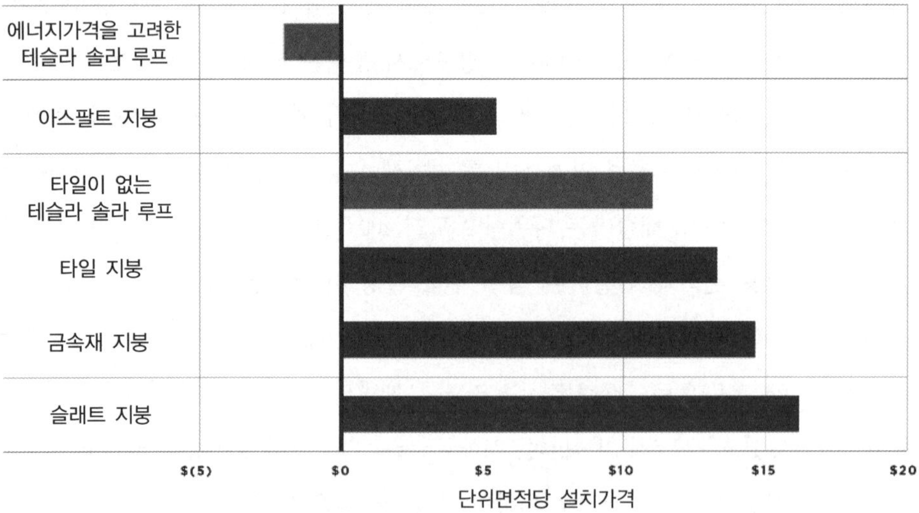

그림 7-12 평균 지붕재 설치가격

한편 파워월에서 태양광발전 전력을 저장했다가 필요한 시간대에 공급하는 파워팩은 100kWh 이상의 전력을 축전할 수 있는 대용량 배터리인데 주로 산업용 시설을 대상으로 **솔라 루프에 대한 경제성**을 계산하면 [그림 7-12]에서 보는 바와 같은데 지역별로 차이가 있지만 기존의 지붕재에 비해서 전력을 생산하고 정부로부터 인센티브도 받기 때문에 **지붕재보다** 저렴한 것으로서 **경제성이 있다고** 평가되였다.

그림 7-13 테슬라 솔라 루프로 시공한 지붕일체형 BIPV

제2절 건물용도별 시공사례

1. 주거용 건물

주거용 건물 시공사례(1)_Erni House

국가	Swiss	건축가	Felix Bislin, Baden, CH Enecolo, Kröni
소유주	Erni Family	수상경력 / 인증	Prix Solaire Suisse 2001 Minergie 등급
주택	2001년 신축 및 태양광시설준공. 남측 경사지붕, 태양광발전패널 설치		

Erni House는 단독주택으로서 Minergie 등급*1을 받은 친환경 건축물이다. 외장재가 갖는 일반적 에너지효율 외에, 완벽한 에너지생산지붕을 가진 것이 특징이다. 태양전지가 전체 지붕을 덮으며, 태양전지 패널이 전통적인 타일 층을 대신한다. 2개의 채광창이 PV 표면 중에 위치하고, 굴뚝설치 지역 주변은 그림자가 있으므로 PV 패널이 설치되지 않았다. 이 프로젝트는 2011 스위스 Solar상을 받았다.

*1 : 스위스 친환경건축 인증
건물 주소 또는 위치 :Untersiggenthal(CH)

규격, 사양, 설명서

태양전지 종류	단결정질
태양광모듈셀	결정질 실리콘
모듈	Schottsolar ASE-100
발전용량(kWp)	11.7
크기(m^2)	110
연간 발전량(kWh/year)	10,500
에너지 컨설턴트	E. Schweizer; www.schweizer-metallbou.ch SolarMarkt; www.solarmarket.com
태양광시공사	-
암청색, 불투명, 프레임 모듈	

웹사이트 : www.arch-werk.ch

주거용 건물 시공사례(2)_Casa Solara

Pitched roof

국가	Swiss	건축가	Giovanni Cerfeda
소유주	EcobauhausAG	수상경력 / 인증	-
주택	2012년 신축 및 태양광시설준공. 남측 정면 건물외피 태양광발전패널 설치		

이 주택은 해발 2050m의 Laax 스키장(Graubunden Canton in Switzerland)에 위치하고 Minergie 표준을 적용하여 건축하였다. 남향 건축물로서 높은 효율의 단결정 셀을 가진 PV 모듈을 부착하였다. 목재의 하부 구조에 설치된 차가운 외관 시스템은 패널의 적절한 환기가 가능하고 밖에서는 볼 수 없는 기계적 고정 시스템이 장착되어 있다. 건축물의 형상이 진한 검은색 모듈에 의해서 얻어지는 태양광 반사로 인해 회색으로 보이는 것이 특징이다. 이것은 다른 건물 앞면의 목재 클래딩과 비슷한 줄무늬 효과를 연출한다. PV 시스템, 그리드 연결은 이 아파트에 필요한 에너지양을 충분히 생산하여 공급한다.

건물 주소 또는 위치 : Laax, Kanton Graubünden(CH)

규격, 사양, 설명서

태양전지 종류	단결정질
태양광모듈셀	결정질 실리콘
모듈	MGT-esys Undercut System
발전용량(kWp)	34.4
크기(m^2)	346
연간 발전량(kWh/year)	25,000
에너지 컨설턴트	MGT-esys GmbH www.mgt-esys.at
태양광시공사	MGT-esys GmbH
검은색, 불투명, 프레임 없음	

웹사이트 & 이메일 : www.ecobauhaus.ch / chsaa@bluewin.ch

주거용 건물 시공사례(3)_Positive Energy House

Pitched roof

국가	Swiss	건축가	Luedi Architectes sàrl, 2502 Bienne
소유주	Christoph Saager	수상경력 / 인증	Swiss Solar Prize 2012 Cat. : Plus Energy Buildings
주택	1970년 준공, 2010년 개수 태양광시설준공. 남측 경사지붕 태양광발전패널 설치		

이 개인 건물의 개량은 건축주가 에너지 독립주택을 갖고 싶어 하는 욕구에서 비롯되었다. 지붕 위의 창문과 굴뚝은 원래 위치에서 북쪽 면으로 이동되었고, Minergie 기준을 충족시키기 위해서 몇 가지가 도입되었는데 그것은 적절한 단열재, 3중 유리, 열을 회수하는 환기 시스템, 디젤열을 히트펌프로 교체하는 것 등이다. PV 시스템은 완벽하게 건물외피에 적층되었다. 특별하게 적용되고 건물 정면 크기에 맞춰진 단결정모듈이 지붕 남쪽 면에 설치되었고 한편 다른 쪽 면에는 똑같은 색상을 가진 섬유질 시트가 부착되었다. 동일면에 위치한 채광창들은 지붕의 더 높은 부분 위에 태양열 모듈과 확실히 구별된다. 건물 개량을 통해 에너지 수요를 80% 감축할 수 있었다.

건물 주소 또는 위치 : Laax, Kanton Graubünden(CH)

규격, 사양, 설명서

태양전지 종류	Monocrystalline
태양광모듈셀	-
모듈	3S Photovoltaic, Megaslate
발전용량(kWp)	15
크기(m^2)	103
연간 발전량(kWh/year)	16,500
에너지 컨설턴트	3s Photovoltaic Meyer pvsystems.meyerburger.com
태양광시공사	-
검은색, 불투명	

웹사이트 & 이메일 : www.ecobauhaus.ch / chsaa@bluewin.ch

주거용 건물 시공사례(4)_Hofberg 6 / 7

Pitched roof

국가	Swiss	건축가	Fent Solare Architektur
소유주	Giuseppe Fent	수상경력 / 인증	Norman Foster Solar Award 2012 – Plus Energy Building
주택	2011년 준공, 2010년 개수 태양광시설준공. 남측 평지붕 발코니 태양광발전패널 설치		

이 건물은 주거용 7층 건물(지상 4층)으로서 매우 가파른 언덕에 있다. Minergie-P 표준에 따라 건축되었으며, 높은 효율의 단결정 모듈이 지붕과 남측 면 층 밴드에 설치되어 있다. 건물에 필요한 전기의 186%를 자체 생산한다. 태양 건축 파사드는 부가적인 에너지사용이나 기계적 제어 없이 태양의 계절적 위치를 가진 요소 형상과의 상호 작용에 의해서만 작동할 수 있다. 파사드에 사용된 모든 구성 요소들은 재활용이 가능하다. 또한 2개의 211m 깊이의 지열 회수공을 가진 히트 펌프 시스템도 운용하며, 14.5℃의 온도에서 난방 및 온수에 충분한 열을 생성한다.

건물 주소 또는 위치 : Wil, Canton St. GallenCH)

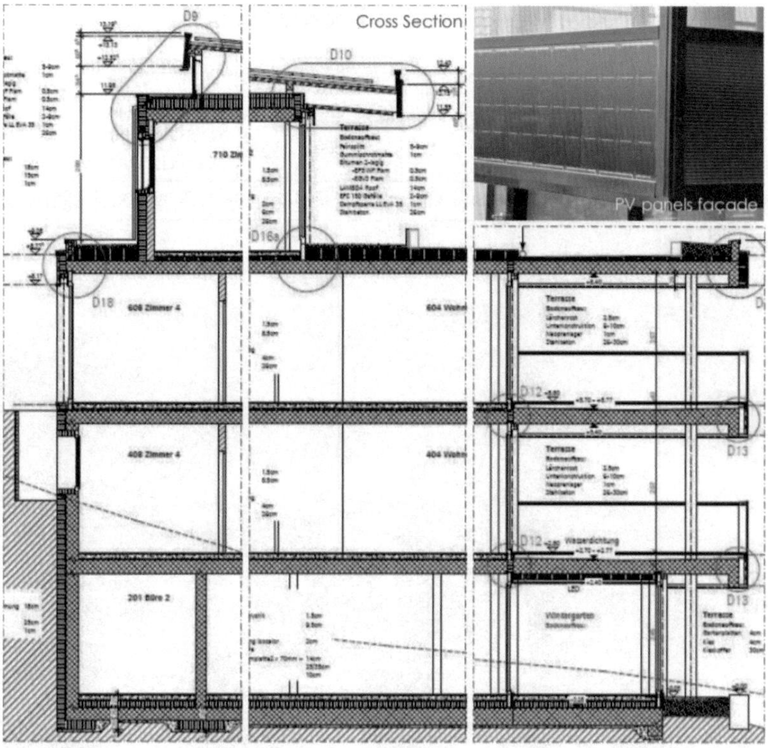

이메일 : giuseppe.fent@fent-solar.com

규격, 사양, 설명서

태양전지 종류	Monocrystalline
태양광모듈셀	72 SunPower all-back contact onocrystalline(Roof)
모듈	Sunpower SPR 238E-WHT-D(Roof); Sunpower Sondemodule(façade)
발전용량(kWp)	42.84(roof), 8(parapet)
크기(m^2)	29(4roof), 51(facade)
연간 발전량(kWh/year)	49650(roof); 5650(façade)
에너지 컨설턴트	Lucido Solar AG; www.licido-solar.com
태양광시공사	Stromaufwärts-Photovoltaik; www.stomaufwaert.com Ertex Solartechnik GmbH; www.ertex-solar.at
검은색, 불투명, 프레임 모듈	

주거용 건물 시공사례(5)_Kraftwerk B ≪Plus Energy Haus≫

Pitched roof

국가	Swiss	건축가	Grab Architekten AG
소유주	Various	수상경력 / 인증	Swiss solar prize 2009; Eurosolar 2009; Ökopreis 2009(Minergie®-P-Eco)
주택	2008년 준공, 2008년 개수 태양광시설준공. 남서측 경사지붕 태양광발전패널 설치		

이 건물은 기획단계부터 다가구 주택 운영에 필요한 에너지를 친환경적으로 지속가능하게 생산할 의도를 가지고 건축을 하였다. 지붕에는 태양광을, 건물의 앞면에는 태양열 집열기를 설치하여 당초 목적을 달성하게 되었다. 이 건물은 소요량보다 더 많은 에너지를 생산하여 초과된 에너지는 이웃집들에서 필요하는 양의 일부분을 공급하고 있다. 지붕에 설치된 PV 모듈은 전통적인 타일의 재료를 대신하고 에너지도 생산하는 2가지의 기능을 갖는다. 태양열 집열기는 정면의 불투명 부분을 대신하므로 2가지 기능을 한다.

건물 주소 또는 위치 : Bennau(SZ - CH)

규격, 사양, 설명서

태양전지 종류	Monocrystalline
태양광모듈셀	
모듈	EPV Megaslate
발전용량(kWp)	32
크기(m²)	261
연간 발전량(kWh/year)	32,000
에너지 컨설턴트	Amena AG www.amena.cj
태양광시공사	-
크리스탈블루, 불투명, 프레임리스	

웹사이트 : www.kraftwerk-b.ch

주거용 건물 시공사례(6)_"Le Albere" district

Pitched roof

국가	Swiss	건축가	Renzo Piano Building Workshop
소유주	Castello SGR e Itas Assicurazioni	수상경력 / 인증	Awards CasaClima 2013
주택	2010년 준공 및 2010년 태양광시설준공. 남측 경사지붕 태양광발전패널 설치		

건축물은 기본적으로 에코-지속가능성, 친환경성, 에너지 절약을 선택한다. 모든 주택과 상업용 건물은 에너지 소비가 적은 수동적(passive) 건물로 설계되고 Casaclima 기준에 따라 수목을 갖는다. 정면은 3.75m 모듈이 있는 목재로 만들어졌으며 그리드에는 로지아와 창문시스템이 배치되었다. 사무실 동쪽에 특별한 녹색면이 있다. 전 지역은 냉난방 에너지를 제공하는 삼중 발전 시스템으로 구성되어 있다. 목재와 아연판 덮인 강철 골격으로 건설된 특수지붕이 알루미늄 프레임에 유리박판으로 제작되어 장착되는 맞춤형 PV 라미네이트를 특징으로 하며, 이것이 이 단지의 통일된 특징 중 하나이며, 이 프로젝트를 위해 특별히 개발되었다.

건물 주소 또는 위치 : Trento in the ex-Michelin area

웹사이트 : www.costellosgr.com

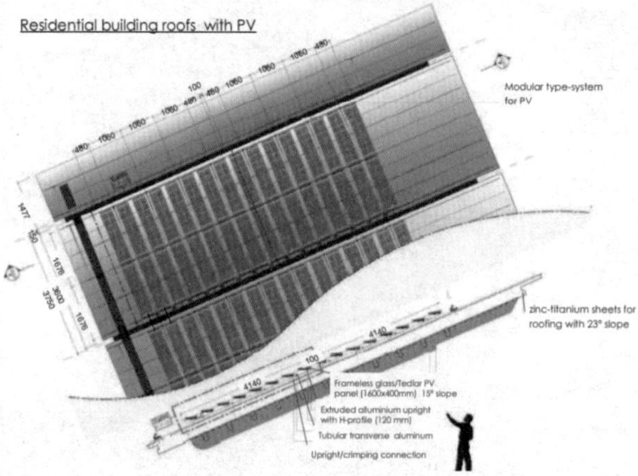

건물일체형 태양광발전 상세도

규격, 사양, 설명서

태양전지 종류	Multicrystalline
태양광모듈셀	P-SI
모듈	n° 4192 Tedlar glass panels with high efficiency solar cells; n° 1500 glass-glass panels
발전용량(kWp)	312
크기(m^2)	5,000
연간 발전량(kWh/year)	-
에너지 컨설턴트	Thesan S.p.A; www.thesan.com
태양광시공사	FAR SYSTEMS S.r.l.; www.farsystems.it
검은색, 불투명, 알루미늄 프레임	

주거용 건물 시공사례(7)_Neuer Firmensitz

Pitched roof

국가	Swiss	건축가	Berger & Frank Architekten AG
소유주	Berger & Frank Architekten AG	수상경력 / 인증	Minergie Label
주택	2012년 준공 및 2012년 태양광시설준공. 남측 건물외피 태양광발전패널 설치		

이 건축물은 Berger & Frank Architekten AG사의 새로운 본부 건물로서 수동적 설계기술과 능동적 해법(재생에너지와 에너지관리시스템)을 통해 에너지효율을 달성하고자 개량공사를 하였다. 빌딩은 남쪽을 향하는 비스듬하고 둥근 벽을 가지고 있다. 이 벽은 PV설치를 위한 유용한 표면을 제공한다. PV 시스템은 빌딩을 덮는 데 있어서 완벽하게 융합된다. 실제 PV 모듈은 덮을 형상에 맞추기 위하여 제단되었다. 그 결과는 동질의 BIPV 면으로서 예리한 각도의 다이아몬드를 연상케 한다.

건물주소 또는 위치 : Sursee, Canton of Lucerne(CH)

규격, 사양, 설명서

태양전지 종류	Monocrystalline
태양광모듈셀	-
모듈	-
발전용량(kWp)	18
크기(m^2)	140
연간 발전량(kWh/year)	10,700
에너지 컨설턴트	Elektroplan AG
태양광시공사	Schürch-Egli AG www.schuerch-egli.ch
검은색, 불투명, 프레임리스	

웹사이트 : www.bfarchitekten.ch

주거용 건물 시공사례(8)_Commercial and multi-family Building

Pitched roof

국가	Swiss	건축가	Viriden + Parten AG
소유주	EcoRenova AG Zürich	수상경력 / 인증	European Solar Prize 2013; Norman Foster Solar Award 2013 PlusEnergieBauten Solarpreis
주택	1960, 1961년 준공, 2012~2013년 태양광시설준공. 건물외피 태양광발전패널 설치		

1960년대에 건설된 상업 및 주거용 빌딩으로 건설되어 운영되다가 2013년도에 확장과 개량을 하였다. 이 건물은 스위스에서 가장 큰 플러스 에너지 빌딩이 되었으며, 스위스 Solar Prize 2013을 수상하였다. 아파트의 숫자는 4배로 증가하였으며 에너지 수요를 70%를 감축하게 했다. 새로운 건물 외장은 PV 반사 방지 패널과 잘 어울리고 발코니 난간과 큰 개구부의 프레임을 갖추어 도시 수준에서 혁신을 이룩하였다. 이 건축 및 에너지 선택(삼중 유리창 사용, 태양열 수열기, 열회수 시스템, 태양열 등)은 수동 장치와 Minergie-A 표준에 따른 통합 태양광 기술 사이의 균형을 잘 유지하게 한다.

건물 주소 또는 위치 : Romanshorn,Canton of Thurgau(CH)

규격, 사양, 설명서

태양전지 종류	Monocrystalline Thin Film
태양광모듈셀	Thin monocrystalline silicon wafer surrounded by ultra-thin amorphous silicon layers
모듈	SANYO HIT-H250E01 LG 285N
발전용량(kWp)	26.3(roof); 53(façade)
크기(m^2)	146(roof); 295(façade); 69(thermal collector)
연간 발전량(kWh/year)	89,700(total)
에너지 컨설턴트	Viridén+Partner AG www.viriden-parten.ch
태양광시공사	HOLINGER SOLAR AG
검은색, 불투명, 검정 양극산화 알루미늄	

웹사이트 : www.ecorenova.ch

주거용 건물 시공사례(9)_Wohnhaus Solaris

Pitched roof

국가	Swiss	건축가	Huggenbergerfries Architekten
소유주	hbf futur AG	수상경력 / 인증	-
주택	2017년 준공. 남서측 경사지붕 건물외피 정면유리 태양광발전패널 설치		

이 다가구 주택은 취리히 주거지역에 있는 신축 건축물이다. 전체 건물의 외부는 균질하고 외장재와 타일로 사용되는 유리 재료 덕분에 붉은색 / 갈색 모양을 나타내 우아하다. 그러나 “책의 겉 포장으로만 책을 판단하면 안 된다”는 말이 있듯이 이 건물 외장은 외장재로서 역할 외에 에너지 생산을 하기 때문이다. 실재로 남· 서쪽 정면과 지붕은 구조화된 유리 성분을 가진 복합 시스템으로서 PV 셀이 보이지 않게 장착되어 있다. 이러한 건축 자재들은 이 프로젝트를 위해서 특별히 개발되었고, 이 건물에서 필요로 하는 전기량의 2배를 생산하고 있다.

건물 주소 또는 위치 : Zürich(CH)

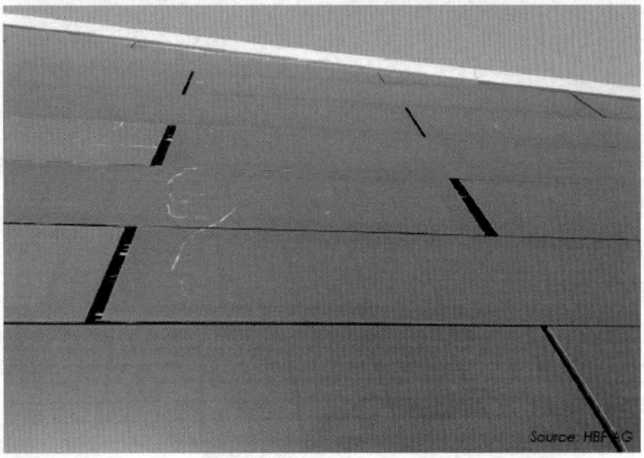

규격, 사양, 설명서

태양전지 종류	Monocrystalline
태양광모듈셀	-
모듈	Ertex Solartechnik GmbH
발전용량(kWp)	74
크기(m^2)	800
연간 발전량(kWh/year)	45,000
에너지 컨설턴트	Sundesign Photovoltaic Engineering www.sundesign.ch
태양광시공사	Suntechnics Fabrisolar; www.suntechnics.ch Scherrer Metec AG; www.scherrer.ch
붉은색 & 갈색, 불투명, 프레임 모듈	

건물 주소 또는 위치 : www.hbf.ch

주거용 건물 시공사례(10)_Solarsiedlung "Hintere Luegeten"

Pitched roof

국가	Swiss	건축가	Sanjo group
소유주	Sanjo group	수상경력 / 인증	-
주택	2012년 준공 2012년 남측 평지붕 건물외피 발코니 태양광발전패널 설치		

5개의 블록으로 구성된 주거 복합단지는 Einseiendeln 마을 근처에 위치한다. 이 건물들은 주변에서 생산되는 목재를 피복재로 사용한 것이 특징이다. 지역건축 자재의 선택, 재생에너지와 효율적인 기술 적용은 건물을 친환경적으로 유지하게 한다. 에너지 생산은 평평한 지붕에 설치된 태양열 집열기와 지붕 위와 발코니를 대체하는 남쪽 면의 PV 셀을 기반으로 한다. 생산된 에너지는 지하차고에서 전기 자동차, 자전거, 모터사이클에 공급할 뿐만 아니라 90세대에 전기를 공급한다. 또 열은 주변의 숲에서 나오는 목재를 가공하는 플랜트로부터 공급받는다(짧은 수송루트는 이산화탄소 배출을 줄이는 데 기여함).

건물 주소 또는 위치 : Einsiedeln, Canton Schwyz(CH)

규격, 사양, 설명서

태양전지 종류	Multicrystalline, Thin Film
태양광모듈셀	a-Si/a-Si tandem(façade)
모듈	Schott Solar Perform Poly 240(Roof); Solar Protect ASI 103(façade)
발전용량(kWp)	93.25
크기(m^2)	7,200
연간 발전량(kWh/year)	84,000
에너지 컨설턴트	TRITEC AG Schweiz www.tritec-energy.com
태양광시공사	TRITEC AG Schweiz
검은색 지붕, 불투명, 양극산화 알루미늄, 프레임리스	

건물 주소 또는 위치 : www.sanjo.ch

주거용 건물 시공사례(11)_Plus Energy multi-family house

Pitched roof			
국가	Swiss	건축가	TUOR aumanage-ment AG
소유주	Gasser Baumaterialien AG, Chur	수상경력 / 인증	Minergie-P Standard, Passivhaus
주택	1965년 준공 2013년 동서남측 건물외피 태양광발전패널 설치		

이 프로젝트는 플러스-에너지 목표를 달성하기 위해 1965년에 지어진 8층짜리 주거용 건물을 태양광발전시설로 개수할 것이다. 건물 외벽을 태양광발전패널로 시공하였고 여름철 과열을 방지하기 위하여 태양광 패널과 건물 외벽 사이에 자연통풍을 강화하였다. 건물 미관을 살리기 위하여 BIPV 수직 외벽을 설치(북쪽을 포함한 모든 방향으로)하였다. 부수적인 요소에는 옥상에 높은 효율의 단결정전지판을 설치하는 것, 난간의 광택 있는 앞면 BiPV에 장착된 박막패널, 태양추적기 외부, 평평한 지붕의 태양열 패널이 포함된다. 총에너지소비 대비 약 4,800kWh의 에너지생산이 초과되는 것으로 계산되었다.

건물 주소 또는 위치 : Chiasso, canton Ticino(CH)

규격, 사양, 설명서

태양전지 종류	다결정질 박막 태양전지
태양광모듈셀	박막비정질실리콘 모듈(파사드)
모듈	MGT-e sys PV(balcony); SUNone® SA Series(façade).
발전용량(kWp)	6.7kW(balcony); 45.9kW(façade)
크기(m^2)	67(balcony); 583(façade)
연간 발전량(kWh/year)	4161(balcony); 24095(façade)
에너지 컨설턴트	TRITEC AG Schweiz www.tritec-energy.com
태양광시공사	Gasser Gebäude AG(facade) MGT-esys GmbH(railing) www.mgt-esys.at
발코니, 지붕 : 검은색, 외벽 : 어두운 붉은색 투명도 40%, 프레임리스	

웹사이트 : www.tuor-org.ch, www.gasser.ch

2. 사무실

사무실 건물 시공사례(1)_A22 Autobrennero Highway Headquarter

Pitched roof

국가	Swiss	건축가	Studio Associato Giovanazzi
소유주	Autostrada del Brennero S.p.A.	수상경력 / 인증	-
주택	2009년 동측 건물정면 유리 태양광발전패널 설치		

A22고속도로 본부는 Trento 중앙 자동차 전용도로 출구 부근에 있다. 기존건물을 확장하도록 설계하여 사무실 공간을 신규로 3,130m^2 확장하였다. 증축한 빌딩의 정면은 커튼월 시스템(curtain wall system)이 특징이다. 건물의 3면을 감싼 2중 외관은 총 720m^{2}의 면적을 갖는다. 동쪽 외관은 높은 단열 이중 유리와 PV 유리가 있는 전체 비전 섹션으로 구성되어 있으며, 20% 반투명하며, 돌림띠와 일치하게 설치되었다. 생산된 에너지는 건물에 전력을 공급한다. 이 프로젝트는 PV 시스템 중에서 진보된 고성능 2중층 파사드 기술이 내부에 적용된 최초의 것이다. 파사드는 열적 단열(U=1,1 W/m^{2}K)이 되어 있고 내부 공간의 배기는 공조 시스템에 의해서 관리된다.

건물 주소 또는 위치 : Trento(I)

규격, 사양, 설명서

태양전지 종류	Thin Film
태양광모듈셀	CIS(Copper Indium Selenium)
모듈	128 panels Würth Solar 1175×600×(3+5)mm
발전용량(kWp)	7
크기(m^2)	97
연간 발전량(kWh/year)	-
에너지 컨설턴트	FAR SYSTEMS S.r.l. www.farsystems.it
태양광시공사	FAR SYSTEMS S.r.l.
검은색, 투명도 20%, 알루미늄 프레임	

웹사이트 : www.autobrennero.it

사무실 건물 시공사례(2)_Bénéteau Group headquarter

Pitched roof

국가	Swiss	건축가	Periot Architecture Durable
소유주	GROUPE BÉNÉTEAU	수상경력 / 인증	-
주택	2012년 신축, 캐노피 태양광발전패널 설치		

항해사(社) 베네토우 본사는 프랑스 대서양 해안에 있는 기브랑에 위치해 있다. 두 개의 직사각형 볼륨은 젠가든으로 가는 통로와 연결된다. 남쪽 방향으로 확장된 메인 볼륨은 맞춤형 이중 덮개로 구현된다. 그것의 유리 파사드는 흰색 아크릴 석재로 만든 특별한 음영 장치 패널을 가지고 있으며, 50%는 구멍이 뚫려 있고 보이지 않는 고정 장치가 설치되어 있다. 패널의 질감은 회사 로고에 따라 재설계되었다. 내부 정원이 내려다 보이는 본관 뒷면은 평평한 지붕들 사이에서 나타나는 태양광 캐노피로 덮여 있다. 이것은 강철 구조물에 설치된 이중 유리 반투명 태양전지판으로 구현된 64m 연속 캐노피다.

건물 주소 또는 위치 : Givrand(F)

규격, 사양, 설명서

태양전지 종류	Multicrystalline
태양광모듈셀	-
모듈	laminated safety glass PV modules
발전용량(kWp)	36
크기(m^2)	64m length
연간 발전량(kWh/year)	-
에너지 컨설턴트	ISSOL www.issol.eu
태양광시공사	Marchegay Technologies www.marchegay.com
검은색, 불투명, 셀 구조 프레임	

웹사이트 : www.beneteau-group.com

사무실 건물 시공사례(3)_Bénéteau Group headquarter

국가	Swiss	건축가	Kurmann & Cretton SA
소유주	Bühler Electricité SA	수상경력 / 인증	-
주택	2002년 준공, 남측 평지붕 건물외피 태양광발전패널 설치		

이것은 Buhler 전기회사 사무실 건물의 PV 시스템 구현에 관한 것이다. 이 시스템은 연간 96MWh의 전기를 생산하며 건물 총에너지 소요량과 일치한다. 당초 빌딩에 대해서 2003년도에 Minergie 등급을 받았었다. 겹쳐진 시스템을 통해 평평한 지붕 위에 놓인 PV 플랜트 외에, 벽의 최종층을 대체하는 남쪽 일부에 완전 일체형 태양광 파사드가 설치되었다.

건물 주소 또는 위치 : Monthey, canton Valais(CH)

규격, 사양, 설명서

태양전지 종류	-
태양광모듈셀	-
모듈	-
발전용량(kWp)	-
크기(m^2)	-
연간 발전량(kWh/year)	6,000(facade), 9000(roof)
에너지 컨설턴트	Bühler Electricité SA
태양광시공사	Acomet SA
검은색, 불투명, 프레임리스 & 알루미늄 프레임	

웹사이트 : Acomet SA

사무실 건물 시공사례(4)_GDF Suez

국가	Swiss	건축가	Atelier Phileas, Paris
소유주	GDF Suez S.A.	수상경력 / 인증	-
주택	1973년 준공, 2013년 Plant. 일사차폐 태양광발전패널 설치		

프랑스 부르고뉴 지역 디종(Dijon)에 있는 기존 사무실 건물은 금속 기둥과 빔 구조가 특징이며 금번 재건공사는 골격을 보존하되 석면 제거와 기존의 외장재 교체에 한정하였다. 이 프로젝트 추진의 주된 목표는 에너지 개선이다. 새로운 외관은 PV 셀의 설치와 함께 “열 차폐”를 한다. PV 시스템에는 금속재 유지보수 통로가 연결된 이중 외곽 유리관에 부착되어 있다. 이러한 요소들은 건물구조와 프로젝트의 특성에 통합되며 단순한 환경적 특수효과에 머물지 않는다. PV 셀의 특별한 배치는 태양광 차양 장치가 되는 외관에서 특정 텍스처를 만든다.

건물 주소 또는 위치 : Dijon, Bourgogne(F)

규격, 사양, 설명서

태양전지 종류	Monocrystalline
태양광모듈셀	41 monocrystalline cells 170 W +-3%
모듈	441 ISSOL semitransparent modules
발전용량(kWp)	85
크기(m^2)	1,020
연간 발전량(kWh/year)	-
에너지 컨설턴트	ISSOL sa www.issol.eu
태양광시공사	ISSOL sa www.issol.eu
검은색, 불투명, 프레임리스 & 알루미늄 프레임	

웹사이트 : www.gdfsuez.com

사무실 건물 시공사례(5)_LA CUB

Pitched roof

국가	프랑스	건축가	BDM Architectes
소유주	Communauté Urbaine de Bor-deaux (Le CUB) 보르로 시청	수상경력 / 인증	HQE® 및 BBC Effinergie 인증
주택	2011년 준공, 2011년 태양광발전소. 남측 건물외피 태양광발전패널 설치		

이 건물은 보르도 어반 커뮤니티에 있는 신축 사무소건물로서 보르도 구시가지에서 수 km 떨어진 메리아덱에 있다. 건물은 9층 건물로서 보르도 최초의 에너지플러스건물로 톱다운 방식으로 건립되었다. 고효율 냉난방기술과 고단열, 환기열회수 및 고효율 조명 시스템을 채택하여 고효율 에너지 등급인 HQE® 및 BBC Effinergie 등급을 받았다. 이 건물의 특징은 남쪽 전면부에 창호일체형 태양광발전을 사용하면서도 미적 관점에서 핑크 및 금빛 바탕에 녹색 나무 디자인을 함으로써 미관이 좋도록 하였다.

규격, 사양, 설명서

태양전지 종류	Multicrystalline
태양광모듈셀	-
모듈	CENIT Design-ISSOL (적층 안전유리 PV 모듈)
발전용량(kWp)	40
크기(m^2)	350(파사드); 900(지붕)
연간 발전량(kWh/year)	119,000
에너지 컨설턴트	ISSOL
태양광시공사	Defretin Ingenierie
분홍색 & 금색 & 초록색, 불투명, 프레임리스	

웹사이트 : www.lacub.fr(소유주) / www.bdm-architectes.com(건축가) / www.issol.eu(에너지컨설턴트) / www.castelalu.fayat.com(태양광시공사)

사무실 건물 시공사례(6)_Marché International Kemptthal(ZH - CH)

Pitched roof

국가	Swiss	건축가	Beat Kämpfen
소유주	MarchéRestaurants Schweiz AG	수상경력 / 인증	Swiss solar prize 2007, Energyglobe : National Award Switzerland 2008, Eurosolar 2008
행정시설	2007년 준공, 2007년 태양광발전소. 남측 경사지붕 태양광발전패널 설치		

이 건물은 특정 설계 전략으로 에너지 수요를 획기적으로 줄일 수 있는 패시브 태양광 건물 개념을 기반으로 한다. 건물 세로 모양은 태양광 흡수를 증가시킬 수 있으며, 전체 투수 지붕은 12°의 기울기로 정확히 남쪽으로 향하고 있으며 태양광 패널이 타일링 시스템을 대체하였다. 진한 회색 색상 모듈은 추가 방수층이 필요하지 않은 지붕 타일로 사용된다. Marché Support Office는 실제로 제로에너지 밸런스인 스위스 최초의 사무실이다.

규격, 사양, 설명서

태양전지 종류	Thin Film
태양광모듈셀	a-Si(First Solar)
모듈	Modules : 660
발전용량(kWp)	44.6
크기(m^2)	485
연간 발전량(kWh/year)	40,000
에너지 컨설턴트	SunTechnics Fabrisolar AG
태양광시공사	SunTechnics Fabrisolar AG
진한 회색, 불투명, 프레임리스	

사무실 건물 시공사례(7)_Mont-Cenis Academy Herne(D)

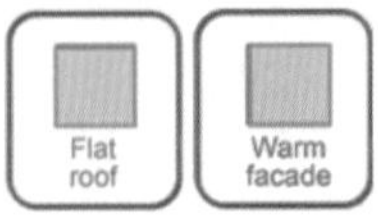

국가	독일	건축가	Jourda et Perraudin
소유주	Entwicklungsgesellschaft Mont-Cenis	수상경력 / 인증	Architectural Review, Oct. 1999, pp. 52-54, other publications
행정사설	1999년 준공, 1999년 태양광발전소. 남서측 정면 & 지붕유리 태양광발전 패널 설치		

이 건물 Mont-Cenis 글레이즈 쉘은 길이 180m, 너비 72m, 높이 16m의 '건물 내 건물'이다. 총 20,640m²의 유리가 알루미늄 프레임에 놓여 있다. 이 중 10,000m²에는 태양전지가 장착되어 있다(총 피크 전력은 약 1MW). 내부 개방공간과 건물 내부의 모든 영역이 최적의 조명과 음영 처리가 되도록 되어 있다. 이를 위해 조명 밀도가 53~93%(출력 190~420wp)인 태양광 모듈이 사용되었다. 태양 필드는 또한 홀에 필요한 그늘을 제공한다. 내부 주택 창문 앞의 반사경은 후방 지역에 대한 햇빛의 전달이 잘되게 하는 것이 특징이다.

규격, 사양, 설명서

태양전지 종류	Monocrystalline, Multicrystalline
태양광모듈셀	Solarex and ASE(지붕), ASE(외관)
모듈	Flabeg Solar, 반투명
발전용량(kWp)	1,000
크기(m^2)	10,500
연간 발전량(kWh/year)	650,000
에너지 컨설턴트	Hegger Schleiff
태양광시공사	Flabeg Solar International
청색 & 흑색, 투명도 86~56%, 구조용 실란트 글레이징	

웹사이트 : www.herne.de(소유주) / www.jourda-architectes.com(건축가) / www.hhs-architekten.de(에너지컨설턴트) / www.flabeg.com(태양광시공사)

사무실 건물 시공사례(8)_Novartis Campus Gehry Building Basel(BS - CH)

국가	Swiss	건축가	Gehry Partners Ltd
소유주	Novartis Pharma AG	수상경력 / 인증	N/A
행정시설	2008년 준공, 2008년 태양광발전소. 유리지붕 태양광발전패널 설치		

이 건물은 레스토랑과 지하 강당을 포함한 공간으로 구성된다. 복잡한 건축 형태를 따라 주로 구부러진 표면과 지붕 널을 전체 유리 표면이 본관을 둘러싸고 있다. 외관의 경우 특별히 설계된 차양을 수용하는 공동이 있는 태양 보호 삼중 유리가 사용되었다. 전체 유리 지붕에는 인공 조명에 대한 에너지 수요를 보상할 수 있는 반투명 태양전지(PV) 모듈이 장착되어 있다. 태양전지셀과 모듈은 건축가와 제조업체 간의 협력으로 맞춤 제작된 펀칭 패턴과 특수 색상을 적용하여 맞춤 제작되었다.

규격, 사양, 설명서

태양전지 종류	Monocrystalline
태양광모듈셀	Si 마이크로천공
모듈	Schüco & Sunways
발전용량(kWp)	92.74
크기(m^2)	1,300
연간 발전량(kWh/year)	65,000
에너지 컨설턴트	Baumgartner GmbH
태양광시공사	TRITEC AG
회색, 투명도 : 부분적(레이저 형상), 프레임리스	

웹사이트 : www.herne.de(소유주) / www.jourda-architectes.com(건축가) / www.hhs-architekten.de(에너지컨설턴트) / www.flabeg.com(태양광시공사)

사무실 건물 시공사례(9)_Pompeu Fabra Library Mataro(E)

Warm facade

국가	스페인	건축가	Miquel Brullet I Tenas
소유주	Municipality of Matarò	수상경력 / 인증	N/A
행정시설	1997년 준공, 1997년 남측 건물외피 태양광발전패널 설치		

이 건물은 Mataro'에 있는 Pompeu Fabra Library로 실험적인 외관은 최적의 실내편의를 보장하는 것 외에도 태양 및 열 에너지를 생산하는 두 가지 목표로 설계되었다. 태양전지는 반투명 커튼월 시스템에 통합되어 외부 가시성을 제공한다. 에너지, 편안함, 자연 채광, 미적 외관 및 경제적 자원 간의 최적 균형이 건물 개념에 적용되었다.

규격, 사양, 설명서

태양전지 종류	Multicrystalline
태양광모듈셀	N/A
모듈	ASE(Hybrid PVT)
발전용량(kWp)	20
크기(m^2)	225
연간 발전량(kWh/year)	15,000
에너지 컨설턴트	TFM SA(Teulades Façanes Multi-functionals)
태양광시공사	TFM SA
크리스탈블루, 투명도 : 부분적 14%, 결합된 유리 파사드	

웹사이트 : www.herne.de(소유주)

사무실 건물 시공사례(10)_Power Grid Control Centre Vienna(A)

Louvres Balcony

국가	오스트리아	건축가	Podwin & Marginter
소유주	Verbund	수상경력 / 인증	-
행정시설	2009년 준공, 2009년 태양광발전소. 남측 일사차폐 태양광발전패널 설치		

이 건물은 전력망 제어로 2009년 비엔나 남동부에서 시운전되었으며 오스트리아 전력 그리드와 연결된다. 이 시설은 건축적 미관이 좋을 뿐만 아니라 최첨단 기술을 적용한 것이 특징이다. 태양전지 반투명 음영 스트립이 지붕의 유리질 부분과 결합된다.

웹사이트 : www.gastroticino.ch(소유주) / www.ertex-solar.au(시공사)

규격, 사양, 설명서

태양전지 종류	단결정질 태양전지
태양광모듈셀	scSi
모듈	-
발전용량(kWp)	5
크기(m^2)	200
연간 발전량(kWh/year)	4,500
에너지 컨설턴트	RetoMinoli, Solventure
태양광시공사	Ertex solartechnik
다크블루, 투명도 : 부분적 14%, 프레임리스 유리 파사드	

사무실 건물 시공사례(11)_SG Ennstal Liezen(A)

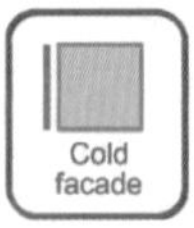

국가	오스트리아	건축가	Gerhard Kreiner KREINERarchitektur ZT
소유주	Gem. Wohn- u. Siedlungs-	수상경력 / 인증	-
행정시설	2011년 태양광발전소. 남측 유리 파사드 태양광 발전패널 설치		

이 건물은 오스트리아의 작은 도시인 라이젠의 기존 사무실 건물을 완전히 개조하는 것인데 남서쪽에 건물도 추가한 것이다. 기존 공간은 이미 저에너지 기준에 해당하는 완벽한 단열을 갖추고 있다. 이 건물은 리본창과 상아색 클래딩 패널이 특징이고, 새로운 2층 공간이 이전 건물에 연결된다. 이는 두 개의 기둥에 서 있고 유리로 클래딩되어 있다. 건물은 V 기둥에 서 있고 주변 도시 경관을 반영하는 유리질 클래딩이 검은색과 빨간색으로 새로운 건축이며, 붉은색의 오래된 건물의 남쪽 면에는 접합안전박막유리가 결합된 붉은색의 태양광모듈이 선택되었다.

규격, 사양, 설명서

태양전지 종류	Multicrystalline
태양광모듈셀	-
모듈	12 Ertex solar VSG 8/8(1600×2500mm)
발전용량(kWp)	1.9
크기(m²)	48
연간 발전량(kWh/year)	-
단가(€/m²)	48
에너지 컨설턴트	Ertex Solar GmbH w
태양광시공사	Starmann Metallbau GmbH
붉은색, 불투명, 프레임리스	

웹사이트 : www.herne.de(소유주) / www.jourda-architectes.com(건축가) / www.hhs-architekten.de(에너지컨설턴트) / www.flabeg.com(태양광시공사)

사무실 건물 시공사례(12)_Solar Silo Basel(CH)

Cold facade　Pitched roof

국가	스위스	건축가	Baüburo In situ AG
소유주	Kantensprung AG	수상경력 / 인증	-
행정시설	2015년 준공, 2015년 태양광발전소. 남북측 경사지붕 건물외피 태양광발전패널 설치		

이 건물은 지붕과 건물 외벽의 불투명한 부분에 컬러 태양전지모듈을 통합한 사례이다. Antec Solar의 맞춤형 태양광모듈은 특정 시각 디자인을 만드는 데 사용된다. 색상은 특허 기술인 Swiss Inso Kromatix 덕분에 얻을 수 있고, 맞춤형 크기의 컬러 결정형 태양광모듈은 외관(단결정 셀, 유리 / 유리, 무프레임)에 사용된다. 지붕에 있는 표준 크기의 컬러 크리스탈 태양전지모듈(단결정 셀, 유리 / 백 시트, 검은색 프레임). 표준 크기의 검은색 단결정 태양전지모듈은 전기 생산 모니터링을 위한 기준으로 지붕에 설치된다.

규격, 사양, 설명서

태양전지 종류	Monocrystalline
태양광모듈셀	-
모듈	Antec Module / Kromatix Solarglas
발전용량(kWp)	23
크기(m^2)	159
연간 발전량(kWh/year)	16.400
에너지 컨설턴트	SOLVATEC AG
태양광시공사	SOLVATEC AG
개별 컬러(회색, 파란색, 금색, 초록색 등), 불투명, 흑색(지붕)	

웹사이트 : www.herne.de(소유주) / www.jourda-architectes.com(건축가) / www.hhs-architekten.de(에너지컨설턴트) / www.flabeg.com(태양광시공사)

사무실 건물 시공사례(13)_UNIFIMM Tower Bologna(I)

국가	이탈리아	건축가	Open Project S.r.l.
소유주	UNIFIMM srl(Unipol)	수상경력 / 인증	LEED GOLD 2013-Protocol LEED for New Construction v2.2
행정시설	2011년 준공, 2011년 태양광발전소. 남서측 건물외피 태양광발전패널 설치		

이 건물은 이탈리아 볼로냐시의 Unipol 오피스 타워로 일련의 흥미로운 디자인 선택이 특징이며, 그중에서 신 건축을 위한 LEED 2.2 프로토콜에 따른 인증이 있다. 한 연구를 통해 건물의 배향이 여름에 과열을 막고 겨울에 햇빛을 잘 받아들이는 연중 최상의 온·습도 조건을 제공하는 것을 알아냈다. 건축가는 수평 간격과 조정 가능한 자동 슬래트가 있는 에너지 효율적인 이중 외관을 설계했다. 외관 외부는 연중 다양한 태양광 박람회를 고려하여 다양한 요소로 구성되어 있다. 여름철에 대부분 직사광선에 노출되는 남서쪽 파사드는 태양광 시스템, 알루미늄 패널 및 기술실을 위한 통풍구가 결합된 불투명 통풍 파사드이다. 태양광발전소(지붕의 발전소 포함)의 총 피크 전력은 약 100kWp이다. 건축 시 재료의 44%를 지역에서 재활용하여 새로운 재료의 사용과 운송을 위한 배출을 줄였다.

규격, 사양, 설명서

태양전지 종류	Monocrystalline
태양광모듈셀	sc-SI
모듈	no 5104 crystalline silicon modules (파사드)
발전용량(kWp)	53(외관); 40(지붕)
크기(m^2)	495(외관)
연간 발전량(kWh/year)	36,503
에너지 컨설턴트	Stain Engineering s.r.l.
태양광시공사	FAR SYSTEMS S.r.l.
검정, 불투명, 프레임리스	

상세 도면

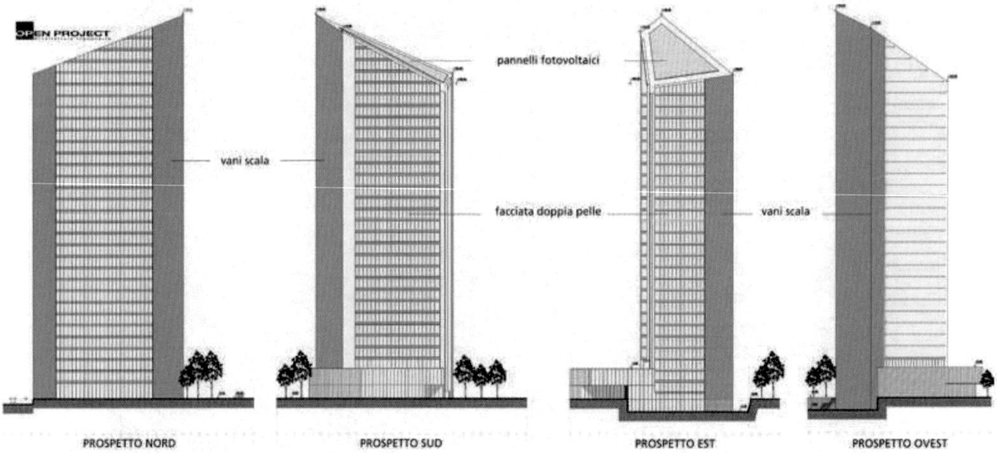

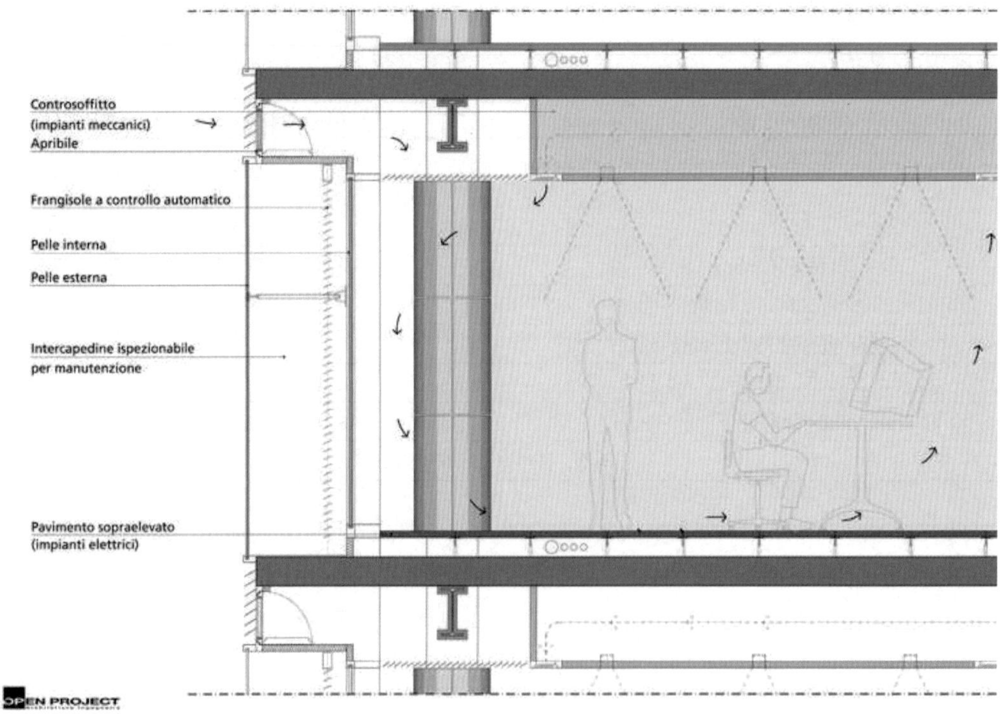

웹사이트 : www.herne.de(소유주) / www.jourda-architectes.com(건축가) / www.hhs-architekten.de(에너지컨설턴트) / www.flabeg.com(태양광시공사)

사무실 건물 시공사례(14)_Verona Forum Verona(I)

Warm facade

국가	이탈리아	건축가	Mario Bellini Associati Srl
소유주	CIS Compagnia Investimenti e Sviluppo	수상경력 / 인증	-
행정시설	2010년 준공, 2010년 태양광발전소, 동서측 건물외피 태양광 발전패널 설치		

이 건물은 베로나의 새로운 비즈니스 지구에 있는 건물 개발의 일부이다. 단지는 두 개의 주요 건물로 구성되어 있으며, 첫 번째로는 서비스업의 용도로 특정 외부 확장 금속 셸이 있는 웜파사드로, 구름 모양으로 임의로 자른다.

90개의 박막필름 패널은 호텔의 동쪽 외관 부분에 결합되어 있다.

두 번째 건물은 행정용으로 기계식 환기 시스템이 있는 이중 파사드가 있다.사무실의 구조적 유리는 서쪽 외관에 고효율의 단결정 태양전지를 결합한다.

두 건물 모두 혁신적인 빌딩 자동화 시스템(에어컨, 물 분배, 가스 및 에너지, 보안 시스템)과 상당한 에너지 절약을 목표로 실내 쾌적함의 관리 및 제어가 두드러진다.

경사진 지붕이 남쪽을 향한 건물의 특별한 모양 덕분에 두 개의 실내 수영장에 사용되는 온수를 생산하는 태양열 집열기를 설치할 수 있었다.

규격, 사양, 설명서

태양전지 종류	Monocrystalline Thin Film
태양광모듈셀	m-SI; CIS(Copper Indium Selenium)
모듈	no 84 Structural PV glass with SunPower cells m-SI(사무실 건물 서쪽 외관); 90 PV CIS modules(호텔 동쪽 외관)
발전용량(kWp)	20
크기(m^2)	200
연간 발전량(kWh/year)	20,000
에너지 컨설턴트	FAR SYSTEM S.r.l.
태양광시공사	FAR SYSTEMS S.r.l.
흑색, 투명도 20, 프레임리스	

웹사이트 : www.herne.de(소유주) / www.jourda-architectes.com(건축가) / www.hhs-architekten.de(에너지컨설턴트) / www.flabeg.com(태양광시공사)

사무실 건물 시공사례(15)_WERKHOF MELS Mels, Kanton St. Galle

Louvres Balcony

국가	스위스	건축가	BrunhartBrunner Kranz Architekten
소유주	Kanton St. Gallen	수상경력 / 인증	-
행정시설	2000년 준공, 2011년 태양광발전소. 남서측 일사차폐 태양광발전패널 설치		

이 건물은 건축학적 입장에서 간단한 태양광시설을 정면에 설치하는 게 중요했던 시대에 태양광의 다양성을 입증하였다. 에너지와 심미적인 기능을 가진 유리로 이루어진 모듈을 넘어서 얇은 필름의 CIGS 기술을 건물 내에 일하는 환경의 사람들에게 맞는 환경을 부여해주기 위해 정면에 투과되는 그림자 시스템을 작용했다. 태양광모듈은 주요한 정면의 위치에 프레임 없는 시스템으로 특정거리를 두고 설치되었고 하나씩 건너 설치하여 격자 모양으로 설치되었다. 패널은 135m^2 면적을 커버하며, 매년 10,000kWh/y 에너지 생산량을 공급하며 최대량은 13.5kWp이다.

규격, 사양, 설명서

태양전지 종류	Thin Film
태양광모듈셀	CIGS
모듈	Q-Smart UF 75
발전용량(kWp)	13.5
크기(m^2)	135
연간 발전량(kWh/year)	10,000
가격(€/m^2)	750
에너지 컨설턴트	Sundesign GmbH
태양광시공사	Suntechnics Fabrisolar AG
흑색, 투명도 : 5%, 프레임리스	

웹사이트 : www.hhs-architekten.de(에너지컨설턴트) / www.flabeg.com(태양광시공사)

사무실 건물 시공사례(16)_Werkhof Riehn, Canton Basel(CH)

Cold facade

국가	스위스	건축가	-
소유주	Riehen(BS), Svizzera	수상경력 / 인증	
행정시설	2004년 건물준공, 2005 태양광발전소. 동서남측 평지붕 건물외피 태양광발전패널 설치		

이 BIPV 사례는 Canton Basel의 Riehn의 건물의 리노베이션이다. 2004년 Riehen은 "유럽 에너지 어워드 골드"를 최초로 수상한 조직이다. 조정은 에너지와 미적 요구사항 사이의 완벽한 결합이다. 그것은 평평한 지붕 단열의 개선, 지붕의 PV 시스템의 대체 및 확장, 파사드의 특수 PV 시스템 결합이다. 오래된 파사드 Cladding은 다결정의 회색과 청색의 셀로 대체되었고, 새롭고 관습적이지 않은 측면의 건물을 도입하여 뛰어난 효과를 창조하였다.

규격, 사양, 설명서

태양전지 종류	Monocrystalline Multicrystalline
태양광모듈셀	단결정질 실리콘(지붕); 다결정질(외관)
모듈	51 Suntechnics STM 180-mono(지붕); 180 Special Sharp element-poly(외관)
발전용량(kWp)	9(지붕); 15.5(외관)
크기(m^2)	170(정면)
연간 발전량(kWh/year)	7,650(지붕); 990(외관)
에너지 컨설턴트	TRITEC AG Schweiz
태양광시공사	TRITEC AG Schweiz
흑색 지붕, 청색 & 회색 외관, 불투명, 프레임리스	

웹사이트 : www.herne.de(소유주) / www.hhs-architekten.de(에너지컨설턴트) / www.flabeg.com(태양광시공사)

사무실 건물 시공사례(17)_World Join Centre Milano(I)

Cold facade

국가	이탈리아	건축가	Arch. Marco Cerri & Urbam S.p.a.
소유주	Relive Compny S.p.a.	수상경력 / 인증	-
행정시설	2008~2010년 건물 및 태양광발전소. 동서측 건물외피 태양광발전패널 설치		

이 건물은 밀라노의 Portello 지역에 있다. 이 프로젝트의 주요 목표 중 하나는 건축적 특징, 하중지지 구조 및 자동화 시스템을 포함하여 건물의 생태학적 지속가능성을 보장하는 것이다. 이 프로젝트는 대체 에너지 솔루션을 사용기능 효율성과 환경 호환성을 결합한 것이다. 지붕에는 단결정 실리콘 태양전지모듈이 설치되고 건물의 짧은 면에는 CIS 태양광 패널이 결합되어 있다. 태양광발전소는 특히 10월부터 4월까지 겨울 동안 에너지 생산을 극대화하기 위해 신중하게 고안되었으며, 설계 전략은 B 등급으로 표시된 건물에너지 성능에 따라 난방 수요를 크게 줄였다.

규격, 사양, 설명서

태양전지 종류	Monocrystalline Thin Film
태양광모듈셀	CIS(Copper Indium Selenium); s-SI;
모듈	1071 Würth Solar CIS panels 75W(외관); 174 Monoc. silicon panels 220W(지붕)
발전용량(kWp)	57(동쪽 외관); 23(서쪽 파사드); 40(지붕)
크기(m^2)	1,035
연간 발전량(kWh/year)	99,400
에너지 컨설턴트	FAR SYSTEMS S.r.l.
태양광시공사	FAR SYSTEMS S.r.l.
흑색, 투명도 : 20%, 알루미늄 프레임	

웹사이트 : urbam@urbam.it(건축가) / www.farsystems.it(에너지컨설턴트) / www.farsystems.it(태양광시공사)

사무실 건물 시공사례(18)_Zicer Building Norwich(GB)

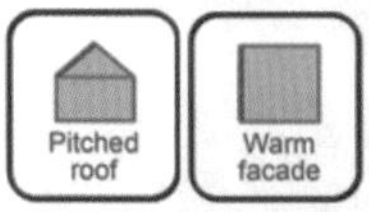

국가	영국	건축가	RMJM
소유주	University of East Anglia	수상경력 / 인증	RICS award regional high commendation sustainability 2005
행정시설	2003년 준공, 2003 태양광발전소 / 동측 정면지붕 태양광발전패널 설치		

이 건물은 East Anglia 대학의 국제적으로 인정받는 환경 과학 학교의 일부이다. 건물 상부의 태양광 유리 / 유리 라미네이트는 수직 파사드와 지붕을 형성하며 직사일광의 차폐를 제공하는 동시에 거주자의 전기 에너지를 제공한다. 유리가 포함된 위쪽 층은 최적의 조건에서 최대 33kW 전기를 생산한다. 이 건물은 연간 100kWh/m^{2}를 초과하지 않는 목표 에너지사용으로 캠퍼스의 많은 혁신적인 저에너지 건물을 능가하도록 설계되었다.

규격, 사양, 설명서

태양전지 종류	Monocrystalline Multicrystalline
태양광모듈셀	BP Solar high eff. Saturn technology(지붕), BP Solar high efficiency SiN mc-Si(외관)
모듈	BP Solar PowerGlas Laminates(194W & 80W)
발전용량(kWp)	27.16 & 6.72
크기(m^2)	265 & 85
연간 발전량(kWh/year)	22,650
에너지 컨설턴트	Element Energy
태양광시공사	N/A
어두운 청색 지붕과 크리스탈블루 외관, 투명 : 15%, 스틱시스템(Schüco) 커튼 월	

웹사이트 : www.herne.de(소유주) / www.jourda-architectes.com(건축가) / www.hhs-architekten.de(에너지컨설턴트)

3. 산업체 건물

산업체 건물 시공사례(1)_Böwe Cardtec Paderborn(D)

Cold facade

국가	독일	건축가	Völse & Rath－Architekten
소유주	Bauherrn Gemeinschaft Hilke Meier＋Peters	수상경력 / 인증	BDA award 1999 architecture in Schleswig-Holstein, 1st prize (German Architect's Association)
산업시설	2003년 준공, 2003 태양광발전소 / 남측 건물외피 태양광발전패널 설치		

이 건물은 스마트카드용 인쇄기를 생산하는 회사의 본사이며, 대표 오피스 빌딩이자 공장 빌딩이다. 건물은 목재 프레임 구조로 되어 있으며 외부는 유리로 둘러싸여 있고, 남쪽 외관은 PV-Laminate가 통풍이 되는 외관 시스템의 클래딩 재료를 사용하여 만들어졌다. 균일한 진한 파란색 단결정 태양전지는 검은색 배경에 사용되며 태양광 외관의 면적은 $80m^2$이다. 이 건물은 독일 저에너지 표준 "Niedrigenergiehaus"를 준수하여 단열이 잘되어 있다.

규격, 사양, 설명서

태양전지 종류	Monocrystalline
태양광모듈셀	N/A
모듈	ISOFOTON I-106, ISOFOTON I-53
발전용량(kWp)	9.65
크기(m^2)	80
연간 발전량(kWh/year)	N/A
에너지 컨설턴트	BIOHAUS PV Handels GmbH
태양광시공사	BIOHAUS PV Handels GmbH
다크 블루(배경), 불투명, 프레임	

웹사이트 : www.herne.de(소유주) / www.jourda-architectes.com(건축가) / www.hhs-architekten.de(에너지컨설턴트)

산업체 건물 시공사례(2)_CHP Plant Gelsia Seregno(I)

Cold facade

국가	이탈리아	건축가	-
소유주	Gelsia SPA	수상경력 / 인증	-
산업시설	2004년 준공, 2016년 태양광발전소 / 남, 동측 건물외피 태양광발전패널 설치		

Gelsia는 전기, 가스, 열의 생산과 환경 서비스를 제공하는 회사로 Seregno시에 위치한 CHP 공장의 소유주이다. 서로 다른 재생에너지 시스템을 혼합하고 건물의 미학을 개선하는 것의 중요성을 보여주기 위해 Solar Retrofit 시스템은 건물 남쪽 파사드와 20m 높이의 굴뚝 지지 타워의 남쪽과 동쪽을 결합하였다. Solar Retrofit 시스템을 사용하면 후방 환기, 반사체 재료 사용 및 최적의 경사 덕분에 태양광발전 시스템의 에너지 성능이 향상된다.

규격, 사양, 설명서

태양전지 종류	Multicrystalline
태양광모듈셀	Polycrystalline
모듈	PV Renesola 250 W
발전용량(kWp)	5.5(외관)+10.5(타워)
크기(m²)	20.4(외관)+57.6(타워)
연간 발전량(kWh/year)	-
에너지 컨설턴트	-
태양광시공사	Solar Retrofit
흑색, 불투명, 알루미늄 프레임	

웹사이트 : www.herne.de(소유주) / www.hhs-architekten.de(에너지컨설턴트)

산업체 건물 시공사례(3)_Elobau Factory 2 Leutkirch(D)

Louvres Balcony

국가	독일	건축가	-
소유주	elobau GmbH & Co KG	수상경력 / 인증	PROM of the year 2013, RWE
산업시설	2010~2012년 태양광발전소 / 남측 태양광발전패널 설치		

이것은 독일 Allgäu 지역에 있는 센서 제조업체 Elobau의 기존 공장 확장에 관한 것이다. 이 건물은 기존건물의 설계 원칙을 발전시켜 품질 요구사항을 변경하고 건물의 'elobau 친환경 아이디어'에 맞춰 개선되었다.

3,300m^{2}의 추가 공간은 광전지, 열 회수 및 마이크로 가스 터빈의 정교한 조합에 의해 구동된다.

한 해에 이 건물은 잉여 에너지를 공공 네트워크에 전기를 제공할 수 있으며, 230KWp의 대용량 발전기는 거의 모든 생산 단지와 그 위에 위치한 사무실 건물에 필요한 양을 공급한다. 태양광 패널은 일사차폐 시스템을 가지는 독립적인 철 구조물에 설치된다. 대부분의 태양광 패널은 불투명하나 개구부에 설치된 일부 패널은 50% 태양광 투과도를 가져 햇빛이 투과될 수 있다.

규격, 사양, 설명서

태양전지 종류	Monocrystalline
태양광모듈셀	-
모듈	-
발전용량(kWp)	190(지붕); 52(남쪽 외관)
크기(m^2)	-
연간 발전량(kWh/year)	-
에너지 컨설턴트	EGS-plan International GmbH w
태양광시공사	-
흑색, 불투명(~45%), 알루미늄 프레임, 무프레임(투명 태양광발전 패널)	

건물일체형 태양광발전 상세도

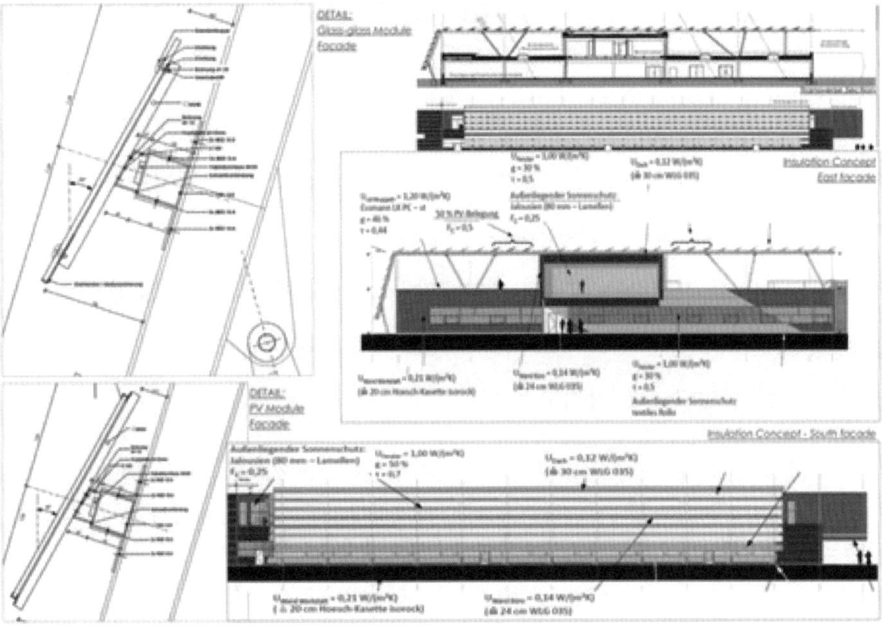

웹사이트 : www.herne.de(소유주) / www.jourda-architectes.com(건축가) / www.hhs-architekten.de(에너지컨설턴트)

산업체 건물 시공사례(4)_Flumroc Headquarter-Plus Energy Building Flums, Canton, Gallen(CH)

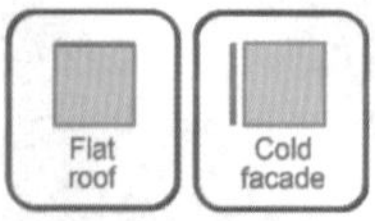

국가	스위스	건축가	Viriden+Partner AG, Zürich
소유주	Flumroc AG	수상경력 / 인증	
행정시설	1980년 건물, 2013~2014년 태양광발전소 / 남동서측 건물외피 태양광발전 패널 설치		

이 건물은 Flumroc의 사무실 건물로 에너지 자급 자족을 달성하고 지속가능성의 중요한 요구사항을 충족하는 에너지 전략 2020에 맞추어 개조되었다. 기존 단열부분의 건축을 보존하면서 진행하였고, 새로운 건물의 이미지 통합화로 외관을 태양광 시스템으로 설치하였다. 에너지 수요의 61%를 차지하는 지붕형 태양광발전소 외에 파사드(남동부, 남서부, 북동부)는 어두운 태양광 밴드와 창문이 교대로 사용되었으며, 북서쪽 파사드는 짙은 색상의 페인트로 칠해진 콤팩트한 단열구조를 가지고 있다.

규격, 사양, 설명서

태양전지 종류	Monocrystalline Thin Film
태양광모듈셀	- Monocrystalline(지붕); - CIS 기판유리(무카드뮴) 외관
모듈	- LG290N1C-G3(지붕); - Solar Frontier SF-170-S(외관)
발전용량(kWp)	71.3(지붕); 57.3(외관)
크기(m^2)	403(지붕); 413(외관)
연간 발전량(kWh/year)	63,500(지붕); 40,500(외관)
에너지 컨설턴트	Heizplan AG
태양광시공사	Gasser Fassadentechnik AG, St. Gallen
흑색, 불투명, 흑색의 아노다이즈드 알루미늄 프레임	

웹사이트 : www.heizplan.ch(소유주, 에너지컨설턴트, 태양광시공사) / www.atm3.ch(건축가)

산업체 건물 시공사례(5)_Heizplan Solar Park Gams, Canton St. Gallen(CH)

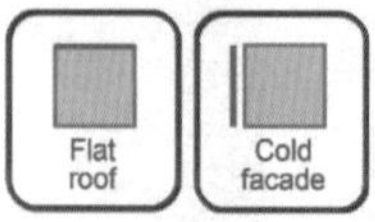

국가	스위스	건축가	atm3, Werner Vetsch
소유주	Heizplan AG	수상경력 / 인증	Swiss Solar Prize 2011 Cat. : B-New Building
산업시설	2010년 준공, 2010년 태양광발전소 / 남동측 건물외피 태양광발전패널 설치		

2010년 Heizplan사는 에너지 플러스 건물 형태로 에너지 효율적인 공장 및 사무실을 건설하여 '신축건물' 부문에서 스위스 태양광상을 수상했다. 삼중 유리창, 20~30cm의 단열 및 제어된 환기시스템 덕분에 건물은 Minergie 표준을 충족한다. 총 에너지 소비량은 약 13,000kWh/년이나 사용 가능한 발전량은 58,000kWh/년 이상으로 건물이 소비하는 에너지보다 4배 더 많은 에너지를 생산한다. 두 태양광발전소가 건물의 남쪽 및 동쪽 정면에 결합되어 총 생산량의 24%를 생산한다. 남쪽은 수직으로 된 흑색 단결정 모듈이 창문을 번갈아가며 동쪽은 적색-갈색 비결정 모듈이 주변 경관을 비춘다. 평평한 지붕에 20° 경사로 중첩되어 시스템이 설치된 대형 플랜트와 2개의 추적 시스템이 설치되어 60.6kWp의 시스템 용량이다. 태양광발전으로 작동하는 히트 펌프는 난방과 온수에 필요한 에너지를 생성한다. 나머지 열저장은 $25m^2$의 대형 태양열 발전소에서 공급된다.

규격, 사양, 설명서

태양전지 종류	Monocrystalline Thin Film
태양광모듈셀	-
모듈	3S(Sud 외관); Schott Solar(주 정면); Schuco MPE 190(지붕); Schuco MPE 230(추적기)
발전용량(kWp)	28.2(외관); 36.9(지붕); 3.7(추적기)
크기(m^2)	104(주 정면); 88(sud 외관); 248(지붕)
연간 발전량(kWh/year)	19,500(외관); 36,900(지붕); 68,000(전체)
에너지 컨설턴트	Heizplan AG
태양광시공사	Heizplan AG
흑색(지붕), 적갈색(주 정면), 불투명, 흑색 프레임	

웹사이트 : www.heizplan.ch(소유주, 에너지컨설턴트, 태양광시공사) / www.atm3.ch(건축가)

산업체 건물 시공사례(6)_High-pressure Pump Station Rietli Goldach(CH)

Cold facade

국가	스위스	건축가	-
소유주	Regionalen Wasserversorgung St.Gallen AG RWSG	수상경력 / 인증	-
기타시설	2015년 태양광발전소 / 동서남측 건물외피 태양광발전패널 설치		

고압의 펌프 시설인 Rietli II는 Regional Water Supply St.Gallen AG RWSG의 건물이다. 남동부 및 남서부 부분은 476개의 검은색 BIPV 유리 / 유리 모듈이 특징이며, 43개 주택에 전기를 공급할 수 있는 130.7kWp 용량의 BIPV 시스템이다. 모듈은 레인 스크린 파사드의 클래딩 요소로 설치되고 라미네이트 모듈 클램프로 장착된다. 흑색 모조품을 이용해서 완벽히 건물의 파사드를 채웠고 외관 전체를 흑색으로 통일시켰다.

규격, 사양, 설명서

태양전지 종류	Monocrystalline
태양광모듈셀	Monocrystalline silicon
모듈	ViaSolis SUPREME glass / glass 275Wp
발전용량(kWp)	131
크기(m^2)	950
에너지 컨설턴트	Maxwave AG
태양광시공사	Schwager
흑색, 불투명, 프레임리스	

웹사이트 : www.rwsg.ch(소유주) / www.maxwave.ch(에너지컨설턴트) / www.schwagerbedachungen.ch(태양광시공사)

산업체 건물 시공사례(7)_KKLB Fassade Landessender, Canton Lucerne(CH)

Cold facade

국가	스위스	건축가	Kobler
소유주	KKLB – Kunde	수상경력 / 인증	-
산업시설	1931년 준공, 2014년 태양광발전소 / 남동측 건물외피 태양광발전패널 설치		

이 건물은 루체른주 Landerssender에 있는 KKLB 본사의 기존건물에 파사드 일부를 re-cladding한 것이다. 이것은 BFE가 지원하는 시범 파일럿 플랜트이며, 남서쪽 파사드는 30개의 태양광모듈이 설치되고 금속, 단열 플레이트로 고정하였다. 모든 흑색 패널은 흑색 금속 프레임 시스템을 가지고 있어 적절한 통풍 및 동일한 태양광 표면을 형성한다.

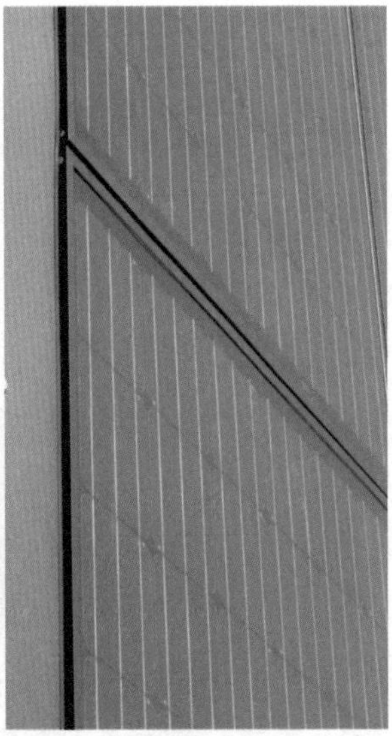

규격, 사양, 설명서

태양전지 종류	Monocrystalline
태양광모듈셀	-
모듈	KIOTO-WOIOK 250Wp
발전용량(kWp)	7.5
크기(m²)	48
연간 발전량(kWh/year)	5,308
가격€/m²)	520
에너지 컨설턴트	BE NETZ
태양광시공사	BE NETZ
흑색, 불투명, 흑색 프레임	

웹사이트 : www.kklb.ch(소유주) / www.benetz.ch(에너지컨설턴트, 태양광시공사)

산업체 건물 시공사례(8)_OpTIC Technium St. Asaph(GB)

Cold facade

국가	영국	건축가	Percy Thomas Architects
소유주	Welsh Development Agency	수상경력 / 인증	Eurosolar 2004 RICS Building of the Year Award
행정 / 산업시설	2008년 태양광발전소 / 남측 곡선지붕 건물외피 태양광발전패널 설치		

OpTIC Center는 광전자 산업의 R & D를 제공하기 위해 Welsh Development Agency에 의해 건설되었다.이 건물에는 CIS 기술을 적용한 가장 큰 PV 공장이 있으며 영국에서 처음으로 적용되었다. PV는 초기 단계부터 설계 개념의 필수부분이며 건물 외관의 특징적인 요소이다. 전체 외관은 수평으로 기울어진 태양광 패널 700개로 클래딩하였다. 파사드는 지붕이 되어 아래에 갤러리를 만든다.

규격, 사양, 설명서

태양전지 종류	Thin Film
태양광모듈셀	구리 인듐 디셀레니드(CIS)
모듈	2400 CIS 쉘 패널
발전용량(kWp)	84
크기(m^2)	1,000
연간 발전량(kWh/year)	67,635
에너지 컨설턴트	PV Systems
태양광시공사	PV Systems
진한 회색, 불투명, EETS Ltd 엔지니어링 장착 시스템 프레임	

웹사이트 : http://wales.gov.uk(소유주) / www.ptp-architects.com.hk(건축가) /
www.pvsystems.com(에너지컨설턴트, 태양광시공사)

산업체 건물 시공사례(9)_Riedel Recycling Morse(D)

Cold facade

국가	독일	건축가	N/A
소유주	Riedel Recycling GmbH	수상경력 / 인증	N/A
산업시설	2008년 태양광발전소 / 남측 경사지붕 태양광발전패널 설치		

건축 자재의 제조 및 저장 산업인 Riedel Recycling은 이전에 석탄 처리에 사용되었던 오래된 건물에 박막 태양광발전소를 설치했다. 11,000여 개의 Cadmiun Telluride(CdTe) 모듈을 사용하였고 미국 기업인 First Solar에서 설치하였다. 최대 용량은 837kWp이고, 지붕에 설치된 박막 필름의 태양광 시설의 넓이는 독일에서 가장 큰 9,500m^{2}이다.

규격, 사양, 설명서

태양전지 종류	Thin Film
태양광모듈셀	N/A
모듈	First Solar의 CIS 모듈
발전용량(kWp)	837
크기(m^2)	9,500
연간 발전량(kWh/year)	750,000
에너지 컨설턴트	Solaxis GmbH
태양광시공사	Solardach GmbH
진한 회색, 불투명, 프레임리스 모듈	

웹사이트 : www.riedel-recycling.de(소유주) / www.solaxis.de(에너지컨설턴트) / www.das-solardach.de(태양광시공사)

산업체 건물 시공사례(10)_New Hall 3 of RP Technik Bönen(D)

Warm facade

국가	독일	건축가	Planungsteam Krynowjewski & Nita
소유주	RP Technik GmbH Profilsysteme	수상경력 / 인증	-
산업시설	2008년 태양광발전소 / 동측 태양광발전패널 설치		

독일 Bönen에 있는 RP Technik 본사의 새로운 부속건물은 박막 태양전지를 결합한 구조의 유리 외관이 특징이다. 가로, 세로대 구조의 건축 시스템은 케이블링 시스템을 보이지 않게 태양전지 결합을 하기 위해 특별히 개발된 특수 프로파일을 기반으로 한다. 동쪽 파사드에는 투명도가 다른 박막 태양전지가 단열 유리에 삽입된다. 파사드의 위쪽 부분과 중앙 부분은 완전히 불투명한 태양전지 유리를 결합하는 반면 다른 모든 부분은 수평 태양전지 밴드가 있는 반투명 유리이며 아래 부분은 일반 유리 외관이다. 지붕의 태양광발전소와 함께 총 에너지 생산량은 공장 소비의 30%를 공급한다.

규격, 사양, 설명서

태양전지 종류	Thin Film
태양광모듈셀	CIS Thin film
모듈	1260*2480*38(mm)
발전용량(kWp)	8.4
크기(m^2)	120
연간 발전량(kWh/year)	3,460
에너지 컨설턴트	RP Technik GmbH Profilsysteme
태양광시공사	PEM GesmbH, Mauthausen
검은색, 투명도 : 45%, 강관 프로파일 60mm 프레임	

웹사이트 : www.rp-technik.com(소유주, 에너지컨설턴트) / www.planungsteam-kn.de(건축가) / www.pem.com(태양광시공사)

산업체 건물 시공사례(11)_Tobias Grau Lighting HQ Hamburg(D)

Warm facade

국가	독일	건축가	Bothe-Richter − Teherani
소유주	Frankiska Grau for Tobias Grau KG	수상경력 / 인증	BDA award 1999 architecture in Schleswig-Holstein, 1st prize (German Architect's Association)
산업시설	2001년 준공, 2001년 태양광발전소 / 남측 정면유리 태양광발전패널 설치		

이 건물은 빛에 관하여 혁신적인 디자인의 콘셉트로 제작되었다. 함부르크의 Rellingen에서 BRT는 조명 생산 업체인 Tobias Grau를 위해 개발의 주요 요소인 원통형 튜브를 통해 관리 및 창고를 수용하는 혁신적인 디자인 콘셉트를 제작했다. 남쪽 외관은 에너지 및 햇빛 차단 기능이 있는 반투명 PV 커튼월이 특징이다.

규격, 사양, 설명서

태양전지 종류	Monocrystalline
태양광모듈셀	RWE Solar(EFG polycrystalline 100x100mm)
모듈	Sain Gobain glass solar
발전용량(kWp)	5.04 + 13.01
크기(m^2)	51 + 128
에너지 컨설턴트	Wennemuth Elektrotechnik
태양광시공사	Frener & Reifer
다크 블루, 부분적 반투명, 프레임리스(외관), 프레임리스 유리(구조용 실란트 유리)	

웹사이트 : www.tobias-grau.com(소유주) / www.brt.de(건축가) / www.wennemuth.com(에너지컨설턴트) / www.frener-reifer.com(태양광시공사)

산업체 건물 시공사례(12)_Logistic Center V-Zug Zugo, Canton Zugo(CH)

Cold facade

국가	스위스	건축가	Betrix & Consolascio Architekten AG
소유주	V-Zug AG	수상경력 / 인증	-
산업시설	2009년 준공, 2009년 태양광발전소 / 동서측 정면유리 태양광발전패널 설치		

이 건물은 스위스 Zug에 있는 V-Zug 물류 센터이다. 건물은 V-Zug를 트럭의 도킹 사이트로 사용한다. 콤팩트한 형태와 겨울과 여름의 저온 변동을 유지하기 위해 사용되는 이중 외관 파사드 덕분에 높은 효율성을 갖도록 고안되었다. 태양광발전소는 주변 경관을 반영하여 건물의 흥미롭고 중요한 이미지를 형성하는 데 기여하는 적층 단열 안전유리 모듈과 함께 남쪽 파사드에 결합된다. 몇 년 후 또 다른 중요한 태양광발전소가 지붕에 설치되었다. 이 초경량 태양전지시스템은 가장 큰 동서 시스템 중 하나이다. 이 정렬의 장점은 면적별 모듈 전력이 더 높은 패킹 밀도로 지붕 표면의 최적 활용을 하는 것이다. 공기 역학적으로 최적화된 모양 덕분에 모듈을 통해 흐르는 공기가 난기류 없이 이동하며, 연간 에너지 생산을 통해 약 50가구에 필요한 에너지를 공급할 수 있다.

규격, 사양, 설명서

태양전지 종류	Multicrystalline
태양광모듈셀	Sunpower cells 125x125mm(외관) Multicrystalline 156×156mm(지붕)
모듈	VSG 1000×4500mm(외관) 988 Trina Solar Honey 255W(지붕)
발전용량(kWp)	19.25(외관); 252(지붕)
크기(m^2)	1800(지붕)
연간 발전량(kWh/year)	220,000(지붕)
에너지 컨설턴트	Ertex Solar GmbH(외관) Hefti Hess Martignoni AG(지붕)
태양광시공사	Suntechnics Fabrisolar AG(지붕)
흑색, 불투명, 프레임리스(외관), 알루미늄 합금(지붕)	

웹사이트 : www.tobias-grau.com(소유주) / www.brt.de(건축가) / www.wennemuth.com(에너지컨설턴트) / www.frener-reifer.com(태양광시공사)

4. 스포츠센터

스포츠센터 시공사례(1)_Ice Rink Skating Laufen, Kanton Basel(CH)

국가	스위스	건축가	미공개
소유주	미공개	수상경력 / 인증	-
주택	2012년 준공, 2012년 남측 경사지붕 태양광발전패널 설치		

이 아이스 링크 스케이트장은 Laufen, Centon Basel의 철도 및 기차역 근처에 있다. 이 건물은 180kWp의 피크 전력을 가진 태양광 시스템이 설치된 목재 프레임 지붕으로 지어진 것이 특징이다. 그리드 연결형의 연간 생산량은 약 165,000kWh이며 약 42가구의 수요를 충족시키기에 충분하다. 1,730개의 검정 태양광모듈의 하부는 알루미늄 지지 구조에 설치되어 있어 표면이 균일하다.

규격, 사양, 설명서

태양전지 종류	단결정질
태양광모듈셀	-
모듈	-
발전용량(kWp)	180
크기(m^2)	1,300
연간 발전량(kWh/year)	165,000
에너지 컨설턴트	Sundesign FmbH www.sundesign.ch
태양광시공사	EBL www.ebl.ch
흑색, 불투명, 프레임리스 모듈	

웹사이트 : www.sundesign.ch(에너지컨설턴트) / www.ebl.ch(태양광시공사 EBL)

스포츠센터 시공사례(2)_Paul Horn Arena Tübingden(D)

국가	스위스	건축가	Allman & Satter & Wappener & Architekten / www.allmannsattlerwappner.de
소유주	튀빙겐시	수상경력 / 인증	2006년 독일 철강 건축상, 2007년 국제올림픽위원회 / 스포츠 및 레저 시설에 대한 국제교류 협회상, 2009년 "독일의 에너지 효율적인 아키텍처"에 대한 Wustenrot Foundation 2008 디자인상 수상
주택	2004년 준공, 2004년 태양광발전 설비 / 남서측 건물외피 태양광발전패널 설치		

다기능 스포츠 홀은 건물 개념의 4가지 외관적인 특징을 가지고 있다. 북서쪽 정면은 완경사 등반 벽으로 형성되어 있으며, 길거리 농구장, 스케이트 및 스케이트 보드 시설은 남동쪽 외벽을 따라 배치되어 있고 남서쪽 벽은 태양광으로 이루어졌다. 점 고정 시스템에 의해 고정된 흰색 배경에 녹색 단결정질 태양전지로 구성된 특수 모듈 덕분에 태양광 벽은 주변 자연환경과 잘 어우러진다. 이 건물은 2009년 휴고상을 수상했다.

규격, 사양, 설명서

태양전지 종류	다결정질
태양광모듈셀	Sunways Emerald green solar cells
모듈	GSS Gebäude-Solar-Systeme GmbH, Custom made.
발전용량(kWp)	48.7
크기(m²)	420
연간 발전량(kWh/year)	30,000
에너지 컨설턴트	TransSolar Energietechnik Gmbh, Stuttgart www.transsolar.com
태양광시공사	-
흑색, 불투명, 프레임리스 모듈	

건물일체형 태양광발전모듈 상세도

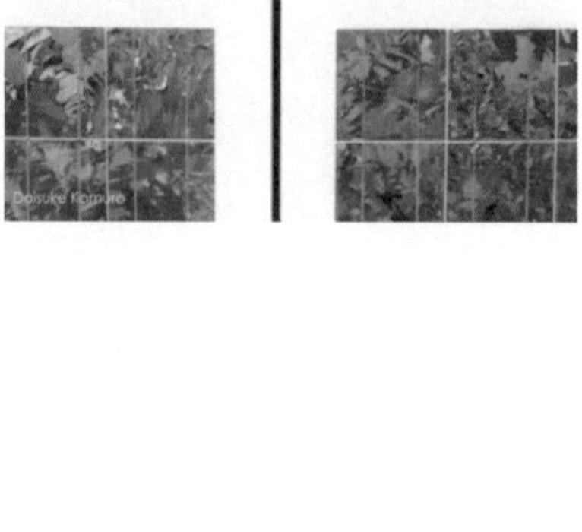

웹사이트 : www.tuebingen.de

스포츠센터 시공사례(3)_Solar Roof Hallenbad-Buchensall Speicher, St.Gallen(CH)

국가	스위스	건축가	RAB Rutz + Bänziger Architekten www.rab-architekten.ch
소유주	Municipality Speicher AR	수상경력 / 인증	-
주택	2015년 준공, 2014년 태양광발전시설 / 남서측 경사지붕 태양광발전패널 설치		

이 건물은 1977년에 실내 수영장과 도서관을 수용하기 위해 지어졌다. 2014~2015년에 건물이 리노베이션되었고 전체 이중 방향 경사 지붕이 태양광 지붕으로 완전히 교체되었다. 새로운 태양광 지붕에는 유지보수 작업을 위한 스노우 가드 및 빌레이 시스템이 제공되며 모듈의 색을 어두운 표면으로 하여 전체적으로 어두운 지붕과 같은 질감의 외관을 가진다.

규격, 사양, 설명서

태양전지 종류	단결정질
태양광모듈셀	-
모듈	Megasol Nicer M260-60-b & M130-30-b
발전용량(kWp)	173.29
크기(m^2)	1,100
연간 발전량(kWh/year)	155,000
에너지 컨설턴트	St.Gallisch-Appenzellische Kraftwerke AG www.sak.ch
태양광시공사	Streule & Alder AG www.streule.ch
검은색, 불투명, 프레임리스 모듈	

웹사이트 : www.speicher.ch(태양광시공사) / www.sak.ch(에너지 컨설턴트)

스포츠센터 시공사례(4)_Stade de Suisse Berne(CH)

국가	스위스	건축가	Luscher Architectes Schwaar & Partner www.luscher-architectes.ch
소유주	Stade de Suisse Wankdorf Nationalstadion AG	수상경력 / 인증	스위스 태양광상 2005. 유로 솔라 2005
주택	2005년 준공, 2009년 태양광발전시설 준공 / 동서측 경사지붕 태양광발전패널 설치		

베른시의 스타드 드 스위스는 2001년 철거된 완크 도르프 스타디움의 부지에 건립되었다. 새로운 경기장의 수용 인원은 약 32,000명이다. 경기장에 대한 현대적인 콘셉트에 따라 건설되었는데 이 구조는 경기뿐만 아니라 매일 열리는 여러 사회적 행사에도 사용된다. 또한 건설 중에 태양광 태양전지판이 지붕일체형으로 시공되어 전 세계 경기장 중 가장 넓은 태양광 시스템 중 하나가 되었다. 피크 전력은 1MW 이상이다.

규격, 사양, 설명서

태양전지 종류	다결정질
태양광모듈셀	-
모듈	Kyocera KC167GH-2(5'122 units): Kyocera KC175GHT-2(2'808 units)
발전용량(kWp)	855+487
크기(m^2)	6,541+3,586
연간 발전량(kWh/year)	700,000+434,045
에너지 컨설턴트	Tritec www.tritec-energy.com
태양광시공사	Tritec www.tritec-energy.com
진한 파랑, 불투명, 알루미늄 고정 프레임 모듈	

웹사이트 : www.stadedesuisse.ch

스포츠센터 시공사례(5)_Stadio Bentegodi Verona(IT)

국가	이탈리아	건축가	-
소유주	City of Verona-ASGM	수상경력 / 인증	스위스 태양광상 2005. 유로 솔라 2005
주택	1963년 준공, 2009년 태양광발전시설 / 경사지붕 태양광발전패널 설치		

이탈리아 스타디움에 설치되어 있으며 유럽에서 가장 큰 태양광 시스템 중 하나이다. 이 프로젝트 덕분에 오래된 지붕은 규범적 요구사항에 따라 13,000개 이상의 태양광모듈로 전부 교체되었다. 약 1MW의 피크 전력으로 550톤의 CO_2를 감축하고 약 400가구에 에너지를 공급할 수 있다. 비용은 관세 및 지방 자치 단체에 대한 지출 없이 20년 안에 상환된다.

규격, 사양, 설명서

태양전지 종류	박막 태양전지
태양광모듈셀	-
모듈	13.321 / First Solar FS-275(thin film)
발전용량(kWp)	999
크기(m^2)	9,600
연간 발전량(kWh/year)	929,000
에너지 컨설턴트	-
태양광시공사	Juwi srl+Iscom spa www.juwi.it
진한 회색, 불투명, Riverclack-Iscom으로 장착된 프레임 없는 모듈	

웹사이트 : http://comune.verona.it(소유자) / www.juwi.it(태양광시공사)

스포츠센터 시공사례(6)_Stade de Suisse Berne(CH)

국가	스위스	건축가	saviiz fabrizzi architectes www.sf-ar.ch
소유주	EnAlpin AG Visp(Plant)	수상경력 / 인증	Swiss Solar Price 2012
주택	1963년 준공, 태양광발전시설 / 남측 경사지붕 태양광발전패널 설치		

주로 대학을 위해 설계된 스포츠 센터는 3개의 독립적인 홀로 구성되어 있다. 컴팩트한 크기, 에너지 효률적인 건물외피 및 제어된 환기 기능으로 마네르기(스위스 친환경 건축인증) 표준을 달성했다. 경사진 지붕에 통합된 태양광 시스템 덕분에 이 건물은 Swiss Solar Price 2012를 받았다. 15°의 경사로 남쪽에 설치된 3개의 지붕 1,200m^2 전체에 고효율다결정태양광 모듈로 시공했다. 매년 145kW의 발전용량으로 130,500kWh/y의 전력을 생산한다. 이 태양광 시스템은 스포츠센터 에너지 수요의 45%를 담당한다.

규격, 사양, 설명서

태양전지 종류	단결정질
태양광모듈셀	Polyctystalline(cell 156*156)
모듈	Kyocera KD245GH-2PB
발전용량(kWp)	145
크기(m^2)	1,200
연간 발전량(kWh/year)	130,500
에너지 컨설턴트	TRITEC AG Schweiz www.tritec-energy.com
태양광시공사	TRITEC AG Schweiz www.tritec-energy.com
진한 회색, 불투명, Riverclack-Iscom으로 장착된 프레임 없는 모듈	

웹사이트 : www.enalpin.ch

5. 역사적 건물

역사적 건물 시공사례(1)_Affoltern i.E. / BE / Switzerland

Pitched roof

국가	스위스	건축가	Anliker Christian
소유주	Anliker Christian	수상경력 / 인증	-
주택	1765년 준공, 2015년 PV시설 / 동남측 경사지붕 태양광발전패널 설치		

이 구조물은 문화재 대상 건물에 태양광발전을 적용시킬 수 있다는 것을 보여주고 있는데 원래의 경관을 해치지 않으면서 태양광발전을 적용했다. 지붕을 대상으로 태양광발전 기능이 있는 타일을 피복하면서 원래의 문화재적 경관과 가치를 손상시키지 않았다고 평가된다.

규격, 사양, 설명서

태양전지 종류	단결정질
태양광모듈셀	-
모듈	MegaSlate Ⅱ -185
발전용량(kWp)	85
크기(m^2)	550
연간 발전량(kWh/year)	74,000
에너지 컨설턴트	-
태양광시공사	Clevergie gmbh www.clevergie.ch
검은색, 불투명, 프레임 없는 모듈	

웹사이트 : www.ch-anliker.ch(소유자) / www.clevergie.ch(태양광시공사)

역사적 건물 시공사례(2)_Alpine chalet Kuhn Brissago Canton Ticino(CH)

국가	스위스	건축가	미공개
소유주	Fam. Kuhn, Brissago	수상경력 / 인증	-
주택	2009년 태양광발전완공 / 경사지붕 태양광발전패널 설치		

이 알파인 샬레는 광둥 티치노(CH) 브리사고고의 산악 지역에 위치해 있다. 민간 주택인데 BIPV로 시공했다. 전통 지붕의 타일 부분에 BIPV를 시공했다. 지붕 타일 윗 부분은 고효율 단결정 태양전지로 이루어진 12개의 모듈 MegaSlate로 대체되었고 연간 2,130kWh/y 발전할 수 있도록 1.78kWp 용량의 태양광발전시설이 시공되었다. PV 타일은 기존 지붕보다 뛰어난 수밀성능을 가지고 있다.

규격, 사양, 설명서

태양전지 종류	단결정질
태양광모듈셀	-
모듈	MegaSlate 148Wp
발전용량(kWp)	1.78
크기(m^2)	-
연간 발전량(kWh/year)	2,130
에너지 컨설턴트	TRITEC AG Schweiz, Zwei-gniederlassung www.tritec-energy.com
태양광시공사	TRITEC AG Schweiz, Zwei-gniederlassung www.tritec-energy.com
검은색, 불투명, 프레임 없는 모듈	

웹사이트 : www.tritec-energy.com(에너지 컨설턴트) / www.tritec-energy.com(태양광시공사)

역사적 건물 시공사례(3)_Private house in Flums, Canton St. Gallen(CH)

Pitched roof

국가	스위스	건축가	미공개
소유주	Ursi and David Wildhaber Family	수상경력 / 인증	-
주택	1700년 준공, 2010년 태양광발전완공 / 경사지붕 태양광발전패널 설치		

300년 된 개인주택을 BIPV로 시공한 것은 광저우 세인트 갈렌의 건축에 기념비가 되었다. 역사적인 건물에 대한 보수적인 이유로 처음으로 무효화된 건축 허가증은 2년 후 발표되었으며 건물은 또한 스위스 태양상 2011을 받았다. 개성을 중시한 새로운 지붕은 PV 셀의 환기 및 냉각을 위해 10~12cm의 내부 공간과 잘 연계하여 기존의 곡선형 지붕을 대체한 것이다. 새 지붕은 전체 가정의 전기 수요를 충족시키는 것 외에 대기 중의 물질과 열화로부터 건물을 보호할 수 있도록 하면서 도시 경관을 잘 살리고 있다.

규격, 사양, 설명서

태양전지 종류	-
태양광모듈셀	-
모듈	-
발전용량(kWp)	9.5
크기(m^2)	-
연간 발전량(kWh/year)	10,000
에너지 컨설턴트	-
태양광시공사	-
검은색, 불투명, 프레임 없는 모듈	

웹사이트 : usriwildhaber@yahoo.de(소유자)

역사적 건물 시공사례(4)_Roman Catholic Parish St. Peter and Paul Ettinggen, Canton Basel(CH)

Pitched roof

국가	스위스	건축가	미공개
소유주	Roman Catholic Parish of Ettingen	수상경력 / 인증	-
주택	1914년 준공, 2013년 태양광발전완공 / 남측 경사지붕 태양광발전패널 설치		

에팅겐의 로마 가톨릭 교회는 마을 남서쪽에 있는 작은 언덕에 위치해 있다. 원래 건물에 대한 공사는 교회의 세계적인 이미지와 경관을 수정하지 않고 완전한 BIPV 지붕을 만드는 것을 목표로 했다. 커버리지 남쪽에는 PV 단결정 모듈로 만든 382m^2 규모의 공장이 설치되어 오래된 지붕의 타일을 교체했다.

규격, 사양, 설명서

태양전지 종류	단결정질
태양광모듈셀	Monocrystalline Silicon(156×156)
모듈	JaSolar Jam6(BK) 60-255/SI
발전용량(kWp)	60
크기(m^2)	382
연간 발전량(kWh/year)	57,000
에너지 컨설턴트	Solvatec AG www.solvatec.ch
태양광시공사	Solvatec AG www.solvatec.ch
검은색, 불투명, 프레임 없는 모듈	

웹사이트 : www.solvatec.ch(에너지 컨설턴트) / www.solvatec.ch(태양광시공사)

6. 농업용 건물

농업용 건물 시공사례(1)_Laupeer Pilot Installation Gasel(BE-CH)

Pitched roof

국가	스위스	건축가	미공개
소유주	미공개	수상경력 / 인증	-
주택	1914년 준공, 2013년 태양광발전완공 / 남측 경사지붕 태양광발전패널 설치		

이 건물의 지붕 개조는 관련 조경 및 환경적 가치가 있는 상황에서 태양광 PV 지붕을 실험할 수 있는 기회가 되었다. 지붕의 시스템은 대각선으로 위에서 아래로 겹쳐진 사각형 타일로 만들어졌다. 결정질 태양전지는 강화 유리의 외부 시트와 테들라의 내부 시트 사이에 배열되었다. 가장 자리는 습기 침투를 방지하고 구성 요소의 내구성을 보장하기 위해 프레임 없이 밀봉되어 있다. 태양광 타일은 특별히 설계된 방수 고정 장치를 사용하여 기본 하중지지구조물에 부착된다. 지붕의 가장자리에는 지붕(가장자리 타일)을 사용하여 지붕을 깔끔하게 마감하였다.

규격, 사양, 설명서

태양전지 종류	단결정질
태양광모듈셀	-
모듈	PV shingles, Solaire France®
발전용량(kWp)	22.4
크기(m^2)	166
연간 발전량(kWh/year)	20,800
에너지 컨설턴트	미공개
태양광시공사	미공개
검은색, 불투명, 프레임 없는 모듈	

건물일체형 태양광발전 상세도

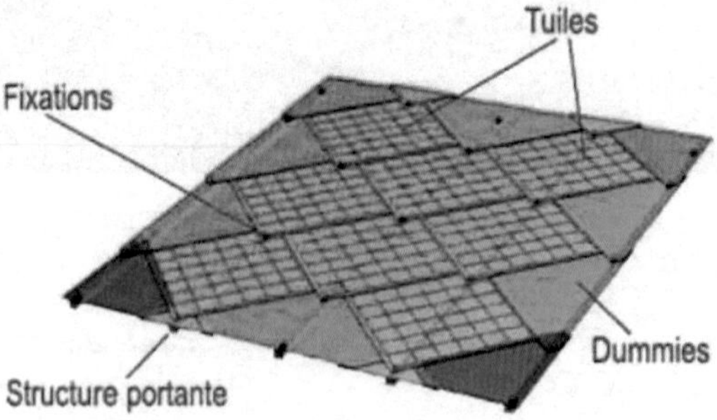

Solaire France

농업용 건물 시공사례(2)_Etable communautaire de moosboden Melchnau(BE)-CH

Pitched roof

국가	스위스	건축가	Zaugg AG Rohrbach / Hans Spielmann
소유주	-	수상경력 / 인증	-
주택	2010년 태양광발전완공 / 남측 경사지붕 태양광발전패널 설치		

Energie Waser Bern, 산업 서비스 Betriebe Langenthal 및 Moosboden 커뮤니티는 태양광 패널 설치를 위해 지붕의 두 경사면 중 하나를 사용하기로 선택했다. 넓고 균일한 표면을 덮는 설치는 미학적으로 건물에 잘 통합되어 있다. 패널은 타일 표면에 장착되어 통풍이 잘 되는 에어 갭으로 방수 처리되어 열을 회수하여 건초를 건조시킨다. 이 시설은 개조되지 않은 70채의 주택에 전기를 공급할 수 있지만 250개의 Minergie-P(마르기니-P(패시브 하우스에 대한 자발적 표준 에너지효율과 유사한 표준)) 개조한 주택에 필요한 가정용 온수, 난방 및 전기에 필요한 모든 전력을 확보할 수 있다.

규격, 사양, 설명서

태양전지 종류	단결정질
태양광모듈셀	-
모듈	130*88*6.5cm
발전용량(kWp)	264
크기(m^2)	1,885
연간 발전량(kWh/year)	250,000
에너지 컨설턴트	Pvenergie AG / Stefan Bigle, Niederönz
태양광시공사	Jugend Solar Projekt Greenpeace
검정 배경에 진한 파랑, 불투명, 프레임 없는 모듈	

웹사이트 : 없음

농업용 건물 시공사례(3)_Ogg landwirtscraft Regensdorf-Watt(CH)

Pitched roof

국가	스위스	건축가	미공개
소유주	Ogg Philip	수상경력 / 인증	-
주택	1979년 준공, 2013년 태양광발전완공 / 동서남북 경사지붕 태양광발전패널 설치		

소유자의 의지가 개입되어 실현된 이 건물은 이 지역에서 가장 큰 PV 시스템 중 하나이다. 취리히주의 Regensdorf-Watt에 위치한 농업 공예품 Ogg 농장은 주거용 주택과 농장 생산에 사용되는 다양한 건물로 구성되어 있다. 그중 더 큰 농업용 창고에는 총 1,740m^{2}의 태양광모듈이 설치되어 있다. 연간 220,329kWh의 에너지를 생산하며 이는 120가구의 전력 소비를 감당할 수 있는 규모다. 시스템을 추가 설치하여 사용해도 상단과 처마에 마감 시스템을 사용하여 기존 적용범위에 포개져 패널의 환기가 가능하며 표면도 균일하다.

규격, 사양, 설명서

태양전지 종류	다결정질
태양광모듈셀	Poly 156*156
모듈	n° 1064 modules JAP6-60-255(BK)/SI 255Wp
발전용량(kWp)	271.82
크기(m²)	1,740
연간 발전량(kWh/year)	220,329
에너지 컨설턴트	-
태양광시공사	WIndGate AG www.windgate.solarlon-web.ch
진한 파랑, 불투명, 프레임 없는 모듈	

웹사이트 : www.oggonline.ch(소유자) / www.windgate.solarlon-web.ch(태양광시공사)

농업용 건물 시공사례(4)_WERNER FARM Allschwill, Canton Basel(CH)

Pitched roof

국가	스위스	건축가	미공개
소유주	Hans Werner	수상경력 / 인증	-
주택	2011년 태양광발전완공 / 남측 경사지붕 태양광발전패널 설치		

바젤주에 있는 Allschwill의 농업 지역에 Tritec Schweiz AG는 Werner Garm 소유의 농업 건물에 태양광 시스템의 설계 및 설치를 담당했다. 이 건물은 경사진 지붕을 태양광발전 패널로 시공한 대표적인 지붕일체형 태양광발전 건물이다. 이 시스템은 대부분의 빗물은 태양광모듈 위로 흐르게 하고 나머지는 물을 모으기 위해 특별히 개발된 프로파일에서 수집 및 배출되어 지붕이 방수 처리된다. 또한 건물 부착형 태양광 시스템으로 덮인 건물의 다른 부분을 고려할 때 연간 총 140,576kWh의 에너지를 생산할 수 있는 총 512개의 최대 전력 110.08kWpm의 모듈이 설치되어 있다.

규격, 사양, 설명서

태양전지 종류	다결정질
태양광모듈셀	54 cells multi-crystalline(156*156mm)
모듈	KYOCERA KD215GH-2PU
발전용량(kWp)	110.08
크기(m^2)	-
연간 발전량(kWh/year)	104,576
에너지 컨설턴트	TRITEC AG Schweiz www.tritec-energy.com
태양광시공사	TRITEC AG Schweiz www.tritec-energy.com
검은색, 불투명, 검정 알루마이트 프레임	

웹사이트 : www.tritec-energy.com(에너지 컨설턴트) / www.tritec-energy.com(태양광시공사)

7. 도시구조물

도시구조물 대상 시공사례(1)_Town hall Ludesch(A)

Pitched roof

국가	오스트리아	건축가	Herrmann Kaufmann ZT GmbH www.kaufmann.archbuer
소유주	Municipality of Ludesch	수상경력 / 인증	2006년 오스트리아 태양에너지상 수상
주택	2006년 태양광발전완공 / 남측 경사지붕 태양광발전패널 설치		

이 시설은 투명한 박막 태양전지로 시공된 광장 지붕 태양광발전이며 적설중량을 충분히 견딜 수 있도록 설계되었다. 태양광모듈은 2.5m^2 크기이며 한 개 모듈의 무개는 93kg이다. 마을의 광장에 설치되어 있고 비를 막고 빛을 통과시킨다.

규격, 사양, 설명서

태양전지 종류	단결정질
태양광모듈셀	transparent Sunways Solar Cells, 125
모듈	120 Ertex Solar glass laminate panels
발전용량(kWp)	19.08
크기(m^2)	204.2
연간 발전량(kWh/year)	16,000
에너지 컨설턴트	Ertex Solar www.ertex-solar.at
태양광시공사	Solatech Matis info@matis-solartech.at
청색, 투명도 : 17.5%, 프레임 없는 모듈	

웹사이트 : www.ludesch.at(소유자) / www.ertex-solar.at(에너지컨설턴트) / info@matis-solartech.at(태양광시공) / www.kaufmann.archbuer(건축설계)

도시구조물 대상 시공사례(2)_PV Pavillion Potsdam(D)

국가	독일	건축가	Ortner & Ortner Baukunst www.ortner.au
소유주	University of Applied Sciences Potsdam	수상경력 / 인증	-
주택	2006년 태양광발전완공 / 남측 경사지붕 태양광발전패널 설치		

이 건물은 도시 유휴공간에 태양광 패널을 설치한 프로트타입이다. 높이는 4m이고 폭 1m, 길이 35m인 태양광발전 파사드를 설치했다. 지지대는 철제구조물이며 태양전지는 유리 위에 있다. 유리창의 안쪽 면에는 구리 띠가 유리 뒤에 보이며 정교하게 시공된 벽 클래딩(오트너)으로 되어 있다.

규격, 사양, 설명서

태양전지 종류	단결정질
태양광모듈셀	transparent Sunways Solar Cells, 125
모듈	120 Ertex Solar glass laminate panels
발전용량(kWp)	19.08
크기(m^2)	204.2
연간 발전량(kWh/year)	16,000
에너지 컨설턴트	Ertex Solar www.ertex-solar.at
태양광시공사	Solatech Matis info@matis-solartech.at
검정, 불투명, 스틸 프레임	

웹사이트 : www.fh-potsdam.de(소유자) / www.ortner.au(건축설계) / www.ertex-solar.at(에너지컨설턴트) / info@matis-solartech.at(태양광시공사)

도시구조물 대상 시공사례(3)_Solar E-Carpot Feldkirch-Tosters(A)

Pitched roof

국가	오스트리아	건축가	MGT-esys GmbH www.mgt-esys.at
소유주	MGT-Mayer Glastechnik	수상경력 / 인증	-
주택	동서남북 캐노피 태양광발전패널 설치		

충전 소켓과 통합 조명이 있는 이 프로토 타입 카포트 및 서비스 스테이션은 Feldkirch의 MGT Mayer Glass GmbH Tosters 본사에 설치되었다. 아연도금강으로 시공된 카포트의 구조에 대해, 3중 적층 안전유리의 단결정질 BIPV이 설치된다. 측면은 기존의 유리가 열화방지용으로 사용된다. 캐노피에 설치된 28개의 PV 모듈은 길이 11.4m, 깊이 2.9m로 3,100Wp의 용량을 가지고 있어 전기 자동차로 11,500km/y를 주행할 수 있는 충분한 에너지인 2,900kWh/y를 생산한다. PV 모듈은 셀의 간격을 변화시켜 투명도와 음영계수를 조절할 수 있도록 설계되었다.

규격, 사양, 설명서

태양전지 종류	단결정질
태양광모듈셀	-
모듈	MGT-esys Verbund
발전용량(kWp)	3.1
크기(m^2)	33
연간 발전량(kWh/year)	2,900
에너지 컨설턴트	MGT-esys GmbH www.mgt-esys.at
태양광시공사	MGT-esys GmbH www.mgt-esys.at
청색, 불투명, 금속 프레임	

웹사이트 : www.mgt.at(소유자) / www.mgt-esys.at(건축설계) / www.mgt-esys.at(에너지 컨설턴트) / www.mgt-esys.at(태양광시공사)

도시구조물 대상 시공사례(4)_Greeting to the Sun Istarska obala Zadar(Croatia)

Pitched roof

국가	크로아티아	건축가	Nikola Basic d.i.a.
소유주	Grad Zadar city	수상경력 / 인증	-
주택	동서남북 평지바닥 태양광발전패널 설치		

자다르(크로아티아) 해안에서 실현된 이 도시 구조물은 “태양에 인사하는 것”이라고 불린다. 유약이 깔린 바닥에 구성된 정교하고 독창적인 설치물로, 직경 22.5m의 원형 면적(프로메나드의 돌 보도에 고정)을 만드는 300개의 PV 플레이트가 완전히 걸을 수 있고 그 아래에 10,000개의 태양전지 격자가 있다. 낮에 생산되는 에너지는 밤중에 역동적인 빛을 연출하는데 사용된다. 각각의 단일 전구는 예술성이 있고 메시지를 보내고, 그래프를 형성하고, 단어를 쓰기 위해 컴퓨터에 의해 작동되는 다양한 색상을 구현할 수 있다. PV에 의해 생산된 에너지는 프로메의 일반적인 조명에 사용된다. 이 프로젝트는 재생에너지, 에너지효율 및 도시지역의 개발과 관련된 독특한 사례로 평가된다.

규격, 사양, 설명서

태양전지 종류	단결정질
태양광모듈셀	
모듈	328 VSG 6/1 /12 walkable (max. 1.102×1.102mm)
발전용량(kWp)	15
크기(m^2)	380
연간 발전량(kWh/year)	46,500
에너지 컨설턴트	Sergej Skocic d.i.el.(light)
태양광시공사	Zelimir Ivanovic d.i.el.
청색, 불투명, 금속 프레임	

웹사이트 : www.grad-zadar.hr

8. 기타 건물

기타 시공사례(1)_Beijing Railway Station, Beijimg(China)

국가	중국	건축가	Terry Farrell & Partners(TFP)
소유주	China Ministry of Railways	수상경력 / 인증	2009 : Royal Institute of British Architects (RIBA) International Award for its design; American Institute of Architects Hong Kong Chapter Merit Award for Architecture
주택	기차역 지붕과 양쪽 캐노피 구조물에 2008년 태양광발전패널 설치		

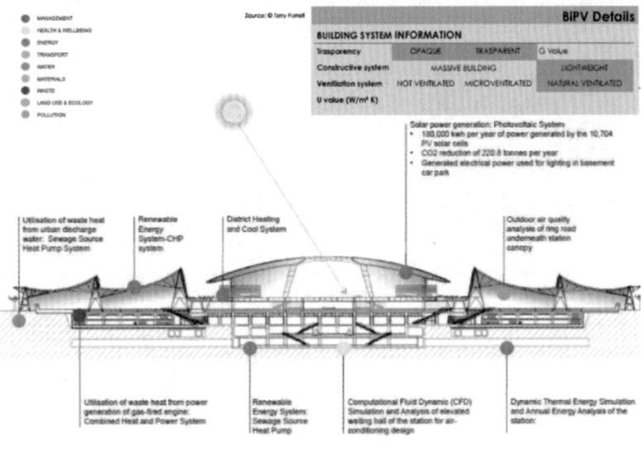

109년 된 오래된 기차역의 리모델링을 실시하였다. 지하철, 택시, 기차 등 다양한 교통시설의 허브 역할을 수행하고 있다. 가오리처럼 보이는 타원형 구조가 인상적이며, 중앙 지붕과 양쪽의 측면 캐노피 구조로 태양광을 설치하였다. 채광창에 자연환기와 태양광발전을 위한 설비를 설치하였다. 고효율 CIS 기술이 적용된 박막형 PV 설비와 유리와 사용되었으며, 투명한 유리 위에 격자형태의 태양광모듈 패턴을 생성하였다. 전기 생산 외에 그늘을 통한 에너지 절감을 추진한다. 생산된 전기에너지는 주차장 조명에 활용되며, 연간 220t의 CO_2 배출량 절감 효과가 있다.

규격, 사양, 설명서

태양전지 종류	박막형
태양광모듈셀	-
모듈	5.200 CIGS modules Wurth Solar 75W (605×1,205mm)
발전용량(kWp)	390
크기(m²)	3,750
연간 발전량(kWh/year)	180,000
에너지 컨설턴트	Ruihua Construction Corporation(RHC)
태양광시공사	Ruihua Construction Corporation(RHC)
검은색, 반투명, 프레임 없음	

웹사이트 : www.bjrailwaystation.com.cn(소유주)

기타 시공사례(2)_BP Solar Showcase, Birmingham & Baglan Bay(UK)

Pitched roof

국가	영국	건축가	Arup + Ove Arup & Partners
소유주	BP Solar	수상경력 / 인증	-
주택	1998년 BP 솔라에서 남향으로 태양광발전패널 설치했다가 현재 장소로 이전한 것임		

버밍엄에서 열린 G8 정상회담 개최에 맞추어 6주 만에 제작하였다. 최신의 태양광 기술을 적용하였으며, 효율 최적화를 위해 경사진 남향 곡면형 태양광을 지붕과 벽에 설치하였다. 태양광 흡수 및 차폐를 통한 그림자를 생성하였으며, 설치 이후, 사우스 웨일즈의 Baglan Bay로 이전되었다.

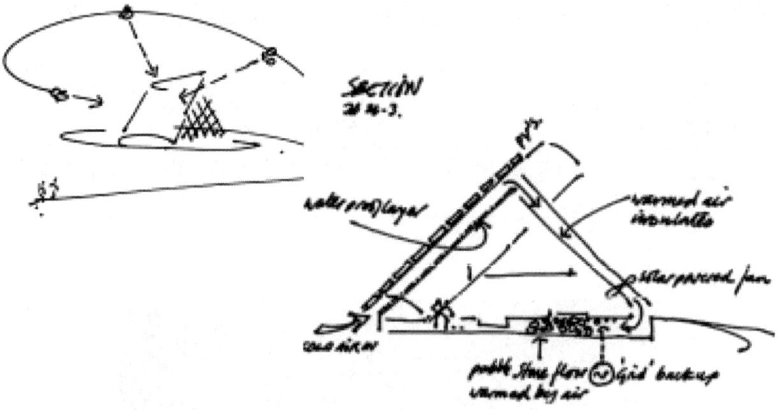

규격, 사양, 설명서

태양전지 종류	단결정질
태양광모듈셀	BP Solarex
모듈	BP Solar
발전용량(kWp)	15
크기(m^2)	3,750
연간 발전량(kWh/year)	
에너지 컨설턴트	Arup + Ove Arup & Partners
태양광시공사	Wallach Energies
진청색, 흰색 배경, 불투명, 알루미늄 프레임	

웹사이트 : www.arupassociates.com(소유주)

기타 시공사례(3)_Multi-storey parking(NL)

Pitched roof

국가	뉴질랜드	건축가	Arup + Ove Arup & Partners
소유주	R. Uytenhaak Architectenbureau	수상경력 / 인증	-
주택	2004년주차장 건물 남향벽에 박막형 태양전지 태양광발전시설 시공		

Zwolle 중심에 있는 주차장 건물의 외관에 태양광설비를 설치하였다. 일반 유리창 대신 벽면형 태양광 구조를 도입하였으며, PV 모듈이 빔 구조의 프레임에 설치되었다. 건물의 정면에 설치되었으며, 각각의 창 단위별로 입체감 있게 설치되었다.

규격, 사양, 설명서

태양전지 종류	박막형
태양광모듈셀	a-Si
모듈	Schott Solar
발전용량(kWp)	27
크기(m^2)	650
연간 발전량(kWh/year)	15,000~20,000
에너지 컨설턴트	Oskomera
태양광시공사	Oskomera
진청색, 흰색 배경, 불투명, 알루미늄 프레임	

웹사이트 : www.oskomera.nl(소유주)

기타 시공사례(4)_SwissTech Convention Center, Lausanne(Ch)

Pitched roof

국가	스위스	건축가	Richter Dahl Rocha & Associés
소유주	Credit Suisse Real Estate Fund Living Plus; EPFL	수상경력 / 인증	Special recognition Awards -Architectural Award Building-Integrated Solar Technology 2014; PPP Competition1st Prize
주택	2014년 녹색 등 5종의 색으로 컨벤션센터 서쪽 벽면에 설치한 태양광발전시설		

제네바 호수 지역에 있는 EPFL의 북부 지구에 위치한 SwissTech 컨벤션 센터는 516명의 학생들이 이용하는 캠퍼스 건물이다. 공공광장 주변에 위치한 컨벤션 센터는 이목을 끄는 중요한 건물로써, 산화처리된 알루미늄 지붕과 아래쪽의 유리 외관과 조화를 이룬다. 다중염료감응형 광전지(Grätzel 기술) 기술을 적용하여 서쪽 벽면에 차양 형태로 패널을 65색의 기둥 형태로 배열하였으며, 빨강, 녹색, 주황색 등 5가지의 색이 실내 홀로 전달될 수 있도록 구성하였다. 태양광설비는 태양광에 의한 과열을 방지하고, 전기를 생산한다.

규격, 사양, 설명서

태양전지 종류	염료감응형 태양전지
태양광모듈셀	Multicolored Dye-Sensitized solar cell -Grätzel Cells
모듈	1,400 solar modules(35×50cm) – Solaronix LP4M-3550W19-PS(10Wp)
발전용량(kWp)	2
크기(m^2)	250
연간 발전량(kWh/year)	2,000
에너지 컨설턴트	Romande Energie; Michael Grätzel, researcher EPFL
태양광시공사	Betelec SA / Solaronix
빨강, 녹색, 오렌지 등 다양한 색, 30% 빛 투과, 알루미늄 프레임	

웹사이트 : www.arupassociates.com(소유주)

기타 시공사례(5)_Matterhorn Glacier Paradise, Klein Matterhorn(Ch)

Pitched roof

국가	스위스	건축가	Peak Architects
소유주	Zermatt Bergbahnen AG	수상경력 / 인증	-
주택	2009년 알프스 마테호른 산의 산장레스토랑에 태양광발전시설을 시공		

2008년 9월 겨울 시즌을 맞아 남쪽 산에 태양광설비를 이용한 레스토랑을 개장하였다. 태양광을 이용하여 난방과 환기에 필요한 에너지를 생산하며, Minergie-P 표준 요구사항을 준수하여 설계하였다. 해발 3,883m에 이르는 고산지역 특성을 고려하여 특수 모듈과 특수 접착제를 이용하였으며, 향후 더욱 많이 도입될 태양광설비의 초기 활용단계라고 할 수 있다.

규격, 사양, 설명서

태양전지 종류	단결정질
태양광모듈셀	Ersol
모듈	108 3S custom made modules
발전용량(kWp)	22
크기(m^2)	170
연간 발전량(kWh/year)	37,000
에너지 컨설턴트	sol-E Suisse AG
태양광시공사	3S Swiss Solar Systems AG
진청색, 불투명, 프레임 없음	

웹사이트 : www.zermatt.ch(소유주)

기타 시공사례(6)_Kriegerhornbahn, Lech(A)

Pitched roof

국가	오스트리아	건축가	Architekturburo Riemelmoser
소유주	Skilifte Lech Ing. Bildstein GmbH	수상경력 / 인증	-
주택	2004년 해발 2,137m 스키리조트의 남쪽 벽면에 시공한 태양광발전시설		

버밍엄에서 열린 G8 정상회담 개최에 맞추어 6주 만에 제작하였다. 최신의 태양광 기술을 적용하였으며, 효율 최적화를 위해 경사진 남향 곡면형 태양광을 지붕과 벽에 설치하였다. 태양광 흡수 및 차폐를 통한 그림자를 생성하였으며, 설치 이후 사우스 웨일즈의 Baglan Bay로 이전되었다.

규격, 사양, 설명서

태양전지 종류	단결정질
태양광모듈셀	12,000 Sunways Power Cells
모듈	las /EVA/Power Cell/tempered glass SOL 109/147/128/96 PH
발전용량(kWp)	9.5
크기(m^2)	150
연간 발전량(kWh/year)	8,550
에너지 컨설턴트	Solarnova
태양광시공사	Fischerwerke Artur Fischer GmbH & Co.
진청색, 10% 투과율, 유리 피팅 시스템	

웹사이트 : www.skiarlberg.at(소유주)

기타 시공사례(7)_Piz de Plaies, San Martino in Badia, Bolzano(I)

Pitched roof

국가	이탈리아	건축가	Ing. Matteo Ruzza, Elektro Clara
소유주	Piz de Plaies S.A.S.	수상경력 / 인증	1° prize "Solar Technology and project quality : Architectural PV integration", by Energy Services Operator(GSE) and the Directorate General Directorate for Landscape, Fine Arts, Architecture and Contemporary Art(PABAAC) of the Heritage Ministry and Cultural Activities,
주택	2009년 스키리조트에 일사차폐 및 캐노피형으로 남향과 서향에 시공한 태양광발전시설		

Pian de Corones의 고도 1622m 스키리조트에 있는 관광 숙박 시설. 2010년에 GSE e PABAAC에서 주관하는 "Solar Technology and project quality : Architectural PV integration" 대회에서 1등상을 수상하였다. 반투명 사다리꼴 PV 모듈을 독창적인 나선형 형상으로 구성하였다. 케이블이 보이지 않도록 목재 하중지지 구조를 설치하였으며, 다결정질 태양전지와 강화유리를 이용하여 캐노피 형태로 제작하였다.

규격, 사양, 설명서

태양전지 종류	다결정질
태양광모듈셀	-
모듈	40 Ertex solar VSG 10/12(1,400×2,500mm)
발전용량(kWp)	7.04
크기(m^2)	-
연간 발전량(kWh/year)	9,000
에너지 컨설턴트	Ertex Solar GmbH
태양광시공사	Elektro Clara S.A.S.
검은색, 35% 투과율, 알루미늄 프레임	

웹사이트 : www.electroclara.com(소유주)

기타 시공사례(8)_Energy Bunker, Hamburg Wilhelmsburg(D)

Pitched roof

국가	독일	건축가	HHS Planer + Architekten AG
소유주	Freie und Hansestadt Hamburg	수상경력 / 인증	European Solar Prize 2013; IBA Excellence Awards 2013; Special Mention Architizer Award 2014; Special Mention German Design Award 2015;
주택	2012년 대피소 건물의 외부에 시공한 태양광발전시설로서 유럽의 3개 단체의 상을 수상한 것임		

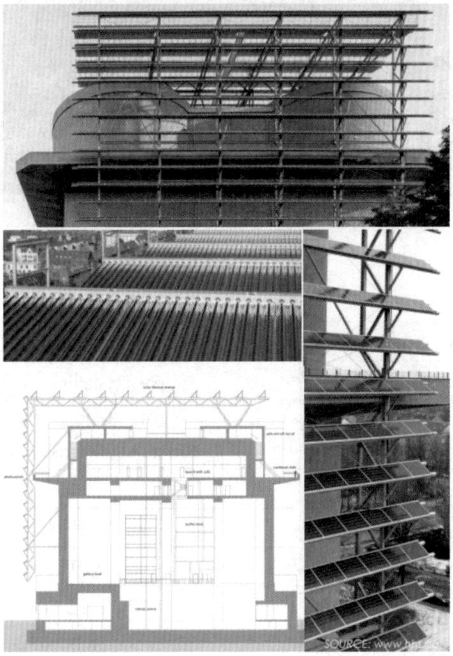

함부르크 빌헬름스부르크 지역의 대피소 리모델링 프로젝트는 모범적인 사례로, 거대한 콘크리트 건물의 본래 특성을 유지하면서 외부 쉘 형태를 개조하는 모습이다. 태양광설비, 바이오매스 플랜트, 열병합 발전, 이렇게 3가지의 에너지 설비가 결합되어 있으며, 중앙실에 위치한 거대한 열 저장소 덕분에 에너지 벙커는 약 3,000가구에 열과 전력을 공급할 수 있다. 이 탱크는 2,000,000리터의 물을 수용할 수 있으며 태양열, 바이오 가스, 목재 연소 시스템 및 주변 지역의 산업 공정에서 발생하는 열로 전원이 공급된다. 태양열 집열기는 건물의 남측에 설치된 철골 구조의 파사드 지붕과 PV 패널에 설치되어 있다. 850kW 이상의 출력이 가능하다.

규격, 사양, 설명서

태양전지 종류	다결정질
태양광모듈셀	polycrystalline Si 6.2"(156×156mm)
모듈	SOLON Blue 230/07, 250W(facade); Ritter XL Solar(vacuum collectors on roof)
발전용량(kWp)	823.5
크기(m^2)	지붕 1,350, 벽체 670
연간 발전량(kWh/year)	79,000(MWh/year)
에너지 컨설턴트	Hamburg Energie
태양광시공사	BLIS Solar, Hannover
청색, 불투명, 철제 프레임	

웹사이트 : www.hamburg.de(소유주)

기타 시공사례(9)_GreenPix, Zero Energy Media Wall, Beijing(China)

Pitched roof

국가	중국	건축가	Simone Giostra & Partners Architects; ARUP
소유주	Mr. Zhang Yongduo, Jingya Corporation	수상경력 / 인증	World Architecture Festival 2008－Shortlisted
주택	LED 디스플레이 건물의 벽면을 유리 커튼월 BIPV로 2008년 시공한 것으로서 다결정질 태양전지 채택		

GreenPix Media Wall이라고 하는 획기적인 커튼월 시스템은 올림픽 경기장 근처에 있는 베이징의 Xicui Entertainment Complex에 적용된 디지털미디어 파사드이다. 인터랙티브 스킨은 매우 큰 LED 디스플레이 빌딩으로 (2,292 컬러 RGB-LED)와 중국에서 유리 커튼월에 통합된 최초의 PV 시스템이다. Greenpix는 낮 동안 태양 에너지를 흡수하여 밤에는 2.200m^2 화면을 비추게 된다. 건물의 외관은 광고나 공공 예술 공간을 위한 화면으로 활용된다. 다결정 PV 셀은 다양한 패턴에 따라 커튼월의 반투명 유리 내에 적층된다. 해당 설비를 활용하여 일부 자연광을 흡수하고 열흡수를 줄이며, 배치구조에 따라 주변 풍경을 반사해 보여주게 된다. 강철 트러스 하부 구조는 후방 건물 외벽에 고정된다.

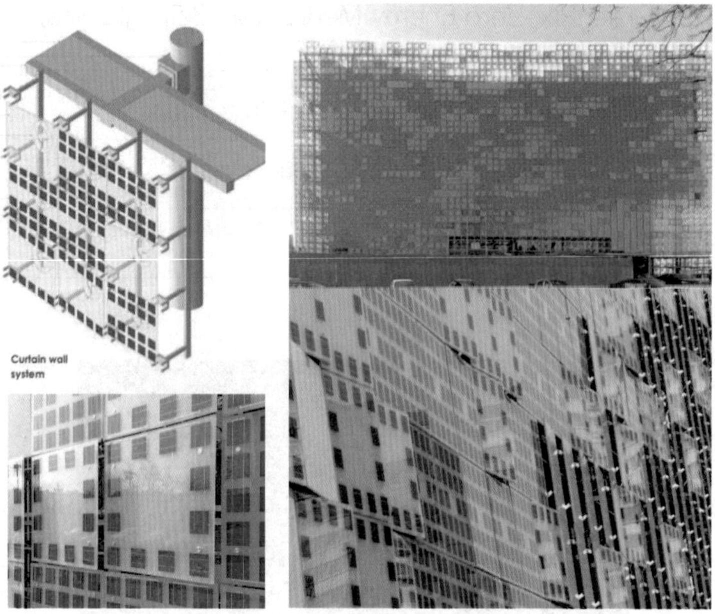

규격, 사양, 설명서

태양전지 종류	다결정질
태양광모듈셀	-
모듈	34200 PVpolycrystalline silicon cells-Sunways
발전용량(kWp)	-
크기(m^2)	2,200
연간 발전량(kWh/year)	
에너지 컨설턴트	Schuco International KG; Sunways AG
태양광시공사	-
진청색, 반투명, 프레임 없음	

웹사이트 : www.jingya.com(소유주)

기타 시공사례(10)_+E Kita Marburg, Vitosareal, Marburg(D)

Pitched roof

국가	독일	건축가	Opus Architekten
소유주	Marburg	수상경력 / 인증	-
주택	2013년 독일의 2층 유치원 건물을 대상으로 시공한 태양광발전시설		

독일 중부 마르부르크시의 유치원으로, 콘크리트 구조와 목재 지붕, 전면 유리로 구성된 2층 건물이다. 1층에는 투명한 유리면을 배치하고, 2층에는 짧은 측면 유리면을 통해 정원이 내려다 보이게 하였다. 안전유리를 이용하여 만든 PV 모듈 적층구조로 검은색의 균일한 배경을 배치하였다.

SOURCE: ertex solar

규격, 사양, 설명서

태양전지 종류	단결정질
태양광모듈셀	BP Solarex
모듈	360 Ertex solar VSG EVO 4/4(637×1,507mm)
발전용량(kWp)	55
크기(m^2)	365
연간 발전량(kWh/year)	-
에너지 컨설턴트	Ertex Solar GmbH
태양광시공사	AGEB Elektrotechnik
검은색, 불투명, 프레임 없음	

웹사이트 : www.marburg.de(소유주)

기타 시공사례(11)_El Centre Del Mon, Perpignan(F)

국가	프랑스	건축가	L35 Architetcts
소유주	El Centre del Mon; Metrovacesa Mediterranee	수상경력 / 인증	-
주택	고속철역에 위치한 다목적 복합단지에 길이 200m 통로 상부 공간에 태양광발전 시설 시공		

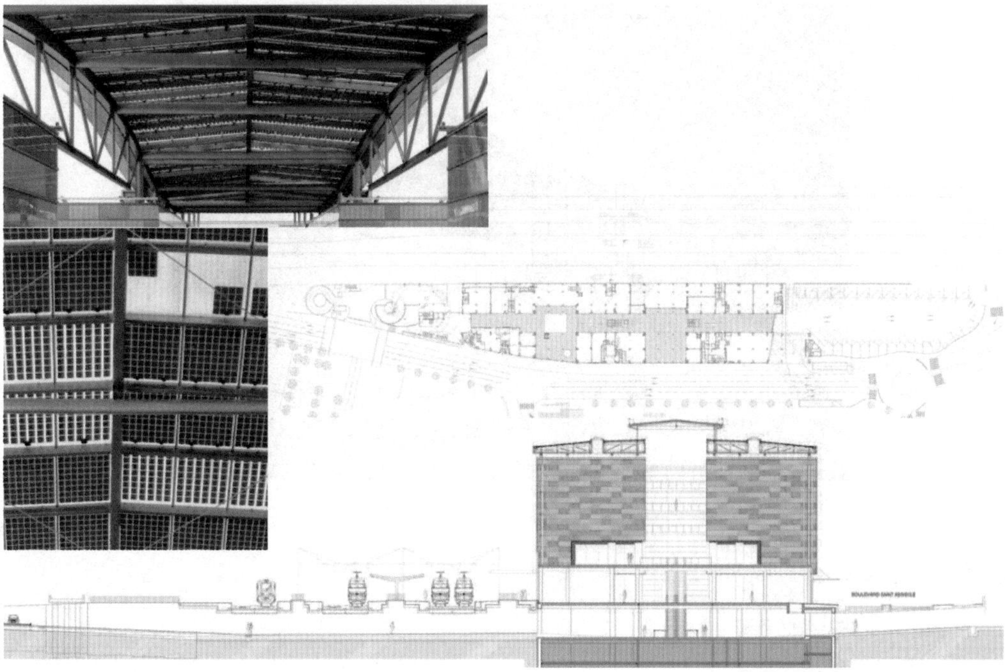

"엘 센터 델 몬"은 쇼핑센터, 호텔, 사무실을 포함하는 다목적 복합단지로 프랑스 고속 기차역에 위치하고 있다. 선형 축을 기반으로 물결 모양의 볼륨감이 특징이다. 전체 길이 200m로 새로운 도시의 상징이 되었으며, 다양한 색상의 패널이 유명하다. 높이 25m의 철 구조물에 설치된 파도 모양은 폭이 14m로 반투명 PV 모듈로 이루어진 퍼즐 구조이며, 85가지 형태가 있다. 이러한 구조는 전력 생성뿐 아니라 건축물 열흡수에도 관여한다.

규격, 사양, 설명서

태양전지 종류	다결정질
태양광모듈셀	-
모듈	CENIT-ISSOL(aminated safety glass PV modules)
발전용량(kWp)	232
크기(m^2)	2,800
연간 발전량(kWh/year)	-
에너지 컨설턴트	ISSOL
태양광시공사	ISSOL
검은색, 반투명, 철제 프레임	

웹사이트 : www.centredelmon.com, www.metrovacesa.es(소유주) / www.L35.com(건축설계) /
www.issol.eu(에너지 컨설턴트 겸 태양광시공사)

기타 시공사례(12)_Konya Science Center, Konya(Turkey)

Pitched roof

국가	터키	건축가	A Proje Alchemy Studio
소유주	Konya Büyükşehir Belediyesi	수상경력 / 인증	-
주택	2013년 대학 연구센터 지붕에 시공한 태양광발전시설		

터키에서 세 번째로 큰 도시인 Konya에 위치한 과학 및 기술교육 기관으로 본관, 플라네타리움 돔, 전망대 등이 있다. 지붕은 직경 110m, 높이 30m로 우산과 같은 4층 콘크리트 구조물을 덮고 있으며, 풍력과 태양광을 이용하여 전기를 생산한다. 투명한 유리는 태양광이 부착되어 있으며, 생산된 전기에너지는 배터리에 저장된다.

규격, 사양, 설명서

태양전지 종류	다결정질
태양광모듈셀	-
모듈	78 VSG 4/4 dimensions 1.671×1.758mm
발전용량(kWp)	11.55
크기(m^2)	134
연간 발전량(kWh/year)	
에너지 컨설턴트	Ertex Solar GmbH
태양광시공사	Wallach Energies
청색, 반투명, 프레임 없음	

웹사이트 : www.konya.bel.tr, www.kbm.org.tr(소유주) / www.aproje.com, www.alchemystudio.com(건축설계) / www.ertex-solar.at(에너지 컨설턴트)

기타 시공사례(13)_Meyer Hospital, Florence(IT)

Pitched roof

국가	이탈리아	건축가	CSPE(Study centre for building design)
소유주	Meyer Hospital	수상경력 / 인증	-
주택	1998년 BP 솔라에서 남향으로 태양광발전패널 설치했다가 현재 장소로 이전한 것임		

플로렌스의 소아과센터의 확장 프로젝트는 주변 자연 및 건축 환경에 대한 큰 감성을 드러내는 '모방 솔루션'으로 새로운 온실 형태가 특징이다. 첨단 기술과 환경의 공존이라는 주제로 설계되었으며, 시너지 효과를 창출할 수 있도록 일반유리에 PV를 적용하였다.

규격, 사양, 설명서

태양전지 종류	다결정질
태양광모듈셀	mc-Si(14'500)
모듈	custom made(by Solon S.p.a)
발전용량(kWp)	33
크기(m^2)	350
연간 발전량(kWh/year)	35,000
에너지 컨설턴트	MSA Associats
태양광시공사	Solon S.p.a(ex Se Project)
크리스탈 블루, 부분적으로 투명, 프레임 없는 유리	

웹사이트 : www.meyer.it(소유주) / www.cspe.net(건축설계) / www.solon.it(태양광시공사)

기타 시공사례(14)_Avalanche Shelter, Frasco(TI-CH)

Pitched roof

국가	스위스	건축가	Nicola Baserga & Christian Mozzetti
소유주	Municipality of Frasco	수상경력 / 인증	-
주택	2009년 눈사태 대피 건물을 대상으로 시공한 태양광발전시설, 지붕 옥상에 박막 태양전지 설치		

Frasco시에서는 고위험 지역에 거주하는 주민에게 눈사태 경보가 발생할 경우 대피할 수 있는 임시 주택을 제공하고 있다. 이 건물에는 전용 욕실이 있는 12개의 방이 있으며 관광용으로도 사용될 수도 있다고 한다. 지붕의 상단에 박막 라미네이트를 지지하는 유연한 PV 시스템을 설치하였다.

규격, 사양, 설명서

태양전지 종류	박막 태양전지
태양광모듈셀	a-Si triple junction Unisolar PVL-136
모듈	General Membrane – General Solar PV
발전용량(kWp)	22
크기(m^2)	360
연간 발전량(kWh/year)	20,350
에너지 컨설턴트	Ecosinergie Sagl
태양광시공사	Ecosinergie Sagl
진청색, 불투명, 알루미늄 프레임, 유연성 있는 재료	

웹사이트 : www.frasco.ch(소유주) / www.basergamozzetti.ch(건축설계) / www.ecosinergie.ch(에너지 컨설턴트 겸 태양광시공사)

기타 시공사례(15)_Welios Wels, Bremerhaven(D)

국가	독일	건축가	Archinauten
소유주	Welios Betriebs-GmbH	수상경력 / 인증	-
주택	1998년 BP 솔라에서 남향으로 태양광발전패널을 설치했다가 현재 장소로 이전한 것임		

Welios는 과학박물관으로 단단한 껍질을 가진 거대한 몸체가 열리고 그 내부의 에너지에 의해 형성되었다는 건축의미를 지니고 있다. 움푹 들어간 공간으로 박물관 내부를 엿볼 수 있고 주제별 공간이 배치되어 있다. BiPV는 건물의 벽면과 지붕에 배치되어 있다.

규격, 사양, 설명서

태양전지 종류	단결정질과 다결정질
태양광모듈셀	sc/mc-Si
모듈	Laminated safety glass(roof)
발전용량(kWp)	8.8
크기(m^2)	77
연간 발전량(kWh/year)	6,700
에너지 컨설턴트	Petri & Tiemann GmbH
태양광시공사	Ertex solartechnik
검은색, 50% 투과율, 철제 프레임	

웹사이트 : www.bean-bremerhaven.de(소유주) / www.archinauten.com(건축설계) / www.ertex-solar.at(태양광시공사)

기타 시공사례(16)_BMW Welt, Munchen-Bayer(D)

Pitched roof

국가	독일	건축가	Wolf Prix of COOP HIMMELB(L)AU
소유주	Bayerische Motoren Werke Ak- tiengesellschaft	수상경력 / 인증	Selected landmark of 2008(part of the initiative "Germany－Land of Ideas", RIBA European Award 2008(Royal Institute of British Architects), WAF Award 2008
주택	BMW의 본사 및 박물관 건물의 옥상 공간에 고면 태양관패널로 시공했고 여러 가지 상을 수상함		

기존의 BMW 타워와 박물관의 공간 구성을 잘 확장하면서 태양광발전을 도입하여 이상적인 설계가 되도록 하였다. 설계안은 조각 지붕이 있는 대형 광선 투과 홀을 만들면서 이 회사 본사 건물과 잘 어울리는 더블 콘으로 계획되었다. 건물의 복잡한 형태 때문에 태양광 패널의 배열을 기하학적으로 잘 배치함으로써 전체적인 미관을 잘 살렸다고 평가된다.

규격, 사양, 설명서

태양전지 종류	단결정질과 다결정질
태양광모듈셀	-
모듈	3'660 SOLARWATT(M220-60 GET LK BLACK)
발전용량(kWp)	823.5
크기(m²)	8,000
연간 발전량(kWh/year)	-
에너지 컨설턴트	Transsolar & Baumgartner
태양광시공사	SunStrom
검은 점이 있는 진청색, 불투명, 프레임 있음	

웹사이트 : www.bmw.com(소유주) / www.coophimmelblau.at(건축설계) / www.baumgartnergmbh.de(에너지컨설턴트) / www.sunstrom.de(태양광시공사)

기타 시공사례(17)_California Academy of Sciences, San Francisco, U.S.A.

Pitched roof

국가	미국	건축가	Renzo Piano Building Workshop incollaboration with Stantec Architecture
소유주	California Academy of Sciences	수상경력 / 인증	-
주택	캘리포니아주 과학원에 태양전지 60,000개로 연간 213,000kWh의 전력을 공급함		

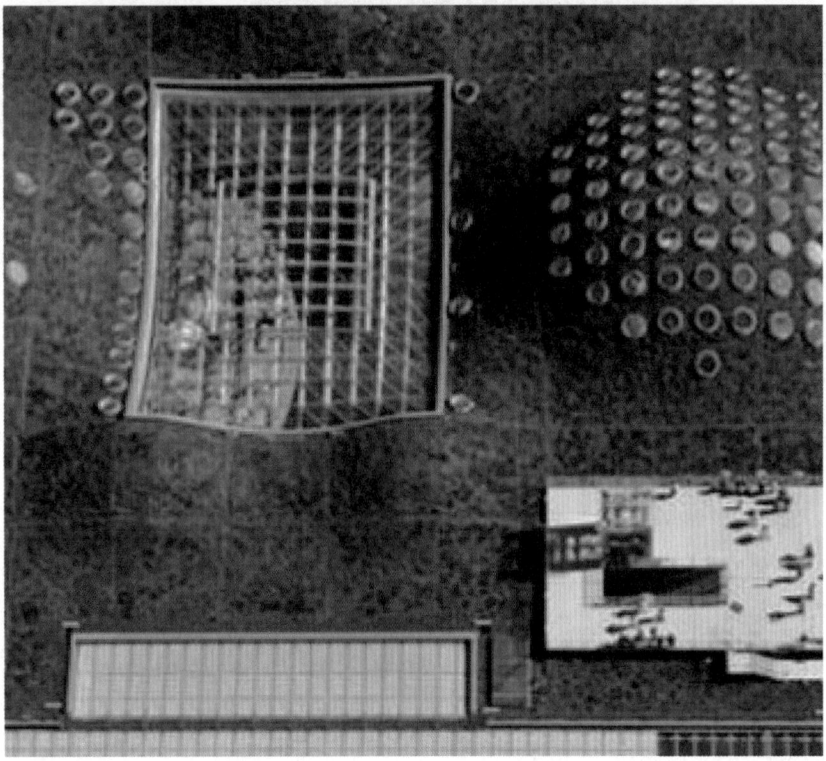

골든 게이트 파크에 위치한 캘리포니아 과학 아카데미는 재검색, 전시, 교육 및 사무실 공간이다. 건축 디자인은 170만 개의 선택된 자생식물로 덮인 '살아 있는 지붕'이라고 할 수 있다. 옛 박물관 철거로 인한 재활용 재료를 사용하고, 재활용 청바지로 만든 두꺼운 면의 종류를 단열재로 사용하고, 재활용 금속의 90%를 철골구조에 사용하고, 빗물을 관개용으로 재활용하고, 자연환기 시스템을 채택했고, 점유공간 90%에 자연채광을 사용한다. 60,000개의 태양전지를 시공하여 전기를 공급하는데 녹색 지붕의 경계부에 설치되었다. 반투명 태양 캐노피는 연간 수요량의 15%인 213,000kWh의 전력을 공급한다.

규격, 사양, 설명서

태양전지 종류	단결정질
태양광모듈셀	55000 Microcrystal PV cells
모듈	-
발전용량(kWp)	-
크기(m^2)	태양광 패널 100, 기능성 유리 태양광발전 90
연간 발전량(kWh/year)	6,700
에너지 컨설턴트	Arup, San Francisco, C
태양광시공사	-
검은색, 반투명, 프레임 없음	

건물상세도

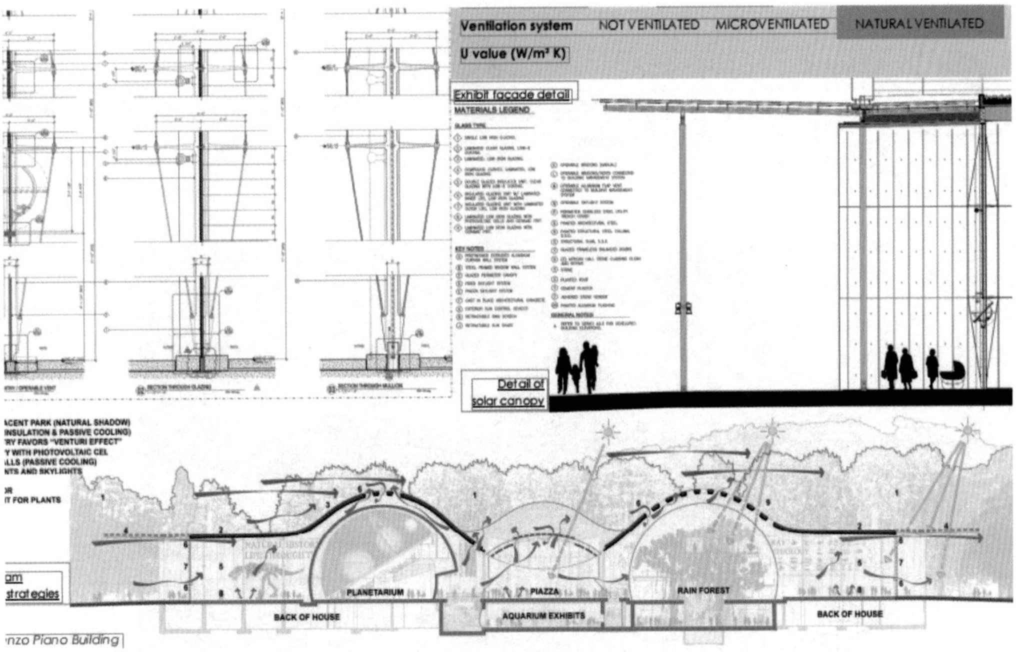

웹사이트 : www.calacademy.org(소유주) / www.rpbw.com 및 www.stantec.com(건축설계) / www.arup.com(에너지 컨설턴트)

기타 시공사례(18)_"MuSe" science museum, Trento(I)

국가	이탈리아	건축가	Renzo Piano Building Workshop
소유주	Castello SGR e	수상경력 / 인증	-
주택	2013년 준공한 박물관 건물로서 경사 지붕에 태양광 패널을 설치한 BAPV이며 설치면적이 5,000m^{2}임		

2013년 최초의 이탈리아 박물관으로 MuSe는 LEED Gold 인증을 받았다. 60° 경사진 특수 건물외피 시스템은 이 프로젝트를 위해 주문 제작된 알루미늄 프레임이 있는 태양광 패널을 사용했다. 15° 경사인 곳에는 다결정질 은색 실리콘 태양전지 패널을 설치했다. 건물 모양이 산처럼 되어 있고 물에 반영되는 건물 모습이 인상적이며 이탈리아 트렌토 지방의 랜드마크 중 하나이다.

규격, 사양, 설명서

태양전지 종류	다결정질
태양광모듈셀	Polycrystalline silver colorsilicon cells
모듈	n° 4192 Tedlar glass panels with high effi- ciency solar cells; n° 1500 glass-glass panels
발전용량(kWp)	312(MuSe 및 Le Abere 지구)
크기(m²)	5,000
연간 발전량(kWh/year)	-
에너지 컨설턴트	Thesan S.p.A
태양광시공사	-
검은색, 반투명, 알루미늄 프레임	

건물상세도

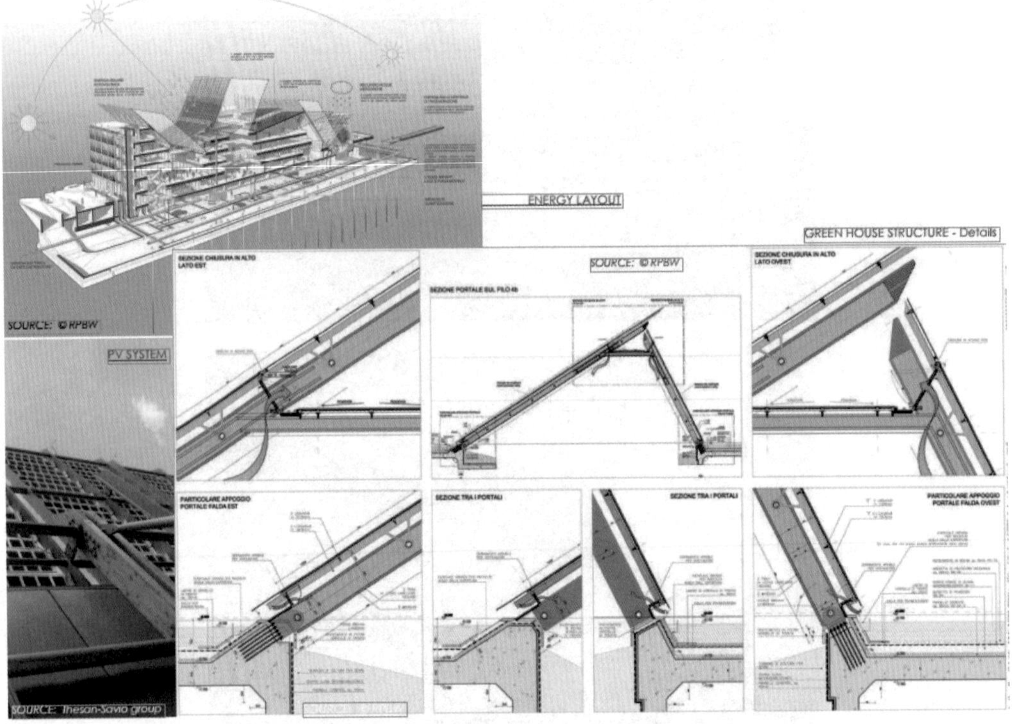

웹사이트 : www.castellosgr.com(소유주) / www.rpbw.com(건축설계) / www.thesan.com(에너지 컨설턴트)

기타 시공사례(19)_Umwelt Arena Spreitenbach, Kanton Aargau(CH)

Pitched roof

국가	스위스	건축가	René Schmid Architekten AG
소유주	Umwelt Arena AG	수상경력 / 인증	European Solar Prize 2012; Norman Foster Solar Award 2012; Minergie-P
주택	2012년 준공한 체육관 건물로서 지붕의 경사각이 15~60도로 다양한데 BIPV로 시공하였고 이 건물의 에너지 소비량의 203%를 공급할 수 있음		

친환경 건물로서 평면이 8각 형태이며 지붕을 포함하여 33개의 면으로 구성되는 특이한 체육관 건물이다. 이 건물에서는 6~62도의 다양한 각도로 BIPV를 시공한 스위스 최초의 건물로 평가된다. 이 건물은 태양광발전뿐만 아니라 태양열집열 및 음식물폐기물 바이오 가스 생산설비도 있는데 건물에너지 소비량의 203%를 공급할 수 있는 에너지 플러스 건물이다.

규격, 사양, 설명서

태양전지 종류	다결정질
태양광모듈셀	Monocrystalline silicon 태양전지
모듈	3S MegaSlate® II160 Wp
발전용량(kWp)	146.17(N); 238.85(E); 182.18(S); 169.42(W); Total : 736.62
크기(m^2)	1041(N); 1736(E); 1345(S); 1210(W); Total : 5333.50
연간 발전량(kWh/year)	540,000
에너지 컨설턴트	BE Netz AG
태양광시공사	BE Netz AG
검은색, 반투명, 알루미늄 프레임	

건물상세도

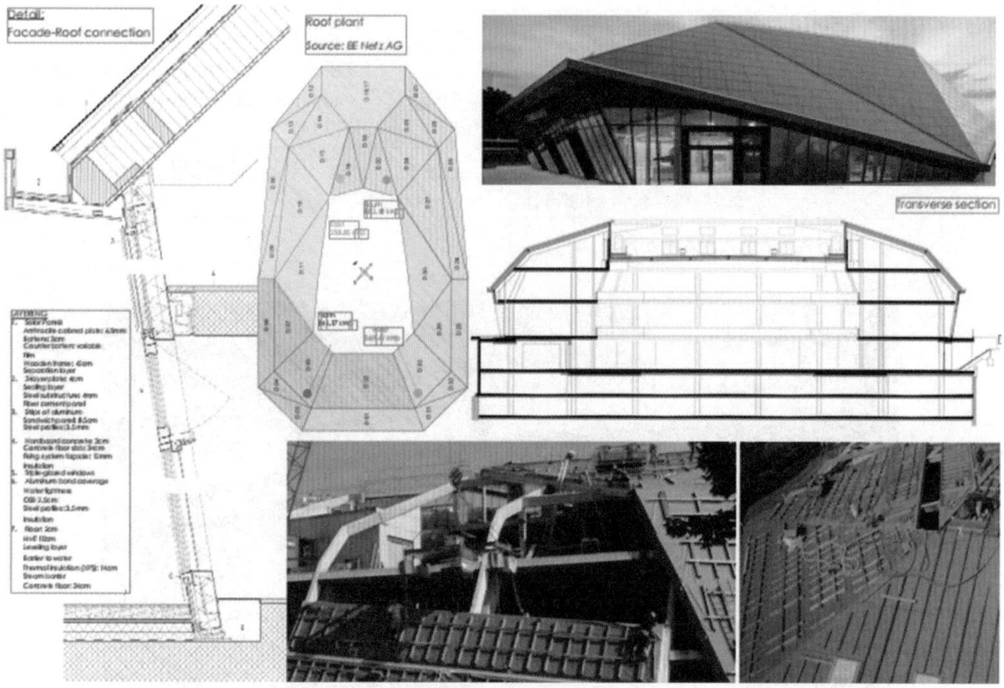

웹사이트 : www.umweltarena.ch(소유주) / www.reneschmid.ch(건축설계) / www.benetz.ch(에너지 컨설턴트) / www.benetz.ch(태양광시공사)

기타 시공사례(20)_Lerther Railway Station, Berlin(D)

Pitched roof

국가	독일	건축가	Gerkan Marg and Partner
소유주	DeutscheBahnStation & Service AG	수상경력 / 인증	Bonda Prize 2003(John Bonda prize for advancement of photovoltaics awared by EPIA)
주택	2002년 준공한 베를린 중앙역 건물에 아치형 지붕형 태양광발전을 설치한 것으로서 채광률이 38.8%임		

베를린 중앙역 건물로서 핵심 설계 원칙은 도시 환경에서 철도 선로의 기존 노선을 충분히 고려한 것이다. 대면적 유리 지붕뿐만 아니라 두 개의 사무실 건물도 건축적인 기능을 충분히 살려서 설계되었다. 지붕은 반투명 유리 태양광발전 패널을 사용하여 일사차폐뿐만 아니라 채광 제어도 할 수 있도록 하였다.

규격, 사양, 설명서

태양전지 종류	단결정질
태양광모듈셀	BP Saturn mono crystalline 125×125mm(100 cells for module)
모듈	OPTISOL® M0611100K(780 modules) by Flaheg Solar International GmbH
발전용량(kWp)	189
크기(m²)	1,872(태양전지 순면적 : 1,146)
연간 발전량(kWh/year)	540,000
에너지 컨설턴트	BLS Energieplan GmbH
태양광시공사	BLS Energieplan GmbH
진청색, 투명도 38.8%, 프레임 없음	

웹사이트 : www.deutschebahn.com(소유주) / http://gmp-architekten.de(건축설계) / www.bls-energieplan.de(에너지 컨설턴트) / www.bls-energieplan.de(태양광시공사)

참고문헌

1 Song, J.-H., Yoon, J.-H., An, Y.-S., Kim, S.-G., Lee, S.-J., and Choung, Y.-K., 2008, Power Performance Charac-teristics of Transparent Thin-film BIPV Module depending on an installation angle, Journal of Korean Solar Energy Society Vol. 28, No. 2, pp. 58-63.

2 Ju, J. W., Kim, H., Oh, S., Lee, M., and Choi, J., 2008, A Study on the Difference of Regional Electricity and Economic Comparative Valuation of the Photovoltaic System, Korean Institute of Architectural Sustainable Envi-ronment and Building Systems, Presentation paper.

3 An, Y.-S., Kim, S.-T., Lee, S.-J., Song, J.-H., Hwang, S.-K., and Yoon, J.-H., 2010, Case Study on 5kWp Transparent Thin Film BIPV System, Journal of Korean Solar Energy, Vol, 30, No. 4, pp. 29-35.

4 Park, J.-W., Bae, S.-H., Hwang, S.-H., Kim, T.-Y., and Lee, S.-B., 2011, Analysis of Generation Performance of BIPV System according to Application Methods, Journal of Korean Institute Architectural Sustainable Environment and Building Systems, Vol, 4, No. 2, pp. 273-276.

5 Lee, J.-D. and Kim, C.-H., 2012, An Analysis of Optimal Installation Condition and Maximum Power Generation of Photovoltaic Systems Applying Perez Model, The Transactions of the Korean Institute of Electrical Engineers Vol. 61, No. 5, pp. 683-689.

6 Yoon, J.-H., Oh, M.-H., Kang, G.-H., and Lee, J.-B., 2012, Annual Base Performance Evaluation on Cell Temperature and Power Generation of c-Si Transparent Spandrel BIPV Module depending on the Backside Insulation Level, Journal of the Korea Solar Energy Society, Vol. 32, No. 4. pp. 24-33.

7 Yoon, J.-H. and Kim, J.-U., 2006, Experimental Study on the Thermal Effect of BIPV Modules Depending on the Ventilation Type of PV Module Backside, Vol. 26, No. 1. pp. 81-89.

8 Yoon, J.-H., Han, K.-B., and An, Y.-S., 2007, Experimental Study on the Combined Effect of Power and Heat according to the Ventilation of Back Side in Roof Integrated PV System, Vol. 27, No. 3, pp. 169-174.

9 MOLIT(Ministry of Land Infrastructure and Transport) official announcement 2018. Building Energy Saving Design Criteria partly revision draft, Regional Building Envelopment Part Overall Heat Transfer Coefficient Table.

10 https://evo-world.org/en/products-services-mainmenu-en/protocols/ipmvp.

11 Griffith, B. T. and Ellis, P. G., 2004, Photovoltaic and Solar Thermal Modeling with the EnergyPlus Calculation Engine. World Renewable Energy Congress and Expo Denver, Colorado.

찾아보기

[Z]

[기타]

저자 소개

:: 권영한 서울공대전기과, 텍사스주립대 공학박사, 경제학박사
한국전기연구원원장, 한국기술혁신학회회장, 전력IT사업단장
한국공학한림원 원로회원 정책위원장
신성이엔지 기술고문
과학기술훈장 웅비장, 대한민국녹색에너지대상, 전력문화대상

:: 김광호 한양대학교 기계공학과
공조냉동기계/산업기계설비기술사
온실가스·에너지검증심사원
한국기계설비기술사회장 역임
(주)기성이앤씨 대표이사[현]

:: 김선하 숭실대 기계과 졸업, 건축기계설비기술사
현대건설(주) 근무
(주)목원엔지니어링 대표이사
한국설비기술협회 에너지기술위원장, 대한설비공학회 부회장, 한국엔지니어링협회 설비협회장
국무총리상(과학기술상), 과학기술포장

:: 김정규 한국가스공사 경기지역본부장 역임
공학박사(연료전지)
모던기술사 사무소 대표(가스기술사, 화공기술사)
전남대학교 공대 에너지자원공학과 교수

:: 나정서 서울공대 건축과 졸업, 건축기사, 소방설비기사, 건축기계설비기술사
동부건설 과장, 우원설비 설계실장, 서일엔지니어링 대표 역임
명지대학, 성균관대학, 서울시립대 겸임교수 역임
서울시 건축위원, 시설안전관리공단 설계심의위원, 국방부 턴키심의위원, 에너지공단심의위원,
기계설비기술사회 회장, 한국기술사회 부회장 역임
나우설비기술(주) 대표이사

:: **박준언** 영남대학교 공학박사
한국에너지기술연구원 연구원, 삼양에코너지(주) 연구소장(이사)
휴다임건축사 에너지사업단단장(전무)
(주)기성이앤씨 연구소장(상무)
현재 디씨테크(주) 연구소장

:: **배진욱** 호서대학교 공학박사
제인에너지 대표이사
(주)더리뉴 대표이사

:: **변운섭** 원광대학교 공학박사, 건축기계설비기술사
한양대, 숭실대, 서울과기대, 홍익대, 고려대, 서울시립대 겸임교수 역임
지식경제부장관, 국무총리포상, 서울시 건설상 최우수상, 대한설비공학회 기술상 및 논문상
국토해양부 중앙건설기술심의위원, 국방부, 서울시, 성남시 등 건설 관련 심의위원회 심의위원
우원엠앤이(주) 대표이사, 대한설비설계협회 회장, 한국엔지니어링협회 설비협의회 회장

:: **서동구** 홍익대 건축과(석사), 충남대학교 건축공학박사
친환경건축물인증심의위원, 충남 제안서 평가위원
현재 건축사사무소 로이건축 대표 및 충남대 건축학과 겸임교수

:: **서항석** 서울공대, 일리노이주립대, 파리7대학 에너지공학박사, 경영지도사
한국과학기술정보센터, 한국에너지기술연구원, 미국알곤국립연구소, 프랑스국립과학원 객원
연구원, 비제이파워기술고문, 대덕과학기술사회적협동조합감사, 에너지협업싱크탱크회장
충남대학교, 공주대학교, 충북대학교, 호서대학교 겸임교수. 영남대학교 기금교수
대한온돌학회부회장, 첨단냉난방기술연구회회장, 대한설비공학회부회장, 국토해양부 미래기
술위원회 기획분과위원장, 턴키설계심의위원, 신기술심의위원, 에너지사용계획협의심의위원
과학기술처장관상, 에너지관리유공자 장관상, 경향에너지대상, 과학기술유공자 대통령 표창

:: **윤창열** 서울공대 공학박사
한국에너지기술연구원 신재생에너지연구소 책임연구원

:: **이경호** 전남대학교 공과대학 고분자공학
영남대학교 공과대학원 에너지융합공학 신재생에너지 전공
LG전자 디스플레이 연구소, 희성전자 연구소
(주)MDS 연구소장

:: **최문홍** 인하대학교 건축공학과(석사), 건축기계설비기술사, CMP, CVS, CVP, 온실가스심사원
영남대산학협동교수, 대구공업대 겸임교수, 한국온실가스감축에너지진단협회장 역임
한국에너지대상 산업포장수상
㈜신일이앤씨 대표이사, 대구가톨릭대학산학협력교수

건물일체형 태양광발전

초판인쇄 2021년 7월 20일
초판발행 2021년 7월 27일

저　　자 권영한, 김광호, 김선하, 김정규, 나정서, 박준언, 배진욱, 변운섭,
서동구, 서항석, 윤창열, 이경호, 최문홍
펴 낸 이 김성배
펴 낸 곳 도서출판 씨아이알

편 집 장 박영지
책임편집 김동희
디 자 인 송성용, 윤미경
제작책임 김문갑

등록번호 제2-3285호
등 록 일 2001년 3월 19일
주　　소 (04626) 서울특별시 중구 필동로8길 43(예장동 1-151)
전화번호 02-2275-8603(대표)
팩스번호 02-2265-9394
홈페이지 www.circom.co.kr

I S B N **979-11-5610-987-7 93560**
정　　가 **32,000원**